U0163265

从夸克到宇宙

用粒子物理打开世界真相

Don Lincoln

〔美〕唐·林肯 著　孙佳雯 译

UNDERSTANDING
THE
UNIVERSE

from Quarks to the Cosmos

北京联合出版公司
Beijing United Publishing Co.,Ltd.

献 给

莎朗，感谢你赋予我生命；黛安，感谢你让我的人生变得有意义。

和

汤米、维罗妮卡和大卫，感谢你们让生活变得有趣。

以及献给

玛乔丽·科克伦、罗宾·图诺克、查尔斯·盖德斯和所有其他人，感谢你们指引我前行的方向。

序　言

公元前392年，炎炎夏日，热浪灼灼——这是7月的一天，可能是星期二，古希腊哲学家、阿夫科拉的德谟克利特宣称，我们目力可见的所有物质都是由共同的、基本的、不可见的成分构成；这些成分小到我们无法在日常生活中看见。如同大多数伟大的设想一样，这个想法并非完全原创。德谟克利特的老师，米利都的留基伯，可能也有着同样的原子自然观。两千多年以来，原子论的概念仅仅是一个理论。直到20世纪，这个关于"原子"的奇异观点才被证明是正确的。原子论的观点认为，在宇宙中，所有我们可见的物质都由可识别出的基本组成部分，按照一些可理解的规则构成的，原子论是科学领域中最深刻、最有生命力的观念之一。

寻找自然的基本组成部分并没有随着20世纪对于原子的发现而结束。原子是可分割的：在原子的内部，存在着原子核和电子；在原子核内部，存在着中子和质子；在中子和质子内部，是分别被称为夸克和胶子的粒子。或许，夸克并不是原子论观念的终极呈现，人们对于真正的基本粒子的追逐还将持续一个世纪左右。但是，夸克可能就是最基本的粒子！我们对夸克和其他看似基本的粒子的认知，为我们提供了关于这个世界是如何运转的完整图景。事实上，不仅仅是这个世界是如何运转的，更是整个宇宙是如何运转的！

从传统意义上说，对于自然的研究被分为不同的学科：天文学、生物学、化学、地质学、物理学、动物学，等等。但是自然本身就是一个无缝的结构。伟大的美国自然主义者约翰·缪尔就曾经表达过这样的想法，他说："当我们想要挑选出某个东西的时候，我们会发现，它总是和宇宙中的其他一切相勾连。"当来自伊利诺伊州巴达维亚费米实验室的唐·林肯和他的同事们探索夸克内部空间时，他们也探索了宇宙的外层空间。夸克与宇宙相勾连，理解自然的基本粒子是理解宇宙这一宏伟追求的一部分。唐·林肯一直提醒我们，这个旅程是从夸克到宇宙的！米利都的留基伯和阿夫科拉的德谟克利特的精神，在巴达维亚的唐身上得到了延续。

唐是来自费米国立加速器实验室（费米实验室）的物理学家，全世界最强大的加速器兆电子伏特加速器[1]就位于这座实验室。目前，唐是费米实验室两次非常大型的碰撞试验之一的成员。此类试验致力于在将质子和反质子加速至接近光速并且相互碰撞之后，研究基本粒子的性质。在本书的主题领域内，他实际上位于最前沿。

唐对于写作的热情不亚于他对物理学的热情。经过多年向非专业人士推广物理学，唐很懂得如何向大众传达最新的粒子物理的重要概念。

市面上已经有了很多关于基本粒子物理的科普著作，大多数在传达我们对于基本粒子的认知方面做得非常出色。唐·林肯则更进一步，他不仅仅告诉读者我们知道了什么；还阐述了我们是如何知晓

---

1 兆电子伏特加速器，英文名 Tevatron，又名正负质子对撞机，位于费米实验室，始建于 1983 年，于 1994 年增建，曾经是全世界运行能量最高的对撞机。2008 年，欧洲大型强子对撞机开始试运转，运行能量为 Tevatron 的 7 倍。2011 年 9 月 30 日，Tevatron 被关闭。——译注

的，以及更重要的、我们为什么要知道这些！

　　《从夸克到宇宙》同样也是一段关于参与粒子物理科学发展的人们的传奇史诗。唐在书中讲述了 1957 年 1 月 4 日，一个重要的实验是如何由物理学家们在纽约的上海咖啡馆享用蛋卷午餐时被构思出来的。他还描述了正在进行的实验中，500 位物理学家们是如何合作的——当然他本人也是实验组的成员之一。伟大的发现不仅仅是由复杂的探测器、仪器和计算机完成，更为复杂的人类活动在其中的作用不可忽略。如果你想知道是什么使得科学家们多年以来为世界上最复杂的实验而呕心沥血，请翻阅此书，继续读下去吧！

爱德华·科勒贝

芝加哥，伊利诺伊州

修订版前言

10 年前，当我刚开始撰写本书，那是 21 世纪初期，费米实验室的兆电子伏特加速器刚刚在一次长期关机之后重新启用。粒子碰撞的能量接近 2 兆电子伏特，比 20 世纪 80 年代和 90 年代的最好情况要高出大约 10%。（欧洲）大型强子对撞机的诞生还在若干年之后，彼时对兆电子伏特加速器发现希格斯玻色子——或者至少找到第一个超对称性的迹象——的希望非常的高。尽管迄今为止，这些希望还没有被实现。

2011 年春，我为本书的修订版撰写前言时，情况发生了变化。兆电子伏特加速器虽然没有找到希格斯玻色子，但是它排除了一个十分巨大的、希格斯玻色子可能具有的质量范围。1995 年，兆电子伏特加速器发现了顶夸克，顶夸克现在被用作研究裸夸克产生的性质的一种方法，这意味着夸克不会隐藏在更大的粒子内。这是因为夸克的寿命很短暂，拥有近百倍的数据也不会造成任何影响。

大型强子对撞机于 2008 年 9 月正式启用，计划运行能量为 14 兆电子伏特，是兆电子伏特加速器的 7 倍多。不到两个星期之后，在最后的安检阶段，大型强子对撞机出现了故障，导致花费了长达一年半的时间来修复。2010 年春，大型强子对撞机再次开启，这次运行能量减半。设计上的缺陷迫使人们不得不在低能量的情况下运转对撞机，直到能够完全修复它。目前的计划是，直到 2012 年底之前，都用这种模式来运行对撞机，然后将其关闭足够长的时间以进行必要的修缮，使其能够按照设计的能量水平运行。这场维修预计要持续长达两年的时间。

2011 年春，兆电子伏特加速器已经处于最后的运行阶段，计划在 2011 年秋关闭。在长达四分之一世纪的时间内，兆电子伏特加速器作为全世界首屈一指的加速器，这无疑是一段值得骄傲的传奇。它在冬季关闭之后，大型强子对撞机重新投入使用。大型强子对撞机的粒子束亮度已经超越了兆电子伏特加速器的记录，亮度最终会是后者的 10 倍。

在可预见的将来，大型强子对撞机会成为世界上最顶级的能量加速器，其中两个探测器（紧凑 μ 子线圈和超环面仪器）将会在竞争中探索能量的前沿领域，就像人们可能会在奥运会上看到的、全球两大最佳短跑运动员之间的竞争那样。谁会最终赢得比赛呢？

对于粒子物理研究来说，这是一个荣耀的时刻，在接下来的几年内，正是下一个重大发现极有可能出现的时期。当你翻阅这本书的时候，我们的认知模式可能已经完全改变了。[1]请继续关注吧！

唐·林肯

2011 年 4 月

---

1 果然，2013 年 3 月 14 日，欧洲核子研究中心发布新闻稿表示，大型强子对撞机已经探测到了希格斯玻色子，紧凑 μ 子线圈小组和超环面仪器小组都为此做出了贡献。2013 年的诺贝尔物理学奖颁发给了提出希格斯玻色子存在的两位物理学家。——译注

第一版前言

世界的永恒之谜在于，它居然是可以被理解的。

——阿尔伯特·爱因斯坦

科学研究是人类有史以来最有趣的尝试之一，而在我看来，物理学则是最有趣的科学。其他领域的科学当然也具有它们各自令人着迷的问题，但是没有任何问题像物理学问题那样如此深刻、如此根本。即使最重要的未解之谜之一——生命的起源问题，也很有可能会通过有机化学领域内的研究来解答，所使用的则是人们已经在很大程度上理解的知识。而化学，作为一个宽泛的、并且有利可图的研究领域，最终关注的是无限且复杂的原子组合。要解释原子具体如何结合相当棘手，但是原则上说，可以通过众所周知的量子力学观念出发估算得出。尽管化学家们有理有据地宣称，原子的相互作用是他们的研究领域，但是厘清原子本身性质的却是物理学家。虽然早期科学研究的不同领域之间的界限比较模糊，但物理学家首先发现了原子并不是真正的基本粒子，而是包含着更小的粒子。另外，也是物理学家最先表明，从某些方面来看，原子可以被看作太阳系，微小的电子则围绕着一个致密、沉重的原子核运转。后来人们意识到，这个简单的模型根本不能解释所有的现象，于是我们顺理成章地踏入了高深神秘的量子力领域。尽管原子核最初被认为是基础性的粒子，但物理学家惊讶地发现，原子核包含了质子和中子。同样地，质子和中子本身也包含更小的、被称为夸克的粒子。因此，人们从2500多年前就踏上的、探求构成物质的最小组成部分之旅，仍然是一个相当活跃的科学研究领域。虽然我们的理解确实比以前更加精进，但是有迹象表明，物质的构成另藏玄机。

即使在物理学领域，也存在着不同的研究方向。固体物理学和声学研究解决了简单的问题，正在向更加复杂、更难以解决的问题发起"冲击"。然而，仍然有一些物理学家对最深刻的、最基本的问题感兴趣。未解之谜依然很多，比如：现实的最终本质是什么？是否存在最小的粒子？或者，一旦人们把观察尺度层层缩小，空间本身是否被量子化了？如是，构成物质的最小组成部分是否更应该被看作空间的振动（所谓的超弦假设）？为了理解这个世界，我们需要弄清楚哪些力？力的种类是多是少？虽然粒子物理学家希望能够研究这些问题，他们所遵循的方法却需要将不断增加的能量压缩在不断减小的体积之中。在宇宙大爆炸之后，这种高能量密度的现象在一秒钟之内便不复存在，且之后也几乎没再出现过。因此，粒子物理学的研究为另一个根本性问题提供了指引，即宇宙本身的创建及其最终命运。

目前我们的认知水平尚不能回答上述问题，但是在这些方面我们已经取得了一些进展。我们现在知道了，迄今为止发现的几种粒子都成功地阻碍了我们探索它们内部结构的意图。被称为夸克的粒子构成了质子和中子，质子和中子构成了原子的原子核。原子核中没有发现轻子，但是最常见的轻子，即电子，在（相对地）较远的距离上围绕着原子核运动。我们现在知道四种力：引力，让天地万物井然有序，目前看来（希望不会永远是这样）并不涉及粒子物理实验的领域；电磁力，控制着电子围绕原子核运转的行为，构成了所有化学的基础；弱核力，让太阳保持燃烧，是地球火山运动和板块构造的部分原因；强核力，将夸克约束在质子和中子内部，甚至将质子和中子凝聚在一起形成原子核。没有这些力，宇宙根本不会以现在这样的形式存在。现在我们知道了四种力，但是在过去，我们认为力的种类还有更多。17世纪后期，牛顿提出了万有引力理论，该理论解释说，控制着天体运动的力和我们在地球上的重力实际上是同样的东西，这一点原本并不显而易见。19世纪60年代，麦克斯韦表明，原来人们认为截然不同的电力和磁力，其实是紧密相关的。20世纪60年代，电磁力和弱核力被证明实际上是同一种电弱力的不同方面。将看上去截然不同的力统一为同一种类型的力的历史已是硕果累累，而自然而然地，我们也就想知道，目前为止剩下的四种力（实际上是三种）是否也可以被看作是一个更基本的力的不同方面。

　　宇宙万物，即你目力所及的所有事物，从沧海一粟到无垠宇宙，都可以被解释为两种夸克、电子和中微子（这种粒子我们还没有提到过）的无限组合。这四种粒子我们称之为"同一代"。现代实验表明，还至少存在另外两代粒子（也可能只存在另外两代），每一代都包含四种相似的粒子，但是，每一代粒子都比前一代粒子具有更大的质量，质量更重的一代粒子迅速衰变，最终变成熟悉的第一代粒子。当然，这就带来了更多的问题。为什么会有好几代粒子？更具体地说，为什么会有三代粒子？为什么不稳定的粒子世代更重，而各个世代的粒子看上去几乎完全相同？

　　四种基本作用力的每一种都可以被解释为一种特定类型的粒子的交换，每种力对应一种粒子。我们将在本书中详细讨论这些粒子，这些粒子的名字分别为光子、胶子、W 粒子和 Z 粒子，以及（可能的）引力子。所有这些粒子都是玻色子，它们具有特定类型的量子力学行为。相反，夸克和轻子是费米子，它们的行为则完全不同。为什么携带力的粒子是玻色子，而构成物质的基本粒子是费米子，我们还完全搞不清楚。一种被称为超对称的理论试图使得情况更加"对称"，它假设存在其他的费米子粒子，与载力的玻色子相关联，且存在其他的玻色子粒子与承载质量的费米子相关联。目前，这个想法并没有明确的实验证据，但是这个"假说"在理论层面非常有趣，所以寻找超对称性的研究比比皆是。

虽然许多问题仍然存在，但事实上现代物理学可以解释（在所有的衍生科学的协助下）大部分的物质存在，从宇宙到星系、恒星、行星、人、变形虫、分子、原子，最终是夸克和轻子。从 10^{-18} 米，经过 44 个数量级的变迁，达到可见宇宙的 10^{26} 米，从静止的物体，到每秒移动 3×10^8 米的物体，从绝对零度到 3×10^{15} ℃的温度范围内，所有这些条件下的物质，我们已经有了充分的了解。借用我老爸的一句话，这些研究成果简直棒呆了。

粒子物理学与宇宙学密切相关的事实也是一个非常吸引人的概念和研究领域。最近的研究表明，宇宙中可能存在着暗物质……这种物质增加了宇宙的引力行为，本质上是不可见的。暗能量的设想与此相似。对于这场讨论，粒子物理学能通过寻找到高质量且稳定（即不衰变）的粒子来对暗物质的研究提供帮助，这些粒子一般并不与普通的物质相互作用（关于不可见物质的物理学）。虽然说粒子物理学和宇宙学相关是有点儿勉强，但你肯定记得，粒子物理学的低能量级别的近亲——核物理学，对于恒星的形成、超新星、黑洞和中子星的物理学做出了至关重要的贡献。至于高维空间、黑洞、空间扭曲和宇宙大爆炸本身难以度量的高温环境等令人沉迷的宇宙学问题，粒子物理学都可以做出相应的重要贡献。

　　粒子物理学与宇宙学领域存在着相互关联的若干有趣问题。大一统问题（现实最深刻的本质）、隐藏的维度问题（空间本质的结构）和宇宙学问题（宇宙的形成与消亡）的答案，需要结合许多领域的知识来解释。本书所讨论的粒子物理学只会提供一部分答案，但这是至关重要、且非常值得研究的一部分。

　　当然，并不是每个人都能够成为一名科学家，穷其一生致力于理解能够解释世间万物所需要的全部物理学。即使是对于专业的科学家来说，这也不太现实。但是，我很幸运。20多年以来，我一直以严谨的态度研究物理学，而在此之前的10多年时间里，我也是一名爱好物理学的学生。虽然我不能假装自己无所不知，但是我最终学有所成，因此可以帮助推动知识的前沿。作为目前为止世界上最高能的粒子物理实验室——费米国立加速器实验室（费米实验室）的研究员，我很有幸能够与最有天赋的科学家合作，我们所有人都有着同样的目标：在最深入的、最基础的层面上更好地理解这个世界。这真的非常有趣。

　　差不多每月一次，我应邀与一群科学爱好者交流现代粒子物理研究人员所实现的物理学成就。每次我都会发现，有一小部分听众与研究者一样，对于同样的问题深感兴趣。虽然他们的理论水平还不能够让他们直接提出建设性意见，但是他们很想弄懂。所以我就叙述最近的科研发现，他们也能完全听懂。物理学其实并不难。任何一位对物理学感兴趣的外行都能够理解我和我的同事所做的物理学研究。他们只需要有人用他们熟悉的、可以理解的语言将一切向他们解释清楚。这些爱好者通常是非常聪明的人，只是并非物理学专家而已。

　　这就是本书的写作初衷。市面上已经有很多关于粒子物理的书籍，都是为外行人写的。大部分与我交谈过的爱好者都读过不少这样的书，他们想要了解更多。还有一些书，通常由理论物理学家撰写，讨论一些推测性的理论。虽然推测是有趣的（且往往会推动科学进步），但是我们已知的内容足够有趣到写满一本书。作为一名实验物理学家，我想要写这样一本书，使得读者在阅读之后能够很好地把握我们已经知道的事情，以便能够用更批判的眼光来看待推测性的物理理论书籍。我对理论物理学家可没有什么意见，那些与我乘坐同一班公车并高谈阔论的家伙里有不少是我的好朋友。（当然啦，我是在开玩笑。我认识的大部分理论物理学家都是非常聪明且有见地的人。）但是，在介绍这些内容的时候，我想要做的并不仅仅是解释想法与结果，也希望能够加入一些实验技术的元素……"你是怎么做到的？"这个问题将会得到解答。

本书的内容足以自洽，你不必先阅读其他的书籍。在读罢此书之后，你应该会了解相当多的基本粒子物理学知识，而且与其他同类的书籍不同，本书会让你拥有像物理学家一样的物理学考量标准，以便对于物理学的推论建立属于自己的客观评价。推测物理学很有趣，因此在本书的最后，我会介绍一些我们目前正在探究的、尚未经证实的想法。戈登·凯恩（一位理论物理学家，我保证他是个正经人）在他的《粒子花园》（*The Particle Garden*）一书中，创造了"正在玩命努力进行的研究（Research in Progress）"这个短语，简称 RIP[1]，把已知的同未知且正在研究中的内容区分开。我很喜欢这个短语，按照优良科学传统，我会将这个奇思妙想融入本书的撰写过程中。

我写作本书的另外一个理由是，经历了 5 年的升级，费米实验室

---

1 与英文中"请安息"（Rest In Peace）具有同样的缩写。——译注

加速器现在重新开始启用。两个实验——其中之一是我已经参与了将近 10 年——的主要目标（尽管绝对不是唯一的目标），是寻找希格斯玻色子。这种粒子还没有被观察到（RIP！），但是如果它存在的话，有助于解释为什么各种已知的粒子具有它们现有的质量。即使希格斯玻色子真的不存在，但是一定存在某种类似的物质，否则我们对粒子物理的理解就有着重大的缺陷。所以我们正在寻找，因为它非常有趣，我用了一章的篇幅来讲述这个研究主题。

这不是一本讲历史的书，而是一本关于物理学的书。尽管如此，在第 1 章里，我们将简要地讨论从古希腊时期到 20 世纪初期，人们长期以来对于自然界本质的兴趣。第 2 章开篇，我将介绍电子、X 射线和放射性的发现（现代粒子物理学的真正开端），随后一直讲到 20 世纪 60 年代，详细地解释了现代物理时代许多粒子的发现过程。物理学家直到 20 世纪 60 年代，才开始摸到物理学的门。第 3 章讨论了基本粒子（夸克与轻子），基本粒子可以简洁地解释我们在过去 60 年中发现的数百种不同的粒子。第 4 章我们探讨基本作用力，没有力的存在，宇宙将成为一个相当无趣的所在。第 5 章集中讨论希格斯玻色子，我们需要希格斯玻色子的存在来解释为什么在第 3 章中讨论过的这些不同的粒子具有如此大相径庭的质量，对于希格斯玻色子的寻找（希望我们能够找到）将会用到许多我的亲密同事的共同努力。第 6 章中，我们讨论用于物理学发现的、在现代基于加速器的粒子物理实验中的实验技术。这方面的内容，在其他的物理学科普书籍中往往是以一种非常简要的方式写给读者的，但是作为一名实验物理学家，我的天性不允许我这样做。在第 7 章中，我将介绍在写作此书的时候，我的同行们所揭开的奥秘。从中微子振荡到为什么在宇宙中似乎物质比反物质更多，这两个有趣的问题像是两枚坚果，已经破壳，其中奥秘巫待揭晓。在第 8 章中，我将放纵我的好奇天性。现代物理学实验同样寻找"新物理学"的线索，即我们可能会怀疑存在的、但是几乎没有理由期待的东西。超对称、超弦、额外维度和人工色模型仅仅可能是正确的、来自理论物理学家的疯狂设想。我们将在这章中介绍很多诸如此类的想法。在第 9 章中，我会花一些时间来讨论现代宇宙学。宇宙学与粒子物理学是两个近亲领域，它们试图解决一些相似的问题。这两个领域之间的联系是深刻且有趣的，通过这一点，在本书中，读者们将要准备好解决这些棘手的问题。在本书的结尾部分是几个附录，给出了一些很有趣的信息，对于理解粒子物理学来说并非至关重要，但是具有冒险精神的读者们多半会喜欢。

这篇序言的标题来自奥古斯塔斯·德摩根（1806–1871）在他的《悖论的预算》（*A Budget of Paradoxes*）一书中的一首小诗的片段（实际上是他从乔纳森·斯威夫特那里"偷"来的）。德摩根用这首诗评论人们看到的、从一种较大的尺度跨越到较小的尺度时的循环模式。在一个足够大的尺度上，星系可以被看作是没有结构的，但是当人们用更精细的尺度来观察，我们会发现，星系是由类似太阳系的恒星系统构成的，而恒星系统是由很多行星和恒星组成的。只要我们继续观察，所有名义上的无结构物质最终都会呈现出丰富的底层结构。

> 大跳蚤身上有小跳蚤，
>
> 小跳蚤爬上后背咬大跳蚤，
>
> 小跳蚤身上有更小的跳蚤，
>
> 跳蚤跳蚤无穷匮……

德摩根继续更加明确地强调了他的观点：

而那些大跳蚤自己呢，

藏在更大的跳蚤身上；

更大的跳蚤还有更更大的跳蚤，

更大更大无穷匮。

我希望读者们在阅读本书时享受到的乐趣和我写作此书时一样多。科学是一种激情。纵情而为。时刻研究。时刻学习。时刻提问。否则，激情熄灭，你的内心也会渐渐死去。

唐·林肯

费米实验室

2003 年 10 月 24 日

致　谢

　　在撰写本书的过程中，有很多人曾经对我提供过帮助。我想感谢以下几位，他们曾经阅读了我的手稿并且在很多方面对其改进。戴安·林肯是我的第一位读者，她伴随着我经历了整本书的成书过程。她的点评非常有帮助，她还建议我为本书增加一个部分，其他的读者们在阅读本书之后都说这一部分是最精彩的。

　　琳达·阿勒瓦特，布鲁斯·卡伦，亨利·格茨曼，格雷格·雅各布，巴利·帕纳斯，简·佩尔蒂埃，玛丽和罗伊·万德米尔，迈克·韦伯，康妮·威尔斯和格雷格·威廉姆斯，他们都作为"试读者"阅读了我的手稿。尤其是琳达，她指出了原文中缺失的一些要点。现在这些观点都已经被补充了进来。由于这些人中大多数都是经验丰富的教育者，他们的建议对于提高本书的清晰度有着很大的帮助。

　　莫妮卡·林克，蒂姆·泰特，波格丹·多布雷斯库，史蒂夫·霍姆斯和道格·塔克，他们作为"专家"阅读了我的手稿。他们对于如何以最佳方式呈现资料向我提出了非常有用的意见。特别是蒂姆，他提出了一些特别有见地的建议，对我帮助巨大。

　　在他们的慷慨帮助下，文本的学术性和可读性都有了很大的提高。任何其他的错误或者未完善之处都是并仅是弗雷德·蒂特科姆[1]的责任。实际上，弗雷德甚至并不知道本书的存在，在过去的 20 年之内，我也没怎么见过他，但是我从幼儿园时期就知道他了，在孩提时期，我们总是把所有错误"栽赃"到他头上。虽然本书中的所有错误都应该是我的错，但是我觉得现在还没有任何理由来终止这一"优良传统"。

我很感谢爱德华·"洛基"·科勒贝为本书写了序言。洛基是一位理论宇宙学家，他是个科普天才。他的序言如画龙点睛，提前说出了本书的所有内涵……宇宙学领域与粒子物理学领域之间、实验与理论之间的密切关联。

此外，还有一些人为我提供图片，或帮助我拿到图片的授权。我想要感谢杰克·马泰斯基，他提供了图 6.20 的蓝图；以及道格·塔克，他为我提供了拉斯坎帕纳斯天文台数据的特别版本。我在 DØ 实验[2]的同事丹·克拉斯，慷慨地为若干图片手绘了图像。一个人既拥有相当的科学天赋，又拥有相当的艺术天分，这可真是太不公平了啊。我还要感谢费米实验室、欧洲核子研究中心、德国电子加速器、布鲁克海文国家实验室的公共事务与视觉媒体部，以及东京大学的宇宙射线研究所，感谢它们允许我在本书中使用它们的图片。我还要感谢 NASA 授权我使用来自哈勃深空望远镜拍摄的图像作为本书封面的

---

1 弗雷德·蒂特科姆（Fred Titcomb），是加拿大著名的高寿老人（1912—2016），志愿者，他参与志愿者的工作长达 75 年，享有崇高的社会地位和广泛的知名度。他曾经帮助过的人数不胜数，获得无数相关奖项。——译注

2 DØ 实验，亦写作 D0 实验，或者 D 零实验，由世界范围内一系列研究物质基本性质的科学家合作实现。DØ 实验是拥有全球第二高能加速器的美国费米实验室的两大主要实验之一（另一个是 CDF 实验）。这项研究的重点在于研究质子和反质子在最高可用能量下的相互作用，涉及对于揭示宇宙组成部分特征的亚原子线索的深入研究。——译注

底图。我还要感谢来自世界科学出版社（World Scientific Publishing）的编辑、制作和营销人员，尤其是潘国驹博士、斯坦利·刘、斯坦福·钟、爱琳·吴、金·陈，因为他们本书才能顺利问世。

最后，我想提到的是辛迪·贝克。这是一个很长的故事了。

又及：我还要感谢伊斯特万·豪尔吉陶伊、里克·斯旺森和迈克·杜贝尔德，感谢他们指出了本书的早期版本中的差错和拼写错误。

目　录

序　言　　　　　　　　　　　　　　　　　　　　1

修订版前言　　　　　　　　　　　　　　　　　4

第一版前言　　　　　　　　　　　　　　　　　6

致　谢　　　　　　　　　　　　　　　　　　　15

目　录　　　　　　　　　　　　　　　　　　　19

第 1 章　早期历史　　　　　　　　　　　　　001

　　最初的沉思　　　　　　　　　　　　　　003

　　化学，让生活更美好　　　　　　　　　　009

　　愿原力与你同在　　　　　　　　　　　　013

第 2 章　认知之路（粒子物理历史）　　　　　023

　　阴极射线　　　　　　　　　　　　　　　024

　　X 射线　　　　　　　　　　　　　　　　027

　　放射性　　　　　　　　　　　　　　　　031

　　电子的发现　　　　　　　　　　　　　　039

原子的性质   048

原子核的性质   057

量子力学：中场休息   063

β 辐射与中微子   066

更多的力   075

一些让你头晕目眩的东西   081

宇宙射线：来自天空的粒子   083

反物质电子   088

这是谁安排的？   090

奇异的"V"粒子   096

中微子变得还要更加复杂   107

第 3 章   夸克和轻子   113

夸克和介子   114

夸克和重子   121

丰富多彩的世界   124

夸克存在的最初证据   127

更多夸克与轻子的发现   132

顶夸克的发现   136

轻子的回归   147

第 4 章   力：让一切聚合在一起   155

引力   156

电磁力   160

强力   167

弱力   169

力与费曼图   176

费曼图与强力   184

粒子喷射：亚原子猎枪   187

质子结构：微型闪电风暴   192

费曼图与弱力   198

顶夸克的发现   209

第 5 章　"狩猎"希格斯玻色子   215

质量，宇称与无限性   217

希格斯的解决方案   221

用类比解释希格斯机制 I   226

科学家们有关希格斯机制的思想   228

用类比解释希格斯机制 II   234

拼命寻找希格斯玻色子   238

目前的搜索进展   243

第 6 章　加速器与探测器：谋生的工具   255

费米实验室一日游   257

不是只有小汽车才有加速器   261

不是所有的环都是求婚用的   269

新一代加速器的崛起   276

靶与粒子束类型   278

反物质登场   283

世界上的加速器   286

粒子探测器：世界上最大的照相机　　　290

电离与追踪　　　291

热量法：测量能量　　　302

一台探测器：诸多技术在其中　　　308

名利双收的人如何生活　　　315

水，不仅仅是止渴　　　317

第 7 章　即将得到解决的难题　　　321

1 号谜团：来自太阳的中微子　　　323

中微子啊中微子，你去哪里啦？　　　332

凭空出现的中微子　　　336

"超级 K"发现了答案　　　341

为什么会发生振荡？　　　345

中微子探测器的现状　　　349

2 号谜团：反物质都在哪儿呢？　　　352

萨哈罗夫的三个条件　　　358

电荷、宇称，以及其他　　　361

弱相互作用中宇称守恒理论之死　　　366

宇称对称已死！电荷共轭宇称（CP）万岁！　　　373

第 8 章　奇异物理（研究的新前沿）　　　385

摆弄参数　　　388

如果你知道超对称性（SUSY）……　　　395

"拼命地"寻找超对称性（SUSY）　　　403

大额外维度：是事实还是科幻？　　　412

超人的吉他上有超弦吗？ 431

第 9 章　每秒重建宇宙 10000000 次 449

宇宙的形状 453

宇宙的"黑暗面" 457

星系们都在哪儿呢？ 466

宇宙的呢喃 470

"宇宙最初三分钟" 475

均匀性与膨胀 476

回到太初 483

第10章　结语：为什么要理解宇宙？ 495

附录 A　希腊符号 501

附录 B　科学术语 503

附录 C　粒子命名规则 506

附录 D　基本相对论与量子力学 511

附录 E　创造希格斯玻色子 524

附录 F　中微子振荡 530

延伸阅读 535

词汇表 549

第 1 章　早期历史
Early History

　　无论大自然为人类准备了什么样的真相，即使那可能是令人不愉快的，人类也必须接受，因为狂妄无知永远不会比了解认识更好。

——恩里科·费米

　　数十亿年前，宇宙诞生了。一场巨大的、难以想象的爆炸让物质四散开来，这些物质最终构成了遍布我们所生活的这个宇宙中的、我们所认知的一切。人们常说，宇宙大爆炸之后，宇宙的温度是"地狱之火"般的炽热，但这是不正确的……实际上的温度要远高于它。大爆炸后的瞬间，宇宙的温度是如此之高，以至于我们所了解的、通常意义上的物质，根本就不可能存在。彼时，只有纯能量和亚原子粒子构成的旋涡般的大杂烩，而亚原子粒子的存在时间非常短暂，转眼又变成了能量，融入能量的海洋。总而言之，那时候的宇宙和我们现在的宇宙截然不同，区别之大难以想象。那时宇宙基本上是各向同性的，无论你看向哪里，都是一样。这种基础的同一性仅仅由微小的量子波动所改变，而这种改变被认为最终促成了星系诞生的起点。

让我们快进时间，来到大爆炸之后的 100 亿 ~150 亿年。在这段时间内，宇宙已经冷却，恒星与星系已经形成。其中一些恒星被行星所围绕。在宇宙的一角，一颗围绕着毫不起眼的恒星的毫不起眼的行星之上，一件奇妙的事情正在发生。生命诞生了。经过数十亿年的演化，一种毫不起眼的灵长类动物出现了。这种灵长类动物拥有直立行走的优势、对生拇指，以及一个容量大且复杂的大脑。伴随着这样的大脑而来的，是对这世界的深刻且永不满足的好奇心。与其他的生物一样，人类需要了解那些能够促进自己生存繁衍的知识——比如哪里有水、什么样的食物安全。但是，与其他的生物不同的是（至少我们所知道的是如此），人类对一切充满好奇。为什么世事要如此存在？所有这一切的存在意义是什么？我们是如何来到这里的？

早期的创世信仰与大爆炸的观点不同，现代科学认为，大爆炸是迄今为止对宇宙诞生最好最合理的解释。而某些早期文明的人们认为，一只巨大的、名为倪克斯的巨鸟下了一只蛋。当这只蛋被孵化的时候，蛋壳的上半部分变成了天，下半部分则变成了地。还有一些早期文明的人们认为，一位生活在天空的男人把他的妻子从天上推落至人间，彼时的大地上只有汪洋一片。小生灵游到海洋的底部，将那里的泥土带到了水面，而这些泥土正是海洋动物涂抹在一只巨大的海龟背上的，如是，这位女子就生活在这片最初的陆地上。第三种早期文明的观念认为，宇宙是在 6 天之内创造出来的。这些创世观念拥有一个共同的主题，揭示了这样一个事实，人类这一物种迫切地想要了解："我们从哪里来？"

现代宇宙起源学说满足了现代人与祖先相似的求知需求，但从某个非常重要的意义上来说，这一学说是独一无二的。它可以通过一系列测试论证，因此在理论上，它是可以被证伪的。在变量精确受控的实验中，早期宇宙——宇宙大爆炸之后的几分之一秒内——的条件，可以被定期地重设。本书就试图以所有人都可以理解的方式，来描述这些实验的结果。

最初的沉思

通向这种理解的路径并不是轻松平坦的，而是崎岖的。尽管人类对于宇宙的大部分理解来自天文学，但对宇宙历史这一段特殊的旅程的理解还得另说。试图理解物质的本质就是一个重要的辅助手段。从表面上看，这是一项非同寻常的任务。环顾四周，你会看到一个丰富多彩的世界，有石头、植物和人，还有山脉、云彩与河流。这些东西看上去并没有什么共同之处，然而早期的人们已经开始试图理解这一切。尽管现在无法确认，但我推测早期人类的一个重要观察是水的不同形态。如读者们所知，水有三种不同的形态：冰、水和水蒸气。不容置疑的证据表明这三种看似截然不同的存在：冰（坚硬的固体），水（湿润的流体）和水蒸气（炽热的气体），正是同样的一种东西。施加在水中的热量可能会极大地改变物质的性质，这是一个至关重要的观察结果（当你在阅读本书的时候，或许这也是最重要的、最应该好好记住的想法）。看似不一样的东西可能是一回事。这是一个我们经常会提到的主题。

"一种特定的物质可以有多种存在形态"这一观察结果，自然而然地引出了"物质的本质是什么"这一核心问题。古希腊哲人对于现实的本质非常感兴趣，并且就这一问题提出了许多想法。尽管他们更倾向于使用纯理性的分析，而不是使用更现代的实验方法，这并不意味着他们是盲目无知的。像佛陀一样，他们注意到世界是不断变化的，而变化似乎是事物的正常状态。雪落雪融，日升又日落，吵闹的婴儿湿漉漉地降生，老人默默地死亡并归于干燥的尘土。似乎没有什么是永久的。虽然佛陀将这些观察归于佛学，并且断言"一切有为法，如梦幻泡影"，早期的希腊人却相信，一定有某些东西是永恒的（毕竟，他们这么想的理由是：我们总是能看"看到"一些东西）。他们想要回答的问题是"在这种明显的混沌与动荡之中，到底什么是永恒且不变的？"。

有一种思路是"相对极端"的想法。真正的存在是对立的本质：纯粹的热与纯粹的冷，湿与干，男性和女性。水基本上是"湿性"的，而冰则具有更多的"干性"成分。不同的哲人选择了不同的事物作为"真正"的相对极端，但是他们中的大多数相信基本的、基础的概念。恩培多克勒采纳了这个想法并且做了一些修改。他相信我们观察到的东西可以由四种元素通过适当的组合构成：空气、火、水和土。他的理论中的元素是纯粹的；我们看到的物质则是混合物，例如，我们观察到的火是火与空气的混合物，水蒸气则是火、水和空气的混合物。这个理论尽管很简洁，却是错误的，不过它确实影响了以后数千年的科学思维。恩培多克勒也意识到了混合这些不同的元素需要力的存在。经过一番思考，他提出，宇宙可以用他的四种元素以及和谐与冲突（或者爱与冲突）的对立力量来解释。例如，比较美丽夏日的云朵与阴雨天的雷暴，你会发现两种对立力量在极端之下实际是空气与水的混合。

另一位古希腊哲学家，巴门尼德，也是一位高深莫测的思想者。他并不太关注基本元素是什么，而是更多地关注基本元素的持续性特质。他相信，事物不可被毁坏，这与人们观察到的事实大相径庭。事物会发生变化；水会蒸发（或许消失，或者被摧毁），蔬菜会腐烂，等等。然而，他提出了一种解释，好比敌人的堡垒外筑起了一道防御城墙。当城市被围堵，城墙被征服者推倒，那道墙，虽然被摧毁，却仍然以一堆瓦砾的形式存在。墙的本质是构筑它的石头，而墙和瓦砾只不过是两种形式的石头群。

　　这种有先见之明的观点为德谟克利特的学说奠定了基础，在各种科普书籍中，德谟克利特都被认为是第一个提出类似于现代物质理论的学说之人。德谟克利特出生于大约公元前 400 年色雷斯的阿夫科拉。他对于寻找物质中不变的结构也十分感兴趣。在一次漫长的斋戒中，某一天，有人拿着一块面包走过德谟克利特身旁。早在他看到那块面包之前，德谟克利特就知道那是一块面包，因为他闻到了面包的香气。他对这一事实感到震惊，并且想知道这到底是为什么（很显然禁食已经让他头晕眼花了）。他觉得，一定是有一些小的面包颗粒通过空气传播到了他的鼻子中。因为他没有看到这些面包颗粒，所以它们肯定非常小（或者是不可见的）。这个想法让他开始思考这些小颗粒的性质。为了进一步地思考，他想象了一块奶酪（他似乎很喜欢借助食物来思考，可能是因为没完没了的斋戒吧）。想象你手里握着一把锋利的餐刀，然后不停地切这块奶酪。最终你会得到最小的一块奶酪，意味着你不能再用餐刀将其切得更小。这种最小块的奶酪，德谟克利特称之为"不可切分的"（atomos），后来我们将其变形为现代单词"原子"（atom）。

　　如果原子真的存在，那么人们自然而然地想要试图更多地了解它们。所有的原子都是一样的吗？如果答案是否定的，那么一共有多少种原子？它们的属性都是一样的吗？由于德谟克利特观察到，不同的物质具有不同的属性，因此他推断，一定存在着不同类型的原子。像油一样的物质可能包含光滑的原子。像柠檬汁这类东西，鉴于它会对舌头产生刺激感，并且在接触伤口的时候会产生疼痛，一定包含的是多刺的原子。坚硬的金属可能含有能让人联想到像尼龙搭扣（Velcro）的原子，原子上布满了迷你的钩子与圆环，相邻的原子因此紧密地连接在一起。诸如此类。

原子的概念引发了另一个问题。这个问题涉及原子之间是什么物质的问题。在早期时刻，一些哲学家断言物质总是挨着其他物质。他们用鱼来举例子。鱼在水中徜徉，当游向前方时，前面的水被排开，而身后的空间立刻被水填满。一个既没有鱼也没有水的空间是绝对不存在的。因此，物质总是与物质接触。

而原子的观点却不知何故与这种断言相悖。如果存在着一种物质的最小组成部分，这意味着它与和它临近的物质之间存在某种"分隔区"。分隔原子的物质可能是以下两者之一。它可以是物质，但是是一种特殊的物质，只用于分隔其他的物质。但是，由于物质是由原子构成的，那么这种物质必然也包含原子，于是问题来了，到底又是什么物质分隔了这些原子？所以这个假设并没有真正地解决任何问题。另一种假设是，原子之间被空间分隔开，其中并没有填充任何东西。这个空间被称为空洞（void）。

空无一物的想法很难理解，尤其是对于早期的古希腊哲学家来说。虽然今天我们对于宇宙外层空间的真空环境耳熟能详，对日常生活中的真空保温瓶也司空见惯，但是古希腊人可没有这样的经验。他们尽可能地尝试，可是始终无法找到一个可以被称之为"里面什么都没有"的地方。所以那时空洞的观点不太为人接受。德谟克利特最终推断，原子之间必须存在空的空间将其分隔开，因为人们可以切开奶酪。奶酪原子之间必须存在一个空间，以至于刀刃可以穿透并将奶酪切开。这个论点很有趣，但是说到底这说法不太能令人信服。

　　古希腊思想的出现大约在公元前 500 年的"黄金时代"。这一时期是非常特殊的，因为它允许（甚至是鼓励）人们（基本上是富有的奴隶主，这是毫无疑问的）思考宇宙，思考现实的本质，思考那些非常深刻且有趣的问题，这些问题到了现代依然让人们觉得苦手。而在接下来的 2000 年内，再也没有像之前这样的天时地利来鼓励人们探索这样崇高的议题了。罗马时代的特征是关注法律、军事成就和伟大的工程功勋。由天主教和小王国统治的黑暗时代，人们更关注宗教上的问题，而不是科学问题，在这些话题上面，黑暗时代最睿智的人们也不得不遵从古希腊哲学家的思想。即使是鲜为人知的伊斯兰黄金时代——以其在艺术、建筑、制图、数学和天文学方面的卓越成就而闻名，也没有明显地增加人类对于现实的本质的认知。（数学宅或许会咬文嚼字地说这是"零增长"。）

　　在将讨论转向下一个在这些重大问题上取得实质性进展的时代之前，我们有必要对早期古希腊哲学家的思想优点进行总结和讨论。这种类型的书籍往往会说，古希腊人在猜测自然的本质方面取得了一定的成功。一些猜测是正确的，而大多数猜测是错误的。这种"封圣"的观点是危险的，部分原因是它让那些不具有批判性思想的读者们感到困惑，更是因为这是那些新纪元运动"尚灵"主题书籍的作者独有的写作方式。这些作者"窃取"了科学的语言，为的却是截然不同的意图。使用水晶来"通灵"是有道理的，因为科学家使用晶体来调谐无线电路。"气场"（Aura）是真实的，因为科学家的确都在讨论能量场。对于那些没有辨识力的读者们来说，东方神秘主义使用的语言和讨论量子力学的语言看上去很是相似。于是不知何故，古人与我们有类似的想法也似乎是足够合理的。其中一些想法看上去很像现代科学的结果。很显然，这帮跳大神的会断言，这只是一个时间问题，其他的古老信仰或早或晚也总是会被证明是正确的。

当然这个论证的逻辑是不成立的。大多数推测的想法都是错误的（甚至是我们科学家的想法……或者是我的这个想法！）古希腊人，尤其是毕达哥拉斯主义者，相信轮回转世。尽管关于这个主题的实验性证据依然不足，科学家对此尚无定论，但是，古希腊人预言了类似原子的存在这一事实，实际上对于诸如轮回转世的辩论没有任何的影响。

我认为，关于古希腊人的伟大成就最值得注意的，并不是他们假设了一种构成物质的、最小的、无法切割的、由空洞分隔的成分；毕竟，这个原子模型是错误的，至少在细节上是错误的。真正令人震惊的是，人们对于他们无法企及的规模尺度上的物质本质感兴趣。事实是，他们构想中的原子实在太小，以至于他们永远无法解决这个问题。推理是一种奇妙的技巧，可以帮助我们理解这个世界。但是，真正解决争论的却是实验。生活在亚马孙丛林中的原始部落成员无法想象冰的存在，正如他们无法飞行。因此，在物质的性质这个问题上，古希腊人的后人们几乎没有取得任何进展，这也许并不令人惊讶。古希腊人曾经使用推理来提出了一些似是而非的假设。在这些彼此矛盾的想法中去伪存真需要等待实验数据的支持，而这将是一段很长的时间。

关于物质性质思考的复兴发生在意大利文艺复兴初期那几年。在此期间，炼金术师不得不去寻找贤者之石，这种石头能够将卑金属（比如铅）转化为金子。他们的做法是将各种物质混合在一起。这样做并没有什么理论指导，不过这种实验的态度还是挺不错的。在炼金术师孜孜不倦的"探索"过程中，染料被发现了，不同的爆炸物和恶臭物质也被发现了。尽管能够指导混合物的理论（我们称之为化学）尚未出现，炼金术师也能够对各种反应进行分类。数百年来的实验提供了充分的数据，现代化学家正需要这些信息来对物质的本质提供卓越的见解。在炼金时代后的几个世纪，出现了许多有深刻洞察力的科学家，但是我们将集中介绍三位最伟大的科学家：安托万·拉瓦锡（1743—1794）、约翰·道尔顿（1766—1844）和德米特里·门捷列夫（1834—1907）。

化学，让生活更美好

对于化学入门课来说，拉瓦锡的大名可谓如雷贯耳，因为他厘清了燃烧的理论。在拉瓦锡之前，化学家认为，燃烧涉及一种被称为"燃素"的物质。而拉瓦锡表明，燃烧实际上是材料与氧的结合。不过，就我们对物质的终极构成成分的兴趣而言，拉瓦锡应该因为其他事迹而如雷贯耳。他的一项成就在事后很长时间才引起了人们的注意，那就是他彻底改变了化学命名的惯例。在拉瓦锡之前，炼金术师对创造出的物质的命名可谓"色彩缤纷"[1]，但是并没有信息性。"雌黄"（orpiment）就是一个例子。拉瓦锡所做的就是以一种新的方式来重新命名这些物质，这些新名字反映了反应中涉及的物质。比如，如果我们合成了砷（arsenic）和硫（sulfur），得到的是三硫化二砷（arsenic sulfide），这个名字比看上去神神秘秘的"雌黄"更加清楚。虽然拉瓦锡更关注的是砷和硫合二为一最终生产出三硫化砷这一事实，但我们

---

[1] 一方面，这些命名没有统一的规则，显得杂乱无章；另一方面，这些名称中往往会出现颜色。——译注

现在知道了最终的产物包含了砷原子和硫原子。这种更有条理的命名方式在某种程度上帮助了科学家利用原子的想法进行思考。

拉瓦锡的另外一个重要发现与水有关。回想一下，古希腊人曾将水当作基本元素（火、空气、土和水）之一。拉瓦锡用两种物质进行化学反应（氢气和氧气），最后得到了一种清澈的液体。在今天的高中化学实验室，我们依然重复着这个实验。首先，分离氢气和氧气（这是拉瓦锡的另一贡献），然后利用火焰将两者结合。在"砰"（一个小型爆炸发生）的一声之后，我们观察到同样的清澈液体产生。这种液体是水。所以拉瓦锡是证明水并不是基础元素的第一人。另外一个更了不起的观察结果是，为了让两种气体充分反应，它们的质量比必须为 1 : 8（氢气与氧气比）。如果按照其他比例混合两种气体，反应结束之后，总是会有剩余的气体存在，这在某种程度上意味着，氢与氧以某种固定的形式聚合在一起。拉瓦锡还逆转了这一过程，将氢气和氧气从水中分离开来。他通过观察得出结论，所得到的气体具有相同的质量比：8 份质量的氧气与 1 份质量的氢气。拉瓦锡并没有把注意力放在原子层面的物质上，但是他严谨的实验技术为这一领域提供了事实依据，可惜鲜有科学家把这一发现与物质的原子本质联系到一起。作为法国恐怖统治的大清洗的恶果，拉瓦锡的杰出学术生涯在1794 年的断头台上悲惨终结。

约翰·道尔顿是一位业余化学家，对拉瓦锡早期的观察进行了扩展和补充。虽然拉瓦锡并没有把注意力放在原子力理论上，道尔顿却这样做了。尽管一些科学史学家认为，将原子论的荣光加诸道尔顿的身上有些名不副实，但是人们还是通常认为，道尔顿是表述现代原子理论的第一人。德谟克利特假设，不同类型的原子之间的区别在于形状，但是道尔顿却认为，区分不同原子的因素是质量。他的结论基于实验观察，即化学反应产物的质量总是与参与反应的物质质量相同。就像先前拉瓦锡对氧气和氢气的混合比例的观察一样，道尔顿将许多的不同化学品混合在一起，分别称量反应物和产物的质量。例如，当他将氢气和硫混合在一起时，他发现按照质量比例计算，需要 1 份氢气和 16 份硫混合生成硫化氢。将碳和氧混合在一起的情况被证明还是有点棘手的，因为人们可以按照 12∶16 或者 12∶32 来混合它们。但是如果以碳原子和氧原子的观点来解释，这就是可以理解的了。如果质量比为 12∶16，这种情况下的产物是一氧化碳，一氧化碳分子包括一个碳原子和一个氧原子。另外，如果将一个碳原子和两个氧原子结合，我们就得到了二氧化碳，这时我们会发现，碳和氧气的质量比为 12∶32。对于数字敏感的读者们会发现，12∶16 等于 3∶4，12∶32 等于 3∶8。因此，我特意选择 12∶16，是出于其他的知识背景。自从道尔顿以来，科学家进行了许多实验，证明了氢是最轻的元素，因此它的质量被定义为 1。这种表达方式造成了一些混乱，直到人们想到了更加熟悉的单位。一磅（1 磅 ≈ 0.45 千克）质量的物体是一个基本单位，一个质量达五磅的物体是基本单位质量的五倍。在化学中，质量的基本单位是以氢原子质量为标准的，道尔顿和他同时代的科学家能够证明，一个碳的单位质量是氢的单位质量的 12 倍。所以碳的质量被定义为 12。

人们认为，正是道尔顿大胆地断言，某些物质是元素构成的（比如氢气、氧气、氮气和碳），并且每个元素都有最小的粒子，被称为原子。不同的元素具有不同的质量，并且质量可以被测量。于是化学原子的现代模型诞生了。

在道尔顿做出断言之后的若干年，人们又做了很多化学实验。化学家能够分离许多不同的元素，并且在这样做的过程中，发现了一些奇怪的事实。一些化学物质虽然质量差异很大，但是反应的方式非常相似。比如，锂、钾和钠都是类似的活泼金属。氢气、氟气和氯气都是高度活跃的气体，而氩气和氖气都是高度不活跃的气体。

人们对于这些观察的成因并不太理解，因为它们提出了一个难题。为什么化学性质相似的物质会拥有如此不同的质量呢？我们故事中的下一个主人公，德米特里·门捷列夫，对于这个问题就特别感兴趣。他按照质量和性质来排列这些元素，在卡片上写下这些元素的名称、质量（根据道尔顿及其同时代科学家的实验测定）和属性。然后，他根据质量大小开始排列这些已知元素，然后将这些卡片从左到右进行排序。然而，当排列到与锂的化学性质相似的钠的时候，他将钠的卡片放置在锂卡片的下方，然后再次从左到右进行排列，接下来注意将化学性质相类似的元素排列到同一列当中。门捷列夫真正的巧妙在于，他并不需要知道所有可能存在的元素。更重要的是，每一列元素的化学属性都是相似的。这种排列的一个后果是他的元素表上出现了"孔洞"。正是这种"失败"，使得门捷列夫的排序法遭到了很多人的嘲笑。门捷列夫毫不气馁，宣称他的原则是有道理的，同时做出了大胆的声明，人们会发现新的元素来添补表格中的空白。其中两个缺失的元素分别位于铝和硅的下方。门捷列夫决定将这两个尚未发现的元素命名为"准铝"（eka-aluminum）和"准硅"（eka-silicon）。（请注意，"eka"是梵语，意为"一"。学生时代的我听说了这个故事，得知"eka"的意思是"之下"。我相信了这个故事20多年，直到开始写本书。）19世纪60年代后期，这种断言对于其他试图寻找这些化学元素的化学家来说显然是一个挑战。如果找不到它们，那么门捷列夫的模型就会受到质疑。

1875年，一种新元素——镓，被发现，很明显它的性质与"准铝"一致。另外，1886 年，锗被发现，这就是"准硅"。门氏的预测得到了证实。这并不意味着，那时的人们完全理解了门捷列夫的表格。虽然我们现在称这个表格为元素周期表，并且它出现在全世界范围内的每个化学课堂之上，但关于元素周期表还有很多未解之谜。而重复出现的结构明确地指出了某种潜在的物理原理。对于这一潜在原理的发现还需要 60 年左右的时间，我们会在本书稍后的部分重新讨论这个问题。

门捷列夫于 1907 年去世，彼时虽然诺贝尔奖已经设立，他却没有在有生之年获奖，在我看来这实在是一件悲伤的事。就像拉瓦锡将化学对象的名称进行合理化一样，门捷列夫单单是以清晰的、重复性的模式将化学元素进行排列这一点，就足够给其他科学家提供未来的研究指导方向。在门捷列夫的时代，原子的概念已经牢固地建立起来了，即使一些有趣的问题亟待解决。研究这些问题正指向本书的科学主题。

1890 年左右，通过既有的化学知识，化学家非常肯定，他们终于发现了德谟克利特在差不多 2400 年前最初设想的原子。化学元素是存在的，而每一种元素都与一种特定的、被称为原子的小粒子相关联。每个原子都是不可破坏的，并且所有同一元素的原子都是相同的。我们可见的、所有不同类型的物质，都可以解释为这些被称为原子的基本粒子的无限组合。鉴于彼时人们的科学知识水平，这是一项了不起的成就。

愿原力与你同在

原子的存在并没有回答所有的问题。到目前为止，我们还不知道是什么东西让原子凝聚在一起。某种东西让原子凝聚在一起形成了分子，而分子构成了气体、液体和固体。于是一个显而易见的问题就出现了："这种力量的性质是什么？"

提出关于原子间作用力的性质的问题带来了更宏大的议题。究竟存在多少种类型的力？我们当然已经知道了引力、静电和磁力。这些力是彼此相关的，还是完全不同的现象？如果它们是相关的，人们将如何调和不同的力之间明显的差异呢？到底是怎么回事？

抛开原子间相互作用力的问题（在本书中我们还将多次提到这个问题），让我们先讨论一下其他类型的力，从引力开始。正如我在本章开篇时所说，这不是一本关于天文学的书，所以我们的故事就从科学界已经普遍接受行星的存在、并且认同行星的运动可以通过围绕着位于中心点的太阳做公转来解释开始。由于亚里士多德声称，物质的自然状态是所有的物体都最终会变慢且停止运动，那么行星们为什么能够一直围绕着太阳做周期圆周运动呢？很多奇奇怪怪的理论被提了出来（包括诸如行星的运动是由于天使挥动翅膀而产生的之类的观点）。但是，对于行星运动的真正理解，我们需要等到艾萨克·牛顿爵士的出现。

艾萨克·牛顿（1642—1727）是人类有史以来最伟大的科学家之一，甚至有人认为是最伟大的。除了在光学和其他领域的卓越见解之外，牛顿还假设，运动中的物体将会一直保持运动状态，直到受到某个外力的影响。他将这一观察与如下观点结合起来：将我们牢牢地"固定"在地球上的重力，同样也是让行星维持自身现有运动轨迹的力。顺便说一句，为了解决他的理论所产生的问题，他不得不发明了微积分。将这些想法结合在一起，牛顿能够非常精准地描述行星的运行轨道。他的理论同样也适用于如下观察：一个人的体重似乎并不依赖于他所在的海拔。牛顿在万有引力方面的研究工作非常出色，但是除了他在科学上的成功之外，我们还应该强调他提出的另一个真知灼见。牛顿能够证明，人的体重和天体运动之类的不同现象，可以用一个统一的原则来解释。于是我们说万有引力理论将体重和行星运动统一了起来。一个单一的物理理论，可以将看上去毫无关联的现象彼此连接起来——这种观念我们在接下来的章节中还将不断地继续提到。

　　牛顿的万有引力定律在数百年的时间内作为真理没有受到任何挑战，直到另外一位睿智的杰出人物爱因斯坦横空出世，他将万有引力定律重新定义为空间结构本身的弯曲和变形。虽然爱因斯坦的广义相对论与本书的主题并不太相关（直到很后面的一个章节我们才会提到它），但它包含了一个有趣的要点——关于力的概念与空间结构的融合。这个概念我们还没有弄清楚，因此仍然是一个热门研究主题。空间与时间的特殊结构可以以一种非常基础的方式与能量和力量相关联。这一概念是如此有趣，以至于所有的物理学家（以及其他所有对这个主题感兴趣的人们）都热切地等待着这个启发性的想法，可以解决这个令人着迷的问题。

　　爱因斯坦的想法的一个重大缺陷是，它目前和伟大的量子力学理论完全不兼容。广义相对论的初次问世是在 1916 年，接下来，在 20 世纪 20 至 30 年代量子力学开始发展，物理学家试图将广义相对论和量子力学合并起来，却徒劳无功（量子力学和狭义相对论则可以更容易地彼此调和）。正如我们将在第 4 章中看到的那样，我们已经成功地证明其他的力可以用量子力学解释，而我们将在第 8 章中讨论一些试图把万有引力纳入现代理论的尝试。

　　虽然万有引力或许是最显而易见的力，但是在日常生活中还存在着另一些可以被观察到的力，比如磁力和静电两种力。大多数人都曾经玩过磁铁，并且发现一枚磁铁的一端和另一磁铁的一端会彼此吸引，如果翻转其中一枚磁铁（而不翻转另外一枚），两枚磁铁会彼此排斥。同样地，在干燥的冬日，人们用梳子梳头，然后用这把梳子就可以吸起小块的纸屑。又或者，当干衣机中的袜子和毛衣粘在一起的时候，人们也会意识到静电的存在。

整个 19 世纪，科学家对静电力和磁力都很着迷，花费了大量的时间来研究它们的特性。早些时候，人们已经发现，随着彼此吸引（或者排斥）的两个物体之间的距离变大，静电力会变得更弱。科学家甚至通过用距离的平方来表示力的减弱程度来量化这种效应（用物理学的语言说，如果两个物体在某个特定的距离上，彼此之间存在某种力，当距离加倍的时候，该力是原有力大小的 $1/2 \times 1/2 = 1/4$；如果距离变成原有距离的 3 倍，则该力则变成原有力大小的 $1/3 \times 1/3 = 1/9$）。其他的实验表明，似乎存在两种类型的电力。这两种的静电力分别被称为正电（+）和负电（-）。人们发现，正电荷排斥正电荷，负电荷排斥负电荷，而正电荷却能吸引负电荷。为了量化电量，物理学家创造了"电荷"一词。电荷的单位是库仑〔这种单位有点儿像磅或者英尺，即一磅质量、一英尺（1 英尺 = 0.3048 米）长、一库伦电荷〕，你可以拥有一定数量的正电荷或者负电荷。

进一步地，人们发现，如果将金属和毛毡按照一定的顺序堆放成一堆（pile），然后用合适的液体浸润，将有电流沿着导线在不同的层级之间流动。〔美国人把这种东西叫作电池（battery），但是这解释了为什么在很多的欧洲语言中，电池被写作"pile"。〕这些研究最初是通过活的、被切下来的青蛙腿来完成的（你可能会觉得早期科学家有点奇怪……）。这些实验表明，静电力与生命之间有某种联系，因为静电力能够让死青蛙腿抽搐。正是这一观察为玛丽·雪莱的《弗兰肯斯坦》提供了创作灵感。

对于古人来说，磁力最有用的地方在于指南针的使用。指南针的北极大致指向北方，无论你在地球上的哪个位置。至于为何如此，这个现象一直没有合理解释，直到后来发现磁铁可以使指南针的指针偏转。这表明了整个地球是一个巨大的磁铁，而且指南针的指针本身也是一块磁铁。

1820 年，汉斯·克海斯提安·奥斯特有了一个非常了不起的发现。当一条载流导线（用物理学的语言说，就是电荷通过的导线）被放置在指南针附近的时候，指南针的指针发生了偏转。当导线中的电流静止，指南针的指针将再次指向它原本指向的方向（也就是由地球本身确定的方向）。这一发现似乎表明，电本身不能产生磁力，流动的电流才能。进一步的实验表明，一条载流导线具有磁性。

由此推论，如果电流能够产生磁力，那么或许磁力也能产生电流，科学家将一块永磁铁（就像你用来把孩子的画吸在冰箱上的磁铁那种）放在一条电线的附近，而电线则连接在一个电流测量的设备上。他们完全没有测量到任何电流。运气真糟糕。然而，当他们移动磁铁的时候，他们发现了电线中的电流（实际上，他们将电线卷成了一个线圈，但是这并不是重点——虽然这的确让实验变得更容易）。由于磁铁产生的磁力的强度与距离磁铁的距离相关，当人们移动磁铁的时候，通过导线观察到的磁力强度也发生了变化。由此可见，磁铁并不能产生电流，但是磁铁的磁力强度变化时能够产生电流。

虽然读者们更熟悉由静电和磁性产生的力（例如，我们用磁铁来捡起东西），我们还是有必要在这里介绍一个新概念，即"场"。通过使用读者们熟悉的重力现象，我们更容易引入场的概念。你站在一个特定的地点时，会感觉到一个由重力产生的、向下的力（见图 1.1）。如果你从这个地点移动到另一个地点，你依然能够感觉到重力（很深奥吧？）。但是在最初的地点发生了什么？重力依然作用在那里吗？你会觉得答案应该是肯定的，但你是怎么知道的？当然了，你可以走回原来的位置，但是这并不能说明问题，因为你想知道的是当你不在那里的时候，重力是否还存在。你当然可以在那边放些别的东西（比如一只猫），看看它是否感受到了重力，并且停留在地面上（尽管对于一只猫来说，如果它知道你希望它留在那里，它可能站起来就施施然地走了，所以这可能并不是一个好例子）。事实是，虽然你必须在那里放置一个物体用来感知某种力，但是我们确信，即使那里什么都没有，重力依然存在。于是我们说，存在一个无处不在的重力场，方向总是向下。

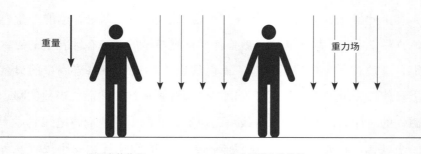

图 1.1 虽然对于观察者来说，重力本身表现为一种力，但是重力场是无处不在的。场的想法是非常重要的，并且能够扩展到所有的、已知的力上。

通过类比，我们知道也存在电场和磁场。虽然我们至少需要两个电荷或者两枚磁铁才能感受到力的存在，但单独的电荷也有一个围绕着它的电场。类似地，单独的磁铁也被磁场包围。1861—1865 年期间，詹姆斯·克拉克·麦克斯韦利用上面提到的实验观察，然后将其与场的概念结合起来，通过一些复杂的数学运算，表明了电力和磁力的概念实际上并不是彼此孤立的现象，而是同一个现象的两个不同的层面，现在我们称其为电磁学。这一卓越的科学功绩，在稍后的一次观察中变得更加令人惊讶，新的电磁理论居然也能解释光……这实在是一个意料之外的成就，它毫无疑问地可以媲美，或许甚至超越了牛顿早期具有统一性的万有引力定律。

尽管麦克斯韦的电磁理论非常成功，但是电的根本性质问题仍然尚未解决。初始，人们认为电的流动与流体的流动相类似。电流在电线中的流动与水流过管道的方式是一样的。虽然我们现在已经知道，电荷以不连续的点状（就像弹珠一样）呈现，但是在当时，却难以得出这个结论。实际上，电荷的离散性（通常被称为量子化性质）的发现标志着现代粒子物理学的开端，因此，这个故事我们将在下一章继续。有趣的是，彼时原子论的观念（或许存在最小可能电荷的想法）还不那么明显，即使我们之前提到的、关于原子的大论战依然如火如荼。

一直以来，对到底是什么东西让原子们聚集在一起的疑问，并没有随着牛顿与麦克斯韦的理论的成功而被解决。然而，大量的实验结果的确提供了一些有用的指导，而且这些实验结果也很值得讨论。在早期的电气实验中，物理学家就能够区分两种类型的材料；一种被称为导体（比如金属），另一种被称为绝缘体（比如橡胶或者木头）。导体允许电流流过，而绝缘体阻止任何电流的流动。一个有趣的实验是，取一根允许电流通过的导线，在导线上包裹绝缘体，仅在电线的两端露出裸露的金属，将裸露的部分放入一只装有水的罐子。做好这些之后（因为电线被连接在电路上，所以当电线两端相互接触的时候就产生了电流），水中电线的两端分别出现了气泡。人们收集了这些气体并辨认，结果发现，导线的一端形成了氧气，另一端形成了氢气。形成的氢气是氧气的两倍（按照体积计算），这与拉瓦锡早期的测量结果一致。但是这又与拉瓦锡的实验不同，拉瓦锡利用热量来分解水，而这些实验是利用电。此外，产生的气体的体积与流过水中的电荷量成正比。测量气体的体积很容易，但是读者们可能会问我们如何测量电荷的总量。由于电流是每单位时间内通过电路的电荷量（类似于每分钟从水龙头里流出来的水的加仑数），我们可以通过测量电流和总反应时间来确定总电荷量。

其他的研究同样也呈现了有趣的实验效果。假设将刚才实验中的电线一端附着在某物之上（比如说由卑金属制成的杯子或者盘子），然后将该物体放置在含有水和硝酸银的混合物的容器中。如果将电线的另一端连接至一块同样浸在液体中的金属银，给液体通电，这只杯子或者盘子就会被一层薄薄的金属银覆盖。这种现象具有巨大的商业价值，人们现在可以使用看上去和纯银餐具一样的镀银餐具来进餐，而不需要花大价钱购买真正的纯银餐具。这种现象被称为电镀。

无论是电镀还是通过电解将水分解成氧气和氢气，都让科学家自然而然地得出结论，不知何故，电与把原子聚集在一起的力量有关。此外，有如下事实：（1）化学物质（比如水）被证明是由元素的原子构成的；（2）将化学物质分解成其组成元素的体积与通过液体的总电荷量成正比，表明了或许电本身也是以"电原子"的点状状态存在的。这种主张的理由很充分，但并不是板上钉钉，最终证明这个想法要等到1897年，约瑟夫·汤姆孙发现电子，开启了粒子物理学的现代纪元。

19世纪末期，很多的物理学家和化学家都对于自己的职业人生满意得不能再满意。对化学元素探索的漫长斗争似乎已经完结，尽管有些人可能还是会想知道为什么化学元素周期表有着如此的结构。物理学家甚至更加得意——通过使用牛顿和麦克斯韦的强大理论，几乎可以解释他们观测到的所有现象，包括天体运动与地球上的物体运动，以及电、磁、光之间微妙的相互作用。剩下未被解释的问题包括光传播的介质（所谓的"以太"）的性质，还有个暂时无法解释的现象，就是当代理论推测出高温物体会辐射出比观察到的更多的短波辐射（紫外灾变）。另外还有一个棘手的问题，由开尔文勋爵提出，他通过计算发现，如果太阳的燃烧方式是化学反应，那么它将在 3 万年之内耗尽所有的燃料；鉴于人们已经知道，太阳的实际年龄要比这个数字古老得多得多，这个结论是非常令人不安的。开尔文勋爵对于之前的两个问题（光的介质问题，以及对发热物体辐射的错误预测的原因）非常关心。在他于英国皇家研究院所做的著名的巴尔的摩讲座《19 世纪笼罩在热和光动力理论上空的乌云》上，开尔文勋爵不禁反思这些未解的学术难题。他在 1901 年 7 月的《哲学》杂志上发表文章，写道：

> 动力学理论断言热和光都是运动的方式，这一理论的优美性和明晰性却被两朵乌云所遮蔽，显得黯然失色。首先，第一朵乌云与光的波动理论相关，这个问题由菲涅耳和托马斯·杨博士发现；它涉及这样一个问题：地球如何能够通过本质上是光以太这样的弹性固体运动呢？其次，第二朵乌云是关于能量划分的麦克斯韦－玻尔兹曼学说……我不得不说，我们必须承认第一个问题愁云难解，离拨云见日还早得很……很显然，我们想要得到的是真正离经叛道的结论，而不是重现现有的这些简单得不能更简单的基础结论。达到这一理想结果的最简单的方法是否定这个结论；也正因如此，在 20 世纪初，科学家对这朵使得 19 世纪末期出现的分子层面上的热与光的理论研究显得黯然失色的"不展愁云"视而不见。

人们或许会用他的这篇文章（这种论述是老套路）来说明在那个时期，光的本质的主流理论以及能量是如何在物质的原子中相互传递，显然还没有完全被人们理解。尽管如此，除了地平线上这两朵小小的乌云之外，这个世界似乎得到了很好的解释。开尔文勋爵具有自己都未发现的洞察力，因为这些"小小的乌云"很快就会释放出相对论和量子力学的狂雷暴雨。

我们对于物质的性质、力和电磁学的讨论带领我们进入了 19 世纪的最后时刻。这一发现物质本质的旅程的确非常迅速，而我们的目的绝对不是为了彻底地了解全部。请感兴趣的读者们仔细阅读本章的参考书目，我在那里列出了许多精彩绝伦的书籍，这些著作更详细地讨论了这段历史。这些早期的成就为即将到来的大量发现奠定了基础。

第 2 章 认知之路（粒子物理历史）
The Path to Knowledge (History of Particle Physics)

> 在科学领域，最令人激动的、预示着新发现的短语，并不是
> "尤里卡！"（我发现了！），而是"这可真有意思……"
>
> ——艾萨克·阿西莫夫

19 世纪末期，科学家对理解自然的性质的自信心极度膨胀。哈佛大学物理系主任约翰·特罗布里奇甚至给对物理感兴趣的学生们泼冷水。他告诉他们，所有一切都已经被人类理解了，至少理论都明确了。物理学的进步不会像 19 世纪与电力和磁力有关的惊人发现那样，而是在原有基础上做出更精确的测量。用阿尔伯特·迈克耳孙的话说，物理学"需要在小数点后第六位那里去找"。具有讽刺意义的是，敲响古典物理学丧钟，预示了爱因斯坦狭义相对论的一大开创性实验的设计者之一正是迈克耳孙本人。

　　早在人们做出这些大错特错的判断之前，物理学家已经观察到了一些现象，这些现象如果阐释得当，将带来量子革命和我们当今现代

视角下的粒子物理学。有两种现象是这发展过程中的指路标。第一种现象我们今天仍然很熟悉：磷光现象和荧光现象。将一块金属放置在光源下，当光源被移除之后，这块金属还会继续发光，这就是磷光现象。现代的夜光涂料就是磷光现象的一个很好的例子。荧光现象则与磷光现象有所不同。荧光材料只有在被另一种光照亮的时候发光，但是发射出的荧光可能是一种完全不同的颜色。如今的黑光灯海报为我们提供了一种熟悉的荧光现象的例子。尽管最早人们无法对这两个现象做出合理解释，但它们无疑在一些幸运科学家顿悟出自己发现了真正全新的事物这一过程中不但扮演了角色，而且还是重要角色。

阴极射线

另一个有趣的现象来自人们对电力现象及其运作方式的长久兴趣。在电力研究的早期阶段，科学家就对于电火花非常感兴趣。18 世纪 40 年代，本杰明·富兰克林的一位朋友威廉·沃森曾说过："在幽暗的房间内，看到电流通过而形成的火花，这是最令人愉悦的奇观。"于是人们提出了一个问题，关于产生火花的气体的组成与其内在压力的影响。当人们在地上蹭过脚再摸门把手的时候，空气中会跳出火花。到了 19 世纪上半叶，科学家能够制成许多不同类型的纯净气体样本……比如氧气、氢气、氮气等等。人们使用这些纯净气体进行科学研究，探索在每一种气体中，需要多少电量才能产生火花。实验者请玻璃吹制工制作了一个烧瓶，该烧瓶有两个开口，能够让气流通过。然后，取两块平板，每块平板都连接到一个电力强大的电池之上，这两块平板作为使其产生火花的表面。接下来，科学家会将某种气体（比如氢气）打入烧瓶之中，直到空气被完全排出。问题在于，人们需要花费大量的时间（和氢气）来完全排出空气。显然，亟需一种方法，能够完全地排空空气，然后缓慢注入一定量的目标气体。

科学家发现，这种火花最终会被一条紫色的蛇形光线所代替，有点像我们今天可以买到的静电球——产生的闪电风暴，令人着迷。1855 年，海因里希·盖斯勒发明了水银真空泵，使得实验者们能够容易地从玻璃烧瓶中抽走空气。1875 年左右，威廉·克鲁克斯制作了一只玻璃管（后来我们称之为克鲁克斯阴极射线管），用来精确地测量在两极平板之间产生火花所需要的电压。然而，在获得最终成形稳定的火花之前，克鲁克斯发现，当他增加电压的时候，他在电路中看见了电流。由于两极平板之间没有相接触，电流不得不通过气体或者真空传播——如果人们抽出全部的气体的话。由于气体和真空被认为是绝缘体而不是导体，他只有使用精密的仪器才能测量这种微小的电流。此外，通过选择合适的气体和压力值，克鲁克斯可以看到电流在气体中的流动，因为气体发出了光（尽管最初这种光的确切来源无法确定）。克鲁克斯考察了电流的流动，并且确定电（可能）是从连接到电池负极的平板（该板被称为阴极板）上流出，流向与电池正极相连接的平板（称为阳极板）。随后，在 1876 年，德国物理学家欧根·戈尔德斯坦——克鲁克斯同时代的科学家，他最活跃的研究时期是在此之前——将这种电流命名为"阴极射线"。克鲁克斯阴极射线管（如图 2.1a 所示）后来被克鲁克斯的同时代人修改，在与电池正极相连接的平板上增加了一个小孔，以便更好地探测其性能。这个小孔允许阴极射线通过，并且让其撞击到玻璃容器的尾端。

随着对克鲁克斯阴极射线管的这种改进，对于阴极射线的研究终于可以正式开始了。人们发现，阴极射线以直线向前，并且在撞击到玻璃容器尾端的时候会产生大量的热量。克鲁克斯知道，先前的研

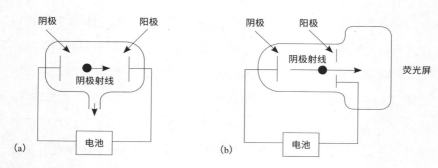

图 2.1 克鲁克斯阴极射线管的改进装置图

究已经证明了带电的粒子会在存在磁场的情况下沿着环形轨道做运动。在磁场存在的情况下，阴极射线也会发生偏转，于是克鲁克斯总结道，阴极射线是一种电的形式。使用克鲁克斯阴极射线管的改进版本，人们可以将硫化锌等磷光材料涂覆在玻璃容器的尾端，然后观察到阴极射线导致硫化锌发光。敏锐的读者们会认出这些早期的实验装置既是他们的电脑显示器和电视的最初模板，又是被称为 CRT 或者阴极射线显像管的原型。

　　克鲁克斯相信，他发现了物质的第四种存在状态，他称之为"辐射物质"。但是，克鲁克斯的理论能力或解释能力显然与他可观的实验技能并不相符，所以他对阴极射线的解释后来被证明是错误的。幸运的是，克鲁克斯一直活到了 1919 年，得以看到克鲁克斯阴极射线管的一些非同寻常的衍生版本。他在许多科学领域的研究工作都十分出色，而因为阴极射线管的发明，他在 1897 年被封为爵士。1910 年，他获得了功绩勋章。除了发明了随后成为电视和电脑显示器的设备之外，我们还熟知克鲁克斯的另外一项发明——辐射计。辐射计是一种玻璃装置，形状像一个灯泡，其中包含四个叶片，叶片两侧分别交替地被涂成白色和黑色。当辐射计被放置在光源附近时，叶片会旋转。

　　后来，克鲁克斯又研究了放射性，我们现在就要开始讨论放射性的发现。克鲁克斯发现，当放射性物质（比如铀或者镭）喷出的粒子，即"p 粒子"，撞击硫化锌的时候，每次撞击会产生一个小小的光猝发。这个技术非常重要，当原子的性质被最终确定的时候，我们还会再次讲到它。克鲁克斯的发现虽然与粒子物理学没有直接的关系，却间接地为 20 世纪初期的各项耀眼发现提供了舞台。克鲁克斯阴极射线管现在已经买不到了，至于原因，我们很快就会知道。

　　在最初的发现之后，对于阴极射线的研究又持续了很多年。在对于阴极射线的发光特性的研究耗费了许多研究者们的努力的同时，海因里希·赫兹的一位年轻助手菲利普·莱纳德于 1892 年做了一项很了不起的尝试。他成功地在克鲁克斯阴极射线管的末端镀上了一层非常薄的铝。令人惊讶的是，阴极射线可以穿透铝。大多数研究者们对阴极射线最感兴趣的是它的发光特性，有证据表明，阴极射线可以穿透不透明的表面……一面坚固的金属壁。这真是非常神秘。尽管莱纳德后来对纳粹党坚定的支持态度让他在科学圈的同事们备感尴尬，不可否认的是，这个结果是未解之谜的重要组成部分。

X 射线

　　几年之后，事情变得非常有趣。在 19 世纪最后的几十年时间内，威廉·康拉德·伦琴原本是一位相当普通的物理学教授。他的研究值得我们关注，并不是因为他有什么卓越的见解，而是因为他对于细节非常谨慎的关注。到了 1895 年，伦琴已经在德国大学系统中调动了四次，而且似乎也不太可能升到更高的职位上去了。要知道，德国的大学系统（尤其是在那个年代）与美国的大学系统是非常不同的。在每一所大学，每一个学科只有一名，或者最多只有几名教授的职位。我们在美国大学系统中被称为"初级教授"的学者，在德国的大学系统中都是唯一那位教授的助理。这位高级教授对于他的下属有着相当的权威性，并且控制着整个实验室或者研究所。我有一些年长的德国同事们曾经给我讲过一些故事，包括他们被自己的论文导师教授指使去替他修剪草坪或者洗车之类的。伦琴并没有升到德国大学系统的最高层、并且领导一个重要的物理学研究院所必需的心气。

　　尽管如此，伦琴的研究工作是完全令人肃然起敬的，在 1895 年，他是德国维尔茨堡大学的一名教授兼学院院长。这一年 11 月 8 日的晚上，伦琴独自在实验室工作，他试图理解莱纳德观察到的效应；找到阴极射线能够穿透不透明的金属壁的原因。很偶然地，在距离他的阴极射线管尾端六英尺的地方，正好是一块涂覆了氰亚铂酸钡的屏幕。夜色深沉，照明不良（别忘了那个年代的电灯比起今天来是大大地不如的），不过对于阴极射线的研究来说，即使是这样微弱的光也给他带来了麻烦，正如我们所记得的那样，阴极射线在充满气体的玻璃容器中发出的光朦胧微弱。为了解决这个问题，伦琴用一只黑色的不透明盒子盖住了他的阴极射线管。幸运的是，他的阴极射线管正好指向那块屏幕，而这块屏幕又恰好位于实验室黑暗的一角。当伦琴暂停下研究，揉了揉他疲惫的双眼时，他注意到了一件奇特的事情……屏幕发光了！当他切断了阴极射线管的电源时，屏幕上的光消失了。

　　伦琴的反应如同任何一位有责任心的物理学家一样。他喃喃道"嗯"或者是用德语表达同样的意思。他移动屏幕，或者拉近或者推远屏幕与阴极射线管之间的距离，除了看到发光点或大或小之外，并没有什么其他的效果，光点的效果看上去很像是拿着一张纸接近或者远离手电筒的光源时的效果。他反转了屏幕，屏幕依然发光。他移开了阴极射线管，光点消失了。他用克鲁克斯阴极射线管的几个改进装置来重复实验。光点依然存在。然后他开始在阴极射线管和屏幕之间放置各种各样的物体；比如纸、钢笔、书等等。他发现，大多数物体并不会阻碍屏幕上的光点……无论是什么东西导致了屏幕发光，这些阻碍物对于光来说似乎都是透明的。实际上，伦琴需要在屏幕和阴极射线管之间设置比较厚重的金属物体，才能阻断发光。但是当他把手放在阴极射线管和屏幕之间，他观察到了真正令人着迷的效应。他发现，他手掌的大部分也成了"透明的"，但是有一些部分却阻止了光线。当他仔细地观察屏幕上的黑点时，他意识到他看到的是他自己的骨头！

伦琴之前已经研究了一段时间的阴极射线，他知道它们不具备能够导致他观察到的现象的能力。阻拦住阴极射线是非常容易的事。于是，伦琴推论道，他观察到的是一种全新的事物。他将自己的发现命名为"X 射线"，这个名字迄今依然被人们使用。

回想一下，伦琴并不是一个浮躁的人；相反，他非常谨慎小心。他并没有立刻与媒体联系，也没有将他的发明用在商业用途上。相反，他试图尽可能多地确定 X 射线的特性。他甚至研究出了如何在胶卷上捕捉自己透视的图像！最终，在 1896 年 1 月 1 日，他将自己的报告副本发送到欧洲许多的重要实验室，并且使用他自己骨头的照片来作为"广告"。昂利·庞加莱是收到这份报告的人之一，他在 1896 年 1 月 20 日将这封信转发给法国科学院。伦琴的论文很快风靡全欧洲，随后在《科学》《自然》以及其他重量级期刊上相继转载。其他的科学家很快重复了他的实验。伦琴收到了来自全世界各地数百封祝贺信和电报。新闻的传播速度之快，通过同年 2 月 9 日《纽约时报》上的一篇文章可见一斑，该文章写道："新泽西魔法师（托马斯·爱迪生）将在下周试图拍摄人类头部的骨骼。"爱迪生没有成功，但很显然，激动的心情是全球共享的。不过，X 射线对于活体组织会造成伤害的这一危险性相当迅速地体现了出来，证据是针对医生们的诉讼获得了成功（有些事儿真的是永远不会改变）。相对现代的安全预防措施很早就开始实施了。

医学界很快意识到这一发现令人难以置信的实用性。在巴黎宣布这一发现的三周内，医生们用 X 射线检查了新罕布什尔州达特茅斯的小埃迪·麦卡锡骨折的胳膊，并将他的断臂接了起来。一年之内，关于 X 射线的论文发表了一千多篇。当然了，并不是所有的人都以同样的热情接受这一新发现。伦敦的一家报纸写道："对于此发现令人反胃的下流特质，我们没有必要多说，必须要立法来对其进行最严厉的约束。"在利用公众关注一事上，一家领先的服装制造商下手很快，它开始为自己的"防 X 射线"女装打广告。

对于自己的发现，伦琴只做过一次演讲。在他寄出自己的报告的一个月之后，他在维尔茨堡大学的物理－医学协会介绍了自己的研究，收获了热烈的掌声。在他原因不明地转向其他研究领域之前，伦琴只发表了另外两篇关于 X 射线的论文。他的职业生涯在 1900 年得到了改善，他搬到了慕尼黑，在那里他成了实验物理研究所的主任。1901 年，伦琴获得了第一届诺贝尔物理学奖，这对于随后的获奖者来说可谓设置了一个很高的"门槛"。由于彼时伦琴已经退休，所以他很快离开了斯德哥尔摩，以便不用发表获奖者按规定必须发表的演讲。通过钻法律的漏洞，伦琴利用早期在维尔茨堡大学所做的演讲代替了获奖者该做的发言。（而现在，获奖者们必须在瑞典科学院进行演讲。）

对于伦琴来说，不幸的是，他并没有从他的发现中获得任何经济利益。在第一次世界大战期间，他的研究所的经费被削减："毕竟是战争年代嘛。"贫困的伦琴在 73 岁时去世，那是在两次世界大战之间的通货膨胀严重的魏玛时期。

放射性

伦琴对 X 射线的发现引发的轰动感染了当时所有活跃的科学家。但是对于具体某个人来说，X 射线为他未来的研究提供了必要的灵感，导致他走上了一条意想不到的研究方向。法国科学院院士安托万·亨利·贝可勒尔在 X 射线的发现被宣布后出席了许多相关的会议。贝可勒尔是一位法国物理学家，同他的父亲和祖父一样。贝可勒尔和他的父亲都曾经研究过磷光现象，在见过很多同事使用各种各样的克鲁克斯阴极射线管使得照相底片变暗之后，贝可勒尔有了一种预感。或许磷光能够引发 X 射线。由于对磷光现象感兴趣这一"家族传统"，贝可勒尔家收集了大量各种各样的石头和木头，这些收集品在阳光下"充电"一段时间之后，都会在黑暗中发光。尽管先前一段时间里贝可勒尔的研究没有特别活跃，但是他的这个直觉激发了他的动力。贝可勒尔回到实验室后，拿了一些磷光材料，将它们放在阳光下"启动"，然后将它们放置在黑暗的房间内，放在一张照相底片之上。他的想法是，磷光现象能够产生 X 射线，于是能够让照相底片变黑。经过许多的实验，并没有得到预想中的结果，前途看上去一片惨淡。于是他决定尝试使用"钾和铀复合硫酸盐的结晶薄片"〔化学式写作 $K(UO)SO_4+H_2O$〕。我们就称之为铀盐好了。这种特殊的物质具有被紫外线照射时会发光的特性。贝可勒尔将铀盐放置在一个装有照相底片的不透明支架上。他将底片放置在阳光下 5 小时。为了严谨，贝可勒尔又准备另外一张相同的照相底片作为对照组，这一张底片上没有覆盖铀盐。这种称为"对照实验"的做法将确定一张被遮盖的照相底片被长时间暴露在阳光下后产生的效果。

当他冲洗那一张没有被铀盐覆盖的照相底片的时候，他发现底片没有任何变化。然而，当他冲洗那张上面有铀盐的照相底片的时候，他发现底片曝光了，铀盐的轮廓清晰可见。于是，贝可勒尔有了证明磷光能够引发 X 射线的证据。然而真的能确定吗？作为一个严谨的实验者，贝可勒尔又尝试了一些其他的实验。他给铀盐"充电"，但并不是通过阳光直射，他设置了一面镜子和一块棱镜，用镜子反射通过棱镜的太阳光照射铀盐。铀盐依然能够让照相底片上形成痕迹。然后，他将一块十字形状的薄铜板放置在照相底片和铀盐之间，想看看铜板是否能够阻挡"X 射线"。他发现，虽然他能够看到照相底片上的十字形状，底片依然曝光了，甚至位于铜片下方的部分也曝光了，这表明了铜片仅仅遮挡了未知射线的一部分。他用更薄的十字形铜片重复了实验，发现更薄的铜片阻挡的射线更少。

当时，贝可勒尔运气真的是很不错，虽然在那时候看来并不是这样。他在 1896 年 2 月 26 日那天准备了一些照相底片，原本是准备把它们放置在阳光下的。幸运的是，在那一天的大部分时间内，天气都很阴沉，实际上一直到周末基本上都是阴天，所以他其实只有非常短暂的日照时光。于是他把整个装置塞进抽屉里，等待着天气更好的时候。因为抽屉中的环境是黑暗的，铀盐不会发出磷光，所以他觉得，照相底片基本不会形成痕迹。然而，因为设备还是曾经暴露在阳光下一小段时间，所以他预期底片还是会有一点点痕迹，而因为不想通过重复使用这些照相底片来混淆随后的实验结果，于是他决定在 3 月 1 日那天冲洗底片。令他惊讶的是，他发现照相底片上面的痕迹极为明显。这简直太奇怪了。

因为贝可勒尔知道，这些特殊的铀盐的磷光现象只会持续大约 1/100 秒，所以似乎可见的磷光并不是让照相底片产生痕迹的原因。在他交给法国科学院的第一篇论文中，他提到了伦琴的 X 射线类似行为，并且假设或许阳光激活的 X 射线持续的时间比其激活的可见磷光的持续时间要长得多。

5 月下旬，贝可勒尔发表了另一篇文章，进一步讨论了他的发现。从 3 月 3 日到 5 月 3 日，他将一些铀盐始终放置在黑暗之中，为了让那些肉眼不可见的磷光"发散"殆尽。他发现铀盐能够使得照相底片产生痕迹的能力始终没有改变。此外，在那段时间里，他继续用其他类型的铀盐做实验，包括以那些没有表现出任何磷光行为的铀盐。他开始意识到，铀才是关键的因素，而不是磷光现象，于是他推测，纯铀金属盘在照相底片上产生的痕迹会更明显，后来这一点果然被他证实。到夏天结束的时候，他开始相信，自己发现了某些不同的东西……一种与铀有关的"不可见磷光"。到了同年年底，他证明了他发现的射线虽然在表面上看来与伦琴的 X 射线有相似的行为，但是详细的考察研究可表明两者的性质还是有很多不同的。虽然"放射性"这个词还没有被创造出来，但是放射性已经被发现了。

为了更好地理解放射性，我们必须要介绍其他人的贡献。首先是一个家喻户晓的名字，即使一百多年过去了，她的名字依然如雷贯耳。1867 年 11 月 7 日，玛丽亚·斯克沃多夫斯卡出生于一个教师家庭。在 19 世纪，教师这个职业并没有比今天更赚钱。玛丽亚是一位非常聪明的年轻女性，她渴望成为一名科学家，这在当时几乎是一个不可想象的梦想。由于缺乏足够的资金去上大学，玛丽亚不得不给有钱人家的小孩子当家庭教师。玛丽亚的家庭责任感非常强，她过着非常节俭的生活，将所有剩余的钱都寄给了她的姐姐，在巴黎学医学的布莉亚。当时她的想法是，一旦布莉亚作为医生站稳了脚跟，她就能够反过来帮助她。

于是，1891 年，玛丽亚来到了巴黎。在当时，获得学士学位并不一定需要像今天一样，修满全部的"学分"，因此，在学习了一段时间之后，她轻而易举地获得了物理学的学位，然后继续研修数学学位。1895 年，她与皮埃尔·居里结婚，皮埃尔当时是一位年轻的科学家，以在晶体学和磁学领域的研究为人所知。1897 年，玛丽亚·斯克沃多夫斯卡，她婚后以玛丽·居里为名，决定攻读物理学博士学位。正如我们已经看到的那样，在这一阶段的物理学是很令人振奋的，伦琴和贝可勒尔的发现先后问世。尽管贝可勒尔的研究更新颖，但是并没有太多人想要去关注和研究"贝可勒尔射线"，因为在他们看来，X射线（以及它们共同的前辈阴极射线）更容易操作。而对于玛丽来说，这正合她意，因为她不需要做冗繁的文献搜索，且可以直接地开展她自己的实验工作。正如读者们可能已经想象出的那样，如果关于某一个主题已经有了很多的论文，这意味着人们围绕它很多的实验，简单易得出的结论已经全部被发现了。这就使得新的发现更不容易实现。贝可勒尔射线相对不为人所知这一事实，实际上增加了她比别人更早做出有价值的新发现的机会。

为了理解贝可勒尔射线，她进行了不可思议的令人钦佩的实验计划。她考察了各种形式的铀：固体的，粉状的，湿润的，干燥的，或者铀的化合物。利用皮埃尔和她自己出色的化学技巧，她计算了各种化合物中存在的铀的含量，并且将使用它们所产生的结果与使用等量的固体铀的结果进行了比较。在所有的实验中，她发现，唯一对实验结果具有影响力的是铀的量。她测试了当时已知的所有其他化学元素，并且在 1898 年 4 月发现，不仅仅是铀，金属钍也会让照相底片出现痕迹。当然了，有个问题依然存在，那就是来自钍的射线和来自铀的射线是否是同一种射线。

居里在研究放射性的过程中进行的一个改进是使用了一种新的仪器。任何看过曝光胶片的人都可以证明，我们很难量化一张胶片的曝光程度。黑就是黑，亮就是亮。贝可勒尔曾经使用验电器来显示他的射线可以让空气导电。大约在 1886 年，皮埃尔·居里和他的兄长雅克·居里发明了一种更灵敏的静电计，可以测量空气中非常微小的电流。原理很简单。取两只平板，将它们与一只电池连接。两只平板分开放置、中间是空气。放射性物质被放置在平板附近，它们使得空气轻微导电。静电计用来测量空气中流动的微小电流。放射性物质越多，空气导电程度越高，检测到的电流强度也就越高。居里当时的实验室条件非常简陋，基本上就是一个潮乎乎的储藏土豆的地窖。空气中的潮气能够影响空气的导电性，这对于她想要测量的结果有直接干扰，但是她依然成功地做出了准确且可重复的测量数据。钍的放射性被发现。玛丽·居里根据射线（ray）一词的拉丁词根，创造了"放射性"（radioactivity）这个词。

大约正是在这个时期，发生了两件事。首先，皮埃尔意识到，玛丽正在研究的是一些真正具有创新性的事物，于是他放弃了自己对于晶体的研究，加入了玛丽的工作。其次，究竟是什么原因引发的放射性这个问题终于开始得到人们的正视。贝可勒尔和居里夫妇都证明了，纯铀与铀盐都具有放射性，这意味着铀元素本身可能就是有放射性的，而不是形成铀盐的化学键。对于钍元素的化学研究也得出了同样的结论。

当然了，这就提出了一个非常有价值的问题。在当时，元素的原子被认为是根本性的。每一个原子都是点状的，并不含有任何内部结构。原子的基本性质就是它的质量和化学行为。有两种元素被证明了具有独特的行为。现在，每个人最关心的问题就是："钍和铀到底有什么特别的，所以才具有放射性呢？"居里的推论以及随后的发现让问题更加令人迷惑了。她意识到，两种普通的铀矿石，沥青铀矿和铜铀云母，甚至比铀本身的放射性更强。玛丽开始相信，这些矿物质的放射性之所以如此强，是因为它们含有其他的元素，这些元素尚未被发现，且放射性更强。以她一贯的决心，她决定着手分离这两种新元素。经过条件苛刻又烦琐的工作，她最终分离出两种不同的样本，每一种都具有高放射性。第一份样本的主要成分是钡，第二份样本的主要成分是铋。因为钡和铋都不具有放射性，她认为，每一份样本都含有大量不具放射性的元素，以及微量化学性质与之类似的高放射性元素。于是我们又回到了门捷列夫的元素周期表（在第 1 章中已经讨论过）。1898 年 6 月，居里夫妇发表了一篇论文，宣布发现了一种新的化学元素，命名为"钋"（polonium），为了纪念玛丽的祖国波兰（Poland）。钋的化学性质与铋相似，不过它具有放射性。这一年的 12 月，他们宣布发现了镭，一种与钡化学性质相类似的放射物。这两种新元素在化学性质上非常不同，但是都具有放射性。于是放射性的行列中增加了两种新元素。

随着对这些新元素的观察，下一步就是对每一种元素的样本提纯。玛丽处理了一吨的沥青铀矿，三年之后，她终于提纯了十分之一克（一克大约是一枚回形针的质量）的氯化镭。她始终没能成功地提纯钋，我们现在知道了原因，因为它会在大约三个月时间之内衰变。因此在她试图提纯钋的时候，钋衰变的速率大于提纯的速率。

1903 年，皮埃尔·居里和亨利·贝可勒尔因为对放射性的发现和对其特征的描述获得诺贝尔奖提名。诺贝尔奖提名委员会成员，瑞典数学家、早期的女性科学家权利倡导者马格努斯·哥斯塔·米塔-列夫勒写信给皮埃尔告诉他这项不公正的待遇。皮埃尔在他的回复中据理力争，认为如果诺贝尔奖要颁发给放射性研究，那么不提名玛丽简直太不公平了。他写道：

> 如果真的有人认真地考虑过（提名我作为诺贝尔奖竞争者），我非常希望能够与居里夫人一起因为我们对放射性物质的研究而获提名。

1903 年 12 月，在玛丽获得博士学位的那一年，居里夫妇与贝可勒尔因为放射性的研究被授予诺贝尔物理学奖。诺贝尔化学奖提名委员会坚持不许物理学奖项提到镭的发现，因为他们也在考虑授予玛丽·居里诺贝尔化学奖。最终她在 1911 年获得了这一荣誉。

贝可勒尔和居里夫妇留给人类的伟大遗产怎么赞美都不为夸大。居里夫妇还给人类留下了女儿伊雷娜，她与丈夫弗雷德里克·约里奥一起在她母亲的实验室工作，一起发现了人为诱发的放射性，于 1935 年获得了属于他们自己的诺贝尔奖。

当然了，虽然贝可勒尔已经证明了放射性与 X 射线不同，但是问题依然存在，"放射性到底成因如何？"它是一种粒子的发射还是某种波动现象？ 1903 年 6 月，一位出生在新西兰的物理学家正好在巴黎，出席了玛丽·居里被授予博士学位的庆典，玛丽·居里是第一位在法国获得这种荣誉的女性。这位物理学家是欧内斯特·卢瑟福，他自己也是一位研究放射性的科学家。

1899 年，卢瑟福发现了来自铀元素的两种明显不同类型的放射性。他让放射线通过电场和磁场，并且观察射线的偏离。很明显，射线中存在着带负电的成分，因为射线在磁场中发生了强烈的弯曲。这种类型的辐射被称为β射线。此外，似乎还存在另外一种类型的辐射，称为α射线，在通过磁场的时候路径似乎没有发生偏转。更详细的研究表明，α射线在磁场中有一个微小的偏转，证明其含有带正电的粒子。在日后有人发现携带α射线的粒子质量极大时，这种偏转极小的程度终于有了解释。1900年，法国巴黎高师的保罗·维拉德发现了放射射线中一种不受电场和磁场影响的成分，这就是γ射线。仔细的研究表明，这些射线以与X射线不同的方式穿透物质，所以它们被认为是又一种不同的现象。于是情况变得更加混乱。

1900年，欧内斯特·卢瑟福有了一个无与伦比的新发现。他注意到，钍元素的放射性随着时间的流逝而减少。这表明放射性可以消失。这样的观察结果是非常奇特的，因为铀元素的放射性似乎是不变的。卢瑟福在加拿大蒙特利尔与化学家弗雷德里克·索迪合作，就钍元素的放射性减少的关键机制提出了一个理论猜想。他们认为，放射性的过程恰恰是一种元素转化为另一种元素。此前，原子被认为是不变的，然而如果他们的设想是真的，那么人们认知中元素原子一成不变的日子就要结束了！！也许甚至还要更具讽刺意味的是，先前文艺复兴时期的炼金术师们所追求，且已经被19世纪的化学家"证明"是不可能的目标——转变化学元素种类……由卑金属变成金……的技术实现了。在1903年8月份的《科学美国人》期刊中，当时的科学家所感受到的惊愕被淋漓尽致地表达出来：

　　该对新发现的放射性物质做些什么是困扰着每一个有头脑的物理学家的问题。放射性物质拒绝融入我们已经建立的、和谐的化学体系；它们甚至威胁着要破坏我们在将近一个世纪以前就已经全盘接受的原子理论。元素曾经被认为是原始物质的单质形式，现在则被大胆地宣称为一种旋转着的微小天文系统般的物质单位。这似乎更像是酒后发梦，而不是清醒的想法；然而，欧里佛·洛兹爵士和开尔文勋爵本人都接受了这些新理论。

在元素的永恒性这一 19 世纪物理学和化学的基石如今被人质疑的同时，各种射线相继发现则是另外一个问题。有 X 射线、γ 射线、α 射线和 β 射线。此外，还有阴极射线和阳极射线（由阴极射线对应的一个有意思但本质上无关紧要的称呼）。卢瑟福、贝可勒尔和其他人的研究证明了 X 射线和 γ 射线不受电场和磁场的影响。α 射线和阳极射线被证明是质量相当大的、带正电的粒子。最后，β 射线和阴极射线表现得像带负电的粒子。此外，在研究了这些射线穿透物质的能力之后，阴极射线和 β 射线看上去相似得诡异。这一片混乱迫切需要有人来进行解释。为了充分理解这些事物的本质，我们需要回到 1897年，走进约瑟夫·约翰·汤姆孙（从来都简称为"J.J. 汤姆孙"）的人生。

电子的发现

J.J. 汤姆孙是剑桥大学卡文迪许实验室的主任，也是全英国最受尊敬的科学家之一。他对阴极射线的性质非常感兴趣，在研究阴极射线的时候，他用上了他无与伦比的实验技巧。

汤姆孙出生于 1856 年 12 月 18 日，父亲是一位书籍出版商，母亲是家庭主妇。他的童年生活可谓平淡无奇，尽管他很早就表现出技术方面的特长。在 14 岁那年，他被送到欧文斯学院（现在的曼彻斯特大学）学习。他的父母为他选择了一家工程公司，汤姆孙将来会在那里当学徒。在去之前，汤姆孙会一边学习工程学，一边等待这家公司招募学徒的机会。

汤姆孙 16 岁的时候，他的父亲去世了。顷刻间，他家变得无力承担先前与工程公司谈定的学徒培养费。他的母亲悲伤地告诉他，他想成为一名工程师的计划不再可能实现，于是汤姆孙转到了剑桥大学三一学院，学习更多工程学的知识。到了三一学院之后，他发现自己真正感兴趣的是数学。在 1876 年，学生们被严格地排名，而这个排名对他们未来的职业机会影响很大。正如读者们可能想象的那样，这样的一个系统鼓励学生们之间的激烈竞争，汤姆孙在他的年级中排名第二，仅次于约瑟夫·拉莫尔——后者日后成了一名著名的理论物理学家。

1880 年，汤姆孙开始在卡文迪许实验室工作，当时实验室的主任是瑞利男爵。瑞利男爵在 1884 年退休时，汤姆孙被任命为实验室主任，令许多人大跌眼镜。鉴于卡文迪许实验室之前两任的主任分别是传奇人物麦克斯韦和瑞利男爵，任命这样一位相对来说寂寂无闻的科学家对于很多人来说是不可接受的。学院的一位导师说，小男孩也能当教授，这成何体统。卡文迪许实验室的一位示教讲师格莱兹布鲁克写信给汤姆孙说："请原谅我之前没有写信恭喜你、并希望你作为教授工作愉快且成功的错误做法。你当选的消息让我震惊至极，以至于我根本无法及时写信恭喜你。"

尽管有这样那样的质疑，任命汤姆孙为卡文迪许实验室的主任被证明是一个正确的选择。在他的指导下，实验室在涉及电和原子性质的领域内进行了非常有价值的实验。他的很多弟子证明了自己的学术价值，包括实现很多重要的发现，以及在全欧洲范围内获得学术领域内的高级职位。在汤姆孙的领导下，有 7 位在卡文迪许实验室开始职业生涯的学者最终获得了诺贝尔奖，并且有 27 人当选皇家学会会员。尽管汤姆孙在实验室操作技术方面并不特别擅长，他却有一种天赋，他知道实验的结果有着怎样的重要意义。年轻的汤姆孙教授的助理之一 H.F. 纽瓦尔写道："J.J 非常笨手笨脚，我发现真的很有必要劝说他离实验器材远一点儿！但是他在讨论实验结果应该为何的时候，往往非常有帮助。"

在汤姆孙的诸多学生中，有一位年轻的女学生露丝·佩杰特，她是被允许在剑桥大学学习高等物理学的首批女性之一。她在 1889 年加入卡文迪许实验室，对于肥皂泡的振动进行了实验研究。她和汤姆孙于 1890 年 1 月 22 日结婚，后来有了两个孩子。年长的是儿子乔治·佩杰特·汤姆孙，他追随着身为物理学家的父亲的脚步，最后在 1937 年获得了诺贝尔物理学奖。他们的女儿，琼·佩杰特·汤姆孙，也致力于帮助她的父亲，经常陪同他出差。

当年轻的 J.J. 汤姆孙接任了卡文迪许实验室的管理职位之后，他开始了一项关于电的性质的实验项目。他对于阐释阴极射线特别感兴趣，在 1893 年，他写道："没有任何其他的物理学分支能给予我们如此大的机会以参透电的秘密。"

回想一下，阴极射线产生的条件是，将两个电极放置在玻璃管中，然后通过真空泵除去玻璃管中的大部分空气。在两个电极之间施加高电压，如果压力合适的话，剩余的空气就会导电。随着空气开始导电，阴极射线开始扭曲着发光，像一条紫色的蛇。气体产生荧光效应，被称为阴极射线，从负极（阴极）流向正极（阳极）。当阴极射线撞击玻璃管时，玻璃本身会发出荧光。随着克鲁克斯阴极射线管（之前我们讨论过）和其他类似的设计的出现，人们对于阴极射线的研究开始步入正轨。阴极射线受到磁场的影响，但是不受电场的影响。它使得玻璃管发热。它也导致了能够穿透薄层金属的 X 射线。这些阴极射线是什么？人们当然有很多的理论。

　　一般来说，英国物理学家们认为阴极射线是粒子。剩下的问题就是"到底是什么东西的粒子"。让·佩兰已经证明，阴极射线是带电的，因为它们可以为验电器"充电"。一种阴极射线的理论认为，它们是来自阴极的原子，且带上了负电荷。如果是这样，改变阴极的金属会改变阴极射线的性质，因为我们知道不同元素的原子具有不同的质量。一个相反的理论认为，阴极射线本身并不带电，但是它们引起了电荷的流动。它就像是一条含有水和鱼的河流。鱼和水都朝着同样的方向前进，并且息息相关，但是它们是不一样的。

　　德国的物理学家们则持有不同的看法。尽管人们已知磁铁可以使阴极射线偏转（如果它们果真是带电的，的确会发生这样的情况），海因里希·赫兹明白，电场应该有类似的效果。他设置了两块电极板，两者有间隔，阴极射线在两者之间流动，然后在两块板之间设置了强电场。如果阴极射线在本质上是电性的，它们应该会被电场偏转。实验的结果是，赫兹的电场对阴极射线的方向没有任何影响。这个实验似乎提供了确凿的证据，表明阴极射线本质上不是带电的。赫兹的学生菲利普·莱纳德在阴极射线的路径上放置了一张铝箔。正如我们之前已经讨论过的那样，阴极射线穿透了铝箔。这似乎表明，阴极射线是一种振动，这种模型的原理是阴极射线引起了铝箔的振动，从而导致了其外空间的振动，导致阴极射线能够穿透金属。这就像是对着鼓膜说话。鼓膜发生振动，使得声音从一侧渗透到另一侧。现在问题就变成了"是什么在振动"。最流行但并非唯一的解释是振动的物质是以太。以太被认为是传播光的振动的物质。那么，也许阴极射线是光的一种形式？但是，光并不像阴极射线那样受到磁场的影响。啧啧……难怪阴极射线的性质问题长久以来一直没有得到解决。J.J.汤姆孙在1897年写道："关于阴极射线的各种观点极其不一致……乍看起来，我们似乎应该不难区分如此不同的观点的优劣，但是经验表明事实并非如此。"

1897年，艾密·维谢得到了一个令人费解的测量结果。他不能确定电荷量，也不能确定阴极射线的质量，但是他能够测量阴极射线的质量与电荷的比率；也就是人们所称的 m/e 比（因为现在我们使用 e 来表示阴极射线粒子的电荷，而 m 表示它的质量）。许多元素的这一比率都得到过测量，最小的比率（氢元素的）也要比维谢测量出的阴极射线的比率大1000倍以上。从字面上理解，这意味着，如果阴极射线的质量与氢的质量相同，那么它们的电荷量应该会是后者所带的1000倍。或者，如果阴极射线与氢有着同量的电荷，那么它们的质量必须是后者的1/1000。因为得到的测量结果是一个比率，所以两种解释都可能是真实情况，真实情况也可能是能使得阴极射线和氢元素的 m/e 是 $1:1000$ 的其他任意质量数值和电荷量数值的组合。

J.J.汤姆孙和他手下一群能干的助手们参与了进来。为了阐明这个令人困惑的问题，汤姆孙进行了三次一丝不苟的实验，结果改变了世界。汤姆孙的第一个实验是让·佩兰在1895年的实验的改进版，当年的实验表明了阴极射线是带负电的粒子。对于佩兰实验结果的这种解释存在着一种反驳，即或许带负电的粒子和阴极射线只是朝着同样的方向运动，但是两者并不是真正相关联的。佩兰仅仅将一个静电力测量设备放在阴极射线的路径中，然后观测到电的存在。汤姆孙增加了一个外部的磁铁，使得阴极射线偏转。他发现，带电粒子始终"跟随"着阴极射线。只有阴极射线击中静电力测量设备的时候，设备才会显示电子的存在。虽然这个实验结果并没有完全排除"阴极射线与带电粒子朝着同一个方向运动，但是两者不同"这个假设，它却提供了极具暗示性的证据，指明阴极射线与带负电的粒子是同一种东西。

当然了，还存在有赫兹的实验结果，它显示电场并没有使得阴极射线发生偏转。这就直接与阴极射线是带负电荷的粒子的想法相冲突。汤姆孙有关电子通过气体的实验的丰富经验使得他提出了一个洞见深刻的假设。诚然电场会使带电粒子发生偏转，但是只有当带电粒子没有被（通过比如铜管或者铜线网）电场隔离开的时候才会如此。汤姆孙知道，阴极射线能够让气体导电，他认为，或许带电的残余气体会使得阴极射线免受外部电场的影响。因此，汤姆孙付出了巨大的努力想要去除玻璃管内的所有气体，并且制造出如图 2.2 中所示的设备。

汤姆孙用传统的方式制造阴极射线，并使其通过带有电场的区域。它们一路向前，最后抵达一个涂有荧光材料的屏幕，上面贴着一

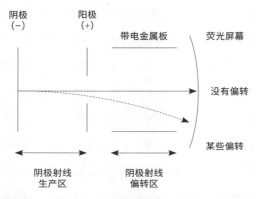

图 2.2 现代电视的基本工作原理图示。左侧的区域产生阴极射线（用现代的话说，就是加速电子），而右侧的区域则让它们发生偏转。

把尺子，以便能够测量偏转。当不施加电场的时候，阴极射线沿着直线前进，并且在荧光屏幕的中心处产生亮点。然而，当施加了一个电场之后，他看到了那个亮点移动了！！！汤姆孙对于赫兹之所以没有能够观察到阴极射线偏转的解释被证明是正确的。更重要的是，汤姆孙给出了对于"阴极射线不是带电粒子"的这个反对意见一个重要的驳斥。

如果汤姆孙的第二个实验没有成功的话，他的第三个实验就不会存在了。他想要测量两件事情；首先是阴极射线的速度，因为如果它们是一种形式的光，那么它们必定以光速行进。他想做的第二件事是验证维谢早期对于阴极射线的质荷比的测量数据。

为了测量阴极射线的速度，汤姆孙使用了两项物理知识。其一是，某物体受到的磁力强度与该物体的速度成正比。其二是，由于电场和磁场可以使运动的带电物体发生偏转，如果通过人为的方式设置电场和磁场，让二者使得物体向相反的方向偏转，电场和磁场导致的偏转力的强度可以被调整，最终可以让它们彼此抵消。当这一点得以实现时，粒子的速度可以通过简单的计算来确定。（注意：现代实验室的演示使用的是这种技术。从汤姆孙的原始论文来看，他的方法相似，但稍显不够简洁。）汤姆孙进行这个实验的时候，发现阴极射线的速度远远小于光速。因此，阴极射线不能简单地被认为是一种光现象。

最后，一旦粒子的速度被确定，通过第三个实验可以很容易地确定阴极射线的质荷比（然而想要展示这到底多容易还需要插进来一堂数学课才行）。汤姆孙的第一个结果支持维谢的发现。然而，汤姆孙意识到了也许阴极射线是来自阴极或者气体、带上了电荷的元素原子的这一可能性，他决定用不同的气体重复实验，并且使用不同的金属来作为正负电极。在所有的情况下，他发现阴极射线的质荷比始终是相同的。看上去构成电极的金属种类或者阴极射线周围的气体种类的确并不重要。平心而论，要是有人在此提出更重的原子可能会带更多的电荷的猜想是合理的（他所测量的仅仅是一个比率），但是汤姆孙认为，事实并非如此。

于是，汤姆孙坐下来想了想。怎么才能解释他和其他人测量出的大量特性呢？他注意到，他测量的质荷比几乎比任何已知元素质量的质荷比小大约 1000 倍。这个测量结果与测量使用的材料无关，因此他认为他可能看到了某些全新的东西。他在 1897 年那篇开创性的论文中写道：

> 从这些测量结果中我们看到，m/e 的数值与气体的性质无关，该数值的数量级为 10^{-7}，相较于 10^{-4}——电解中氢原子的 m/e 比值，也是此前已知的最小 m/e 比值——来说是非常小的。
>
> 因此，阴极射线中的载流子的 m/e 比值与电解中载流子的 m/e 比值相比非常之小。m/e 比值之小，可能是由于 m 值很小，或者 e 值很大，或者两者皆有。

汤姆孙接下来讨论了莱纳德的一些实验结果，它们表明最有可能的情况是，阴极射线的质量非常小这一观点是正确的，但当时他并没有进一步宣布这个结论是确定的。推测起来，他或许是感觉有必要直接测量阴极射线的电荷或者质量。这个实验将在两年后进行，我们一会儿再继续讨论。

然而，1897 年仍然有很多不解之谜。尽管如此，J.J. 汤姆孙觉得他已经收集了足够多的信息来向他的同事们宣布自己的实验结果。1897 年 4 月 30 日，这一天是星期五，汤姆孙向他的同事们，还有伦敦的一些"大人物"——这些人聚集在一起来听科学界的新鲜事儿——宣布自己的研究结果。在英国皇家研究院的大讲堂上做公众演讲时，汤姆孙宣布了自己非凡的发现。他发现了一种构成原子的粒子。所有有学问的人们都知道，原子是元素最小的粒子，没有内部结构。但汤姆孙告诉人们，这是不正确的。原子有结构。他在随后的论文中写道：

> 我认为，最简单直接的解释这些事实的方式，建立在已经被许多化学家接受的、对于化学元素构成的观点之上。这种观点认为，不同化学元素的原子是同一种原子的不同类型的聚集体。在这个由威廉·普朗特提出的假设中，不同元素的原子都是氢原子；具体这种形式的假设是不成立的，但是，如果我们用某些未知的本初物质 X 替代氢，便没有任何已知的信息与此假设相矛盾，此假设在前不久也受到了诺曼·洛克耶爵士从对于恒星光谱的研究结论的支持。
>
> 如果，在阴极附近的非常强烈的电场中，气体的分子被解离并且分裂，不是分解成普通的化学原子，而是分解成这些本初粒子，我们将其简称为微粒；又或者这些微粒带电荷，通过电场从阴极射出，它们会表现得完全像阴极射线一样。

因此，对于很多科学史学家来说，这个讲座预示着现代粒子物理时代的序幕正式拉开。

汤姆孙称呼他的新发现为"微粒"（corpuscles），然而在这方面他很快地被同事们甩在身后。虽然大多数人对他的断言持怀疑态度（在场听众中的一位业界要人后来告诉汤姆孙，他当时以为汤普孙是在捉弄人），但很快相关的证明越来越多。物理学家开始将这种新粒子称为"电子"，这个词是由 G. 约翰斯通·斯托尼 1891 年于另外一种完全不同的情境下创造出来的。斯托尼用"电子"这个新术语来描述在实验中发现的、电流通过化学物质时的最小电荷单位。在长达二十多年的时间内，汤姆孙都没有使用过"电子"这个词。

当汤姆孙测量质荷比的时候，他对于阴极射线的质量和电荷量两者本身都知之甚少。两年之后，汤姆孙用完全不同的技术表明，一颗"微粒"所带的电量，与一颗氢离子所携带的电量大致相同。因此，人们得出了一个不可避免的结论：电子的质量非常小（现代实验测量得出结果，电子的质量是氢原子质量的 1/1886）。于是，人们了解了电子是原子中质量非常轻的成分，每一颗电子都带有与离子相同的电荷。由于对实验数据的绝妙理解，以及独创的一些精妙的实验，汤姆孙在 1906 年因为"对气体放电量的研究"而被授予诺贝尔物理学奖。1908 年，汤姆孙被授予爵士身份，1912 年获得功绩勋章。汤姆孙一直活到 1940 年，足够看到他的发现带来的许多超凡的影响。

原子的性质

随着人们认识到原子内部包含着更多的本初原子（或者至少有电子的存在），科学家们很快就意识到，一个全新的研究领域已经在他们面前展开……也就是关于原子的性质以及对于其中包含的成分的理解。此外，卢瑟福与索迪在蒙特利尔麦吉尔大学的研究工作表明，至少放射性原子之间可以相互转化，他们阐明了这种转化受制于严格的规则。对于这种转化的最简单的解释是，原子中尚未发现的成分以一种尚未被理解的方式被重新排列了。显然，元素背后隐藏的转换规则是神秘的，需要进一步的研究。一个全新的研究领域，甚至可以说是一种全新的理论框架得以展开，这是一种罕见的情况。19 世纪后期安定的自信（即自鸣得意的态度）被抛之脑后，取而代之的是，物理学家们满心都是与有待探索的新疆界相关的兴奋与激动。新的知识等待人们获取，新的谜团等待人们解开。生活真是美好。

最紧迫的问题之一，是原子性原子（atomic atom）本身的性质（根据常见的用法，我们将简单地称之为原子）。已知不同元素的原子具有不同的质量，且并不带电。原子唯一的已知成分——电子，是带负电的，其电量等同于一个离子（或者原子）可以携带的最小电荷，并且电子的质量比原子的质量小得多。由于已知原子是电中性的，那么关于原子内到底是什么东西携带正电荷的问题，以及造成原子质量比电子大得多的原因的问题，被认为是最紧迫的需要解决的问题。同样有价值的是原子们之间如何相互作用的问题……基本上等价于如何用原子物理学解释化学。

第一个问题在更复杂的化学问题之前得以解决。日本物理学家长冈半太郎提出了一个有意思的原子模型。他认为，或许原子看上去就像是一个小型的土星。有一个带正电荷的中心，周围环绕着一圈电子。人们很快注意到了这个模型的问题。当一个像电子一样的带电粒子做环形轨道运动时，它就像一个小型的无线电发射机一样辐射电磁波。随着辐射，电子将失去能量并且螺旋下降到原子的中心。所以，长冈的原子模型被淘汰了。我们稍后会继续说到它。

英国物理学家开尔文勋爵提出了第一个受到普遍重视的原子模型。这个模型表明，原子内带正电荷的物质是一种半液体的物质，其中分布着小且坚硬的电子，就像蛋糕中的葡萄干一样。作为英国人，开尔文勋爵将其与布丁中的梅子进行了类比，因此该模型又被称为

"梅子布丁"模型。J.J.汤姆孙非常喜欢这个想法，在1904年，他计算了"布丁"中电子的一些可能的运动。很多人都将最初提出梅子布丁模型的功劳错误地归功于汤姆孙，但是实际上这个荣誉应该属于开尔文勋爵。

　　梅子布丁模型虽然富于灵感，但是并没有证据表明它是正确的。在它被人们普遍接受之前，需要有实验验证。新西兰的硬汉物理学家欧内斯特·卢瑟福对这个问题进行了确定性的实验。

　　1871年8月20日，欧内斯特·卢瑟福出生于新西兰尼尔森市的郊外，父亲是苏格兰移民，母亲是英格兰裔教师。卢瑟福的父母非常重视教育，努力让他们的12个孩子都上了学。早在年少时期，欧内斯特就展现出了在数学方面的天赋和对科学无穷无尽的好奇心。因为卢瑟福家境较为贫寒，所以他获得高等教育的唯一机会就是赢得奖学金，在第二次尝试之后终于获得了成功。继他哥哥乔治之后，欧内斯特也进入了尼尔森学院，他在学业方面一直表现优异，并且在毕业年级打了一年英式橄榄球。（我不知道物理学家和橄榄球之间有什么关系，但是当我读研究生的时候，英式橄榄球队的大部分队员都是物理系的研究生。）卢瑟福在毕业那一年每门课程都是班级第一，并且考取了全国范围内的10个奖学金名额之一，尽管为了获取这个奖学金他也考了两次。凭借此奖学金，他能够进入现在的坎特伯雷大学就读。1892年，卢瑟福被授予文学学士学位，同时获得当年在数学领域唯一的高等奖学金，该奖学金让他又能够在大学里多学一年，在此期间，他获得了数学和物理学的硕士学位。正是在这一年里，他推导出一种测量时间的方法，误差只有十万分之一秒。1894年，他获得了地质学和化学的理学学士学位，1895年，他获得了一项极高的研究奖学金荣誉。这项奖学金让他有进一步学习的机会。英国剑桥大学最近允许录取"外部学生"（即没有获得过剑桥大学学士学位的人）接受高等教育。

　　1895 年，年轻的卢瑟福抵达剑桥，开始为大名鼎鼎的 J.J. 汤姆孙工作，他为汤姆孙设计了一种能在几百米的距离范围之内检测电磁波的方法。在当时，他设想这种技术是为了船舶在特大雾中能够检测到灯塔的信号。在卢瑟福取得成功之后，汤姆孙邀请他一起研究气体的电传导，并将无线技术（即无线电）商业化的机会拱手让给了古列尔莫·马可尼。

　　当汤姆孙发表令人激动的对于电子的发现的时候，卢瑟福正是卡文迪许实验室的成员之一。由于他出色的研究工作，卢瑟福获得了研究学士学位，当加拿大蒙特利尔的麦吉尔大学的麦克唐纳教授席位出现空缺时，卢瑟福接受了它。当然了，这也因为他是汤姆孙的弟子之一。当听到这个好消息的时候，卢瑟福写信给他的未婚妻道："他们希望我能够做很多的工作，并且组建一所研究型学院，好把美国佬比下去！"而我们将会看到，麦吉尔大学的确选择了最合适的人来完成这项任务。

　　在麦吉尔大学，卢瑟福终于获得了与他订婚多年的未婚妻玛丽·乔治娜·牛顿结婚所需要的稳定收入。他们于 1900 年在新西兰的基督城结婚，于 1901 年生下了他们唯一的孩子，女儿艾琳。

　　在令卢瑟福衣食无忧的同时，麦吉尔大学也令他在工作上大有进展。在我们对于放射性的讨论中提到过卢瑟福发现了看上去与阴极射线相同的 β 射线。到此刻，人们已经知道 β 射线是某些放射性元素自发性发射的电子。在同一篇论文中，卢瑟福宣布还存在另外一种类型的辐射，称为 α 射线。遵循类似于他的导师汤姆孙的研究方法，1903 年，卢瑟福能够证明，α 射线具有与双电离氦原子（即电量是氢原子的两倍、质量是氢原子四倍的原子）相同的质荷比。

大约在同一时间，卢瑟福开始与一位化学家弗雷德里克·索迪合作，试图更好地理解放射性的性质。他们二人在一起证明了，一种特定元素的纯样本发生放射性衰变之后，剩下的是各种不同元素的混合物。他们二人还一起推断出，被认为是特定某元素基础且恒定的最小样本的原子其实并非如此稳定。一种元素可以转化为另一种元素，他们两人还研究出了几条原子"嬗变链"。于是，核化学的领域就此开启，因为这项了不起的工作，卢瑟福 1908 年被授予的是诺贝尔化学奖，而不是物理学奖，奖励他"对于元素分解和放射性物质化学机理的研究"。索迪的诺贝尔奖来得更晚一些（1921 年），奖励"他对于放射性物质的化学性质认知的贡献，以及他对同位素的产生和性质的研究"。

配得上诺贝尔奖的新发现打开了新世界的大门，在 1907 年，卢瑟福被邀请回到英国，并且成为曼彻斯特大学的物理学兰沃西教授。也正是在这个时候，他与安托万·贝可勒尔开始了一场辩论，关于 α 粒子从放射性物质中喷射出的时候会发生什么样的反应。贝可勒尔进行了一项实验，让他相信，α 粒子在被喷射出之后会加速。这种行为要是真的，可会是非常奇怪。卢瑟福进行了类似的实验，并且确定 α 粒子实际上在空气中运行的时候会放慢速度。两个人都对对方的结果提出异议，幸运的是，他们都是文明人。他们不会在黎明时分用手枪决斗，而只是重复各自的实验。事实证明，卢瑟福是对的。

像这样的小分歧，对于位于知识前沿的物理学家来说，算是日常生活中的一部分了。通常情况下，这些分歧都不太重要。然而，在上面这个例子中，这个小小的争议却引导了一种新的思维方式。卢瑟福不断地重复自己的实验，在实验中他发现测量 α 射线的路径是非常困难的（而测量它对于完成实验来说是必须的）。尽管卢瑟福是一个"重想法"而"轻细节"的人（据报道，他曾经说过"在别的地方总会有缺乏自己想法的人能帮我把准确数值测出来"），情况需要的时候，他还是会进行仔细的实验。然而，尽管他十分努力地尝试，他依然无法准确地测量 α 粒子在空气中运动的路径。α 粒子似乎到处跳来跳去。最后，他认定，准确地测量 α 粒子是如何散射的是一个必要的实验。卢瑟福构思了一个实验，然后将这个问题分配给一位研究助理——汉斯·盖革，当时盖革正与一名本科生埃内斯特·马斯登一起工作。实验内容如下：设置一个放射源，一块涂覆硫化锌的屏幕，中间由一张金箔将两者分隔开。我们之前提到过，克鲁克斯已经注意到，放射性物质会引起硫化锌闪烁（也就是发光）。因此，实验需要盖革或者马斯登坐在一个完全黑暗的房间里至少 15 分钟或者更长的时间，以便让眼睛完全适应黑暗。然后，放射源会发出大量的 α 射线，穿过金箔后，撞击在硫化锌屏幕上。实验者将关注闪光的地方，然后将它们记下来。没有发生散射的 α 粒子会直接穿过金箔片，并且不发生偏离。一个微小的散射会表现为一个微小的偏离，随着散射性越来越大，偏离也越来越大（参见图 2.3）。

　　通过确定不同程度的散射发生的概率，人们有可能会了解 α 粒子的散射机制。实验者选择了金箔，因为金的密度很高，因此撞击金原子后散射的物质会被集中在一个特定的点上，而不像是空气般扩散很大的范围。因为金箔具有大量的质量，因此粒子在从放射源传播到屏幕的过程中，在空气中的散射就变得更不重要了。以这种方式设计装置使得分析和解释都相对地更加容易。

　　鉴于放射源的强度，实验者必须长时间地坐在黑暗中去观测几乎察觉不到的闪光，相当耗费眼力。收集足够的数据需要很长的时间，因此盖革和马斯登在黑暗中坐了很久很久。（所以读者们应该明白盖革为什么对于发明能够检测放射性的盖革计数器表现得非常积极……）经过大量的数据采集和分析之后，他们将实验结果提交给卢瑟福。在仔细听取报告之后，卢瑟福建议两个人看一看是否有任何 α 粒子向后散射。事实证明，这一建议比卢瑟福原本希望的更具有启发性。

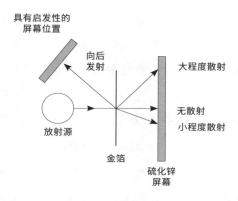

图 2.3 卢瑟福的实验。一个放射源朝一张金箔发射 α 粒子，目的是理解 α 粒子如何在与金原子碰撞后发生散射。散射模式得以表现出原子核的性质。最重要的信息是意想不到的向后散射。

在我们继续之前，让我们思考一下我们的预期。最前沿的原子模型是开尔文爵士和汤姆森的梅子布丁模型；一种带有正电荷的黏稠流体，其中四处嵌着电子。已知 α 粒子是高速移动的氦原子核（相对而言质量较大）。这种重型"炮弹"应该能够直接穿过原子黏糊糊的"布丁"部分，只会发生极少量的散射。同样，大多数 α 粒子会至少发生一点点偏离，因为它们必须都要通过整个黏稠的原子。该模型如图 2.4a 所示。

盖革和马斯登进行了这项实验，与所有人的预期截然相反的是，他们发现，每 8000 个左右的 α 粒子中，有一个被向后反射。这真是不能更奇怪的现象了。如果是梅子布丁模型的话，这种行为是难以被解释的，因为该模型只会允许存在相当轻微程度的散射。不久后，卢瑟福发表了后来被多方引用的评论："这真的是非常了不起的发现。就好像是我们向一张纸发射一枚 15 英寸口径的炮弹，它却被这张纸弹回来了。"

　　卢瑟福知道，盖革和马斯登的实验数据与梅子布丁模型不符，但是到底什么样的模型才能更好地吻合实验数据呢？作为一位高级教授，卢瑟福有着很多冗杂的行政事务，但是 α 粒子的散射难题一直萦绕在他的心头。最终，大约 18 个月之后，卢瑟福获得了灵感。他告诉他的同事们："我知道原子长什么样儿了。"卢瑟福解释了他的原子模型。原子必须含有一个致密的、带电的核（在当时，原子核是带正电的还是带负电的这个问题还没有得到解决），四周是几乎全空的空间。这样，大多数 α 粒子直接绕过了原子的中心，于是只有一点点偏转。但是，偶尔也会有 α 粒子直接撞击到了原子的核心，然后，就像子弹撞击石头墙一样，α 粒子会被弹射回后方。

　　1911 年 2 月，卢瑟福向曼彻斯特文学与哲学协会报告了他的假

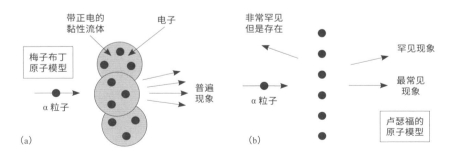

图 2.4（a）汤姆孙关于原子的设想，即所谓的"梅子布丁"模型，原子中存在含正电荷的黏性流体，其中含有小且坚硬的、带负电荷的电子。（b）卢瑟福的原子，包含一个紧凑的、带正电荷的原子核，被一团弥散的带负电荷的小个头电子所包围。

设，随后在 4 月份提交了一篇论文。他准确地推导出了原子的基本性质。原子有一个体积小且质量大的原子核，直径约 10^{-14} 米，周围环绕着一层薄薄的、围绕着原子核做运动的电子云。这层电子云的厚度大约为 10^{-10} 米，超过原子核直径的 10000 倍。为了更详细地说明，如果原子核的体积为一个弹珠大小，那么电子则在原子核附近大约一个美式橄榄球场大小的空间内旋转，而原子核则位于"50 码线"[1] 之上。因此，我们可以看到，原子内部的大部分空间是空无一物的。

当然了，卢瑟福的原子模型和此前长冈提出的土星模型一样具有致命的缺陷。麦克斯韦的电磁学理论很容易证明该模型是不成立的。为了让电子能够做环绕运动，它需要被加速。被加速的电荷以光的形式辐射能量。随着电子失去能量，它的速度会降低，从而在直径较小的轨道上运行。最终的结果是，电子会经历一个"死亡螺旋"，然后一头扎进原子核。整个过程将持续不到一秒钟的时间。相当多的物理学家合理地认为这是一个致命的缺陷。卢瑟福意识到这个问题，并且在他的论文中指出："……现阶段我们不需要考虑所提出的原子的稳定性问题。"当卢瑟福写信给欧洲范围内其他受人尊敬的物理学家时，人们对他的想法的反应顶多是不冷不热，甚至有些人表示不屑一顾。卢瑟福似乎因为别人对他的这个想法的反应而感到有些吃惊，于是他不再继续努力推广他的这个想法。他转而写了一本书，题为《放射性物质及其辐射》。我们之后会回归这个专门化的难题。

---

1 美式橄榄球的中场线。——译注

原子核的性质

然而，让我们暂时忽略这个问题。如果卢瑟福是对的，那么原子核是什么样子的？物理学家和化学家认为，他们已经知道了各种元素的质量和核电荷数，尽管在这个话题上仍然存在着一些争论。表 2.1 给出了元素周期表前几个元素的数值（以氢原子的质量和核电荷数为基本单位）。因此，铍具有 4 倍于氢的核电荷数，和 8 倍于氢的质量。

表 2.1 前四个元素的质量和核电荷数（以氢为基本单位）

元素	质量	核电荷数
氢	1	1
氦	4	2
锂	6	3
铍	8	4

早在 1815 年，一位英国化学家威廉·普朗特提出了一个被忽略了将近 100 年的想法。他认为，或许所有的原子都可以由不同数量的氢原子组成，越重的元素原子含有的氢原子越多。当时，质量是人们最为了解的属性，因此，普朗特会说，一个铍原子由 8 个氢原子组成。当然，我们看到了这是不可能的，因为这样的话，铍原子的也会是氢原子的 8 倍（是实际测量值的两倍）。所以普朗特运气不好，没猜对。当然，如果设想带正电荷的粒子很重，而带负电荷的粒子很轻，人们会重新考量普朗特的想法。如果正粒子和负离子具有相同的电荷量（但是符号相反），我们可以建构一个自洽的理论。原子的质量来自集

中在原子中心的、质量很重的正粒子。一些带负电的电子位于原子核中，抵消一部分的电荷量［请记住（+1）+（-1）=0］。然后，剩下的电子围绕着原子核、在很远的距离旋转，这就是整个原子的构成。以氦原子为例，我们需要 4 个氢原子核和 4 个电子。两个电子留在原子核中，其他的电子则围绕着原子核运转。其他的原子也是由类似的方式构成的。图 2.5 显示了这个例子。

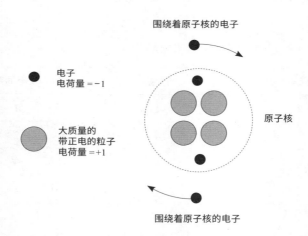

图 2.5 原子的早期模型，仅仅由电子和质子构成。在原子核中，几个电子抵消了质子的电荷量，为原子核增加了质量，而并不增加净电荷量。如果没有个头小且质量小的电子，原子核将仅仅包含质子，这样对于给定的质量来说，电荷量就对不上了。现在这个模型已被淘汰。

虽然这种模式很有吸引力，但是我们依然需要确认。这个实验在 1918 年至 1919 年进行（卢瑟福在 1914 年至 1918 年期间开始从事与战争有关的工作，而不是进行纯科学研究）。1919 年 4 月，卢瑟福发表了一篇论文，指出原子核含有质量大的、带正电荷的粒子。在他的实验中，他让 α 粒子通过一烧瓶的氢气。他知道 α 粒子在气体中能够运移动多远，而他看到有些粒子比他设想的移动得更远。卢瑟福意识到，大质量的 α 粒子撞击氢原子核并且让它们加速。这个观察结果并不令人吃惊。

当卢瑟福重复实验，并且让 α 粒子通过空气的时候，有趣的事情发生了。他知道，空气大部分是由氮气、氧气和二氧化碳分子构成，于是他可以计算当它们被 α 粒子撞击之后，将会以多快的速度移动。他得到了符合他预测的结果。但是他也看到了有某个粒子在空气中飞行了更远的距离，就像之前的氢原子核一样。由于他知道空气中几乎没有氢原子的存在，所以他似乎不太可能把这些穿透粒子的现象简单解释成 α 粒子撞击到氢原子的情况。所以他又做了很自然的事情。他通过化学方法生成了纯氧气、纯氮气和纯二氧化碳的样本。当他重复实验的时候，在氧气样本和二氧化碳样本中，他没有看到深度渗透的粒子，但是在氮气样本中，他的确又看到了深度渗透的粒子。在他的论文中，卢瑟福推断，氮原子具有独特的原子核结构，或许可以被认为是一个紧密结合在一起的核心，再加一些松散的、游离的氢原子核。由于它们是被更松散地约束在核心周围，所以它们很容易被 α 粒子击散。另一方面，氧原子和碳原子仅仅具有一个紧紧聚集在一起的核心，其中并不包括松散地附着于其上的氢原子核。由此，卢瑟福证明了至少氮原子核内部包含比它更本初的氢原子核。卢瑟福根据希腊词根 "protos" 将氢原子核命名为质子（proton），意思是 "基本的"，因此质子被证明是原子核的组成部分。

对实验进一步的改进导致卢瑟福开始思索原子核中单个质子和单个电子的特定组合。如果这样的组合是可能的，则该粒子将是电中性的。这样的粒子若真存在则会非常有用，因为它可以在物质中自由地移动。由于原子核和 α 粒子都带有电荷，它们可以通过各自的电场在很远的距离上相互作用。一个中性的粒子对于原子核来说是没有什么影响的，因此它们能够彼此靠得非常近。这种中性的粒子将成为原子核的理想的探测器。在卢瑟福发表于 1920 年的、关于这个问题的论文中，他明确地感谢了他的助理——詹姆斯·查德威克。我们在后文中还会遇到查德威克先生。

1919 年，卢瑟福回到了剑桥的卡文迪许实验室，这一次是为了接替他曾经的导师 J.J. 汤姆孙成为实验室主任。卢瑟福的学术之路又回到了他的起点。除了卢瑟福自己的诸多实验之外，他也被证明是一位非凡的导师。詹姆斯·查德威克是卢瑟福的一位年轻学生，如同尼尔斯·玻尔一样，是量子力学奠基人之一。在卢瑟福的鼓励下，约翰·考克饶夫和欧内斯特·沃尔顿开发了第一个真正的粒子加速器，为粒子物理学的实验开辟了一条全新的路径。卢瑟福的所有这些年轻弟子最终都追随着导师的步伐成了门槛最高的诺贝尔奖获得者俱乐部的成员。甚至被称为"原子弹之父"的罗伯特·奥本海默——他是美国研制原子弹的"曼哈顿计划"的实验室主任，也曾经在卢瑟福的关注下工作了一段时间。

由于其杰出的研究工作，卢瑟福获得了 1908 年的诺贝尔化学奖和 21 个荣誉学位。1931 年，他被授予了男爵爵位，并且以他出生地附近的城镇命名自己为尼尔森的卢瑟福男爵。作为一名孝顺的好儿子，他发电报给自己的母亲道："现已成卢瑟福勋爵，荣耀更归功于您。欧内斯特。"但是男爵的生涯并不伴随着幸福。在他获得爵位荣誉的 8 天之前，他唯一的女儿在分娩第四个孩子后出现并发症而死亡。

1937 年 10 月 19 日，欧内斯特·卢瑟福在一场为了治疗他在砍伐自家树木时患上的小疝气的手术后去世。卢瑟福的骨灰被埋葬在威斯敏斯特教堂的中殿里，东侧紧邻艾萨克·牛顿爵士之墓，也靠近开尔文勋爵之墓。在理解"原子并不像原本人们设想的那样具有根本性"

方面，卢瑟福直接和间接地发挥了至关重要的作用。没有卢瑟福至关重要的见解，震撼了全世界物理学家的世界观的量子力学的剧变，或许会推迟。一位训练有素的古典物理学家能够在用新知识取代他所学的物理学方面发挥如此关键的作用，展现了一种伟大的开放思想，并且提供了一个青年科学家们可以追随的很好的榜样。

通过卢瑟福和汤姆孙的努力，我们已经建立了一个与 19 世纪末期普遍认知中的原子模型完全不同的模型。原子中包括一个致密的核心，由质子，也可能还有成对的质子和电子构成，周围散布着相对距离较远、旋转着的结构松散的电子。质子和电子已经被观察到，而中子——卢瑟福把电子和质子处于紧密束缚在一起状态形成的粒子命名为此——则还没有被发现。卢瑟福并没有发现中子，但是由于他留给世界的遗产还包括一大批天才的研究人员，或许我们也应该将部分荣誉归功于他。

詹姆斯·查德威克是曼彻斯特大学的一名学生，毕业于 1911 年。毕业后，查德威克留在实验室担任卢瑟福的研究助理。1914 年，查德威克前往柏林，与卢瑟福的另一位弟子汉斯·盖革合作。由于第一次世界大战的爆发，查德威克的英国公民身份使得他受到了德国政府对于平民战俘的待遇。查德威克所受的对待尚可接受（尽管他还是饱受营养不良的困扰），他被允许通过阅读和与其他科学家聊天来满足学术好奇心，但是做实验是被禁止的。1918 年战争结束，查德威克回到了曼彻斯特。读者们应该还记得，这一段时间恰好是卢瑟福正在研究质子的阶段。1919 年，卢瑟福被任命为卡文迪许实验室的主任，查德威克跟随他来到了剑桥。在卢瑟福的指导下，查德威克于 1921 年开始攻读博士学位，获得博士学位后，查德威克被任命为卡文迪许实验室的副主任。

查德威克对卢瑟福提出的中子很感兴趣，他曾经在 1923 年和 1928 年两度试图寻找它，但是都没有成功。1930 年，欧洲大陆的实验结果激起了他的好奇心，他非常感兴趣地关注着。德国物理学家瓦尔特·博特和赫伯特·贝克尔已经注意到，当他们向铍金属块发射 α 粒子的时候，会产生电中性的辐射，该辐射能够穿透 20 厘米（8 英寸）厚的铅。他们认为这种辐射是高能 γ 射线（即光子流）。

伊雷娜·约里奥-居里（玛丽·居里与皮埃尔·居里的女儿）和她的丈夫弗雷德里克·约里奥-居里在电中性的射线前面放置了一块固体石蜡。（读者们会问："为什么是石蜡啊？"我也不知道……我也问过自己同样的问题。我们现在知道，石蜡是一个很好的选择，因为它的氢含量很高，但是最初究竟是什么启发了他们两人呢？）他们注意到，有质子离开了石蜡块。结果符合博特和贝克尔的分析，认为 γ 射线的光子流将质子撞出了石蜡块。

但查德威克不同意。他通过计算表明这种解释违反了能量守恒定律。他则认为这种电中性的辐射来自还没有被发现的中子。他开始验证他的假设。他重复了博特和贝克尔的实验，但是这一次，他让中性粒子撞击氢气目标。当中性粒子撞击氢气时，质子被撞出。

由于查德威克并不能直接看到中性粒子，他通过测量离开氢气的质子的能量来反推该中性粒子的质量。他发现该中性粒子的质量大约是质子的 1.006 倍。（这精度不赖吧？）中子被发现了。

当然，中子的性质问题（即，它究竟是质子和电子的混合还是一种完全不同的粒子？）还没有被解决。在提交于 1932 年的论文《中子存在的可能性》中，查德威克写道：

　　……即便如此，我们必须假设中子是原子核的普遍组成部分。然后，我们便可以进一步用 α 粒子、中子和质子建构原子核，这样我们就能够避免假设在原子核中存在自由的电子……

……迄今为止，人们认为中子是由一个质子和一个电子组成的复合粒子。这是最简单的假设，它受到中子的质量大约为 1.006——只比质子和电子质量的总和少一点点这一证据的支持。这样的中子似乎是基本粒子组合形成原子核的第一步。很显然，这个中子可以帮助我们想象更复杂的结构，但本文不会进一步探讨对于复杂原子结构的设想，因为这些设想尽管确有意义，但目前并无出现重大突破的可能。当然，可以假设中子可能是一种基本粒子。目前这个观点还基本没有什么证据支持，除了能够用它来解释诸如 N^{14} 等原子核的数据这一点。

查德威克的实验结果很快就被大众接受了，当维尔纳·海森堡表明，中子不可能是由一个质子和一个电子的组合构成时，科学家们已经在逐步接受中子作为一种基本粒子的存在。因为对中子的发现，查德威克获得了 1935 年的诺贝尔物理学奖，在 1945 年获得了爵士爵位。

量子力学：中场休息

1932 年的原子模型如下所示。原子核仅由质子和中子构成，原子核外部被仅由电子组成的云包围。表 2.2 列出了原子的各个组成部分的质量和电荷，以质子的数据作为基本单位。此时的原子看上去已经开始像美国原子能委员会的标志了。这种模型有一个特别有价值的、特别令人满意的结果。比起"近一百种不同的元素各有一种不同的原子"这样的观念，我们现在可以将所有的原子解释为三种粒子的无限组合，或者可能是四种粒子，如果包括 α 粒子的话。这是一个明显的简化，并且表明了我们对宇宙的本质的理解有了很大的进步。只剩下一个问题。所有人都知道如上所述的全是胡扯。电子根本不可能按照上面描述的那样围绕着原子核运行。有些事情错得离谱。

表 2.2 构成原子的三种基本粒子的相对电荷量和相对质量。所有的单位都是相对于质子给出的。

粒子	相对质量	相对电荷量
质子	1	+1
中子	1.006	0
电子	1/1886	−1

　　这个难题的解决来自量子力学的故事。1900 年，马克斯·普朗克曾经假设，能量的值是断续而非连续的，其大小只存在限的可能。1913 年，卢瑟福的弟子之一，尼尔斯·玻尔采纳了普朗克的想法，并将其与卢瑟福的原始模型结合起来，成功地避免了人们从前针对长冈模型和卢瑟福模型所提出的反对意见。20 世纪 20 年代，学科发展蒸蒸日上，量子力学的传奇奠基科学家们在研究领域硕果累累。沃尔夫冈·泡利、维尔纳·海森堡、埃尔温·薛定谔、保罗·狄拉克和马克斯·玻恩都扮演着重要的角色。虽然量子力学的开端非常令人着迷，但是它着实超出了本书的内容范围。一旦原子成为了其他（比之更为基础的，称为粒子的）物质的聚集体，粒子物理学的前沿将再进一步。关于量子力学的有趣故事可以参考附录 D 中"阅读建议"给出的参考文献。

　　如果我们将知识的获取比喻为我们要攀登的无尽阶梯，那么"元素是由作为每个元素的最小样本的原子构成的"这一认知仅仅是一级台阶而已。更深层的理解是，这些原子根本就不是基本性的存在，而是包含着质子、中子和电子这三种粒子以错综复杂的方式排列的下一级台阶。大多数对科学浅尝辄止的学习者就停在了这一级台阶之上。卢瑟福的模式非常棒，它解释了大部分的、我们能看到的周围世界，但并不能解释全部。而你们，我亲爱的读者们，通过继续阅读，将沿着这条长长的台阶继续前进，上升至更有意思的高度。你的一些不太开明的朋友或者同侪或许不理解你对知识的渴望，但是，借用梭罗的话说，如果你的步伐与你的同伴们不一致，那么或许是因为你听到的是另一种鼓点节奏。此外，粒子物理学不断继续的故事引人入胜，我们前进的每一步，都让我们能够更接近在最深刻的、最基本的层面上对宇宙的理解。人们很早就意识到对于卢瑟福模式加以补充的需要。甚至就在卢瑟福和波尔最开始试图解释原子的"行星系统"之时，或者在查德威克明确地确定中子的存在之前，我们已经听到了来自粒子物理学进展迅速的初年开启时的隆隆声。虽然质子和电子的概念已经在化学家们那里存在多年，但是另一全新的东西已经到来。

20 世纪的一个谜团是关于光的本质。人们观察到，受热的气体会发出特定颜色的光。每种元素会发出一组不同颜色的光；实际上，每一组颜色都可以被认为是相应元素的"指纹"。令人惊讶的是，氦元素是在 1868 年 10 月，由约瑟夫·洛克耶爵士通过分析太阳光谱而发现的。太阳包含氦元素。一直到 1895 年，威廉·拉姆齐爵士才在地球上探测到了氦的存在，在一种含铀矿物——钇铀矿——中。因为拉姆齐爵士并没有高质量的光谱仪，他将样本寄给了洛克耶爵士和克鲁克斯——他们因为克鲁克斯阴极射线管的研究而声名在外。他们证实了他的发现。

　　正如我们在第 1 章中所讨论的那样，麦克斯韦已经证明了，光和电磁是同一个基本现象的两面。根据卢瑟福的原子模型，人们理解了光是由围绕着原子核的电子发射出的。由于不同元素的原子具有不同组成形式和不同数量的电子，这可能可以解释每种元素独特的"指纹"的成因。像往常一样，人们遇到了一个问题。尽管麦克斯韦的理论可以解释电子如何发光，但是它无法解释为什么每个原子只能发射出特定颜色的光。联系到人们对长冈和卢瑟福的原子模型的批评，当电子螺旋向下，义无反顾地扎入原子核中的时候，应该会发射出连续的颜色光谱。而尼尔斯·玻尔，仅仅通过添加了一个条件，就成功地"挽救"了这个在 1913 年提出的原子模型。玻尔说，电子只被允许在特定的轨道上运动。以我们的太阳系作比，就好像太阳系中存在着行星，但是两颗行星之间不可能存在别的行星一样。如果我们向火星发射一枚探测器，那么它或许会在地球附近，或许会在火星附近，但是绝对不会位于两者之间的位置。玻尔的假设并非根植于任何深层次的基础理论，相反，它更像是一种"如果这是真的，那它能解释很多问题"的想法。正如它能够解释为什么每一种元素只能够发射出特定颜色的光。当电子从外部的轨道跃迁到内部轨道的时候，它们会释放出单个的光子，该光子的颜色由且仅由电子的起始位置和终点位置确定。玻尔的理论仅仅是一个凭知识或经验的猜测，并没有扎根于更深层次的理论。是量子力学最终提供了解释性的理论框架。

β 辐射与中微子

　　当然，随着量子力学被用来解释原子发射出的光的颜色（更准确地说应该是能量），物理学家自然而然地把注意力转向了最近发现的多种类型的辐射。目前 X 射线和 γ 射线被理解为是含有大量能量的光子……人们可以认为它们的颜色对于肉眼是不可见的。X 射线的来自目前已经被人们充分理解了的电子云，而 γ 辐射则源自原子核中。α 辐射被认为是由一种更重的元素发射出的氦原子核，而 β 辐射则仅仅是从原子核中发射出的电子。当然现在我们也知道了，阴极射线是从围绕着原子核的电子云中喷射出的电子。各种辐射的性质似乎已经很清楚了。

为了进一步讨论，我们需要了解一个重要的物理学原理：能量守恒定律。关于这个定律的故事大概能写满一本书，或者至少也能占据一章的篇幅，但是我们在这里将只讨论一些要点。虽然"能量"是一个常用词，但其实所谓的"能量"是一个有点抽象的概念。能量的存在形式有很多种，虽然第一眼看过去，这些不同的形式彼此间不尽相同。我们要讨论的第一种能量是动能，或者说移动产生的能量。在空气中运动的棒球携带动能，因为它在移动。动能的类型有很多种：旋转动能，振动动能或者平移动能。因此，任何振动的、旋转的或者简单地移动的物体都携带能量。由于能量的总量不能改变，能量可能会改变形式，但是不会增加或者减少。撞钟的钟椎就是将平移能量转换为振动能量的一个例子。当钟椎停止移动，吊钟开始振动。我们很快就会重新说回到这种能量的转变。

第二种能量更难以形象化。这种类型的能量被称为势能。这种能量显然不是运动带来的；相反，它是有机会导致物体移动的能量。当你拾起一只球，然后松手，球就会落回（即移动到）地面。所以该球具有势能。同样地，如果你将一只弹珠装进弹弓，然后将弹弓拉满，弹珠并没有运动。但是，如果你松开手，弹珠就会移动，所以弹弓中的橡皮筋具有势能。

还有第三种能量更加难以领会，那就是质量能量。爱因斯坦的狭义相对论，即著名的 $E = mc^2$，表明了物质质量也是一种能量。这样的一个观点确实是革命性的，因为这意味着人们可以将动能转化为质能然后再转换回动能。附录 D 给出了爱因斯坦理论的相关细节。

我们需要的最后一个概念是能量守恒定律。这个定律声明，能量不能够被创造也不能够被破坏，只能改变形式。因此，人们可以发现，你之前将弹弓拉得越满（拥有的势能越多），之后弹珠最终移动的速度越快（具有的动能越大）。在这个例子中，"之前"和"之后"指的是释放弹珠的之前和之后。最后，我们可以通过将每种能量的数值相加来计算总能量，例如，总能量就是动能、势能和质能三者的总和。你无论何时计算这个能量总和都发现，这三者相加总是会得到相同的数额。让我们用一个特定的例子来说明这个想法。假设某一个系统或者情境下的总能量是某个随机的值，比如说 10，如果你将三种能量相加，它们的总和必定为 10。在表 2.3 中，我给出了能量守恒定律的四个完全随机的例子。

表 2.3 多种不同类型的动能、势能和质能的组合，它们的总和为同一数值。

能量的类型	例子			
	1	2	3	4
动能	2	0	8	6
势能	4	0	1	4
质能	4	10	1	0
总和	10	10	10	10

现在我们对能量守恒定律有了一定的了解，让我们回到辐射和核衰变的想法。让我们从一个静止不移动的原子核开始。在这种情况下，我们没有动能，没有势能，只有质能。然后原子核衰变成两个粒子，原则上它们都可以移动。这两个粒子都具有质能和动能（移动的能量），但是没有势能。因此，我们可以写得更清楚一点：

$$质量（原始的原子核）＝质量（粒子 1）＋质量（粒子 2）$$
$$＋动能（粒子 1）＋动能（粒子 2）$$

既然我们知道了原始原子核的质量和它的所有粒子的质量，我们不知道的仅仅是两个粒子的动能。由于其中一个粒子通常比另一个粒子质量大得多，所以这个粒子的动能非常小，可以忽略（我们称之为 0）。所以，我们只剩下了一个未知数。由于总能量是恒定的，这意味着较轻粒子的动能（以及速度）能够被完全确定。让我们随便编几个数字来举例子，假设原始原子核的质量为 11，两个粒子的质量分别为 9 和 1。因为大质量的子核的动能大约为 0，那么较轻粒子的动能无论如何都必须是 1，没有另外的可能。

所以让我们把注意力转向粒子衰变。作为 α 粒子衰变的例子，我们将讨论铀原子核衰变为一个钍原子核和一个 α 粒子的情况（$^{238}U \rightarrow$ $^{234}Th + ^4\alpha$）。因为 α 粒子的质量比钍原子核的质量小得多，所以它的动能是完全确定的。当实验完成之后，人们会得到预期的结果。多次实验测出的 α 粒子的动能数值是相同的。理论和实验结果是一致的。

β 辐射的情况应该能更加精确，因为电子的质量比 α 粒子的质量要小得多。所以，我们的理论应该更好用。我们以镭经由 β 衰变（即电子）成为锕（$^{228}Ra \rightarrow ^{228}Ac + e^-$）为例。再一次地，电子的动能应该能够完全确定。在测量的时候，我们应该只会得到一个特定的数值。然而，当这个实验完成的时候，我们发现，电子具有的动能从来不是预测中的那样，它们的动能总是比预测中的要少……有的时候还少得多。

　　此外，事实证明，β 辐射的动能可以是任何数值，唯一确定的是会比预期中的数值要少。这真是奇怪。图 2.6 显示了 α 辐射的能量和 β 辐射的能量的差异。

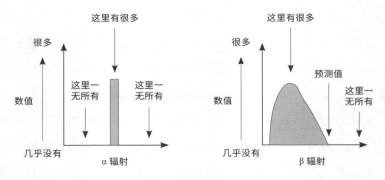

图 2.6 α 辐射和 β 辐射释放具有不同能量范围的粒子。在 α 粒子的发射中，所有射出的粒子都有特定的能量值。在 β 粒子的发射中，粒子的能量值处在一定的能量范围内，而所有的能量值都低于人们预测中的水平。这一观察导致了中微子存在的假设。

　　1914 年，查德威克首次观察到了 β 射线是以"错误的"能量值发射的初始证据。读者们应该还记得，他于 1912 年去到柏林，与汉斯·盖革合作。在第一次世界大战爆发之前的几个月，他就能够测量出 β 射线的能量分布。最开始没有人相信他，但是他的结果最终在 1927 年被查尔斯·德拉蒙德·埃利斯、在 1930 年被莉泽·迈特纳先后证实。

　　如何解释这个谜团困扰了物理学家相当久。看上去好像能量守恒定律被证明无效。这种可能性将会把整个物理世界掀个底朝天。尼尔斯·玻尔这如此天才的一名科学家竟也猜测，或许在放射性过程中，能量守恒定律并没有被遵循。尽管这是可能的，但是这将与所有受到普遍接受的思想和实验（除了 β 衰变以外）相违背。

最后沃尔夫冈·泡利提出了另一种解释。如果在衰变之后，产生了三个粒子而不是两个，那么就可以保持能量守恒。于是，人们需要将衰变产生的第三个粒子的动能和质量能量加入能量平衡方程之中。如果部分能量被储存在移动的第三个粒子之中，那么从 β 衰变中喷射出的电子能拥有的动能则会更少（回想一下，能量的总和必须始终保持不变）。那么早期的预测就是错误的，而这也解释了为什么电子在 β 衰变之后不总是具有特定的一个能量值。为了与已知的测量结果相符，这个假设中的第三个碎片必须非常轻，并且是电中性的（否则很久之前我们就已经发现它了）。另外，出于同样的原因，第三个粒子应该不会与其他物质发生强烈的相互作用。

1930 年 12 月 4 日，泡利在一次会议上向他的同事们宣布了他的想法，这次会议他是缺席的，因此这个想法通过一封信来传达。信是这样写的：

尊敬的具有放射性的女士们，先生们，

　　我谨此邀请您倾听这封信的朗读者，他将更详细地向您解释，面对氮与锂 6 原子核的"错误"统计数据和连续的 β 光谱，我是如何在被逼无奈中想出了一个解决办法，以挽救统计数据的"交换定理"和能量守恒定律。也就是说，在原子核中存在电中性的粒子的可能性，我希望能够称呼这些粒子为中子（neutron），它们具有 1/2 的自旋并且服从不相容原理，而且它们与光量子还有更多的不同之处：它们并不以光速前进。中子的质量应该与电子质量的数量级相同，在任何情况下都不超过质子质量的 0.01倍。通过假设在 β 衰变中除了电子之外还发射出了一个中子，连续的 β 光谱就成了可以理解的，这也使得中子和电子的能量总和恒定……

我承认，我的补救办法看起来不可思议，因为如果这些中子真的存在，我们应该早就观察到它们了。但是只有那些敢想的人才会成功，由于 β 光谱的连续结构所带来的困难的境况，被我尊敬的前辈，彼得·德拜先生的一句话所照亮，他最近在布鲁塞尔对我说："哦，完全不考虑这个问题也没什么，就像是大家都不去想新增税目一样。"从现在开始，解决问题的每一个方法都必须得到讨论。因此，亲爱的放射性同仁们，请您观察再判断。不幸的是，我不能去出席蒂宾根的会议了，因为 12 月 6/7 日晚上我必须出席苏黎世的一场舞会。我向您，以及白克先生，致以最诚挚的问候。

鄙人此致

W. 泡利

请注意，泡利使用了"中子"（neutron）一词，但是这是在查德威克于 1932 年发现真正的中子之前。而查德威克发现的、真正的中子的质量实际上相当大，显然这并不是泡利所描述的粒子。一段时间之后，意大利著名物理学家恩里科·费米为泡利的假想粒子起了一个新的名字，中微子（neutrino），它在意大利语中"微小的中性物"的意思。中微子是一个吸引人的想法，但它是真的吗？

在中子被发现之后，一些物理学家开始将注意力转向中微子是否是一种真实的物理存在。仅仅是因为它的存在能够解释问题并不意味着它就是真实的。在 1930 年到 1932 年这三年时间里，中微子的几个特性已经变得明显。1933 年 10 月，在布鲁塞尔的索尔维会议上，泡利发言指出：

> ……它们的质量不可能比电子的质量大太多。为了将它们与更重的中子区分开来，费米先生建议，我们称之为"中微子"。中微子的质量很有可能为 0……在我看来，中微子具有 1/2 的自旋的假设是合理的……我们对中微子与其他物质粒子和光子之间的相互作用一无所知：它们具有一个磁矩的假设在我看来似乎根本不成立。

到了 1933 年底，恩里科·费米设计了第一个"真正的"β 衰变理论，包括假设的中微子。实际上，他设计出了第一个弱力理论。我们还没有考虑粒子物理学中遇到的力，但是我们很快就会弥补这个缺陷。弱力基本上具有这样的性质，它允许一个仅被它所支配的粒子穿透距离很长的物质，距离之长可能超过地球的直径，同时不与物质发生相互作用。也难怪中微子尚未被检测到。

到了此时，中微子如果真的存在，它的许多属性都已经被确定下来。关于中微子最值得注意的未知之处是它的质量。它的质量是为 0，还是只是非常小？如果中微子不能够被直接观测到——因为它与检测器之间相互作用的可能性非常小——人们可以在 β 衰变的实验中，通过测量 β 衰变之后较大的子核粒子的动能，来确定它的质量。回想一下，早些时候，我们假设这个动能数值为 0，但是实际上它只是非常小而已。如果我们可以测量这个非常小的数字，我们就可以确定中微子的质量，就像查德威克用同样的方法测量中子的质量一样。经过诸多努力，所有的尝试都没有成功。

随着时间的推移，核裂变被发现，最终，第一次受控制的核反应在芝加哥大学的斯特格橄榄球场之下实现，随后在新墨西哥州进行了第一次不受控制的核反应——三位一体核试验。在这样大的核反应中，无数的原子经历 β 衰变并且发射出中微子。1951 年，一位名为弗雷德里克·莱因斯的物理学家有了一个想法，他将探测器放置在核爆炸现场的附近。有了这么多来自爆炸的中微子，在设计适当的实验中，至少可以检测到一些。这样的一个实验令人望而生畏，经过一番思考，莱因斯和另一位物理学家克莱德·科温决定，在一座可控的核反应堆附近进行拟议的实验可能更安全一些。他们在 1953 年 2 月提议了这个实验。他们把探测器放置在华盛顿州汉福德的一座核反应堆附近，并且试图从剧烈反应的来源处直接检测到中微子。春末夏初的时候，探测器建成了，到了夏天，他们得到了检测的结果……没有定论。核反应堆该何时运行、何时关闭是很难区分的。但是他们已经吸取了许多宝贵的经验教训，并且意识到汉福德的场地并不适合这个实验，因为他们的探测器中假信号过多（即，在已知没有任何中微子存在的情况下，探测器依然会呈现出阳性反应）。所以事情又回到了计划设计阶段。

1956 年，他们再次尝试，这次是在南卡罗来纳州的萨凡纳河核反应堆附近。这一次，他们减少了假信号，而且他们可以清楚地看到反应堆的运行时间和关闭时间。他们直接地观察到了中微子——在它被提出超过 25 年之后。因为这个来之不易且成功的实验结果，莱因斯获得了 1995 年的诺贝尔奖。（科温于 1974 年去世，而诺贝尔奖不能授予已逝之人。）我们将在本章的结尾讲回到中微子，并且在第 7 章中再次提到中微子。

　　现在，让我们梳理一下我们的发现。一个元素的 β 衰变，比如我们之前提到过的镭（具有 88 个质子和 140 个中子）衰变为锕（具有 89 个质子和 139 个中子），涉及质子和中子的数量改变。因此，这本质上可被视为一个中子（n^0）衰变成一个质子（p^+），一个电子（e^-）和一个中微子，我们用希腊字母"nu"（即 ν）来表示中微子（$n^0 \rightarrow p^+ + e^- + \nu$）。一个基本粒子（中子）转化为其他的基本粒子（质子、电子，和这种新粒子）。嗯……我们之前似乎也见过这样的嬗变。宇宙是否像曼妙的扇舞女郎一样，让我们得以一瞥其洋葱般其层层包覆的秘密中更为内里的一层？

　　答案是最令人兴奋的"是的"。随着观察到表面上是基本粒子的粒子嬗变过程，我们开始看到证明这些粒子根本不是基本粒子的证据。我们此前讨论过的历史整体算是平坦之途，带领我们通向对原子本质的理解，而我们现在将进入真正的未知领域。从此刻起，我们将要探讨此前几乎没有迹象指明其存在的物理知识。

更多的力

　　在我们继续讨论在 19、20 世纪之交那些最优秀的物理学家都无法想象的爆炸性粒子大发现之前，我们必须暂停一下，并且讨论一些概念，这将让我们更加理解这个发现过程有多么令人困惑。我们需要谈及证明有不同类型的力作用在粒子之上，对它们的行为有着重要影响的明确证据。另外，我们需要引入一个量子力学领域重要的概念……量子自旋的概念。掌握了这有助于释疑知识点，我们就能准备好迎接标志性的、20 世纪中期几十年的那些无与伦比的、令人目眩神迷的发现。

　　物理学家早就知道所谓的"原力"（the force）——早在乔治·卢卡斯"剽窃"这个概念并据为所有之前。理解力的概念，以及我们的宇宙中存在多少种类型的力，对于希望充分认识我们生活的这个世界是多么有意思的人来说，是至关重要的。我们日常生活中使用的力的概念并不像我们在物理学中使用的那么精确，但是我们将从"力"的几个常见的含义开始讲起。力其中的一个定义如下所述：我们说，如果一个物体被另外一个物体吸引或者排斥，该物体即是受到一种力。这种力的例子包括，地球对我们的吸引力，以及太阳对地球的吸引力。排斥的例子可以通过两块磁铁展示，如果朝向正确，两块磁铁会互相排斥。我们也将可以产生改变的东西称为力量，比如可以改变政权的军事力量，或者可以修改律法的政治力量。物理学家所定义的力同样也可以具有相似的含义，毕竟，总得有某个东西导致一个中子在 β 衰变的过程中衰变成一个质子，或者一个氦原子核在 α 衰变的过程中从一个质量更大的原子核中喷射出来。因此，力成了改变的制造者，无论是通过吸引还是排斥（以及改变一个物体的运动状态），或是通过改变对象的性质。

　　力是一个如此重要的概念，因此我将在第 4 章中用一整章的篇幅来讨论它。但是，当今我们对于力的本质的理解，与人们在 20 世纪早期对于力的观点有一定不同。为了进一步讨论粒子物理的早期历史，我们需要以类似于早期物理学先驱者们理解它的方式来理解力。

　　自从远古时代以来，人们就意识到了力的存在。甚至早在几千年以前，人们就知道了引力和天然磁石的力量（磁力），知道了静电力，以及天体有序的运行。正如我们在第 1 章中所讨论过的那样，在过去的一千年的下半叶，两位伟大的人物——牛顿和麦克斯韦做出了贡献，使得 19 世纪后期的物理学家所观测到的所有物理现象都可以解释为电磁力和引力的表现。引力能解释我们的体重和行星的运动。电磁学是一个新得多的理论，但是它解释了静电和其他所有的电现象，磁性，甚至光本身。我们对于原子的理解并不完整，但是很显然，静电力在其中起到了一定的作用，因为人们可以用电来分解构成分子的原子。引力和电磁力能够解释这一切。

随着卢瑟福原子模型的出现，这种简单情况被改变了。为了理解这一点，我们必须回顾两个事实。首先，卢瑟福已经表明，原子的原子核可以包含多达 100 个带正电荷的质子，质子们紧密聚拢成一个半径约为 10^{-14} 米的小球形。其次，我们必须记住，两个带正电的物体会感受到彼此的排斥力。在一个原子核中，数十个带正电荷的质子相互排斥，很明显，这样的原子核本身必然带有爆裂分散的倾向。然而，我们知道原子并不是这样。我们知道，除了放射性元素，其他元素原子的原子核是稳定的，基本上是永恒不变的。所以我们必须要考虑到如下三种可能的解释：（1）质子的想法是错误的；（2）电磁理论在这样小的距离上不起作用；（3）必须存在另外一种力来抵抗电磁力导致的原子相互排斥。

解释（1）和解释（2）通过实验被排除了，物理学家不可避免地得出结论，一种新的力被发现了……一种能够将原子的原子核凝聚住的力。这种力（如图 2.7 所示）被称为核力，偶尔也被称为强相互作用力（以下简称强力），以突出其比电磁力更强的性质。强相互作用的第一个证据（除去上一段中的简要讨论）在 1921 年被发现。查德威克散射来自某个目标的 α 粒子（即氦核），并且发现有比设想中更多的粒子被散射到某些特定的角度，这并不能通过 α 粒子和原子核之间的

图 2.7 展示强核力的必要性的图解。在没有一个起到平衡作用的力存在的情况下，两个质子之间存在的电磁斥力会导致它们加速并且彼此远离。这件事没有发生，说明存在一种更强的吸引力。箭头表示了每一种力，箭头的长度表示了它们各自的强度。

静电力解释。对于核力的行为始终没有一个合适的理论，一直到 1935 年，日本物理学家汤川秀树才对这个问题有了一些有价值的想法。

几年前，维尔纳·海森堡就曾经就强力如何作用有了一个想法。他知道人们可以将 β 衰变看作是一个中子通过发射电子，将自身转化为一个质子的过程。类似地，一个被电子击中的质子可能转变成中子。因此，他假设，核力可以通过电子在质子和中子之间的来回转移来解释。只要电子没有逃离原子核，质子和中子的总数就不会发生改变，但是某一个特定粒子的性质可能会发生改变。图 2.8 说明了这个基本想法。

出于量子自旋（我们很快就会讨论到）的原因，海森堡知道他的理论是错误的。为了更方便我们在这里讨论，请读者将自旋看成是每个粒子都有的性质，并且每个电子、质子和中子为 1/2 的自旋。为了算出总自旋，只需要将它们加在一起即可。所以在交换电子前和交换电子后，只有 1/2 + 1/2 = 1 个单位的自旋，而在交换的过程中，存在 1/2 + 1/2 + 1/2 = 3/2 个单位的自旋。由于总自旋量不能发生改变（就像能量守恒定律一样，自旋的守恒定律也是如此），海森堡知道他的想法是错误的，但是它很有意思。

汤川秀树很喜欢海森堡的想法，但是他和海森堡一样意识到了这

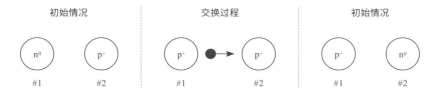

图 2.8 海森堡的核力理论。一个中子发射出一个电子，然后变成了一个质子。电子传播到相邻的一个质子处，将其变成一个中子。质子和中子的数量并没有发生变化，但是电子的交换被认为是导致强力的原因。这个想法因为不满足以量子自旋为形式的角动量守恒而淘汰。

个理论的问题。于是，他花了很长的时间，试图制定出类似的、但是没有矛盾之处的理论。当他读到费米关于 β 衰变的论文时，一道灵光闪过。费米的理论需要一个没有人看到过的粒子（神秘的、幽灵般的中微子）。汤川秀树意识到自己采取了一个错误的做法。他不应该将自己的理论强加于已知的粒子之上，而是应该创造一个新的理论，来看看需要哪些粒子才能让这个理论成立。只要他预测中的粒子不是太过不现实，那么或许它们是真实存在的。

综合了读过的一些想法，汤川秀树意识到，他假想中的粒子可能带有正电荷（发射该粒子会将中子转化为质子），负电荷（将质子转化为中子），或者是电中性的（在两个质子或者两个中子之间产生了一种力）。他知道该粒子的自旋为 0，这样就能修正海森堡试图解决的问题。此外，他还知道这种力非常强，但是奇怪的是，这种力并没有延伸到很远。他之所以知道这一点，是因为虽然这种力很强，但是当我们观测围绕着原子核的电子运动的时候，这种力对电子没有产生任何影响。在这个方面，这种力有点像尼龙搭扣。当两个对象相互接触的时候，这个力非常强大，但如果它们不彼此接触，则该力基本上为 0。利用这个信息，汤川秀树发现，他的理论需要一种质量约为质子的 1/10、且比电子大 200 倍的粒子。正如他在论文中所说的那样，问题在于，我们从来没有观察到过这样的粒子。汤川秀树将他提出的这种粒子称为 U 粒子，这个称呼从来没有流行过。后来的科学家为了纪念汤川秀树，提议将这个粒子命名为"汤川粒子"（Yukon），以及"介子"（meson/mesotron）。（meso 在希腊语中有"中间"的意思，即其质量位于质子质量和电子质量之间。）因为汤川秀树的粒子从来没有被观察到过，因此他的理论受到了不少怀疑，但是，存在着一种神秘的、新的、强大的核力这一点并没有任何争议。

在明确有三种力存在后，我们需要重新考虑放射性现象。我们刚才说过，力可以导致变化，而放射性衰变无疑是原子核的变化。然而，力的强度同样也与它能够多快地影响变化有关。已知，典型放射性衰变涉及时间非常长，而且范围很大，从相当短暂的若干分之一秒到几百万（甚至几十亿）年都有可能。由于电磁力和强核力反应所需时间比一秒钟还要短得多，它们不太可能是引起放射性现象的力。因此，显然还存在着第四种力，比电磁力和强核力要弱得多，但是比引力强得多。1934 年，恩里科·费米发表了他关于 β 衰变的论文，如今我们知道，这篇文章最终演化成弱相互作用力理论。弱相互作用力（以下简称弱力）似乎比电磁力弱数千倍，但是与引力相比弱力要大得多，而且它非常神秘。我们之后将讨论它究竟有多神秘。

所以我们看到，到了 20 世纪 30 年代中期，人们知道存在着四种不同的力，每一种力具有不同的大小和行为。当我们继续讨论新粒子的发现时会看到并不是所有的粒子都与每一种力发生相互作用。粒子与力之间的不清晰的局面需要某种更深入的理解。我们将在第 3 章和第 4 章中探讨现代粒子物理学对此的观点。但是首先，让我们再多聊聊历史吧。

一些让你头晕目眩的东西

我们必须要了解的下一个原理是非常微妙的……量子自旋。自旋是一个比较容易陈述的概念，但是你很快就会发现它很难懂。在这里，我们降低一下要求，将自己限制在为了继续理解粒子物理学所需要的认知的最低水平线上。我不会讲述关于自旋的整个历史，而是告诉读者们它是什么以及它为什么很重要。

所有已知的基本粒子表现出来的形态是它们好像是微小的、旋转中的陀螺一样。简单的计算表明，它们不能以通常的方式旋转，例如，当我们想知道电子必须移动得多快才能解释其实验测定的自旋时，我们发现电子表面的速度将超过光速。所以电子作为一个带电荷的、疯狂旋转的微小球体的这个想法并不完全准确，但是我们依然可以使用这个比喻，只要我们记住一些事实就好了。

量子力学的原理怪异、奇妙、完全违反直觉。我们都熟悉陀螺。尽管我们不能用数字像量化体重那样量化自旋，但出于直觉，我们认为，一个快速旋转的陀螺应该有较大的自旋，而一个旋转速度较慢的陀螺应该有较小的自旋。此外，陀螺的自旋速度应该是从最大值到 0 之间的任意值。在这方面，量子力学的自旋是完全不同的。每个粒子只允许采取特定的、间断的数值自旋。这就好像是你踏上一台磅秤，你只能看到准确的磅整数，比如 1，2 或者 3，但是不可能是 2.5。只有整数的磅数值才被允许。自旋的单位是神秘的，我们称之为 $\hbar$（读作 h 拔）。$\hbar$ 只是一个单位，就像磅一样。如果有人问你的体重，你回答 160，对方会知道你说的是磅数。类似地，如果有人问一个粒子带有多少的自旋，我们不会提到 $\hbar$。我们只说数字。被允许的自旋数值包括：（…，$-5/2$，-2，$-3/2$，-1，$-1/2$，0，$1/2$，1，

3/2，2，5/2，…）（注意："…"表示以同样的模式继续）。就是这样。1/4的自旋是不被允许的。因此，唯一被允许的自旋数字要么是整数（…，-2，-1，0，1，2，…），要么是半整数（…，-5/2，-3/2，-1/2，1/2，3/2，5/2，…）。

迄今为止我们所知的基本粒子中，电子、中子、质子和中微子都带有半整数的自旋（具体数值是1/2）。光子的自旋不同，数值为1，而汤川秀树提出的粒子，其自旋为0。在1924至1926年期间，人们已经发现，具有整数自旋和半整数自旋的粒子有着本质上的不同，并且表现也大相径庭。具有半整数自旋的粒子被称为费米子，以恩里科·费米命名，而具有整数自旋的粒子被称为玻色子，以印度物理学家萨特延德拉·纳特·玻色命名。玻色子在本质上是"群居的"，在同一时间、同一地点可能出现多个玻色子。而另一方面，费米子则是原子世界的独狼，在同一个地点不可能存在两个相同的费米子。这种根本性的差异对于它们的行为有着重大的影响。在第8章中，我们将会讨论一些可能弥合费米子和玻色子之间鸿沟的新的理论进展，但是截至撰写本文的时候，它们依然是两种截然不同的粒子。

当我们回到对在20世纪前60年被发现的粒子的研究时，我们需要记住，对于发现的每一种粒子，有几个重要的特性必须确定。当然，粒子的质量和电荷量是重要的，同样重要的是它是费米子还是玻色子。我们还有必要确定四种力中的哪一种影响某种特定的粒子，还有一个相关的问题是，粒子的存活时间有多长，它将衰变成哪些粒子？如果一个粒子的衰变方式有多种，哪种类型的衰变更可能，哪种类型的衰变更罕见？正是这些问题和其他问题的答案，让物理学家能够解决他们即将面临的混乱局面。

宇宙射线：来自天空的粒子

我们继续进入现代粒子物理学世界的这条路，需要我们重新回到 20 世纪伊始。在本章的前文中，我们了解到了玛丽·居里如何使用一台验电器来精确地测量存在于各种元素中的放射性总量。她采取这种方式的原因是，验电器是一种测量放射性的极其精确的方法。有了这样一台精密的仪器，其他的实验者们很快将它用于自己的实验中。在早期的物理学家群体中，验电器的身影无处不在。

有一件事让验电器的使用者们感到困扰。验电器的原理是测量四周空气的导电率。由于放射性的存在，空气的导电率会增加，但是其他的东西，比如空气中的水分（不知读者是否还记得居里夫妇潮湿的土豆地窖）也会增加空气的导电率。如果你试图测量物质的放射性，任何会改变空气导电性的物质（除了你感兴趣的放射性物质之外）都是干扰。因此，物理学家尽他们所能地在理想的情况下进行实验。这需要完全干燥的空气，以及以其他方式将他们的设备与任何可能影响空气传导性的物质隔离开来。为了验证他们是否充分地隔离了他们的设备，他们会给他们的验电器充电，然后观察验电器的度数是否在很长一段的时间内都保持不变。

然而，无论他们如何谨慎仔细地把他们的实验器材和周围干扰环境隔离开，他们发现验电器的反应总像是存在着辐射或者水分。由于他们已经非常仔细地去除了所有的水分，所以他们不可避免地得出了一个结论，即在地球上有着一个微小的、持续的放射性存在。这种假设并不是那么荒唐，因为我们已经知道，铀矿就是放射性的，而铀矿就来自地球。所以，可能含有微量放射性的元素无处不在。人们进行实验，试图把仪器和地球潜在的放射性隔离开。尽管屏蔽 α 辐射和 β

辐射以及 X 射线很简单，但是 γ 射线更具有渗透性，因此更加难以屏蔽。很明显，如果我们不能轻易地将验电器从地球上的 γ 射线中屏蔽，那么退而求其次，我们要做的就是使设备远离放射源。当然，做到这一点唯一的方法就是将验电器举高、举高，再举高。

1910 年，一位耶稣会的神父特奥多尔·伍尔夫将一台验电器带到了彼时最高的人造建筑——埃菲尔铁塔——的顶端。他惊讶地发现，他在铁塔的顶端比在底端检测到了更多的环境辐射。经过检查，他发现铁塔本身没有放射性，所以他感到很困惑。结果根本不像预期的那样。也许地球上存在着这样一种辐射，该辐射能够穿透从地面到埃菲尔铁塔塔尖之间高达的 300 米距离的空气，一直抵达伍尔夫的验电器？当然了，我们需要做的是另一个距离间隔更大的实验。鉴于埃菲尔铁塔是彼时最高的人造建筑，所以我们需要采取另一种方法。

1782 年，孟格菲兄弟做了一件前无古人的大事。他们实现了第一次气球飞行。或许这是一种将验电器抬高到高海拔区域的办法。在伍尔夫的观测实验之后，若干位科学家试图用气球来重复他的实验，但是随着海拔高度的增加而变幻莫测的气压和温度为进行实验带来了挑战。早期的测量结果，或者不够精确，或者可重复性不够高，所以人们无法得出任何结论。

1911 年，奥地利物理学家维克托·赫斯入场。他让一只气球带着验电器升至海拔 1100 米的高度，发现辐射并没有减少。1912 年 4 月，赫斯又进行了几次不同的实验，让气球上升至海拔 5350 米的高度。他发现了最神奇的事情。在海拔 2000 米以上，他发现辐射的含量是增加而不是减少。就好像辐射源不是来自地球，而是来自天空。天空中，一个显然的能量来源是太阳，但是随后在夜晚以及在 1912 年 4 月 12 日日全食的情况下进行的实验显示，辐射量也没有减少。正如赫斯后来所写的：

> 　　对这里给出的观察所揭示的发现的最好的解释是，假设有
> 穿透力很强的辐射从外太空进入到我们的大气层中，即使对于那
> 些深埋在大气中的计数器来说，也会产生电离作用……由于我发
> 现，在夜间或者日食期间的飞行中，这种辐射并没有减少，所以
> 我们很难认为，这个辐射的来源是太阳。

　　赫斯的观测结果并没有马上被大多数物理学家直接接受，但是曾一度被第一次世界大战打断的、更进一步的研究支持了他的结果。虽然该辐射最初是以赫斯命名的，但是在 1925 年，美国物理学家罗伯特·密立根给这种新现象起名为"宇宙射线"，很明显这是一个更有诗意的名字。这个名字得到沿用。由于其对宇宙射线的仔细研究，赫斯在 1936 年与卡尔·安德森共同获得了诺贝尔物理学奖，后者也是一位研究宇宙射线的先驱人物（而我们将很快再次提到这个名字）。

　　对于宇宙射线性质的进一步研究需要一种改进过的探测器。1911年，苏格兰物理学家查尔斯·汤姆孙·里斯·威尔逊发明了云室。这项新技术为宇宙射线的研究带来了革新。基本上，云室是一个含有潮湿空气的干净容器。一个不太为人所知的事实是，云的形成需要一个触发物，比如说一粒灰尘，水分子可以凝结于其上。有趣的是，当一个放射性粒子，比如说 α 粒子或者 β 粒子，穿越水蒸气的时候，它可以撞击掉空气分子中的电子，并且提供一个能够形成云的场所。因此，一个穿过云室的带电粒子会留下来一条小小的痕迹，看上去就像是一个小小的飞机尾迹云。这个凝迹可以被观察到，也可以被拍摄下来。

　　虽然现代的云室在构造上稍有不同（人们可以很容易地在网上搜

到说明，并且用现成的材料在家里自己建造一个云室），但是原理是一样的。如果取一个放射源并且将其放置在一间云室附近，我们可以看到小小的凝迹形成并且消失，然后被新的、穿过云室的粒子形成的凝迹所取代。对于业余的科学爱好者们来说，建造一间云室是一个很不错的计划。

即使没有放射性物质的存在，凝迹还是会形成，意味着宇宙辐射存在。有了这个奇妙的新装置武装，物理学家能够进一步地研究这些奇特的宇宙射线。1929 年，德米特里·弗拉基米罗维奇·斯科别利岑将一个云室置于磁场之中。由于带电粒子在磁场存在的情况下会沿着圆形路径运动（圆轨迹的半径与粒子的能量成正比），这使他能够测量宇宙射线的能量。他拍摄了 600 张照片，发现其中 32 张的照片显示，有来自云室外部的宇宙射线穿过云室，并且基本上未发生偏转，这表明了某些宇宙射线携带了大量的能量，其能量之大远远超过我们在放射性衰变中通常所见的。此外，他还看到宇宙射线进入云室并且撞击原子核。碰撞发生之后，形成了一些粒子。因为早期的云室主要含潮湿的空气，所以人们意识到，在整个大气层中都会存在类似的行为。由于每一个从碰撞中产生的粒子都可以继续与更多的空气分子发生反应，很显然，单独一个粒子通过其最初的相互作用和二次粒子排放及这些粒子后续的相互作用，可能会导致许多粒子撞击地球表面。这个现象被称为宇宙射线簇射。

同年，瓦尔特·博特和维尔纳·柯尔霍斯特使用另一种技术来研究宇宙射线……盖革 - 穆勒管。读者们可能还记得，盖革是帮助卢瑟福建立原子核模型的弟子。经过无数个在黑暗中度过的小时以寻找一个个小小的闪光瞬间，盖革发明了一种装置，当带电粒子穿过它的时候，装置会产生可听见的咔嗒声。盖革的眼睛终于不酸了。博特和柯尔霍斯特用两根盖革管来研究宇宙射线。他们注意到，当其中一根盖革管发出咔嗒声的时候，往往另一根管也会如此。无论是什么触发了其中一根盖革管，那么它似乎也能在另一根盖革管中被发现。博特和柯尔霍斯特发现，这种"巧合"的频率（即两根盖革管同时被触发的情况）取决于两根盖革管的相对朝向。当两根盖革管彼此靠近，其中一根位于另一根上方，他们观测到了最大数量的巧合情况。当两根盖革管彼此远离，不管是垂直距离增大，还是水平距离增大，巧合率都下降了。这种行为揭示了宇宙辐射的本质。看起来，它似乎是能够使每一根盖革管中的气体都产生电离的带电粒子。带电粒子如何能够穿透如此厚的物质依然是个谜，这不是 α 粒子和 β 粒子能够表现出来的行为。于是，另一个令人好奇的问题又出现了。由于博特发现了"符合法"，并且随后用它来进行测量，他成了 1954 年的诺贝尔物理学奖得主之一。（同年与他共同分享诺贝尔奖的另一位物理学家的获奖原因与博特的研究领域完全无关。）

　　虽然博特认为，他已经证明了宇宙射线是一种"微粒子"——这意味着它们表现得像是一个个携带电荷的小"子弹"，但是实际上，博特仅仅证明了两个盖革计数器被同时触发而已。我们需要的是云室和盖革计数器技术的结合。1932 年，帕特里克·布莱克特和朱塞佩·奥基亚利尼提出了一个聪明的方法。他们并没有随机地拍摄云室的照片——这种情况下大部分的照片内空无一物，他们操纵盖革计数器发射出电信号，同时拍摄照片。他们证明了，盖革管中的电子信号能伴随着云室中的一个或者多个凝迹。由于在宇宙射线方面的研究工作，布莱克特获得了 1948 年的诺贝尔奖。

　　尽管人们意识到了宇宙射线是由带电的粒子构成的，它的谜团依然没有得到解决。在当时，已知的带电粒子是质子、电子和各种原子核。这些粒子都不可能从外太空远道而来、穿越大气层直达地面。虽然与带电粒子相比，中性的粒子具有更高的穿透力，但是它们也无法解释宇宙射线。为了正确地理解从 1932 年到 1947 年这一关键的时期内所进行的宇宙射线实验的结果，我们必须要简要地回顾一下 20 世纪上半叶的两个重要的理论：狭义相对论和量子力学。虽然这两者都不是本书的核心内容，但是对这两个话题的简要介绍是有必要的。从本质上讲，量子力学是在非常小的距离尺度上的物理学描述；比如一个原子的大小（大约 10^{-10} 米或者更小）。相比之下，爱因斯坦的狭义相对论则涉及运动速度非常快的物体。由于粒子物理学涉及的是非常小的、运动速度非常快的粒子，所以很明显，粒子物理学的理论必须包含这两个领域中的观点。

反物质电子

1928 年以前，这样的理论还未被提出。然而，保罗·狄拉克最终在 1928 年至 1930 年综合这些想法，并且提出一个成功的理论的根基，我们可以称之为相对论的量子力学——但我们更经常称其如今的扩展形式为量子电动力学，或者 QED。他的理论在描述以任何速度运动的、两种带电亚原子粒子之间的相互作用方面做得非常出色，尽管它主要是为了澄清电子的行为。唯一的问题是，它预测了另一种未知的粒子，这种粒子似乎与电子性质相反；也就是说，这种粒子在任何方面都与电子相同，除了它带的是正电荷，与带负电荷的电子电性相反。为了满足读者们可能的好奇心，让我们来了解一下理论是如何预测出这一点的。虽然解决这个问题所需要的数学非常复杂，但是最终的方程如下所示：$x^2 = 1$。该方程有两个解，即 $x = +1$ 和 $x = -1$。第一个解是很容易理解的，因为它描述的是电子。然而，第二个解似乎表示了一个带正电的粒子，虽然它的质量与电子相同。在狄拉克的第一篇论文中，他表示这个粒子可能是质子。而质子和电子之间具有如此不同的质量这一事实，只是意味着这个理论需要一些额外的调整。1930年，俄罗斯物理学家伊戈尔·叶夫根耶维奇·塔姆发表了一篇论文强调了该理论存在的问题，论文表示，如果狄拉克的理论预测的、带正电荷的粒子是质子，那么原子则是不稳定的。尽管如此，狄拉克的理论，经过适当的修改，将会符合质子和电子之间的相互作用，这一点似乎是很清楚的。

1932 年，加州理工学院的卡尔·戴维·安德森在古根汉姆航空实验室建立了一间威尔逊云室。在他所记录的粒子中，他观察到了似乎存在带有正电荷的电子。被安德森称为"老大"的罗伯特·密立根对于这个实验结果持非常怀疑的态度，并且提出了几个备选的解释。最后，安德森在他的云室中放置了一块铅板。穿过铅板的粒子会在这个过程中失去能量。这样的一张照片已经能够明确地排除了密立根提出的备选解释。于是，人们观测到了带正电荷的电子。

人们很快意识到，安德森发现的带正电的电子，也就是现在为人所熟知的正电子（positron），可以与普通的电子发生湮灭，然后将它们的能量转换为两个光子。物质的反面现在被称为反物质，正是科幻小说家很喜欢使用的科学术语之一。然而，与同样受到小说家青睐的其他术语，比如曲率引擎、虫洞和超空间相比，反物质是一种被明确证明存在的、完全不容争辩的现象。安德森只发现了反物质电子，而质子的反物质存在，即反质子，将需要使用强大的粒子加速器来创造。在随后的几年中，人们已经清楚，对于每一个已经被发现的粒子，都有一个相对应的反物质存在。对于一些中性的基本粒子，比如光子，它的粒子和反粒子是相同的。

随着正电子的发现，已知的基本粒子的数量又增加了一个，于是我们有了六种基本粒子：电子、质子、中子、光子，中微子和正电子。随着正电子的发现，在宇宙射线中可能会发现其他类型的反物质这样的想法，在很多物理学家的脑海中占据了主要位置。因为博特创新地使用盖革管来触发云室，科学家通常会拍摄数千张包含丰富数据的照片。每一张照片都会显示受到磁场影响向左弯曲或者向右弯曲的痕迹，表示带正电荷或者带负电荷的粒子。通过对每一条痕迹进行分析，人们可以通过轨迹曲率的大小来判断粒子携带的能量，同样重要的是，人们可以确定粒子的质量。最终，哪些粒子是与其他的粒子共同被创造的这个问题就变得很重要了（也就是说，电子是被单独创造的还是成对创造的，或者正电子的存在是否意味着负电子必须也在场，等等）。离这些复杂问题的到来还有段时间。不过，20 世纪 30 年代中后期是宇宙射线物理学的热门时期。

这是谁安排的？

1936 年 8 月，正电子的发现者卡尔·安德森，与他的研究生塞斯·内德米尔一起，将云室建在了美国落基山脉派克峰的顶端。攀登上高山之巅做实验，他们穿越能屏蔽大多数宇宙射线的大部分空气层，并带来了一块大磁铁——可以让粒子发生偏转，从而确定关于它们的更多信息。在负载着沉重的装备驶向山顶的过程中，他们那辆1932 年的雪佛兰卡车发动机却爆了。他们原本会被困在山上，但幸运的是，他们遇上了通用汽车的副总裁，正好是雪佛兰卡车部门的总经理。副总裁恰好在计划一波广告宣传，以展示雪佛兰卡车爬坡的速度能够有多快。他与当地的雪佛兰经销商进行了沟通，使得发动机在海拔 14000 英尺的地方得以更换。

随着设备的到位，安德森和内德米尔在实验中发现了一些粒子痕迹，最合理的推测是，这些痕迹似乎能够由一种未知的粒子来解释，这种粒子质量介于电子和质子之间，比电子大比质子小，但无论如何都是一种新粒子。然而，安德森的一位前辈同事，美国的"原子弹之父"罗伯特·奥本海默对这个观测结果依然持怀疑态度。他坚持认为这些高能粒子应该是电子，任何与狄拉克的量子电动力学理论相左的地方，都表明了理论还需改进，而不是一种新粒子的存在。奥本海默极为高超的数学能力令安德森和内德米尔对挑战他有些望而却步，他们默默地发表了自己的照片，没有多少评论，更没有任何排场。

不管安德森和内德米尔的自信心有多低，他们的论文还是得以漂洋过海来到了日本，恰好被汤川秀树读到，读者们应该还记得，汤川正是 U 粒子的提出者，他试图用 U 粒子来解释将原子核凝聚在一起的力。U 粒子所具有的质量，恰好应该位于质子和电子之间。毋庸赘言，汤川顿时眼前一亮。20 世纪 30 年代是日本民族主义猖獗的时代，汤川的同事之一，仁科芳雄，决定在西方人意识到他们的发现的重要性之前，努力找到并且测量这些中等质量粒子的性质。虽然日本物理学家的团队知道他们在做什么，也知道他们想找的是什么，但是他们的运气却很差，他们只记录下一张可能是 U 粒子的照片。如果再多一些时间，他们或许会有所进展，但是不幸的是，没有时间留给他们了。1937 年春天，安德森访问了麻省理工学院，在那里他得知两位物理学家，杰贝兹·斯特里特和 E. C. 史蒂文森，得到了与安德森类似的实验数据，而且他们正考虑宣布发现了一种新的粒子。安德森不想被别人抢在前面，他很快写了一篇文章，发表在《物理评论》(*Physical*

Review）期刊上，他声称自己发现了这种粒子，由于奥本海默之前对这个结论的怀疑，让他在一年前发表照片的时候根本不敢声张。安德森的论文发表于5月，而斯特里特的论文在同年4月末美国物理学会的一次会议上发表，最终于1937年10月提交。一种新的粒子被添加到了粒子家族的行列中来。实际上是两种，因为人们很快就明确了，这个粒子既存在带正电的版本，也存在带负电的。和先前的大多数发现一样，在此次发现发表后，其他人很快意识到，他们自己多年以来都曾经拍摄到过这种新粒子，只是不了解它们的重要性罢了。许多的物理学家辗转入睡前脑中都回荡着一句话："要是我当时……"

由于一种新粒子被观测到了，人们需要给它起个名字。按照传统，该粒子的预测者汤川秀树，以及该粒子的发现者安德森要为这种粒子命名。汤川秀树提出的"U粒子"这个称呼从来没有得到普遍采用，在诸多候选名字之中，"介子"（希腊语意为"中间者"）这个名字被采纳并且保留至今。传递强核力的粒子似乎已经被观测到了（虽然汤川预测的中性介子依然没有被发现）。渐渐地，"介子"这个称呼变成了一种像"汽车"一样的通用术语，而不是一个特定的术语——就像"1964年的大众甲壳虫（我的第一台车）"一样。尽管介子这个名字最初意味着一种质量介于质子和电子之间的粒子，但这并不是全部。在第3章中，我们将要解释实际上构成介子的成分，我们会看到，早期的物理学家对它的理解基本正确的，但并不完美。然而，在1937年，由于只有一种这样的粒子被发现，"介子"这个称呼那时指的就是安德森发现的粒子。

随着介子的发现，下一件要做的事情就是研究它的性质，这样物理学家便可以证实安德森的介子和汤川秀树的介子的确是同一种粒子。1939年，布鲁诺·罗西发表了一篇论文，其中一个暗示性的证据表明，介子可能会发生衰变，于是人们试图确定介子的寿命。次年，E. J. 威廉建立了一个庞大的威尔逊云室。他记录下实验中介子明显出现衰变。介子消失了，在同样的位置上，出现了一个带有同样的电荷的电子。另外，因为电子的方向和介子的方向不同，很明显，衰变过程的最终阶段还产生中性粒子。这种衰变被认为"类似于 β 衰变"，介子衰变为一个电子或者正电子，同时伴随着一个中微子。1941 年，佛朗哥·拉塞蒂仔细地测量了介子的寿命，发现它有几百万分之一秒长，远远长于汤川秀树所预测的介子寿命。

如果新发现的介子确实是汤川秀树预测的 U 粒子，物理学家应该能够通过观察到它与原子核之间的相互作用来证明这一点。"二战"期间，在难以想象的恶劣条件下工作的日本与意大利物理学家采取了一种非常聪明的研究方法。他们推断，一个带负电荷的介子会被一个带正电荷的原子核所吸引。介子很快会被原子核吸收，从而参与核力。另一方面，带正电荷的介子则会被原子核排斥。这些介子不会进入原子核，因此它们会发生衰变。由此，正介子和负介子的衰变率之间的差异就成为一个有价值的测量对象。

二战结束之后的 1947 年，一个意大利物理学家组成的团队，包括马切洛·康威尔斯、埃多雷·潘切尼和奥雷斯特·皮乔尼，表明了发生衰变的正介子和负介子数量大致相同。因此，似乎安德森和内德米尔发现的介子并不是汤川秀树预测的 "U 粒子"。

尽管一直到 1947 年，测量的结果才明确地指出汤川秀树预测的粒子不是介子，但是甚至在第二次世界大战爆发之前，人们就很清楚，这一点很可能是真的。尽管物理学家只将发表在经过审阅的期刊中的研究结果视为官方的，但事实是，物理学家总是喜欢和别人谈工作。因此很多物理学家都知道，宇宙射线介子是核力的来源这个假设存在一个问题。这些粒子的寿命太长，并且云室中发生相互作用的频率太低。然而，尽管大多数物理学家知道这个假设存在问题，他们听到的有关于此的流言通常只有单一说法。战争打乱了正常的国际间的科学交流。活跃着的美国、意大利和日本的物理学家无法确认彼此的结果。因此，许多想法往往是在全世界范围内的不同场所被独立构思出来的，毕竟，智慧才不受山水阻隔和地缘政治的风云变幻所影响。例如，1942 年 6 月，日本物理学家坂田昌一提出了一个非常大胆、但是最终被证明是正确的提议，他认为或许有两种介子，一种是汤川秀树提出的介子，另一种则是由大洋彼岸的研究宇宙射线的物理学家观测到的介子。若是在不同的时间点，这样的提议可能会传至西方，然而坂田昌一是在中途岛战役发生的那个月提出的这一想法，因此它一直到很晚才被美国和欧洲的物理学家注意到也不足为奇。"东京玫瑰"[1]甚至从来没有提到过它。发表坂田昌一想法的期刊一直到 1947 年 12 月才抵达美国，彼时距离康奈尔大学的罗伯特·马沙克独立地提出同样的见解已经过去了 6 个月。

　　1947 年 6 月，马沙克在谢尔特岛召开的一次会议上介绍了他的想法。马沙克的想法的要点是，一颗来自外太空的粒子会与地球大气层撞击并且产生汤川秀树的介子，而随后它又会衰变成安德森看到的那种介子。为了区分这两种粒子，他将汤川的粒子称为 π 介子（π），而其衰变的产物则称为 μ 介子（μ）。在接下来的几年里，这两者分别被简写为 π 子和 μ 子。虽然他的想法很受欢迎，但是物理学家不得不

---

1 "东京玫瑰"是第二次世界大战时，美军对东京广播电台（今 NHK）的女播音员的昵称。当时日军企图以广播进行心理战，利用女播音员对太平洋上的美军发送英语广播，企图勾起美军的乡愁和厌战情绪。作者提到"东京玫瑰"为了表明日本与西方世界之间的科学交流是绝对断绝的。——译注

意识到，这样的衰变并没有被观测到过。当马沙克从谢尔特岛回到家时，他翻开了最近一期的《自然》——一份杰出的英国科学期刊，并且发现了一张符合他描述过的许多特征的粒子照片。

唐·珀金斯的团队做了一个有意思的实验。他将一张涂覆有摄影用感光乳剂的照相底片带到了飞机上，在 30000 英尺的高度飞行了几个小时。之前的实验者们已经发现，宇宙射线会在这种底片上留下痕迹。之后人们冲洗照相底片，痕迹就可以被测量。粒子一生的最后时刻往往会被观测到——无论它是会发生衰变，还是会与摄影用感光乳剂中的原子发生相互作用。这种技术的绝妙之处之一是，因为磁场能够有助于确定粒子的动量，轨道的直径可以揭示有关粒子的电荷量和质量的信息。

在珀金斯拍摄的某张照片中，他观测到一个宇宙射线介子在乳剂中减速直至静止。然后，这个粒子衰变成另一个质量较轻的介子。珀金斯团队的照片只是一个独立的事件。因此确认显然是必要的。因为战争已经结束，国际间的合作路线再次开放。一个由英国物理学家和意大利物理学家构成的研究团队，包括朱塞佩·奥基亚利尼、塞萨尔·拉特斯和塞西尔·鲍威尔，在玻利维亚的安第斯山脉做了一个类似的实验，他们发现了 40 个带电介子衰变成第二种（质量相较之前减小了一点点的）介子的个案。在发表于 1947 年的论文中，他们将这些事件描述为"原子核的爆炸性分解"，并提出在这个过程中产生了这些新的带电介子和另一个中性粒子，"……结果与如下的观点一致：一个与 μ 介子的静止质量几乎相同的中性粒子被发射出来。"

读者们可能还记得，汤川秀树的理论需要三种类型的介子，它们在原则上具有相同的质量，一种带正电，一种带负电，还有一种是电中性的。正的 π 介子和负的 π 介子（π⁺ 和 π⁻）似乎存在于宇宙射线之中，而现在有一篇论文表明，相似质量的电中性介子可能可以被观测到。经过了三年，中性的 π 介子（π^0）的存在才被发现，这次并不是在宇宙射线的实验中，而是在劳伦斯伯克利实验室的粒子加速器中。机器化的时代即将到来。1950 年，π^0 的存在在一次宇宙射线实验中得到了证实，人们将摄影用感光乳剂板放置在无人气球中，使其上升到高达 70000 英尺的、令人眩晕的高度。汤川预测的三种 U 粒子已经被全部发现。

如果说三种 π 介子（π^+，π^-，π^0）能够提供将原子核聚集在一起的机制，因此它们的存在是合理的，那么 μ 介子（μ^+ 和 μ^-）的作用又是什么？μ 子似乎并不受强力或者核力的影响，但是却受到电磁力和弱力的影响。基本上，μ 子似乎就是一个臃肿版的电子（拥有大约200 倍于电子的质量），但是没有什么作用。由于所有其他的粒子都有明确具体的作用，因此 μ 子的存在特别让人不安。物理学家的困惑正如伊西多·拉比那句经常被引用的话："这是谁安排的？"——他这话就是在意识到 μ 子根本毫无用处之后说的。的确，μ 子是一个谜。更令人困惑的是，虽然 μ 子因为其质量被看作是一种介子，但是事实证明，μ 子根本不是一种介子。别担心，如果这一切似乎令人困惑，那只是因为它的确令人困惑。然而，在第 3 章和第 4 章中，整个情况将得到大大地简化。

奇异的 "V" 粒子

但是，20 世纪 40 年代后期的谜题还不止 μ 介子这一个，1946 年10 月，乔治·罗切斯特和克里福德·查理斯·巴特勒终于被获准在曼彻斯特大学使用布莱克特的大型电磁铁（因为大型电磁铁需要消耗

大量的能量，因此在战争期间被禁止使用）。他们用电磁铁包围他们
建造的计数器触发云室。因为终于又可以做实验了，所以他们干劲十
足；他们将一张薄铅板放置在云室上方以吸收他们不感兴趣的低能量
宇宙射线，使得出现在他们眼前的只剩下高能粒子。在他们所拍摄的
5000 张照片中，有两张显示出了"具有非常醒目的特征"的事件。这
就是当时所称的"V"事件，它看上去似乎是中性粒子正在衰变成两
个粒子，其中一个带正电，一个带负电。另一类事件则似乎是一个带
电粒子衰变成另一对粒子，包括一个带电粒子和一个电中性粒子。罗
切斯特和巴特勒在他们于 1947 年发表在《自然》上的论文中写道：

> ……因此，我们得出结论，这两条分叉的轨道并不代表碰撞
> 的过程，而是表示了自发性的转变。它们代表了一种我们已经很
> 熟悉的衰变过程，即一个介子衰变为一个电子和一个假定存在的
> 中微子，以及另外一种最近刚由拉特斯、奥基亚利尼和鲍威尔发
> 现的重介子的假定衰变过程。

这些事件完全是出乎意料的。

罗切斯特和巴特勒的结果非常有争议，因此他们需要重新实验以
确认。两位物理学家又努力做了一年的实验，收集的数据表明并没有
发现类似的事件。人们开始怀疑他们最初的结果是否有些问题。1948
年，罗切斯特在加利福尼亚州的帕萨迪纳市见到了卡尔·安德森，安
德森对于能够参与发现来自太空的另一个谜题而感到兴奋。安德森将
他最好的云室放置在一座山的山顶，为了获得尽可能多的宇宙射线。
很快，安德森得到了 30 张照片，与罗切斯特和巴特勒描述的特征相
符。看起来，导致这种"V"事件出现的，是一种新的介子，其质量

介于 π 子和质子之间。就像 μ 子被发现时那样，物理学家们又纷纷回去翻看自己过去十年拍摄的照片，失望地看到"V"事件已经被他们拍摄下来过，只是当时没有任何人注意而已。于是，又一代物理学家受到了"要是我当时……"的折磨。

随着正电子、μ 子、π 子以及现在的"V"粒子在宇宙射线中被发现，很显然，山顶是宇宙射线研究的"福地"。于是世界各地的物理学家争先恐后地攀登高峰。落基山脉、安第斯山脉、阿尔卑斯山脉和喜马拉雅山脉都为物理学家们提供了无与伦比但条件严苛的实验条件。就像居住在奥林匹斯山巅的神祇一样（拿神祇自比，这自大虚妄程度够可以的吧？），物理学家们坐在他们的山巅之上，思考生命的意义和现实的本质。哦对，顺便也快把屁股冻掉了。实际上，很多的物理学家由于不够重视高山的危险而葬送了自己的生命，在山上，连一个隐藏的裂缝都可能吞噬一位在早晨漫不经心地散步的物理学家。

尽管如此，虽然条件艰苦，但是回报是丰厚的。在"V"粒子被发现后的 5 年内，人们又观测到了其他几十种罕见类型的事件。因为它们实在很罕见，每位科学家能够发现的只有自己那一两个观察结果，一般观察不到竞争者们发现的事件类型。一时间，各种报道新闻、发现和论文层出不穷。虽然对于宇宙射线物理学家来说，这实在是一个令人兴奋到目眩的时代，但是我们将会看到，属于他们的时代已经进入了倒计时。

虽然现在人们认为，"V"粒子包括几个亚类，以及还有其他新近被发现的、名为 θ 粒子、τ 粒子，甚至 K 粒子，科学家还是不断地回到了"V"事件。现在人们认为，"V"事件中创造的粒子，在宇宙射线的碰撞中非常容易获得，并且能够通过它们自发的、产生两种新粒子的衰变过程而被观测到。因为这些粒子的产生是如此容易，人们知道了创造这些粒子的力是强核力。奇怪的是，这些粒子并没有迅速衰变。这意味着，粒子的衰变不是由强核力引起的，而是另外一种力。这很不寻常。通常情况下，如果一个粒子可以通过一种特别的力创造，那么同样的力也会让该粒子衰变。由于这种情况在"V"事件中似乎没有发生，很显然，还有别的什么事在同时发生了……某些东西抑制了衰变的过程。这一点很奇怪，因此，这些粒子被称为"奇异粒子"。这个问题的答案在于这些"V"粒子是成对创造的这一事实。很显然，"奇异性"就像电荷一样。普通物质并不具有现在称为"奇异数"[1]的性质。此外，奇异数看上去似乎绝大情况下是守恒的。因此，如果一个携带奇异数的粒子形成了，那么同时，必定也有一个携带反奇异数的反粒子被创造出来了。如果我们用数字来表示奇异数的想法，我们可以说一个携带奇异数的粒子可以用（$S=+1$）表示，携带反奇异数的粒子可以用（$S=-1$）表示。合起来，它们作为一个整体并不携带奇异数：（+1）+（-1）=0。在很多方面，这个概念类似于电荷的概念。一个中性的粒子（比如光子），在一定的条件下，可以转化为两个带电的粒子〔比如电子和正电子（e^- 和 e^+）〕。这一点详见图 2.9。

　　到目前为止，这还是一个非常简单的想法，但是关于"V"事件中的粒子到底为什么能存在这么长的时间，人们依然一知半解。人们一度认为，这是因为每一个奇异粒子都包含一定量的奇异数（$S=\pm 1$）。但是，1953 年，亚伯拉罕·派斯暗指到了解决问题的方法，而一位年轻的、聪明的理论物理学家默里·盖尔曼明确地提出了它。虽然强核力和电磁力不能够明确地改变一个粒子的奇异数，但是弱核

---

1 strangeness 可以表示奇异性（即奇异粒子具有的性质），也可以表示"奇异数"。奇异数是描述粒子内部性质的一个相加性量子数，通常用 S 表示，只能取整数。奇异粒子协同产生，独立衰变，并且快产生，慢衰变。粒子物理学规定普通粒子的奇异数是 0。——译注

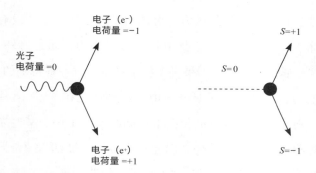

图 2.9 电中性的光子可以分裂成一个带正电的粒子和一个带负电的粒子。同样，不含有奇异数的粒子可以分裂成两个粒子，一个携带奇异数，另一个携带反奇异数。

力可以。因此，奇异粒子可以通过强核力或者电磁力成对产生，但是对于单个粒子的衰变来说，需要的是弱核力，所以这些奇异粒子的寿命很长。奇异数是一个新的量子数，奇异数的提出距离上一个量子数被提出大概过了 25 年的时间。[1]（量子数是被用来描述粒子的性质，比如质量、电荷、自旋都是我们熟悉的量子数。）奇异数类似于电荷或者自旋这样的量子数，只能以间断的整数出现。奇异数是我们在本书中接触的第一个陌生的概念，所以让我们回顾一下。奇异粒子很容易被创造出来，意味着强核力影响着它们的创造。它们的寿命很长（即不容易发生衰变），表明强核力不能使它们衰变；让它们衰变的反而是弱核力。奇异粒子由某一种特定的力创造，而导致其衰变的却是另一种力，这一点是称其为奇异的原因。通常情况下，在粒子的世界里，如果粒子靠一种力而生，往往也会因同种力而死。然而，最终人们确定，强核力可以很轻易地创造出成对的奇异粒子，但是只有弱核力能够让单个的奇异粒子衰变。

---

1 奇异数在 1952 年被提出，而上一个量子数在 1925 年被提出。——译注

随着新粒子们被发现，很显然，我们需要给粒子们找出规律。就像任何依然令人难以捉摸的科学领域一样，我们要做的第一件事是测量各种粒子们的性质，然后确定某种分类方案，这样人们就可以了解这些粒子彼此的相似程度和相异程度。正如表 2.4 所总结的那样，我们看到那些受强核力[1]影响的粒子被称为强子（质子、中子、π子和"V"粒子）。强子又细分为两个子类。第一类是重子，最初被定义为那些质量大于或者等于质子的粒子。第二类是介子，最初被定义为那些比质子轻的强子（π子和"V"粒子，以及新近被发现的 θ 粒子，τ粒子，和 K 粒子都是介子）。θ 粒子和 τ 粒子这两个名字都没有被用很久，最终字母 τ 被用来命名一种完全不同的粒子（见第 3 章）。同样在第 3 章中，我们将理解重子和介子之间的真正差异，因此，最初基于质量而做的定义应该只作为它们的历史背景被了解。此外，还有那些不受强力影响的颗粒。这些粒子被称为轻子，比如电子、正电子、中微子和正负两种 μ 子。因此，最初因为其质量而被称为介子的 μ 子，现在则基于它所能受到的相互作用的类型而被理解为是一种轻子。以

---

1 在原文中，作者使用了"strong or nuclear force"这个表述，直译为"强力或核力"，这个表述看上去很令人困惑。通过向作者请教，作者解释如下：在原子核中，存在两种或者三种力量。弱力或者弱核力，这两种称呼可以交替使用。然而对于所谓的"强力或核力"来说，情况有些复杂。我们经常说"强核力"，是因为这个力很强大，并且存在于原子核内部。但是如果我们深入探讨，就会产生一些语言上的歧义。存在一种将夸克凝聚在一起，并且可以影响夸克和胶子的力，这种力被称为强核力或者强力。还有一种力将质子和中子凝聚在一起。这种力有的时候也被称为强力，但这是不准确的，这种力应该被称为"核力"。核力 = 将质子和中子凝聚在原子核内部的力；强力 = 将夸克、胶子以及其他凝聚在中子和介子内部的力；强核力在大多数情况下意味着强力，尤其是第一次在文中出现的时候，但是在某些情况下也可以意味着核力；弱核力 = 弱力。核力来自强力，有点像是在火附近可以感受到温暖，但是我们并不位于火中。在这个比喻中，强力就是火，而核力就是你因为火而产生的温暖感觉。在此处，"强力或核力"意味着"影响夸克和胶子的力"和"影响质子和中子的力"，并且，这两种力是相关联的，后者来自前者。我们也可以将其理解为简单的"强力"。——译注

上就是 20 世纪中期粒子物理领域中的混乱情况。

表 2.4 截至 1960 年左右，各种粒子以及它们的定义属性的知识总结。如果读者们需要查看表中给出的粒子名称（符号）的知识回顾，请参阅附录 C（* 注：μ 子的位置并不太合适，因为它具有介子的质量，但却是一种对于强核力作用毫无反应的轻子）。

主要分类	子类	对何种力有反应			例子	是否可能有奇异数	质量
		强力	弱力	电磁力			
强子	重子	是	是	是	$p^{\pm}$, n^0, Δ, Λ	是	大
	介子	是	是	是	$\pi^{\pm}$, π^0, $K^{\pm}$, K^0		中
轻子	带电荷	否	是	是	$e^{\pm}$, $\mu^{\pm}$	否	轻 *
	电中性	否	是	否	ν_e, ν_μ		无

　　除了上述的分类之外，每个粒子的属性都很有趣。粒子的电荷、寿命和自旋，以及更加抽象的奇异数，甚至更加深奥的宇称，都很需要得到测量。除寿命之外，每种粒子各种可能的衰变方式也提供了关键信息。粒子物理的领域实在是有点儿混乱，但是也真的很有趣。

　　粒子物理学领域中的混乱需要秩序，因此，1953 年夏天，在比利牛斯山山脚下的一个名为巴涅尔德比戈尔的小镇上，召开了一次会议。来自世界各地的物理学家到此交换信息和想法。他们制定了对粒子进行分类的策略，并且设定了新的研究路径。对宇宙射线的研究揭示了在地球上存在着人们之前未曾想象出的粒子。于是物理学家有了新的前沿去探索，新的真相去发现。

　　同样，在会议上，科学家们还报告了一些粒子的数据，这些粒子并不是来自太空，而是来自巨大的粒子加速器，加速器在几分钟之内产生的新且特异的粒子数量，比在宇宙射线实验中花几个月甚至几年的时间收集到的还要多。与会的科学家们不禁感到兴奋。因为粒子加速器可以建立在他们的办公室附近，而不用建立在雪山之巅。宇宙物理射线的时代已经过去，虽然一个时代的落幕总是不情不愿。在会议的闭幕词中，路易·勒普兰斯－兰盖说道：

> 我们不能放松我们的步伐；因为我们正在被追赶，被机器所追赶！……我认为，我们有点像是一群登山者，正在攀登一座高山。这座山非常高，甚至几乎无限高，而我们正在越发艰难的条件下步步向上。但是我们不能停下来休息，因为，在我们的下方，涌起了一片汪洋，一场洪水，一座持续升高的洪峰，迫使我们必须继续向上攀登。这种情况显然让人很不适，但它难道不也激发人的活力和兴致吗？

但是，宇宙射线最终还是成为了历史。激进的物理学家转向利用新的大型粒子加速器进行粒子研究。

历史上第一个值得一提的粒子加速器就是早期的克鲁克斯阴极射线管。而下一个伟大的成就则是在 1931 年由欧内斯特·卢瑟福的两位弟子约翰·考克饶夫和欧内斯特·沃尔顿建造的超大号克鲁克斯阴极射线管（从技术细节上来看，两者的差异很大）。来自考克饶夫－沃尔顿粒子加速器的粒子束携带大量的能量，足以撕裂一个原子的原子核，"原子粉碎机"的称呼便来源于此。同年，欧内斯特·劳伦斯和他的学生弥尔顿·斯坦利·利文斯顿创建了一个接近现在粒子加速器的仪器，称为回旋加速器。这台加速器的直径只有 27 厘米，可以用相当于 1000000 伏特的高电压加速粒子。但是，更大的新创造就在不远的未来。

1947 年，劳伦斯伯克利实验室（LBL）的物理学家在伯克利大学加州分校内的伯克利山的山顶创建了一个大型的回旋加速器。该加速器的直径为 184 英寸（4.67 米），能够将 α 粒子加速到携带 380000000 电子伏特的巨大能量。在粒子物理学中，电子伏特是一种有效的衡量能量的指标。用 1 伏特的电量加速的一个质子或者电子将携带 1 电子伏特（写作 1eV）的电量。一个一百万伏特的电场会将一个质子或者电子加速到携带一百万电子伏特（或者 1 mega eV，又或 1MeV）的能量，三种写法都是一个意思。鉴于一台老式电视机只能够将电子加速至几万电子伏特，所以伯克利创造出的 3.8 亿电子伏特是一个巨大的成就。经过一些调整之后，物理学家将 α 粒子加速到 380MeV，然后引它们撞向一个碳靶。在诸多的碰撞产物之中，包括从碳靶中脱离出来大量的 π 子。物理学家现在可以随心所欲地创造 π 子，而不用等待宇宙射线在不理想的条件下随机生成它们。在科学中，研究可分为两个阶段。最初，研究始于观察科学，在这一阶段科学家观察某个现象，但是基本不能够改变他们的观察对象的发生条件。宇宙射线领域，高中教授的天文学和生物学都是这种观察科学的例子。随后，当这个领域充分发展（并且通常伴随着能够提供新工具的技术发现），科学进入了实验的阶段。在这个阶段，科学家能够在相当大的程度上对他们的实验进行控制。粒子加速器为粒子物理学家提供了控制实验的能力。物理学家能够以大小可控的能量生成某种特定类型的纯粒子束（电子，质子，α 粒子，π 子，μ 子，等等），并且将其瞄准一个精心设置的、由优化的仪器围绕着的目标。在这种程度的控制下，难怪粒子物理学家能够离开山巅严苛的环境，回到他们的大学校园——回旋加速器在各个大学校园内如雨后春笋般出现。由于更可控的粒子加速器的出现，宇宙射线的物理实验经历了一段长期的低潮期，直到现在才重新进入复兴的阶段，因为宇宙射线偶尔能够产生巨大能量的碰撞，这种能量甚至超过了当今最优秀的加速器能够提供的能量上限。

到了 1949 年，伯克利实验室已经可以随意地制造 π 子。据称，位于芝加哥大学的一台粒子加速器，能够通过用高能质子轰击金属靶来创造"V"粒子。这个声明后来被撤回了，但是这并不重要，因为使用位于长岛的布鲁克海文国家实验室（BNL）的一台粒子加速器——这台加速器有个响亮的名字"宇宙线级加速器"（Cosmotron）——的实验者们在 1953 年宣布，他们获得了生产"V"粒子的确凿证据。此外，在 1952 年至 1953 年期间，宇宙线级加速器还创造了另外一个惊喜。两位物理学家，袁家骝和萨姆·林登堡向一个氢靶发射了一束高能 π 子。他们在实验中几次改变了粒子束携带的能量，并且发现，当粒子束的能量位于 1.8 亿伏特到 2 亿伏特这个相当狭窄的区间之内时，通过氢靶的 π 子数量下降，这意味着它们在通过氢靶的过程中发生了某种相互作用。这种类型的相互作用被称为共振，因为这种反应发生在一个"神奇的"能量范围内。在日常生活中，也有大量共振的例子，比如推孩子荡秋千。为了让孩子能荡得尽量高，我们必须以特定的速率来推。如果我们推得更快或者推得更慢，则不会出现大幅度的摆动。另一个共振的例子发生在你驾驶着车头部件在组装时没有完全对齐的汽车的时候。在低速行驶时，一切正常。然而，当你提高行驶速度时，你会感觉到方向盘在发生振动。这种振动在某个特定的速度下是最大的，而一旦行驶速度超过"神奇的速度"，这种振动就会变弱。

在粒子物理学中，共振意味着有一个粒子被创造了出来。袁家骝和林登堡将他们创造的新粒子称为 Δ 粒子，很快人们就发现，显然存在着若干种类型的 Δ 粒子，每一种粒子的质量相似，但是携带的电荷数不同。最终，Δ^-，Δ^0，Δ^+，Δ^{++} 四种 Δ 粒子被观测到。和通常情况一样，对于一种新现象的观察使得其他人急于寻找具有同样行为的其他例子。很快人们就观察到许多共振粒子，它们分别具有各种性质。每一种共振粒子都具有一定的质量和电荷量。有一些具有奇异数，有一些则没有。这些粒子的寿命从短到长跨度很大，并且每一种粒子都可以通过不同的方式衰变 [1]。在这些实验中，重子和介子都被发现了。新的粒子简直无处不在！如果有一位物理学家不能够发现自己的新粒子，那他真的是挺倒霉的。

　　大约从 1950 年到 1963 年这段时期，实验主义者们占据统治地位。由于早先的实验经验并没有预示这些粒子的存在，所以物理学家花了一段时间来收集各种信息，之后才开始观察到规律。到了 20 世纪 60 年代，对粒子物理性质的理解成为可能。我们将在第 3 章和第 4 章中讨论。在 1957 年已发现有 30 种独特的粒子，而到了 1964 年，发现的粒子超过了 80 种。某些明显是其他粒子的变体增加了粒子种类的总数。迄今为止，得到命名的粒子们构成了所谓的"粒子动物园"。彼时，被发现的部分粒子名称如下：π，μ，Λ，Σ，Ξ，υ，η，η'，K，K*，Ω，ρ，φ，这些粒子只是粒子动物园的一部分，我在这里列举

---

1 作者补充说，粒子的衰变是很难总结的。大多数粒子有多种衰变方式。少量粒子只有一种衰变方式。我们可以这样理解，假设一共存在 5000 种粒子衰变的方式，粒子 1 有 20 种衰变的方式，粒子 2 有 9 种衰变方式，其中有 3 种衰变方式和粒子 1 的衰变方式相同，另外 6 种则不同，粒子 3 有 17 种衰变方式，其中 15 种是它独有的，而剩下 2 种与粒子 2 的衰变方式相同，诸如此类。正如读者们所见，粒子衰变是很复杂的。——译注

出它们是因为它们是以很酷的希腊字母命名的（请参阅附录 A 查看各种符号的正确发音）。有很多种粒子可以携带不同性质的电荷，一些带正电荷，一些带负电荷，一些是电中性的。比如我们之前提到过的 Δ 粒子就有四种带电荷的可能性。整个情况真的是乱得不能再乱了。

　　尽管在粒子物理学领域，20 世纪 50 年代以疯狂寻找新粒子为特征，但是还有若干不同的发现脱颖而出。首屈一指的，是在 1955 年，由欧文·张伯伦和埃米利奥·塞格雷使用劳伦斯伯克利实验室那台功能十分强大的质子加速器发现的反质子。随着预期中反质子的发现，人们对于反物质的理解变得更难以厘清了。起初，在理论上，人们认为物质和反物质是处于平等地位的。此外，在粒子物理实验中，物质和反物质是等量产生的。然而，我们生活的世界完全由物质构成。那么反物质在哪里呢？这个问题一直都是一个谜团，我们在第 7 章中还会继续详细讨论这个问题。

中微子变得还要更加复杂

　　另一个有趣的实验发生在 20 世纪 60 年代的头几年，其影响远远地超出了人们从对它最初的描述中获得的显然结论。尽管人们已经在使用不同能量的实验中获得了对于强核力和电磁力的理解，但是弱核力的理论却是在低能量现象、β 衰变和各种核反应的基础之上推导出来的。恩里科·费米的 β 衰变理论，尽管具有开创性，但是人们已经知道它存在问题。最引人注目的问题是，尽管它在低能量的情况下是适用的，然而当我们提高了碰撞能量的时候，该理论预测了一个粒子受到弱力强到不可实现的行为。该理论预测，受到弱核力支配的相互作用变得越来越有可能，一直到它们变得比强得多的强核力更加普遍。若是把这理论当真，这意味着，处于低能量情况下的弱力，在高能情况下会变得比强力还要强。这种行为在原则上是可能的，但至少看上去有些可疑。然而，如果我们将能量提到更高的水平，这个理论会出现一个更加致命的疑点。该理论预测，最终每一个粒子都有超过100%的机会发生相互作用。这样的预测显然是无稽之谈，意味着我们需要修正这个理论。然而，由于该理论在低能量的情况下能够非常好地预测粒子的行为，所以我们需要的是关于弱核力在高能量情况下的行为的数据。有了这样的数据，理论家们就可以验证他们的想法，从而得到很多修正理论所必要的指导。

试图测量弱核力的行为的问题在于，弱核力……它，怎么说呢……它很弱。强核力和电磁力的效果要比弱核力强得多，以至于弱核力的效果不明显。这就有点儿像两个人试图在摇滚音乐会上交谈。他们两个人的声音对于整体噪音水平影响不大。很显然，我们需要的是一种只受弱核力影响的粒子。幸运的是，这种粒子居然存在，它就是神秘的中微子。

1931年，泡利提出中微子存在的可能，1956年，莱茵思和科温观测到了中微子，迄今为止，中微子是唯一已知的、不受强核力和电磁力影响的粒子。但是，由于我们想要的是中微子和目标之间的高能量碰撞，所以我们必须要弄清楚如何获得高能量的中微子。到了20世纪50年代后期，物理学家知道，π子能够衰变为μ子和中微子（$\pi \to \mu + \nu$），而μ子会衰变成电子和中微子（$\mu \to e + \nu$）。（请注意：我们现在已经知道，这些想法是不完整的，之后我们还会讲到为何它们不完整。）因为人们可以用当时的粒子加速器来创造π子束和μ子束，或许如果我们允许一束π子行进足够长的距离，它们当中有一部分会发生衰变，并且产生一束混合了μ子和中微子的粒子束。现在，棘手的部分来了。由于中微子仅仅通过弱核力与物质发生相互作用，它们能够自由地穿越物质。为了让读者们有对中微子可行进的距离有具体的概念，请想象一个高能的中微子，它能够穿过厚度高达几百万英里的固体铅，而基本上不与铅块发生任何相互作用。而所有的其他粒子只能穿透该铅块的极其微小的一段距离，所以，为了制造中微子束，我们将包含 μ 子和中微子的粒子束朝向一堆铁和土壤的混合物发射。从另一端出来的粒子只有中微子。有了中微子束，人们就能将它们引向一个质量达数吨的巨大目标。虽然中微子很少与物质发生相互作用，但是这种情况也偶有发生。一小部分中微子会和探测器发生相互作用，于是我们可以测量它们的行为。最后，我们就能取得一些能够说明弱核力在高能量碰撞中的行为的测量结果。

我们需要的是合适的加速器和合格的实验人员。1960 年，布鲁克海文国家实验室启用了一台无与伦比的加速器。这台加速器名为交变梯度同步加速器（简称 AGS），它可以将质子加速到前所未有的 30000000000 电子伏特，或者写作三百万亿电子伏特（30 GeV）。而合格的实验人员就是利昂·莱德曼、梅尔·施瓦茨和杰克·施泰因贝格尔，他们都是哥伦比亚大学的物理学教授，由于他们的实验结果，他们共同获得了 1988 年的诺贝尔奖。

实验的前提很简单。物理学家预计中微子会有两种不同的行为。一个中微子会击中一个原子核，并且发射出一个电子或者一个 μ 子，并顺便把原子核撞得够呛。且不管原子核发生了什么，真正有趣的是中微子碰撞产生的电子和 μ 子的比例。人们有很多种预测，但是"对半开"的想法似乎是比较合理的。莱德曼和他的同事们开启了他们的探测器，并且让加速器准备好粒子束，然后耐心等待。他们估计，每周将有一次，在他们的探测器中中微子会和原子核发生相互作用。为了实现这样一个小小的概率，加速器需要喷射出 50 亿亿（5×10^{17}）个粒子。中微子真的不太容易发生相互作用。

　　他们的第一次中微子相互作用产生了一个 μ 子，第二次也是如此。第三次相互作用还是产生了一个 μ 子，紧接着是第四个 μ 子。随着 μ 子事件的出现，实验者们获得了一个卓越的观测结果（嘿，毕竟有三位未来的诺贝尔奖获得者在这儿做实验呢）。在他们的探测器中，没有电子产生。众所周知，中微子会和电子发生相互作用，但很显然这儿的中微子不太愿意"配合"。[1] 于是三位实验者冥思苦想了一段时间，他们回忆起撞击他们的探测器的所有中微子都是和 μ 子一起被创造的（还记得 $\pi \rightarrow \mu + \nu$ 吗？）。他们将这个实验结果解释为中微子保留了一些"对于自身过去的记忆"，即某种"μ 子性"。所以看起来似乎有两种中微子，一种像 μ 子的中微子，一种像电子的中微子。这两种中微子分别被称为 μ 中微子（$\nu\mu$）和电中微子（νe）。于是粒子动物园的成员又增加了一个。

　　随着 μ 中微子的发现，人们的好奇心又来了。在轻子中，似乎有两组不同的粒子，它们彼此非常相似，但是又有些不同。物理学家将它们成对地写在一起：

---

1 在译制中文版的过程中，作者进一步向我们解释道，中微子很少与物质发生相互作用，但这并不是绝对的。中微子与物质相互作用的一种方式是向 W 粒子（W 玻色子）发射中微子。当中微子与 W 粒子发生碰撞，它会转化为电子（或者反电子，这取决于 W 粒子携带的电荷）。然后 W 粒子会继续前进，撞入一个原子核。莱德曼等人的实验就是朝 W 粒子发射中微子，在他们的实验中，中微子总是转化为 μ 子，从来没有转化为电子。在当时，这是很令人吃惊的实验结果。但现在我们已经知道了，中微子是有分类的，中微子在与 W 粒子的碰撞中，转化为电子还是 μ 子，取决于它是电中微子还是 μ 中微子。在莱德曼之前，人们认为只有一种中微子。这就是莱德曼等人获得诺贝尔物理学奖的原因。——译注

$$
\begin{array}{ll}
\text{电子} & \\
\text{电中微子} & \begin{pmatrix} e \\ \nu_e \end{pmatrix}
\end{array}
$$

$$
\begin{array}{ll}
\mu\text{子} & \\
\mu\text{中微子} & \begin{pmatrix} \mu \\ \nu_\mu \end{pmatrix}
\end{array}
$$

究竟为什么这种模式会一而再再而三地重复，人们并不太理解，但是很显然它是某种线索。一个相关的线索是，同样的模式在介子和重子中并没有被观察到。这种模式究竟意味着什么，还需要继续深入研究。此外，莱德曼等人还表明了，由于弱核力而导致的相互作用的概率，确实随着碰撞能量的增加而增加，在他们有数据支持的能量范围内，实验结果与理论保持一致。因此，这个特殊的谜题依然尚待解决。

综上，在 20 世纪 50 年代的尾声和 60 年代的头几年，粒子物理学领域的情况实在是"丰富多彩"。在这种背景下，"丰富多彩"可以被定义为一种完全没有秩序的混沌局面。近百种已知的粒子，包括轻子和强子，这些粒子又进一步地被细分为介子和重子。这些粒子的质量范围从零到大约比质子大 60%。这些粒子具有不同的自旋；自旋数为整数和半整数，即玻色子和费米子。它们具有非常不同的寿命，并且受到不同类型的力的影响。每一种粒子都以特定的方式发生衰变。有一些粒子有奇异数，而另一些则没有。无论如何，必须从混乱中建立秩序，而解决办法浮出水面的时间已经到来。

第 3 章　夸克和轻子

Quarks and Leptons

　　大胆的想法就像前进的棋子；即便它们可能被吃掉，但也就
此奠定胜局。

——歌德

　　鉴于在 1950 年代和之前几十年期间发现的几百种粒子，显而易
见的一点是，人们缺少一种统一的原则……即一些可以给当时的粒子
物理学的混乱带来秩序的想法。这种愿景此前有过很多先例。比如，
在化学领域，先有化学元素周期表，然后是量子力学，解释了很多之
前在原子中观察到的奇异规律。20 世纪 60 年代起，物理学家开始能
够厘清他们长期以来所做的研究工作。在接下来的几十年中，物理学
家甚至更加关注这些想法，而现在，在 21 世纪的最初几年，物理学
家可以成功地预测他们在实验中观察到的大部分数据。在本章和下一
章中，我们将详细地了解当代物理学家如何看待这个世界。我们将会
看到，在早期的加速器实验和宇宙射线实验中被发现的上百种粒子如

何可以被解释为 12 种更小的粒子的不同组合；其中 6 种粒子为夸克，6 种粒子为轻子。在下一章中，我们将会看到，我们只需要四种力来描述这些粒子的行为，并且按一些人的算法，这个数字还会缩减为两种。在过去的几十年中，我们对于世界的理解已经取得了令人惊异的进展。我们将在接下来三章中要讨论到的这套理论和思想称为"粒子物理标准模型"（或者简称为"标准模型"）。"标准"意味着它很好用，而"模型"则提醒我们它还不够完善。尽管众所周知，标准模型并不能回答所有的问题，但是它很好地解释了迄今为止人们获得的所有测量结果。这是一项很了不起的成就，即使问题依然存在，但那只是留给未来的、更进一步的研究和考察的机会。我们将在第 8 章中讨论标准模型不能解释的一些问题。尽管标准模型依然不完善，但它还是为我们提供了对于宇宙本质的深刻见解，以及对于宇宙其余未解之谜发起奋力"进攻"的强大基础。

夸克和介子

1960 年，粒子物理学的境况令人感到很困惑。人们观察到了数百种粒子：质量较大的强子，较轻的介子，以及更轻的轻子。缺少的是一个统一的原则。1964 年，两位物理学家，加州理工学院的默里·盖尔曼和欧洲核子研究中心的乔治·茨威格分别独立地提出了一个模型作为之前一直缺失的指引。他们提出设想，如果强子和介子中还包含有更小的粒子，那么它们的行为模式规律就可以被解释。茨威格将这些粒子命名为"艾斯"[1]，而盖尔曼的命名却最终被物理学领域普遍接纳

---

1 Aces，即扑克牌中的 A，因为有四种不同花色，象征四种基本作用。——译注

采用。他将这些粒子称为"夸克"，是来自詹姆斯·乔伊斯的《芬尼根的守灵夜》的一句话："向麦克老大三呼夸克……"[1]这个名字的选择很不寻常，并且可能就此设定了粒子物理学界相当离奇怪趣的命名风格（我们随后就可能看到）。

"夸克"的英文单词怎么发音是一个充满争议的话题（通常是在酒桌边）。当人们看到它的命名来源的那个小说段落的时候，或许会认为它的发音类似于"马克"（mark）、"达克"（dark）、"帕克"（park）。然而，我认识的大多数人都把它读成"郭克"（kwork），与英文单词的"叉子（fork）"类似。

最初，夸克模型表明，存在有三种类型的夸克。它们分别被称为：上夸克、下夸克和奇夸克。虽然听上去有点奇怪，但是这些名字实际上是有意义的。质子和中子具有相似的质量，在早期的核子物理模型中，将它们看作是同一种粒子的两种不同的形式是可行的。这种粒子被称为核子，并且具有"同位旋"的属性。同位旋是一个复杂的概念，我们这里不会继续展开讨论，不过要提到的是，核子具有两种同位旋，一种被称为上同位旋，一种被称为下同位旋（人们当然也可以将它们命名为 1 型同位旋和 2 型同位旋，或者猫同位旋和狗同位旋，或者史蒂夫同位旋和玛丽同位旋，但是最终人们选择了上同位旋和下

---

1 盖尔曼原本想用鸭子的声音来命名夸克。但这只是一个脑海中的想法，盖尔曼本来觉得也可以写作"郭克"（kwork），后来他无意中在《芬尼根的守灵夜》（*Finnegans Wake*）中看到了"夸克"（quark）这个词，盖尔曼认为："由于'夸克'（字面上意为海鸥的叫声）很明显是要跟'麦克'及其他这样的词押韵，所以我要找个借口让它读起来像'郭克'。但是书中代表的是酒馆老板伊厄威克的梦，词源多是同时有好几种。书中的词很多时候是酒馆点酒用的词。所以我认为或许'向麦克老大三呼夸克'源头可能是'敬麦克老大三个夸脱'，那么我要它读'郭克'也不是完全没根据。再怎么样，字句里的三跟自然中夸克的性质完全不谋而合。"〔参见盖尔曼著《夸克与美洲豹》（*The Quark and the Jaguar*），译文来自维基百科〕——译注

同位旋）。质子具有上同位旋，中子具有下同位旋。就好比男人和女人，显而易见的不同（差异性万岁！），但是人们可以认为男人和女人是人这一特定物种的两个不同形式。男人有男性特征，女人有女性特征。

回到夸克的问题上，质子含有更多的上夸克，中子含有更多的下夸克，这就解释了为什么它们分别拥有不同的同位旋。而"奇夸克"的命名是因为人们觉得这种夸克带有一些"奇怪"属性，这种属性导致一些粒子存在的时间比通常预期的时间要长。所以这些夸克的名字虽然算不上一目了然，但却都是具有历史基础的。

物理学家预测，夸克具有一些不同寻常的特性。质子和电子具有等量的、相反的电荷，此外，它们被认为是具有基本的（也就是说，最小的）电荷量。质子所带的电荷为 +1 个单位，而电子则带 −1 个单位。然而，夸克，正如人们最初想象的那样，被认为具有比单位电荷更小的电荷，这是一种有些离经叛道的假设。上夸克是带正电的，但是电量只有一个质子的三分之二（+2/3 个电荷）。类似地，下夸克和奇夸克被认为是带负电的，但是电量只有一个电子的三分之一（−1/3 个电荷）。反物质夸克与它们对应的物质夸克携带同样数量且性质相反的电荷（反上夸克携带 −2/3 个电荷，而反下夸克和反奇夸克携带 +1/3 个电荷）。

夸克的另一个性质是它们的量子力学自旋。正如我们之前在第 2 章中讨论过的那样，粒子可以根据不同的自旋被分为两个类别：带有整数自旋的玻色子（…，−2，−1，0，+1，+2，…）和带有半整数自旋的费米子（…，−5/2，−3/2，−1/2，1/2，3/2，5/2，…）（在这里，省略号意味着"以此类推"）。夸克是带有 ±1/2 个自旋的费米子。

夸克还有其他的属性，我们会在后面继续讨论，此刻，我们讨论的是夸克如何构成第 2 章中介绍的种种粒子的。首先，让我们来看一看介子，即中等质量的粒子。

盖尔曼和茨威格认为，介子由两个对象组成：一个夸克和一个反物质夸克（称为反夸克）。例如，π⁺ 介子（读作"派正介子"）包括一个上夸克和一个反下夸克。（请注意，上夸克、下夸克和奇夸克分别写作 u、d 和 s。反夸克则在对应的字母上添加一横，因此，反上夸克、反下夸克和反奇夸克分别写作，$\bar{u}$、$\bar{d}$ 和 $\bar{s}$）我们可以看到，这种设想下的介子的电荷数符合现实情况：u（+2/3）+$\bar{d}$（+1/3）=π⁺（+1）。同样，我们还可以考察夸克和介子的量子力学自旋。夸克和反夸克都具有（+1/2）个自旋，但是它们的自旋方向可以是相同的，也可以是相反的。在我们的例子中，夸克和反夸克的自旋方向是相反的 u（自旋 =+1/2）+ $\bar{d}$（自旋 =-1/2）=π⁺（自旋 =0），这恰好是我们在第 2 章中介绍过的 π 子（汤川秀树的粒子）的自旋。带有 +1/2 个自旋的究竟是夸克还是反夸克并不重要（实际上它们的自旋方向可以对换），但重要的是，它们的方向一定是相反的。图 3.1 展现了这一点，以及我们在下文中将讨论其他的自旋状态。

鉴于任意一种介子都是由三种不同类型的夸克之一和三种不同

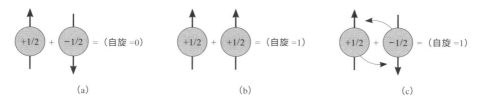

图 3.1 不同的自旋构型。（a）两个粒子携带数值相同、方向相反的自旋，具有数值为 0 的净自旋。（b）两个粒子携带数值相同，方向也相同的自旋，具有数值为 1 的净自旋。（c）这种情况有些类似于（a）的情况，即两个粒子具有方向相反的自旋，因此净自旋为 0。然而，在这种情况下，粒子围绕着一个中心点运转，粒子的运动导致了数值为 1 的净自旋。

类型的反夸克之一构成，这意味着我们可以组成 3×3＝9 种不同的介子（你可以从三种类型的夸克和三种类型的反夸克中各择其一）。所有可能的组合为：u$\bar{u}$，u$\bar{d}$，u$\bar{s}$，d$\bar{u}$，d$\bar{d}$，d$\bar{s}$，s$\bar{u}$，s$\bar{d}$ 和 s$\bar{s}$。而现实的情况则更加复杂一点，因为人们从未观察到过只有 u$\bar{u}$、d$\bar{d}$ 或者 s$\bar{s}$ 组合的介子。回想一下，相同的物质和反物质粒子（例如 u$\bar{u}$ 或者 d$\bar{d}$，而 u$\bar{d}$ 则不是）在相触的一刻会发生湮灭。因此，一个上夸克和一个反上夸克一旦相触就会消失，同时转化为能量。这种能量最终会转化成一个 q$\bar{q}$（夸克－反夸克）组合，它可能会重新变成一对 u$\bar{u}$，也有可能是 d$\bar{d}$，或者 s$\bar{s}$。人们可以将这个过程写作 u$\bar{u}$→能量→u$\bar{u}$→能量→d$\bar{d}$→能量，以此类推。到第 4 章的时候，我们将能更好地解释这个问题，希望读者们在此能够留下一个印象，好等到我们在下文中说到它。迫不及待的读者们可以直接翻到后面，参看关于图 4.21 的讨论。存在一种专业数学的方式来书写以下内容，但是对于我们的目的来说，写作"混合（u$\bar{u}$&d$\bar{d}$）"也没有问题，我们就用它来指"这个粒子包含一对夸克和对应的反夸克，但是这一对有的时候是 u$\bar{u}$，有的时候是 d$\bar{d}$"。请注意，被列为"混合"的两个夸克的组合（u$\bar{u}$、d$\bar{d}$&s$\bar{s}$）在技术细节层面存在不同。我们在这里将忽略这种差异。相信我。你真的不需要知道这种差异是什么。如果你实在很好奇，请查看参考阅读，看看专家的建议是什么。

因此，表 3.1 中，表头为 ↑↓ 的那一列中，列出了 9 种介子。对于所有这些介子来说，自旋为 0。虽然我们现在可以看到，夸克的模型是如何让我们对这个世界的理解变得更简单（9 种介子可以用 3 种夸克来解释），但真实的情况甚至更理想。虽然在上面的讨论中，介子中的夸克和反夸克的自旋是相反的，可实际上，介子中的夸克和反夸克的自旋也可能是朝着同一个方向的。这将给介子带来一个不同的自旋值，正如图 3.1（b）和图 3.2 中所显示的那样。让我们再次用之前用来举例的那个夸克组合为例，即 u$\bar{d}$。现在，如果两个粒子的自旋方向相同，我们得到：u（自旋 = +1/2）+ $\bar{d}$（自旋 = +1/2）= ρ^+（自旋 = +1）。所以对于同样种类的夸克 – 反夸克组合来说，如果让它们的自旋方向相同，我们就可以得到更多的粒子，这些情况同样在表 3.1 中，表头为 ↑↑ 的一列中列出。

当我们意识到，对于上面给出的两个实例，夸克与反夸克对并没有移动（从严格的意义上来说，这并不是真实情况，但是对于解释说明的目的而言，也足够接近现实了）的时候，夸克模型的优点甚至变

表 3.1 描述多种介子的夸克组合。在每一列"介子"中的每一个符号都是某一种特殊类型的介子的名称。例如，第一行显示，一个上夸克和一个反下夸克可以构成一个 π^+ 介子，一个 ρ^+ 介子，或者一个 b$^+$ 介子，而介子的类型仅仅取决于自旋的方向或者夸克和奇夸克的运动状态。

夸克组合	电荷	介子 ↑↓ 自旋 = 0	介子 ↑↑ 自旋 = 0	介子 ↑↓+ 运动 自旋 = 0
u$\bar{d}$	+1	π^+	ρ^+	b$^+$
d$\bar{u}$	−1	π^-	ρ^-	b$^-$
混合（u$\bar{u}$ & d$\bar{d}$）	0	π^0	ρ^0	b^0
混合（u$\bar{u}$, d$\bar{d}$ & s$\bar{s}$）	0	η	ω	h
混合（u$\bar{u}$, d$\bar{d}$ & s$\bar{s}$）	0	η'	φ	h'
s$\bar{u}$	−1	K^-	K^{*-}	$K1^{*-}$
d$\bar{s}$	0	K^0	K^{*0}	$K1^{*0}$
s$\bar{d}$	0	$\overline{K}^0$	$\overline{K}^{*0}$	$\overline{K1}^{*0}$
u$\bar{s}$	+1	K^+	K^{*+}	$K1^{*+}$

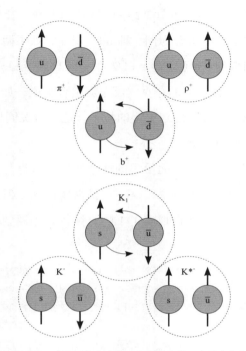

图 3.2 可以由一个上夸克和一个反下夸克或者一个奇夸克和一个反上夸克构成的三种不同介子的例子。运动构型的变化会产生更多的介子类型，而不需要更多的夸克的参与。

得更显著了。更准确地说，我们说它们处于基态，物理学术语中这代表拥有最低能量构型的状态。然而，夸克和反夸克对可以彼此围绕着运动，有点儿像地球和月球。这就是量子力学的奇怪之处显现的时刻之一。当 $q\bar{q}$ 对移动的时候，夸克和反夸克都必须要移动，使得它们的运动导致介子拥有整数的"自旋"（例如，+1，+2，+3，…）。所以现在我们可以建构 9 种新的介子，每一种包含的夸克种类和表 3.1 中所列出的一致，但是这些介子因为组成它们的夸克 – 反夸克对处于运动中，因而拥有了 +1（举例来说）的自旋。这些介子也被列在表 3.1 中，在表头为（↑↓ + 运动）的一列。在图 3.2 中，我们展示了构成作为范例的几种介子具体的夸克构型。我们现在可以更清楚地认识到，在第 2 章中提到的那些奇怪的粒子到底是怎么回事儿。它们只不过是包含了一个奇夸克。我们之前也提到过，似乎强力可以很容易地构成奇夸克和反奇夸克的配对，而只有弱力能够使得单个的奇夸克衰变。我们将在第 4 章中继续讨论这个话题。

因此，我们看到，对于每一种夸克和反夸克的构型来说，夸克对的运动模式不同，介子的自旋也不同，于是我们得到了 9 种新的介子。虽然我们已经在表 3.1 中列出了 27 种不同的介子，但实际上介子的类型还要多得多。但是所有的这些粒子都可以被描述为三种夸克（以及它们对应的反夸克）的不同组合！因此，夸克模型大大地简化了我们对介子的理解。表 3.2 总结了迄今为止我们所了解的知识。

表 3.2 三种最初设想出的夸克的基本性质

夸克	符号	电荷	衰变性质
上夸克	u	+2/3	稳定
下夸克	d	−1/3	在很多情况下是稳定的
奇夸克	s	−1/3	可以通过弱力衰变

夸克和重子

虽然在早期的宇宙射线和加速器实验中发现的粒子有一部分是介子，但是人们也发现了质量大得多的重子（其中我们最熟悉的就是质子和中子）。如果夸克模型也能解释重子中的模式，那么它就更神通广大了，当然，它也确实如此。介子由一个夸克和一个反夸克配对构成，而重子则由三个夸克构成。质子由两个上夸克和一个下夸克（写作 uud）构成，中子由两个下夸克和一个上夸克构成（udd）。我们可以再次检验这些夸克的组合是否准确地预测了重子的电荷数：对于质子来说，u（+2/3）+u（+2/3）+d（−1/3）= 质子（+1），对于中子来说，u（+2/3）+d（−1/3）+d（−1/3）= 中子（0）。图 3.3 显示了我们熟悉的重子，以及最常见的介子类型。

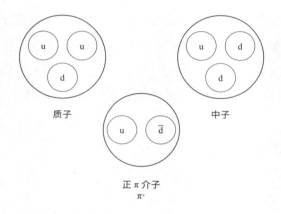

图 3.3 诸如质子和中子之类的重子包含三个夸克。介子包含一个夸克和一个反夸克。

　　虽然质子和中子是最常见的重子，但是在夸克模型出现之前，人们也发现了其他的重子。在我向读者们展示夸克模型是如何大大地简化了我们对重子的理解之前，我们必须回顾一些关于夸克的重要事实。夸克有很多的属性，但是我们主要关注的是它们的质量、电荷和量子自旋。上夸克的质量非常小（我们之后会说回到这一点），它带有 +2/3 个电荷，自旋为 1/2。回想一下之前的讨论，与其他的属性不同的是，夸克的自旋可能是 +1/2 或者 −1/2。我们将带有 +1/2 个自旋的上夸克写作（u↑），将带有 −1/2 个自旋的上夸克写作（u↓）。

　　鉴于这一点，让我们假设一个包含三个上夸克（uuu）的重子。这样的一个重子必须带有 2（2/3＋2/3＋2/3）个电荷，是质子电荷的两倍。然而，因为每一个夸克可以带有（u↑）或者（u↓）个自旋，当我们考虑到自旋数的时候，出现了两大类自旋情况。第一类情况是所有夸克的自旋都是同一个方向（u↑u↑u↑）。因为这些自旋都是朝着同一个方向的，这样的一种重子的自旋为 +3/2（+1/2＋1/2＋1/2）。第二类情况是两个夸克的自旋方向相同，另一个夸克的自旋方向与它们相反（u↑u↑u↓）。在这种情况下，鉴于有两个夸克的自旋可以相互抵消，这种重子的自旋为 +1/2［+1/2＋1/2＋（-1/2）］。因此，这两种重子都包含三个上夸克，但是自旋不同。

　　存在于强子中的、所有可能的夸克和自旋的组合比介子中的情况要复杂得多。事实证明，在自旋等于 1/2 的情况下，存在 8 种不同类型的、三种不同夸克（u、d 和 s）组合而成的重子。此外，在自旋等于 3/2 的情况下，存在 10 种不同类型的、三种夸克组合而成的重子。请注意，这还仅仅是夸克基本不在重子中移动的情况，根据量子力学规定的严苛规则，夸克着实是可以在重子内运转的。这些运动是受限制的，使得它们只能为重子提供整数的自旋（0，1，2，…），就像介子的情况那样。因此，对于夸克的每一种可能的运动构型来说，夸克这一概念可以解释 18 种不同的重子的存在。

　　我们应该还记得，介子中可以包括夸克和反夸克。重子中只有夸克。那么，反夸克在重子这里扮演什么角色呢？实际上，重子中不允许存在反夸克。然而，我们可以通过三个反夸克来创造反重子，比如反质子（写作 p̄），其构成为（ūūd̄），而反中子的构成则为（ūd̄d̄）。这种模式适用于所有的重子。

　　因此，我们现在能够理解夸克模型的某些天才之处了。基于给定的 3 种夸克（以及它们所对应的反夸克），我们能够解释 18 种介子，18 种重子和 18 种反重子……一共 54 种粒子的存在。而且，如果夸克可以在粒子内围绕着彼此旋转，那么每增加一种可行的夸克运动构型，就会存在更多的粒子。所以，我们得以把上百种未得到解释的粒子的复杂局面简化至三种夸克和它们相对的反夸克。

　　当人们使用一个模型来极大地降低现实世界中观测到的复杂性时，往往需要付出某种代价，因为理论自身也引入了复杂性（虽然理论引入的复杂性要远远低于被其简化的现实世界的复杂性）。为了了解我们为什么必须在想法中引入某些新的东西，我们必须考虑到一种特定的重子，Δ^{++}（德尔塔 $^{++}$）。Δ^{++} 的质量略大于一个质子的质量，电荷量则是质子的两倍，拥有 3/2 的自旋。根据我们现在对夸克的了解，我们可以看到，该粒子一定包含三个自旋为 +1/2 的上夸克（u↑ u↑ u↑）。但是，我们必须回顾一下之前在第 2 章中提到的一些内容。任何带有半整数自旋的粒子被称为费米子，并且两个相同的费米子不可能存在同一个位置。然而，我们这里有 3 个上夸克，它们有着同样的质量、电荷数和同样的自旋。这就很不妙了。据我们目前所知，含有（u↑ u↓）的粒子是可能存在的，同理含有（u↑ ū↑）的粒子也是可能存在的。但是（u↑ u↑）是不可能存在的，而（u↑ u↑ u↑）是绝对不可能存在的。所以，要么夸克模型是错误的，要么我们需要完善它。

丰富多彩的世界

　　考虑到具有相同性质的夸克是不可能的，但是 Δ^{++} 中的三个夸克很"显然"是相同的，这就导致有人提出了一种新的夸克的性质。马里兰大学学院市分校的奥斯卡·格林伯格提出了一个大胆的建议，或许夸克含有一些此前我们未知的性质，这些性质使得它们得以与彼此区分开来。据他推测，经过人们深入研究过的质子中所包含的夸克就拥有这种新的性质。但是质子本身并没有这种性质（否则我们之前已经观测到了）。我们很容易理解两个对象彼此抵消，不再存在的情况，就像 +1 加 −1 得到 0 一样。所以介子中的夸克似乎并不是那么难弄清，但是重子包含三个夸克。因此，这种新的性质需要保证当三个夸克叠加在一起的时候，最终的效果等于 0（或者说，重子本身不具有这种性质）。

有个人们更加熟悉的物理学领域中具有类似的属性。取三个电灯泡，每一个灯泡都发出特定颜色的光，比如红色、绿色和蓝色，让三种颜色的光照射在白色的墙壁上，三种颜色组合在一起，产生了白色的光（读者们可以试试看！），可以把夸克的这种新性质被称为颜色。所以，在 Δ^{++} 中，三个夸克现在可以被称为（u↑红）（u↑蓝）（u↑绿），它们产生了（Δ^{++} 白）。对于所有的重子来说，都是如此。这三个夸克每个都携带一种特殊的颜色，就像它们携带电荷一样，但是重子必须是"白色"的，或者说颜色中性（在物理学术语中，这意味着它没有净颜色，因为所有夸克的颜色都彼此抵消了）的。图 3.4 展示了真实的 Δ^{++} 粒子中包含的夸克成分。

必须强调的一点是，夸克的"颜色"与可见光的颜色没有关系。一个"红色"的夸克并不像我们通常所见的"红色"那样呈现出"红色"。我妻子湛蓝的双眼并不是因为它们表面有一层"蓝色"的夸克。我们说夸克是红色的、绿色的或者蓝色的，只是为了提醒我们自己，我们需要它们三者结合才能产生我们在现实世界中观察到的、颜色中性的对象。所以请不要去你家附近的粒子物理实验室然后要一桶绿色

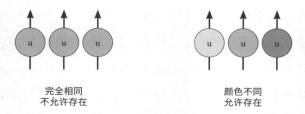

完全相同   颜色不同
不允许存在   允许存在

图 3.4 两个相同的费米子不可能同时存在于同一个地方的事实，引发了关于颜色的假设。只要费米子具有能让它们彼此区分开来的性质，它们就能共存。

的夸克，想着拿回家用来刷墙。物理学家会觉得你有点儿缺心眼儿，并且马上会给你找点儿事做。

现在，因为我们已知夸克是携带颜色的，我们解决了 Δ^{++} 中三个相同的夸克同时存在的问题。虽然它确实包含三个上夸克（u↑），三个夸克在所有层面上都是相同的，只除了颜色〔即（u↑红）、（u↑蓝）、（u↑绿）〕，三个夸克携带不同颜色的事实，意味着它们可以被区分开来（至少在理论上是如此）。所以，现在在 Δ^{++} 中，并不存在两个或者更多的、相同的夸克（即费米子），正符合理论要求。好险好险！

如果夸克携带颜色，那么反夸克携带反颜色。就像电荷数量相同的正电荷和负电荷可以互相抵消一样，夸克的色荷也可以彼此抵消。由于重子和介子没有净颜色，我们可以推导出颜色相互抵消的规则。对于任何特定的介子来说，我们知道它包含一个夸克和一个反夸克。如果夸克携带某种特定的颜色（比如红色，写作 R），那么反夸克必须携带反红色（写作 $\bar{R}$）。R 与 $\bar{R}$ 之间彼此抵消了，所以介子没有净颜色（颜色中性或者说白色，都是同样的意思）。夸克可以携带蓝色（B）或者绿色（G），而它们的反夸克则携带反蓝色（$\bar{B}$）和反绿色（$\bar{G}$）。

重子的情况则（一如既往地）更加复杂。每一个重子包含三个夸克，每一个夸克都带有不同的颜色（RGB）。于是，如果最终重子是颜色中性的〔即白色（W）〕，我们可以说（R）+（GB）=（W）。所以，与之前关于介子的讨论相比较，我们看到（GB）必须等同于（$\overline{R}$）。类似地，（RB）等同于 $\overline{G}$，而（RG）等同于 $\overline{B}$。这些有点难以理解，但是这只是必须将三个相同的对象相加从而得到 0 的必然结果。

夸克存在的最初证据

到目前为止，我们所呈现的一切都是理论上的。我们知道介子和重子是存在的，但是夸克只是一种理论上的假设。从表面上看，存在一条很明显的实验路径。我们应该尝试从重子中提取夸克（比如质子，鉴于我们有很多质子可以使用）。所有这些都类似于实验证明原子包含电子。给原子施加能量，电子就会离开原子，这样我们就能够收集和研究电子。类似地，我们可以试图通过施加能量的方式来分解质子。向质子施加能量的最简单的方式是使用粒子加速器，让质子在某个靶上撞碎。据推测，当质子经受的撞击足够猛烈的时候，它就会分解，我们就能够看到从质子中生出三个夸克。

正如我们在第 2 章中介绍过的那样，当质子撞向一个靶的时候，通常会发生的情况是，会产生一堆 π 子（π 介子）。当我们做这样的实验并且试图辨识夸克的时候（夸克很容易分辨，因为它们携带非整数的电荷量），实验的结果是我们无法观察到自由夸克（即不安稳存在于强子内部的夸克）。作为实验科学家，我们需要诚实地说明这一结果意味着什么。没错，没有观察到自由夸克，可能意味着自由夸克是不存在的。这甚至也可能意味着夸克本身是一个吸引人、但却错误的想法。实际上，实验表明，每 $10^{10} \sim 10^{11}$ 个 π 子中，被观测到的自由夸克少于 1 个。对这一观测结果的解读充满争议。

　　无法观测到自由夸克的结果是很严重的。这可能已经敲响了夸克模型的丧钟。然而，夸克模型的精妙和预测能力都十分令人信服，因此物理学家需要提出一个粗鄙的假设：夸克只存在于介子和重子之中。这就是所谓的限制假设。得到提出的这个假设算得上丑陋，提出它只是为了拯救夸克模型。没有人喜欢这个假设。我们现在知道，这个假设实际上是正确的（我们将在第 4 章中讨论原因），但是在一段时间内，这一点都是不确定的。

　　有一个事实的存在让物理学家能够忍受限制假设。在夸克模型被提出来之前，人们已经发现了很多种介子和重子。尤其是被发现的重子们符合夸克模型所解释的重子可以包含有 0 个、1 个或者 2 个奇夸克的特征。然而，人们从来没有观测到过含有三个奇夸克的重子。如果夸克模型是正确的，那么重子（sss）必须是存在的。此外，重子应该有一种规律，因为它们包含更多的奇夸克。带有 1 个奇夸克的重子具有比不带有奇夸克的重子多大约 1.5 亿电子伏特（150 MeV）的质量。并且，带有两个奇夸克的重子比带有一个奇夸克的重子多大约 150 MeV 的质量。（提醒读者们注意，电子伏特是能量的单位，但是鉴于能量和质量是等价的，我们可以用能量单位表示质量。）所以，如果重子之间的质量差异取决于奇夸克的重量，那么夸克模型预测存在包含三个奇夸克的重子，并且其质量比带有两个奇夸克的重子质量多 150 MeV。

　　在 1964 年末，Ω^- 在纽约市长岛布鲁克海文国家实验室的一个气泡室实验中被发现了。该粒子的衰变方式符合于包含三个奇夸克的设定，并且比带有两个奇夸克的重子的质量多出 140 MeV。由于这种粒子在被发现之前就被预测了（并且预测出的特性十分具体），于是人们认为，这是夸克模型的一次非凡的胜利。于是，对于限制假设的担忧被暂时搁置到一旁，而物理学家试图发掘出限制的机制。

现代物理学的讽刺之一便是：虽然夸克模型具有强大的解释力和预测能力，但即使是夸克模型的提出者们，最初也没有想到过夸克是介子和重子的实际组成部分。夸克模型最初单纯被认为是基于数学的用于整理分类的基本原则。然而，盖尔曼和茨威格比他们自己所知的更加具有先见之明。20 世纪 60 年代末进行的实验无法将夸克从质子中释放出来，但是它们确实揭示了质子具有有限的、极小的体积，并且质子的内部似乎存在某种东西，因为质量大得多的质子本应该让射向它的电子散射程度更大。在最初，物理学家对质子中包含的物质知之甚少，因为它们的性质还未被测量出来。然而，一旦它们的存在得到了证实，这些物质就被命名为 "部分子"，因为它们是质子的一部分。最初，我们无法认定这些部分子就是夸克（虽然现在我们已经能够证明这一点）。在我们的故事的这一段，我们还没有足够的信息来深入地讨论这些想法（我们将在第 4 章的结尾部分继续讨论），但是我们可以通过类比来大致地理解这个实验。

早期的实验将电子加速到具有高能量并且让它们瞄准一大团物质（通常是冷却至液化的氢）进行撞击。由于氢原子包含一个电子，一个质子，且不含有中子，因此这个实验可以基本上被认为是朝着一个质子发射电子。这些粒子都带有电荷，因此它们通过电场发生相互作用。由于人们对静电力的研究已经足够深入周全，电子在散射过程中可能出现的不同行为也已经被充分了解了，所以它们能很优美地符合实验数据。然而，随着电子被用更高的能量不断地加速，它们与质子的距离也就越来越近。当电子与质子中心的距离小于 10^{-15} 米的时候，散射的模式被突然改变了。事情变得不同了。一些新的物理过程开始发挥作用。我们可以用一次又一次地穿越太阳系的彗星作为类比。根据万有引力定律，人们可以将彗星、太阳和所有行星看作是没有体积的质点（即作为点状粒子）。计算结果符合实际情况，并且能够准确地描述彗星的运动。然而，如果彗星距离某个行星太近，以至于击中后者（就像 1994 年休梅克－利维彗星撞击木星一样），那么用到的物理学就不一样了。这是测量行星大小的一个合理的方法，虽然对于行星和彗星来说，这都不算是什么愉快的体验。

仅仅是因为某物具有体积，并不意味着它内部含有更小的粒子。不信的话请比较一下豆袋椅和台球。现在，让我们暂时忽略我们对原子的了解，台球是一个均匀而坚固的结构，没有内部特征。然而，豆袋椅则是由较小的物体构成的、松散的集合体，它们由于受到外部的袋子施加的"力"而保持完整。当这些小物体受到某些物体撞击的时候会有不同的反应。一颗台球的速度和运动方向可能发生改变，但是因为台球内部没有任何东西，所以它内部没有受到任何影响。而豆袋椅则是完全不同的。在撞击的过程中，内部的豆子可以四处移动。因此，除了豆袋椅的速度和运动方向都发生了改变之外，豆袋椅内部的豆子也相对于彼此发生移动。豆子的移动需要能量。因为能量守恒（也就是物理学语言表达"不发生改变"的意思）是物理学最基本的原理（和观察结果）之一，如果能量能够进入豆子的内部，那么豆袋椅的运动所具备的能量就会更少。因此，在碰撞发生的前后，如果我们测量抛射体的能量，会发现它们并不一样。这也就意味着受撞击的目标内部某些东西出现了移动。而这意味着它具有内部结构（即其中包含某些东西）。

当电子（据我们所知，它是没有体积也没有内部结构的）撞击静止的质子的时候，我们可以测量电子在撞击前和撞击后的能量。在电

子以大于约 10^{-15} 米的距离经过质子时，它接近和远离质子时携带的能量是一致的。但是当质子和电子之间的最小距离变成小于等于 10^{-15} 米的时候，它远离质子时所具有的能量则可能会比接近质子时的能量少。这意味着质子的内部的物体出现小幅移动。该实验完成于 20 世纪 60 年代后期，彼时人们认为质子的内部结构可以被看作若干个粒子（类似于电子是构成原子的一部分）。构成质子的粒子被称为"部分子"。我们将在第 4 章的结尾部分再次说回到这个话题。

虽然夸克模型在解释已经被发现的、无数的重子和介子上做得很出色，但是它也带来了新的问题。除了夸克限制的问题，以及需要证明夸克不仅仅是数学的还是物理学意义上的实体；至少还存在另外两个问题让物理学家愁得夜不能寐。第一个问题是最容易解释的。基本上，这个问题可以被描述为"为什么有两个携带 −1/3 个电荷的夸克，而只有一个携带 +2/3 个电荷的夸克？"。物理学家喜欢对称（主要是因为宇宙似乎是对称的）。当我们发现群体中有某个突兀的存在时，这往往意味着我们的理解是不完整的，而且必然需要进一步的检查。因此，很明显（站在当下回头看时，这个"显然"可说得实在轻巧），我们推测可能还存在另外一个还没有被发现的，带有 +2/3 个电荷的夸克。我真的很想强调，这样的论点至此已经多少有些宗教色彩。这只是一种对世界必然的存在方式的直觉。但是，科学的前沿往往正是由直觉推动的。有的时候直觉是对的。有的时候直觉是错误的……实验证据才是最终的仲裁者。

第二个问题仅关乎于奇夸克。回想一下，我们已经在第 2 章中提到过的那些不稳定的奇怪粒子，它们最终都会衰变成另外的、我们更熟悉的粒子。一旦我们相信奇夸克存在，就会很自然地认为，是奇夸克导致了这种不稳定。因为这些奇怪粒子存在的时间很长（回忆一下，这也就是它们最初被称为奇异粒子的原因），让它们发生衰变的力必须非常弱（我们将在第 4 章中继续详细地讨论力的问题）。由于在实验中，我们已经观察到了各种各样的奇异粒子以各种不同的方式发生衰变，而且那时我们已经知道了奇异粒子以及它衰变而成的粒子中的夸克构成，我们就有可能理解奇夸克可能的衰变方式。因为奇夸克携带奇异量子数，当一个奇异粒子衰变成一个不含奇夸克的粒子的时候，"奇异性"发生了改变（这可真是奇……呃……我是说独特）。真正的神秘之处在于，为什么似乎不存在由弱力引起的并且能将奇夸克转变为下夸克的衰变。这应该是可能存在的，但是我们就是没有观察到。这一点很奇怪，而且最初我们想不明白是为什么。

1970 年，谢尔登·格拉肖（朋友们和竞争对手们都叫他谢利）、约翰·李尔普罗斯和卢西恩·梅安尼（后来他成为了欧洲最顶尖的粒子物理实验室——欧洲核子研究中心的实验室主任）提出了一种解决这个问题的方法。他们相当巧妙地证明了，如果存在另外一个电荷量为 +2/3 的夸克，理论就需要进行相应修改，使得上面描述过的、改变奇异性的那种相互作用在修改过的理论框架内不再具有存在的可能。实验观察和理论预测再一次达成一致。这种新的夸克被称为粲夸克，并且在概念上与奇夸克相对应。现在，我们有了两对夸克：上夸克和下夸克；奇夸克和粲夸克。只有一个问题……人们从来没有观测到过粲夸克。

更多夸克与轻子的发现

这种令人不安的氛围在 1974 年发生了变化，那一年两项实验共同宣布发现了一种新的、长寿命的粒子。这种粒子比质子质量大约三倍，这非常令人惊讶。进一步的调查显示，该粒子质量的"可能范围"是极度狭窄的。量子力学的创始人之一，维尔纳·海森堡，提出了不确定性原理（较详细的内容参见附录 D），表明如果一个粒子存在的时间很长，那么它的质量是可被确定的概率极高（即它在能量上几乎没有不确定性），但是，如果该粒子衰减得很快，那么它将不具有特定的能量，因为能量的不确定范围很大。例如，一个衰变很快的粒子（假设衰变时长为 10^{-23} 秒）通常具有 100MeV 的能量范围。这个新粒子的质量分布在 0.063MeV 的数量级上，所以它的存在时间大约是 10^{-20} 秒或者说是之前粒子寿命的 2000 倍。当一个粒子的存在时间比它应该有的存在时间要长的时候，这意味着存在某种原因阻止它发生衰变；例如，一种新的夸克的形成。从本质上讲，这与我们讨论过的、奇怪粒子的产生相同。

在一段时间内，这种新粒子有两个名字。上述实验之一是由丁肇中领衔、在布鲁克海文国家实验室（BNL）进行的。他们在铍靶上击碎质子，并且寻找会衰变成两个 μ 子的粒子。当他们找到证据之后，他们为这种新粒子命名为"J 介子"，有人对我说，这是因为这个字母长得很像丁肇中的丁。另外一个实验是由伯顿·里克特（伯特）领衔、在斯坦福直线加速实验室（SLAC）进行的。他们通过用不同的能量同时击碎电子和反电子（也被称为正电子）来寻找新粒子。因为他们可以非常精确地选择光束的能量，所以他们可以寻找具有非常特定的能量的粒子。当他们"扫描"[1]能量的时候，电子和反电子以相当符合预测的比率相碰撞，直到达到 3100MeV 的"魔法能量"。在这个能

---

1 所谓的"扫描"，指的是以递进的能量进行操作，比如，科学家先用 3000 MeV，然后 3010 MeV、3020 MeV（当然具体的扫描步长我们不得而知）……一直到 3100 MeV 时他们看到了大量的粒子。——译注

量等级下，粒子相互作用的数量急剧增加。根据所生产出的粒子的不同类型，增加速度可以达到 10 至 100 倍。于是乎，一种新粒子出现了。SLAC 的物理学家称这种新粒子为 ψ（音：普塞）介子。

在科学领域，有一个传统是发现者得以命名之，无论发现的是一种新粒子还是一个新物种。然而，这里有两个都非常具有竞争力的物理学家小组同时声称发现了一种新的、引人侧目的粒子。经过了一些，嗯……激烈地……关于谁是第一个发现者的辩论，最终人们判定，这两个小组将作为该粒子的联合发现者，而这种粒子则被命名为 J/ψ 介子。并且，在 1976 年，里克特和丁肇中还因为 J/ψ 介子的发现而共同获得了诺贝尔奖，友谊得以恢复。马马虎虎吧。

J/ψ 介子最终被证明是一种新的介子，其中包含一个粲夸克和一个反粲夸克（c$\bar{c}$）。在 J/ψ 介子被发现后不久，人们又发现了许多其他的介子和重子。现在已知有四种夸克，于是有些粒子可以被构想出来，比如 D+ 介子，包含一个粲夸克和一个反下夸克（c$\bar{d}$），比如 D- 介子，包含一个下夸克和一个反粲夸克（d$\bar{c}$）。还剩下一个未解之谜……粲夸克为什么这么重？粲夸克的质量几乎比奇夸克大 3 倍[1]，甚至是一颗质子或者中子的 1.5 倍大。这个问题仅仅是个开始。

虽然夸克构成了介子和重子，但还有质量轻得多的轻子需要关注，我们现在就将讨论这些轻子。轻子与夸克也是相关联的，因为它们似乎与夸克的存在规律有关。在 1974 年前，已知存在有 4 种轻子：两种带电轻子，即电子和 μ 子，和两种电中性的轻子，即电中微子和 μ 中微子。似乎存在着某种神秘的规律。对于每一对夸克（比如上夸

---

1 请注意，由于测量手段、计算方法不同，科学家对于奇夸克质量的估算结果发生过很大的变化，目前网络上的一些常见的（包括维基百科、百度百科）关于奇夸克的质量估算是错误的。——译注

克和下夸克）来说，似乎都存在着一对相对应的轻子（比如电子和电中微子）。到了 1974 年，这种夸克和轻子之间的对称性已经非常明显了，尽管人们并不明白为什么。

1975 年，由马丁·佩尔领衔的，在 SLAC 进行的一项实验，宣布他们的数据表明存在着另一种带电荷的轻子。这种轻子被称为 τ（音：陶）轻子。显然，τ 子的存在破坏了被观测到的、夸克和轻子之间的很和谐的对称性。可是，真的破坏了吗？

重新恢复和谐的对称性的一种方法是，找到存在的另一对夸克。虽然并没有任何证据可以证明存在一对新的夸克，但单单是这种可能性就已经让实验物理学家感到兴奋。就像猎犬追踪受伤的狐狸一样，实验物理学家开始了他们的"狩猎"。1977 年，一项由利昂·莱德曼领衔的、在费米实验室进行的实验，观测到了一个信号，疑似指向一种新粒子的存在，该粒子质量约为 6GeV，然而当更多的数据出现的时候，这个信号就像海市蜃楼一样消失了。这并不是实验的错误或者疏忽。在很多时候，人们看到的数据群集最初看起来很像是符合某个规律，但是当获得更多信息的时候，原有的规律就消失了。莱德曼的团队运气很不错，当 6GeV 的数据群集变得无关紧要之后，另一个 9.5GeV 的新群集开始吸引了人们的注意力。这次他们更加谨慎，所以他们静静地等待，并且继续观察。与他们早先的经历不同，随着数据继续增加，信号看上去甚至更加稳定了。1977 年 6 月，莱德曼的实验宣称发现了 Υ（音：伊普西龙）介子。（有些人就 6GeV 的伪粒子对莱德曼进行了善意的调侃，称之为"哎呀莱昂你搞错了子"[1]。）调侃

---

1 此处是一个谐音梗。希腊字母 Υ 发音为伊普西龙，英文写作 upsilon，因为莱德曼曾经把李鬼当李逵，所以有些人开玩笑给该粒子起了一个昵称 opps-Leon，发音为欧普斯莱昂，字面意思是"哎呀呀－莱昂（Leon 是莱纳德的昵称）"。——译注

不提，Υ 介子是一个非常了不起的发现。就像之前的 J/ψ 介子一样，Υ 介子具有非常明确且稳定的质量，意味着它是一个长寿的粒子。并且，像 J/ψ 介子一样，Υ 介子之所以长寿是因为一种新的夸克在其寿命过程中被创造出来。这第五种夸克被称为底夸克（虽然在很长一段时间内，"美夸克"的名称很有竞争力）。这种新夸克质量相当大，约为 4.5GeV（大概是粲夸克质量的 3 倍左右），并且带有 −1/3 个电荷。根据我们之前的经验，或许还有另一种新夸克也要被发现了，这种新夸克带有 +2/3 个电荷。甚至在这种夸克被发现之前，它就已经被命名了。它被称为顶夸克，与底夸克相对应。（请注意，在一段时间内，这两个夸克还有另外的名字，即真夸克和美夸克，但是这些名字已经不再使用。）

顶夸克的发现

寻找顶夸克的过程漫长而艰难。1984 年，一项实验宣称，他们可能已经观测到了顶夸克，其质量大约为底夸克的 8 倍（大约是质子的 40 倍）。进一步的实验表明，这个结果是错误的。研究工作继续。一些出色的实验获得了一些间接证据，支持顶夸克的存在，但是间接证据往往都令人存疑。所以人们希望能够得到直接证据。1992 年，费米实验室进行了两项超大型实验，他们的首要任务是寻找顶夸克，或者，用我一位物理学家老熟人的话说："把顶夸克找出来，打包贴标签带回家……"这两项实验，一个被称为 DØ（D 零）实验，另一个被称为 CDF（即费米实验室碰撞探测器的缩写），这两个实验小组的成员们当然都是好友，但是彼此的竞争也是残酷且激烈的。每一个实验都需要尺寸巨大的探测器，每台体积大约为 30 英尺 ×30 英尺 ×50

英尺，质量约 5000 吨。每一台探测器都安置于耗费数年时间专门为
其建造而成的建筑物内。参与这两项实验的物理学家分别有 400 位左
右，其中每一项内有 100 位左右物理学家是直接从事试图寻找顶夸克
的研究的。他们夜以继日、全年无休地疯狂工作；所有人都担心另外
一个小组的人们会率先取得突破。在高风险的科学研究中，只有第一
名和非第一名，没有第二名。（此处向尤达致歉。）最终，在 1995 年 3
月，两个实验小组同时声称，他们获得了顶夸克存在的确凿证据。狩
猎顶夸克之旅结束了。

　　我们将在第 6 章中详细介绍获得这一发现所必需的加速器和探
测器技术，但是即使我们现在还不知道这些，寻找顶夸克之旅的最后
阶段的故事也是非常有趣的。读者们应该已经意识到了，这两项实验
一共涉及 800 位左右的物理学家，所以会有 800 来个彼此稍有不同的
故事。我在这里要和读者们分享一下我自己的故事，带着我自己的视
角的局限性。我在 1994 年春天的时候，加入了 DØ 实验，当时我的
兴奋之情溢于言表。CDF 是较早开始的实验，他们已经采集了一些
数据。尽管他们获得的数据样本还是很小，但是对于如此高能量级别
的实验来说，这是有史以来最多的数据了。他们获得的经验是如此宝
贵，以至于有人认为他们因此获得的优势是竞争对手难以超越的。相
较于 CDF，DØ 是一个新实验，还未进行过粒子束碰撞。在一些方面，
我们的探测器有着很明显的优势（因为它建造的时间较晚，所以它具
有能够使用更新技术的优势），这是因为我们的能量测量设备更出色，
且对于每一次碰撞，我们都记录了更多的信息。（请将粒子碰撞想象
成一场爆炸，把探测器想象成包围着这场爆炸的球体，这样就不难理
解能够覆盖更多角度的探测器更有优势。在这点上 DØ 有优势。）但
是另一方面，CDF 有一台 DØ 没有的探测器——硅顶点探测器（将在

第 6 章中讨论），这台探测器能够测量距离碰撞处非常近——比几分之一毫米还要小得多的距离——的粒子的运动轨迹。他们还在碰撞发生的区域内设置有一个磁场，这就让物理学家能够有两种方法来测量很多粒子在碰撞发生后带有的能量。这两个器材组件都具备 DØ 实验所不具备的能力。实话说，这两个探测器都是一流技术的集大成者，集 400 位真正绝顶聪明的物理学家的智慧，为了它们的特殊功能（粒子探测）精心设计而成。仪器设计上的任何尝试都涉及妥协和选择，探测器之间的区别反映了每个小组针对让实验最关键的部分进行得尽可能成功的这一目标的最佳设想，与此同时大家也明白，如此设计不得不意味着实验的其他相对不那么关键的部分可能会不如在采取其他设计方案的情况下进行得那么顺利。正如大家都说的那样，时间会告诉我们，谁的设计更胜一筹。

　　虽然两个小组的探测器势均力敌，每组的探测器都有着自己的优点和缺点，但两个实验在人力方面非常不同。CDF 更早启动，更加成熟，并且具有多年经验的优势。我一直有一种印象，CDF 的人们很自信，这种经验优势能够让他们领先于 DØ 实验，而 DØ 则需要努力地追赶他们。另一方面，DØ 实验是这个领域的后生。我们大胆，有动力，有才华，但是从未经过证实。这当然不是说这项实验里没有经验丰富的人士；我们确实有。但是这个实验本身是新的，要走上正轨还需要一段时间。

　　1992 年，两个实验同时启动。你必须和科学家在一起才能充分认识到他们的工作是多么积极和努力，尤其是当一个重要的发现即将到来的时候。最懒惰的人每周也要工作 60 小时。而勤奋的工作者们依靠着对狩猎的热情而生（当然以加仑计的相当难喝的咖啡也对此有所帮助）。这两个实验采取了明显不同的方法，每个都根据各自的优势进行调整。年复一年，实验数据不断产生，虽然比大家期待的速率要慢得多。即便如此，两个实验都记录下了碰撞过程，看起来很有希望。无数碰撞受到检视，其中有数以百万次被记录下来，这过程中两个实验都遇到了一些似乎能指明顶夸克存在的事件（我们将在第 4 章中继续讨论这句话的含义）。

1994 年 1 月（正好在我即将加入之时），DØ 发表了一篇论文，讨论了他们的探测器记录下来的若干次碰撞，这些碰撞与顶夸克的产生条件一致，其中有一个特别有趣的个案。虽然有趣，但是无论多么诱人，孤证难以自立。因为被观测到的事件实在太罕见，这意味着顶夸克比原先设想的质量还要更大。DØ 表示，他们的数据表明，如果顶夸克存在（这一点彼时尚未得到确认），那么它的质量将超过 131GeV，或者说是质子的 140 倍。

1994 年 4 月，CDF 发表了一篇题为《在 $\sqrt{s} = 1.8\text{TeV}$ 时的 p$\bar{\text{p}}$ 碰撞中，顶夸克产生的证据》的文章。这一举动有些激怒了 DØ。严格意义上说，这篇文章并没有宣称他们发现了顶夸克（否则标题中的"顶夸克产生的证据"则会被替换成"对顶夸克产生的观察"），DØ 将这篇文章看作是先发制人。如果随后顶夸克被发现，那么 CDF 就会声称，他们早就观察到了，而如果顶夸克迟迟不曾出现，CDF 则可以名正言顺地声称他们从未证明已经发现顶夸克，所以他们也不需要撤回论文。我确信，CDF 的人们对此事应该有另外的看法。像往常一样，真相可能存在于两个极端中间的某个位置。公平地说，在他们的论文中，CDF 推测的顶夸克质量是正确的，虽然他们的测量显示出的顶夸克可能产生的概率大约是真实情况的两倍。大概正是这被高估的概率让他们有信心发表论文。

1994 年春天论文发表引发的躁动平息后，随着数据不断地继续出现，人们又继续埋首工作中。当人们获得额外的数据时——这些数据的数量与 1994 年春天那篇文章中使用的数据规模相同——CDF 和 DØ 的新数据得到了相同的分析。CDF 数据的显著性（即可靠性）略有下降，而 DØ 数据的显著性则略有增加，程度和 CDF 数据的显著性下降的程度差不多。研究工作继续，分析工作变得更加复杂。

第一个真正的对顶夸克发现的声明出现在 1995 年 3 月。导致联合声明的事件可以为研究"在'赌注'极高的条件下科学界内部的竞争"的社会学家们提供一个相当不错的案例。

费米实验室每一周都会有粒子物理学的报告会，官方的名字是"实验 – 理论物理联合研讨会"，但是所有人都叫它"红酒与奶酪会"。研讨会从费米实验室的初年开始，由马蒂·艾因霍恩和 J. D. 杰克逊（最权威的研究生用电学和磁学教科书的作者，简直是所有物理系研究生的噩梦）发起，旨在模仿在研究性大学定期举办的研讨会，并且将专攻理论的物理学家带到费米实验室里这些要么冻得不行、要么热得不行的实验物理学家身边，试图将伊利诺伊州的大草原变成世界级的物理实验室。

"红酒与奶酪会"（实际上，有好几年的时间它其实是"果汁与奶酪会"，不过我很高兴它现在又重新变成了"红酒与奶酪会"），每周五下午 4 点准时进行，作为通常极为忙碌的一周很好的结尾。其间有一场一小时演讲，往往是由青年科学家发言，讨论他们所做的测量和发现。1994 年秋天，DØ 决定，我们需要开始让费米实验室的其他人了解到我们所做的所有超酷工作（毕竟，狩猎顶夸克的人们只占据 DØ 的科学家总数的 1/4，还有 3/4 的科学家在忙别的研究）。于是 DØ 的领头人们每隔 6~8 周为自己的实验组预定一次红酒与奶酪会，每次会有一位青年研究者就他们的工作发表演讲。由于研讨会需要提前半年预定，所以实际上的演讲者名字不会被提交上去，而是用随便一个名字占位。

　　在 DØ 和 CDF 实验组中，分析工作由不同的组负责。尽管每个研究生和博士后都会独立地进行每项的分析，但分析之间往往有着足够的共性，所以兴趣相似的物理学家会聚在一起分享他们的知识。在 1992 年到 1996 年期间，DØ 的研究主题被分为 5 个小组：顶夸克，底夸克，弱电，QCD（量子色动力学），新现象。（CDF 组织的小组也类似。）顶夸克和底夸克小组集中兴趣在他们各自的夸克研究上。弱电小组研究夸克和轻子如何相互作用。QCD 小组针对不那么奇异的夸克的行为，而新现象小组则是关注之前未预料到的物理学现象。每个小组都包括几十位成员，在人们疯狂狩猎顶夸克的那段时间，DØ 顶夸克小组和 CDF 顶夸克小组都有大约 100 位成员。每个小组都有两名联合领导人，被称为"召集人"，在 DØ 的顶夸克小组中，这两名召集人是费米实验室的波阿斯·克里玛和马里兰大学的尼克·哈德利，而 CDF 的顶夸克小组召集人则是布里格·威廉斯和布莱恩·威纳。

　　1995 年 2 月，DØ 预约了一次红酒与奶酪会，留下的占位人名是波阿斯·克里玛。因为波阿斯是顶夸克小组的召集人之一（他的资历也相对较深），对于红酒与奶酪会来说，他并不是演讲者的常规选择。除非是有一个重大公告将要由他发布。CDF 小组的某人看到了红酒和奶酪会的日程，并且发现了波阿斯的名字，于是得出了一个显而易见的结论，然后表示："糟了！"（不过后来有人告诉我说，他的真实反应其实比这要强烈不少）。如果 DØ 将要宣布顶夸克的发现，CDF 并不想被打个措手不及。于是他们加强了本就很疯狂的步伐，试图让他们的分析更禁得住考验。与此同时，原本并不打算公布一个如此之大的消息的 DØ，仅仅按照常规的疯狂步伐继续他们的研究。

早在 3 年前，也就是 1992 年，两个实验组已经达成了一个绅士协议，如果某个组将要公布一个重大的发现（比如顶夸克的发现，或者更爆炸的消息），他们会提前一周给另一个组以预警，让对方有时间可以准备回应。这个回应可以是"我们认同你们""你们纯属胡说八道"或者是"我们不清楚"。所以，伴随着即将到来的 DØ 的红酒与奶酪会，CDF 开始疯狂地工作以处理完毕他们的实验结果，正如我们之前提到过的，这些结果已经很有希望了。2 月 17 日，为了在 DØ 的红酒与奶酪会之前占得先机，CDF 通知了 DØ 和彼时费米实验室的主任约翰·皮普尔斯，他们将要在 2 月 24 日那天，宣布顶夸克的发现。DØ 对此措手不及。DØ 组已经获得了一个看上去很有希望的结果，我们相信，当所有的一致性检查完成之后，我们最终会宣布顶夸克的发现，只不过可能要再过一小段时间。但是现在这一整组测试必须当即完成。我们有一周的时间——或许只是一个巧合，但是那一周咖啡股票的价格着实涨了不少。

测试做完了，在 2 月 24 日，两个实验小组同时在上午 11 点向美国最负盛名的物理学期刊《物理评论快报》提交了他们的论文。在经过必要和正规的同行评审之后，两篇论文都在一周之内被接收。不像那些不太负责任的研究人员那样，两个实验小组在联系《纽约时报》之前，都先将自己的研究结果提交给了学术期刊。彼时，约翰·皮尔普斯在外地，出于对费米实验室主任的尊重，向费米实验室的科研人员们正式介绍成果推迟到他返回之后才进行。约翰于 3 月 2 日回来，DØ 和 CDF 呈现给大家的，不是一场平凡的红酒与奶酪会，而是一场召集了彼时在费米实验室工作的所有科学家的、特殊的联合研讨会。费米实验室的大礼堂比较大，可容纳 847 人。而当时来看发表的观众要比这个数字多得多。虽然我不能确定，但我怀疑那天有一两个消防法规都被稍微地违反了——不管费米实验室的安全小组如何努力维持秩序。有些事情是不容错过的。我们甚至还设置了一个在线视频，传送到费米实验室第二大的会议室，这个会议室中也塞满了人。

DØ 先发言。纽约州立大学石溪分校的保罗·格兰尼斯，以及 DØ 的联合发言人（是最高级别的领导人，而不是新闻秘书之类的）之一做了汇报，详细地介绍了 DØ 的发现。CDF 的发言人紧随其后，由比萨大学的乔治·贝莱蒂尼和劳伦斯伯克利实验室的比尔·卡里瑟斯进行汇报。当两个汇报做完，刁钻的提问环节也结束了，礼堂中出现了静默的一瞬。然后，欢呼和掌声响彻房间。那可真是令人印象深刻的一天。

科研报告之后，是为期两天的媒体狂热。来自全世界的记者都跑来看这场热闹到底是怎么回事儿。幸运的是，费米实验室是一个跨国实验室，所以语言往往不是问题。但是那两天，CDF 和 DØ 的顶夸克小组的召集人，以及两个实验小组各自的发言人，和费米实验室的管理层，基本上都没有休息。我们其余的人也都沉浸在荣誉感之中。

所以我们宣布了什么呢？每个实验小组都宣布了他们测量的顶夸克质量（附带对实验的不确定性的估计），以及他们测量到的顶夸克产生有效截面（这是一个与顶夸克的产生频率成正比的数字）。现在，距离那疯狂的一周已经过去了二十来年，一个有趣的问题是：我们的测量结果有多准确？

CDF 表示，他们认为顶夸克的质量为（176 ± 13）GeV，或者说是质子质量的 188 倍。DØ 测量出的质量精准度要低得多——发布的数据是（199 ± 30）GeV。那个小小的"±"符号非常重要。它意味着对不确定性的估计。比如，DØ 对顶夸克质量的估计值为（199 ± 30）GeV 的意思是："我们认为最可能的答案是 199GeV，但是它也可能在这个数字的基础上多 30GeV 或者少 30GeV。"（这就有点儿像我问你现在口袋里有多少钱。你很有可能有个大致的想法，但是并不能精确到分。所以你会给我一个数字的范围。然后我们必须认真数才知道你到底有多少钱。）更专业一些，"±"意味着，我们有 70% 的概率确定，真实的答案就位于（199－30）GeV 和（199＋30）GeV 之间。（是的，这意味着有大约三分之一的概率使得真实的值并不在这个区间之内。）但最重要的是，"±"符号之后的数字是我们对于我们测量的不确定程度的声明，即我们对于顶夸克质量的最佳猜测与真实的数字之间可以差多少。DØ 测量的不确定性有 30GeV，意味着真实的顶夸克质量不大可能是 50GeV，因为这距离我们的最佳预测值差距太大了。

纵观 DØ 和 CDF 对顶夸克质量的估计，我们看到 CDF 对他们的测量结果比 DØ 更有信心，虽然这两个估计数值彼此并不冲突。现在，随着时间的推移，两个实验组都改进了他们的测量，目前的结果具有约为 7GeV 左右的比较误差。将两个实验的测量结果结合起来，目前我们对顶夸克质量的最佳推测值是（172.9 ± 5.1）GeV。目前正在进行的数据采集预计将明显减少这种不确定性。

因此，看上去 CDF 对顶夸克质量的首发测量结果比起 DØ 来说，不但是更准确的，也是更精确的。但是当我们关注测量有效截面测量的时候，情况则有所不同了。大家可能还记得，在 CDF 早期发表的"证据"论文中，他们说他们的数据支持一个很大的有效截面（顶夸克产生的概率）。然而，1995 年 3 月，两个实验报告了相似的（并且小得多）的有效截面，并且 DØ 的不确定性要小一些。所以人生总是有输有赢。

任何一个涉及 800 多人的故事总会有一些细微的差别，取决于它的讲述者到底是谁。我相信，我的这段讲述准确地反映了故事是如何展开的。其他人的侧重点或者他们对某些事件的看法可能和我略有不同。但是我的这个版本与测量结果发布之后的那一期《科学》期刊的内容是一致的。如果有其他人也想写本关于顶夸克的书，那他们可以写出自己的看法。读者们从这个故事中应该能看出，科学事业也富于人性，尽管科学的规则比其他绝大多数领域的规则都更严格。答案必然存在，我们要做的是试图找到它。你可能是对的，也可能是错的。"我们不同意你们，但是我们都是正确的"这种事儿是不大可能发生的，除非最终发现你们各自说的其实是不同的事情。在顶夸克的故事中，有着太多的英雄，几乎没有反派的存在。两个极有动力也极有竞争力的科学家团体共同追逐一个发现，希望自己能得第一，最终比赛打成了平局。两组人员都觉得自己不得不过早地宣布自己的结果（虽然也没有提前太多……但那时候，两个实验组都能公开成果这一点是毫无疑问的），为了避免落在对方后面。这就有点像有时候驱使着各个国家陷入谁也不希望出现的战争之中的心态。不过这是科学，我们的赌注是声望，而不是生命。这种时候，你会和对手握手言欢，并且承认竞争是公平的，也是有益的。两个实验组同时有了同样的发现。这是一个平局。然而，下一次可就……

　　至于顶夸克究竟是如何被发现的，讲述这过程需要一些第 4 章中会介绍的知识。因为我想和读者们介绍顶夸克被观测到的过程中的一些技术细节，所以我会在本书稍后的部分讨论顶夸克发现的具体过程。不过，现在我们可以先相信顶夸克已经被发现了，来看看它的性质是什么吧。顶夸克看上去很像是粲夸克，而粲夸克则看上去更像上夸克：带有 +2/3 个电荷，1/2 的自旋，以及和一个带有 −1/3 电荷的夸克对应。关于顶夸克最引人注目的一点是它的质量，虽然上夸克的质量我们现在还不知道（不过我们都知道它非常轻），并且粲夸克的质量大约是质子质量的 1.5 倍，顶夸克的质量却为 175GeV，超过质子质量的 187 倍，甚至是与它对应的底夸克质量的 40 倍。为了给读者们一个具体的印象，我们经常说，一个顶夸克的质量和一整个金原子的质量差不多。（实际上，顶夸克的质量更接近镱原子的质量，但是镱原子哪有金原子拉风呢。）而这一点，按照我十来岁的闺女的话说：真是忒诡异啦。为什么顶夸克的质量，比其他 5 种夸克质量的平均值还要高出 100~200 倍呢？我们不知道。不过我们是有一些想法，我将在第 5 章中讨论这些可能性。

顶夸克的确有还有一个特别的属性，让它与其他的夸克区别开来。因为它质量如此之巨大，所以它衰变的速度非常快。实际上，它在与反夸克相结合并且产生介子之前就已经衰变了。所以我们不能够通过研究含有顶夸克的介子和重子来研究顶夸克。但是这一事实有一个正面的副作用，就是顶夸克的质量是所有夸克中被测量得最精确的。这是因为其他的夸克（比如，J/ψ 介子中的粲夸克和它的反夸克）都有时间来形成介子。因此，除了形成夸克和反夸克的质量能量之外，还有能量形成了将这两个夸克约束在一起的作用力。这一点让问题变得复杂，并且让我们难以明确地确定夸克的质量。顶夸克的快速衰变则避开了这个问题，这也就是我们能够将它的质量的精确度降低到 5GeV 或者 3% 的误差之下的原因。目前我们正在进行的实验，还要继续缩小这个已经很了不得的不确定性值。

现在，可供了解的和夸克有关的知识读者们已经基本了解了。一共存在 6 种夸克，两两成对。我们说，夸克有 6 种类型，正如在粒子物理学术语中常见的那样，类型在这里并不是日常生活中的那种含义。对于夸克来说，成分意味着"类型"。3 种夸克携带 +2/3 的电荷，另外 3 种携带 −1/3 的电荷。所有的夸克都有相对应的反夸克（已经被观察到），反夸克携带与对应夸克符号相反、数量相同的电荷，且具有相同的质量。所有的夸克都是自旋为 1/2 的费米子。所有夸克都携带色荷（对应的反夸克携带反色荷）。夸克可以形成夸克 - 反夸克的夸克对，进而构成介子，而三个夸克则构成重子。所有的介子和重子都没有净颜色，这就严格限制了可能存在的夸克组合的数量。而且，也许最重要的是，有成百上千种粒子可以被解释为六种类型的夸克的各种组合。

轻子的回归

虽然夸克是令人着迷的对象，但是还存在一种类型的粒子，并不能通过夸克的组合来解释。那就是轻子。轻子与夸克相比，说简单也简单，说复杂也复杂。轻子更加复杂的性质主要涉及支配它们行为的作用力，我们将这个问题推迟到第 4 章中进行讨论。在本章中，我们将重点放在轻子的物理属性上，从物理特征角度看，轻子比重子和介子简单得多，因为它们似乎没有任何的内部结构。目前我们知道六种轻子，三种携带电荷，另外三种则是电中性的。像夸克一样，我们可以将轻子两两配对，每一对包括一个带电荷的轻子和一个电中性的轻子。每个带电轻子都携带数量相同的电荷，具体说来是与质子的电荷量相同的负电荷。我们将这个电荷写作 -1。带电的轻子包括：在化学上很重要的电子（e-），μ 子（μ-），τ 子（τ-）。

虽然带电轻子携带的电荷数都相同，它们的质量却不尽相同。电子是最轻的带电轻子，质量约为 0.511MeV，大约是质子质量的 1/2000。μ 子的质量为 106MeV，大约是电子质量的 200 倍，而 τ 子的质量甚至更高，高达 1784MeV。

人们早在意识到基本粒子的存在之前就知道电子的存在，它是第一个被发现的、真正的亚原子粒子。1897 年，声名在外的剑桥大学卡文迪许实验室的汤姆孙发现了电子，同样，第一个受人控制的粒子束也是由电子构成。虽然我们现在对电子的了解已经很充分了，但是关于电子性质的最重要的观察或许是汤姆逊宣称的，电子是一种质量比氢原子的质量小得多的粒子。在这一发现之前，原子被认为是自然界中存在的最小的粒子，而氢原子则是最小的原子，人们费尽心力在 18 世纪和 19 世纪获得的、所有对原子的理解，都受到了质疑。汤姆孙发现，电子是原子的组成部分，让物理学先是踏上了迈向量子力学的难解世界的道路，最终又引领我们走向今天的粒子物理学。

宇宙射线实验最初的目的是试图了解它们最基本的特性。正如我们在第 2 章中提到过的那样，人们发现，随着海拔的升高，空气被电离的程度也越高，由此人们提出假设，或许导致这种现象的原因来自外太空。随着云室（一种内部由云填充的设备，当一个带电荷粒子穿越云室的时候，会留下轨迹）的发明，人们可以看到粒子的不同轨迹，而不是弥散的放射性辉光。于是，人们拍摄下了这些轨迹用于进一步的分析。一项自然而然的研究是用磁场包围探测器，以确定粒子的能量，并在云室中插入金属板，以确定粒子与物质的相互作用的程度。（通常情况下，如果它们穿越了好几个金属板，就说明它们携带的能量比较大）电子和正电子都被观测到了（并且是通过它们相当差的穿透力识别的，携带能量较多的电子也是如此）。但是，似乎存在一种具有超强穿透力的粒子，即使携带较低的能量也具有这种性质，并且，此类粒子似乎与构成云室的材料之间并没有发生太多的相互作用。这些测量结果于 1937 年由两组科学家完成：安德森和内德米尔，以及史崔特和史蒂文森。人们最初认为，这种质量约为 100MeV 的粒子是汤川秀树几年前曾经预测过其存在的一种粒子，它对于解释核物理学必不可少。因此，在随后不同的时期，这种粒子被称为"汤子"（yukon）以纪念汤川（Yukawa），或者"介子"（mestron）——因为它的质量不大不小（meso 意为中间）。然而，这种穿透能力极强的粒子与其他物质的反应程度是如此微弱，证明了它并不是汤川所预测的那种粒子。它穿透物质的能力是如此不寻常，以至于当伊西多·拉比听说了这种粒子的存在之后，曾经表示："这是谁创造的？"进一步的研究之后，这种粒子被确定为 μ 轻子，或者简称 μ 子。

　　1975 年对 τ 轻子的发现则是一项非常出色的科学演绎推理工作。由马丁·佩尔领导的，一组来自斯坦福直线加速器中心（SLAC）的科学家们，正在进行电子与正电子的碰撞与湮灭实验，按照所有人的预测，这种能量应该重新以某个粒子和它的反粒子的形式出现。然而，他们观测到了 24 次碰撞导致两个粒子产生的事件，产生的两个粒子一个是电子，另一个是 μ 子。由于某些原因，他们推测自己创造的是一对新的轻子（现在被称为 τ 子和反 τ 子），而它们分别会衰变为别的轻子，用图示解释他们的思想，即是如下：

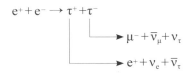

　　此图很好地表达了："一个 τ+ 和一个 τ- 被创造出来。τ+ 衰变为一个 e+、一个电中微子和一个反 τ 中微子，类似地，τ 子衰变为一个 μ 子、一个反 μ 中微子和一个 τ 中微子。"正如我们将在下文中讨论的那样，中微子几乎不会发生相互作用（因此无法被检测到）。所以他们的意思是他们创造了两种此前从未被观察到的粒子，这两个粒子衰变成六个粒子，其中四个是不可见的。此外，因为粲夸克与τ轻子的质量非常相似，并且鉴于粲夸克最近才在一个类似的能量区域中被发现，所以出现混淆的可能性很大。可他们却声称发现了一种新的带电轻子，并且推断出一种新的中微子。而他们是正确的。我彻底服气。将诺贝尔奖颁发给这一发现，是当之无愧的。

关于中微子的发现的故事大部分已经在第 2 章中讲过了，但是我要在这里简要回顾一下。电中微子（虽然在当时，人们并不知道电中微子不止一种）是在 1930 年由沃尔夫冈·泡利推测出来的，并且在 1959 年由弗雷德里克·莱因斯和克莱德·科温观测到。μ 中微子在 1961 年被发现（此发现中同样重要的另一方面是，至少有两种不同的中微子存在的事实），利昂·莱德曼、杰克·施泰因贝格尔和梅尔文·施瓦茨因为这一发现分享了 1988 年的诺贝尔奖（当宣布奖项的时候，我们临时在费米实验室为莱昂举办的派对非常有趣）。正如我们在上文中指出的那样，τ 中微子的存在是在 1975 年被推测出来的，但是直到 2000 年才被费米实验室由拜伦·伦德伯格和维托利奥·保罗内主导的实验观测到。

电中性的轻子是有趣的。它们被统称为中微子，因为每个中微子都与一个带电荷的轻子配对，它们的名字分别为：电中微子（v_e），μ 中微子（v_μ）和 τ 中微子（v_τ）。中微子很令人着迷，因为它们与其他类型的物质相互作用的程度很微弱。在核反应中，会产生大量的中微子。来自地球附近最大来源（太阳）的中微子与物质的反应如此微弱，以至于它需要穿越大约长达 4 光年（约 20 万亿英里）的固体铅，才会让中微子的数量减半。中微子与物质相互作用的概率随着中微子携带能量的上升而上升（它能够穿透的物质的数量也随之下降），但是即使是在现代加速器设施中可获得的超级高能中微子束，也要在穿越大约 2 亿英里的铅后才会数量减半。

　　中微子与物质相互作用程度极低是一件好事。每一秒钟，都有来自太阳的 650 万亿（6.5×10^{14}）个中微子穿越地球上的每一个人。给读者一种具体的宏观概念——6.5×10^{14} 个 BB 弹[1] 的质量约为 200 亿（2×10^7）吨。然而，在每一秒钟穿越你的如此多的中微子中，每一年大约只有 30 个中微子会和你的身体发生相互作用，而且其中至多有一个中微子带有"真正的"能量。这个数字听上去很可观，直到你将每个中微子带有的能量带入计算。然后你会发现，聚集所有这些中微子，你需要 600 亿年（6×10^{10}）才能储存够你打一个喷嚏所需要的能量。中微子真的极少与物质反应。为了确保读者们了解我们的日常生活无法摆脱中微子的存在，你们需要知道，每个成年人体内含有 20 毫克的钾 40，这是一种反射性同位素，它的衰变的最终产物中包括中微子。因为这种钾的同位素的存在，每个人每天大约排放 3.4 亿（3.4×10^8）个中微子。

　　中微子是非常轻的粒子，就算说它们的质量为零也不算太夸张。在第 7 章中我们将要讨论中微子具有小质量的可能性（以及这种可能性会带来的后果）。但是我们已经能够给中微子的质量设定一个限度。当一个物理学家说"设定限度"的时候，他其实是想说"我不知道真实的答案是什么，但是它比 X 更小（或者更大）。"在这种情况下，我们知道电中微子的质量小于 15eV，μ 中微子的质量小于 0.17MeV，τ 中微子的质量则小于 24MeV。

　　表示粒子的符号可能会让非专业人士抓狂。附录 C 给出了对于粒

---

1 BB 弹是一种玩具手枪 BB 枪的子弹。——译注

子命名规则更详细的描述，我们在这里将简要地介绍一下。如同夸克一样，对每一种轻子来说，都存在一种对应的反轻子。电子（e-）的反轻子是正电子（e+）。μ子（μ-）和τ子（τ-）的反轻子分别是反μ子（μ+）和反τ子（τ+）。请注意，上标中那个小小的"+"和"-"表示轻子（或者反轻子）的电荷。我们看到，轻子带 -1 的电荷，而反轻子带有 +1 的电荷。此外，与夸克不同的是，我们通常不会在轻子上方加上一横表示反轻子。区分轻子和反轻子的信息是上标中的电荷符号。原则上来说，$\bar{\mu}$ 可以表示反μ子，但是这种惯例很少使用。

中微子是电中性的，它们对应的反中微子同样也是电中性的。中微子使用"顶线"的惯例来表示反粒子。反电中微子写作（$\bar{\nu}_e$），反μ中微子和反τ中微子分别写作（$\bar{\nu}_\mu$）和（$\bar{\nu}_\tau$）。

像夸克一样，带电轻子和电中性的轻子都是费米子。请注意，所有的费米子都带有半整数的自旋。电子、μ子和τ子都符合这个规则，它们可以携带 +1/2 或者 -1/2 个自旋。但是中微子的情况则有所不同。中微子只能携带一种自旋。具体而言，所有的中微子都带有 -1/2 的自旋。所有的反中微子都带有 +1/2 的自旋。这种看上去无伤大雅的性质真的意义重大。这意味着，在原则上，人们可以区分物质和反物质，而不是简单地按照惯例决定孰正孰反。当我们讨论主导中微子的相互作用的力时，我们将更多地讨论中微子的这种性质。

轻子与夸克的另外一个不同之处在于，它们是不带色荷的。这一点是显然的，部分原因是因为轻子是没有内部结构的。因为人们没有发现轻子具有色荷，并且我们相信轻子不具有内部结构，我们还可以得出结论，甚至在轻子的内部也不包含色荷，与介子和重子形成了鲜明的对比。色荷在强力中起到作用，因此轻子并不会强烈地相互作用。所有这些我们都将在下一章中详细讨论。

　　表 3.3 列出了所有我们目前认为是基本粒子（即它们的内部不包含更小的粒子）的粒子。这张表格显示了粒子世代的重复结构。第二代和第三代似乎是第一代的副本，除了不断增加的质量。这种重复结构的产生原因目前尚不清楚，因此成为了当下研究的焦点。

　　虽然我们现在已经知道了这 12 种粒子，但值得注意的是，第二代和第三代的夸克与带电轻子是不稳定的，会在几分之一秒的时间内衰变为第一代粒子（中微子是一种特殊的情况，我们将在第 7 章中讨论）。因为这些粒子几乎是立刻消失的，这意味着所有的物质都可以由第一代的四种粒子建构而成。令我始终感到吃惊的是，我们目力所见的一切：你，我，地球，月球和星辰，天地一切万物（好吧，可能除了某些好莱坞明星，他们看上去完全生活在不同的维度）。只是四种微小的、点状粒子的无限组合。由于第二代和第三代粒子只能存在

表 3.3 夸克和轻子的类型。括号内表示的是夸克或轻子的质量能量，单位为 GeV。

电荷	代际			粒子
	I	II	III	
+2/3	上夸克 (u) （质量极轻）	粲夸克（c） (1.5)	顶夸克（t） (172)	夸克（q）
−1/3	下夸克 (d) （质量极轻）	奇夸克 (s) (0.7)	底夸克 (b) (4.5)	
−1	电子 (e) (0.0005)	μ 子 (μ) (0.1)	τ 子 (τ) (1.7)	轻子（ℓ）
0	电中微子 (v_e) (<0.000000015)	μ 中微子 (v_μ) (<0.00017)	τ 中微子 (v_τ) (<0.024)	

非常短的时间，并且它们只能在能量值最高的碰撞中被创造出来，所以它们只能在非常特殊的条件下存在。稍微想一想，人们可以意识到，在宇宙中，这种特殊环境最后一次普遍存在的情况，就是在产生宇宙万物的大爆炸之后的几分之一秒中。从这个意义上讲，粒子实验是回顾万物之初的一种方式。

第4章　力：让一切聚合在一起

Forces: What Holds It All Together

所谓研究，就是看到每个人都能看到的，却想到没有人之前想到过的。

——阿尔伯特·圣捷尔吉

　　如果宇宙中只有上一章中提到过的粒子们，那宇宙的确将会是一个非常孤寂的地方。粒子们会这儿那儿地到处乱窜，相互间连句"你好"都不说。电子不会围绕在原子核周围，所以原子不会存在；进一步地，分子不会存在，细胞不会存在，我们更不会存在了。而由于读者们不存在，我也不会费事儿写这本书了。幸运的是，除了我们现在已经熟悉的、有趣的粒子之外，还存在着将粒子们绑缚在一起的力，让粒子们能够形成有趣的物质。正如前面的章节中所提到的，我们知道共有四种具有非常不同属性的力。我们首先会讨论不同的力的性质，然后我们将会讨论一个有意思的新想法：力的存在意味着新粒子的存在。这些粒子携带有各种力。这是一个非直观的概念，我们将在适当的时候对其进行详细的讨论。

在我们目前的知识水平上，我们知道似乎存在着四种力，分别是引力、电磁力、强力（或者核力），以及导致辐射的弱力。引力或许是我们最熟悉的力。引力让我们能够留在地球之上，并且指引恒星和行星在宇宙中的运行。引力始终是一种吸引力，意味着引力总是会使得两个粒子想要彼此靠近。当人们想到力的时候，一个重要的问题始终是："决定力的大小的因素到底是什么？"对于引力来说，有三件事与此相关：（a）两个物体各自的质量；（b）两个物体中心之间的距离，以及（c）考虑到其他两个因素之后，与引力的强度相关的常数因子。

引力

质量是一个有点棘手的概念，我们都熟悉它，但是大多数人对它的认识都有些错误。每个人都熟悉重量的概念（就我个人而言，这熟悉程度往往令人沮丧）。虽然重量不等于质量（重量实际上是由重力引起的力），但是重量与质量有关。一个体重更重的人，具有更大的质量。然而，在外太空中，重量消失了，质量却依然存在。此外，如果你站在不同的行星之上，你的重量会发生变化，但是你的质量却是恒定的。所以一个非常重要的概念是：重量会变化，但是质量不会。为了让读者们感到更安心，你可以把质量和重量当作是等同的——只要你一直待在地球上（但是别去跟我的物理学家同事们说我是这么教你的）。其实重量是一种力；更重的重量意味着你受到更大的力。一个人的重量是可以变化的、而质量却是不变的原因在于引力是如何运作的。由引力引起的力与两个物体的质量的乘积成正比。由于木星是最大的行星，它的质量要远大于地球。所以，如果你站在木星上，你会感受到比在地球上受到的力更大的力，因为，即使你的质量没有发生变化，木星的质量却比地球大得多。因为你的重量与你的质量和行星的质量的乘积有关，所以你看，在木星上你就变得更重了。当你在外太空中漫游的时候，因为附近没有行星，所以行星的质量为零。所以，将你的（恒定的）质量乘以行星质量，结果为零（零乘以任何数字结果都为零）。所以，外太空中没有力。

实际上，我刚才说的那句话稍稍扭曲了事实。这是因为，两个具有质量的物体之间总是存在着一个彼此吸引的力，无论它们之间的距离有多远。由引力引发的力一直延伸至宇宙的边缘。因此，即使你离地球很远很远，地球施加于你身上的作用力也会一直存在。那么，鉴于木星的质量比地球要重得多得多，为什么我们感受不到来自木星的吸引力呢？这是因为，两个物体的质量并不是影响物体感受到的引力的唯一因素。两个物体之间的距离也会影响引力的大小。物理学家会说，引力随着距离的平方（这是表达"距离乘以它自身"的物理学术语）增加而下降。所以，如果有两个彼此相互吸引的物体，当你将它们之间的距离加倍（×2）的时候，吸引力是原来的1/4。同样地，如果你将这个距离增加到 10 倍（×10），吸引力则是原来的 1/100。因此，可以看出，由引力引起的力下降的速度相当地快；但是尽管这个力可能变得非常微弱，它永远不会变为零。然而，随着距离的增加，吸引力下降得如此之快，以至于它很快可以被忽略不计（即"足够接近"于零）。

与引力作用导致的力的大小有关的最后一个组成部分是一个单一的、普遍的常数。虽然相关物体的质量很重要，两个物体之间的距离也重要，但是我们还需要考虑到引力本身的强度。实际上，引力是一种非常小的力。它看上去是如此强大的唯一原因在于，引力总是朝着同一个方向的，并且，你身体内的每个质子或者中子（回想一下，我们统称其为核子）都能感受到构成地球的每一个核子的引力；这可是为数不少的核子呢（你的身体大约包括 10^{28} 个核子，而地球大约包括 10^{51} 个核子）。如果你仔细琢磨琢磨，有这么多的原子参与到了这个过程之中，引力是如此微弱的一种力其实是一件好事儿，否则我们就会像可怜的虫子一样被引力压扁。之前几段中的要点如图 4.1 所示。

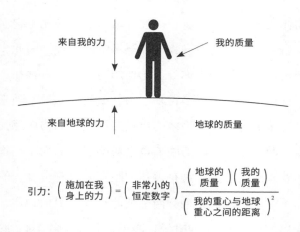

图 4.1 引力的影响取决于三个因素。两个相互作用的物体的质量，它们之间的距离，以及引力的基本强度。

有一定知识储备的读者们会意识到，我们一直在讨论牛顿的万有引力定律。1916 年，阿尔伯特·爱因斯坦意识到在一些情况下牛顿的理论不适用。

如果我们将很大的质量集中在一个非常小的空间内，那么对引力更好的理解是一种空间的扭曲（这是一个超酷的想法！）。于是尽管有人也许倾向于认为牛顿是错的，但事实上他真的并没有错。更准确的说法是，他的理论是不完整的，也就是说，它只适用于有限的情况下。我们可以设想许多理论是正确的但是却并不完整的恰当的例子。如果你用手捶砖，结果会是砖头安然无恙，而你的手很疼。然而，如果一位空手道专家来捶砖，那么砖会整体垮掉，他（或者是她！）的手则不会感到疼（反正至少不会太疼）。所以，例子中的牛顿的"砖块定律"可能类似于"捶一块砖并不会对砖产生影响，并且会让你的手疼，而你的手捶向砖头的速度与你的痛感成正比"。这是一个很好的理论，并且它在很宽泛的手速范围内都很适用。而爱因斯坦的理论则更像是"当你捶一块砖的时候，砖块会产生难以察觉的扭曲（这个扭曲如此之小，几乎等同于零），并且你的手感到的疼痛与你的手速成正比（虽然砖块的扭曲的确会让你的疼痛减少同样难以察觉的程度）。随着手速的增加，砖块扭曲的程度也会加大，尽管这种扭曲程度依然很小。在一个特定的手速下，砖块的扭曲变得足够大，于是砖块碎裂，手也不会感到疼痛"。我们看到，只要我们的手移动得足够慢，且我们不需要精确地测量砖块的扭曲程度，这种情况下牛顿与爱因斯坦的砖块定律几乎相同。然而，在手速很高，并且对砖块的扭曲的测量可以准确到一定程度的时候，牛顿定律就不再足够准确了。按理讲，牛顿的砖块定律应该被称为"牛顿的低手速捶砖定律"。类似地，牛顿的万有引力定律应该叫作"牛顿的万有引力定律——适用于速度不极快、质量不极大、距离不极远的情况"。而爱因斯坦的万有引力定律应该被理解为"爱因斯坦的广义相对论（即引力理论）——适用于尺度非极小的情况"。我很遗憾地告诉读者们，爱因斯坦的理论虽然很酷，但是在某些特定的情况下也是失效的。同样的事实是，没有人知道如何写出一个新的理论来取代爱因斯坦的理论，就像爱因斯坦的理论取代了牛顿的理论一样。当我们稍后讨论现代科学界对于力学机制的认识时候，在第 8 章中，我们也会再次说回到这个问题。

电磁力

　　读者们无疑都会记得，电磁力是一种既能够解释电现象，还能够解释磁现象的力。所以让我们先从静电力开始说起吧。静电力在很多方面都类似于引力。静电力的等效量是电荷而不是质量。然而，与引力不同的是，静电力可以是吸引力或者排斥力。这是由于电荷有两种类型，分别被命名为正（＋）和负（－）。虽然这种命名规则的原因是历史性的（并且是随意的，鉴于随便起哪两个名字其实都可以），但是，当人们进行计算的时候，这些名字还是很方便的。这是因为，如果你将等量的正电荷与负电荷放置于同一地点，它们会相互抵消，就像数学中的正数和负数一样，结果是净电荷为零。

　　那么，是什么决定了两个电荷之间的电场强度和电场所指向的方向（即吸引或者排斥）呢？电场的强度是由三个因素决定的（听上去是不是挺熟悉的）：（a）两个物体各自携带的电荷量；（b）两个物体中心之间的距离；（c）一个与引力常数类似但是却大得多的常数（实际上，它大约是引力常数的 10^{20} 倍）。电场的方向并不是取决于其中一个电荷的类型，而是两个。如果两个电荷都是带正电的，或者如果两个电荷都是带负电的，那么它们彼此就会相互排斥。如果两个电荷具有相反的类型（也就是说，一个带正电，一个带负电……具体哪个电子带有哪种电荷无所谓），那么它们二者就会相互吸引。这也就是人们所说的"异性相吸"的来源（当然这种"异性相吸"并不能解释你那糟心的前男友 / 前女友）。

　　正如图 4.2 所示，就像引力一样，每个粒子感受到的静电力取决于两个粒子的性质（在这种情况下指的是电荷）。任一粒子携带的电荷量增加，则两者之间的作用力也会增加。同样，粒子之间的静电力大小也与两者之间的距离远近相关，这一点与引力也是相似的（例如，将距离加倍，作用力将是原来的 1/4，将距离增加十倍，作用力将是原来的 1/100）。所以，除了静电力既可以表现为排斥，又可以表现为引力具有的吸引特质这点之外，这两种力看起来非常相似。不过这两种力的强度差别很大。电力比引力要强得多。我不能提供给读者们它们总体上的差值（别忘了，两个力的大小也分别取决于质量和电荷量），但是如果我们使用"显然的"单位（关心技术细节的读者会想知道具体来讲就是 1 千克和 1 库伦），静电力的大小会是引力的 10^{20} 倍（一百亿个一百亿），简直是难以置信的压倒性优势。天哪！

　　如果读者们现在还没睡着，我希望你的第一反应是和我一样的"天哪！"，然后你的第二反应应该是"等会儿等会儿。这事儿不可能

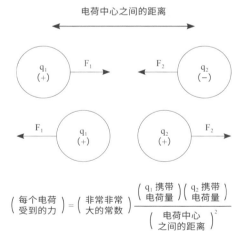

图 4.2 与引力一样，电磁力也取决于三个元素。两个相互作用对象的电荷量，两者之间的距离，以及电磁的基本强度。

呀。如果静电力真的这么大，那么主导宇宙的为什么不是静电力而是引力？"。对此，我的回答是"好问题。我很高兴你没睡着！"。

答案缘于绝大多数的物体携带的总电荷量都非常小。因为每个原子携带的正电荷（位于原子核内）和负电荷（围绕着原子核的电子）的数量是相同的，因此净电荷量为零（别忘了正电荷和负电荷可以相互抵消）。所以，静电力能有多强都无关紧要，如果其中一个物体（或者是两个）的电荷数基本为零，那它们就感受不到电力。

所以我们为什么要讨论静电力呢？因为在有些情况下，静电力很重要，有时甚至是举足轻重般的重要。回想一下，当带电粒子相互靠近的时候，静电力会大大增大。因为原子的大小约为 10^{-10}（一百亿分之一）米，按理说，在这种情况下，电磁力必须非常强。这是因为，原子核的电荷和电子的电荷彼此能够"看见"。因为静电力比引力要大得多，所以是静电力令原子不至于散架在一起。如果你在计算中带入氢原子的电子和原子核的正确电荷量和质量，你会发现，氢原子内部电场的强度是引力强度的 10^{39} 倍。

由于磁力只是由运动中的电荷引起的，所以我们不会详细地讨论这种力。磁力的情况略有不同，因为对于它而言速度也很重要。然而，正如麦克斯韦所表明的那样，电和磁是同一个现象的两面；当磁力增加的时候，静电力也会增加。这一现象的原因是非常有趣的，但是有点太过深奥。所以我不会讨论细节，只是简单地说明关于静电力的种种论述同样也适用于磁力。

现在，我们知道的信息已经多到可以带来困惑。如果正电荷吸引负电荷，为什么带负电的电子不会一头扎进带正电的原子核中，而只是围绕着原子核做运动，像是一个小小的"行星系统"那样呢？同样地，为什么行星不会一头扎进太阳中呢？回想一下，在第 1 章中，牛顿曾经说过，除非有外力施加，否则物体运动的方向会始终是一条直线。如果静电力以某种神奇地方式"消失"了，电子会立即（让我们暂时忘掉爱因斯坦的一些想法吧）沿着直线的方向运动，这个方向取决于当静电力消失的时候电子运行的方向。然而，静电力的确是存在的，并且电子也总是被原子核所吸引。正如我们在图 4.3 中看到的，电子总是被力拉向原子核，但是因为它们在运动中，所以它们无法被拉至原子核处。过了片刻，它们还是在运动中（但是运动方向不同），只是依然受到向原子核中心拉扯的力。运动的净效应使电子继续做圆周运动，它始终被拉向原子核，只是一直不曾被拉至原子核。

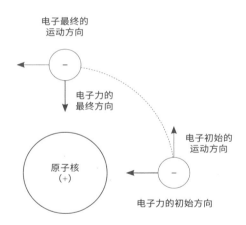

图 4.3 即使两个粒子之间存在着一个吸引力，它们也未必会彼此靠近并且发生碰撞。如果粒子带有运动速度，它们会彼此围绕着运动，非常像行星围绕着太阳的运转。

所以，为什么这很有意思呢？原因是它应该是不可能的。在 1860 年代，麦克斯韦（还记得他吗？）表明，电和磁是一样的。根据他的理论，当电子感受到静电力的时候，它应该失去能量（这是表达"减速"的物理学术语），在几分之一秒的短暂时间内，它就应该螺旋运动地一头扎进原子核中。所以，要不就是麦克斯韦错了（异端邪说！），要不就是还有什么别的事儿在发生。麦克斯韦方程已经在许多的情况下经过了严格的测试。麦克斯韦方程预测了无线电和大多数电现象，使得我们的现代技术成为可能。所以他的理论显然是适用的。只不过，就像牛顿定律在某些情况下会做出错误的预测一样，麦克斯韦的理论只有在距离尺度很大的情况下才有效。（请注意：这里的"很大"是相对于原子的大小而言的。即使对于距离近到眼睛无法分辨出的电荷来说，麦克斯韦定律也是非常适用的。）

麦克斯韦方程对原子无效的事实引起了无尽的恐慌。如何解决这个窘境是一个非常有趣的故事，很多书里已经写过了。量子力学的诞生和发展是一个引人入胜的故事，涉及 20 世纪的一些最杰出的和最传奇的物理学家。玻尔、海森堡、薛定谔和泡利，这些物理学家中的传奇人物，只是涉及其中的一小部分人而已。我们这本书并不是关于量子力学的故事，但是我们需要一些量子力学的思想来推进我们的故事。波尔假定电子只能在固定的距离上绕着原子核旋转，尽管他也相当不确定原因是什么。但是他的假设却是适用的，并且广泛地解释了为什么原子会发出它们特定的光芒（某种特定的原子，比如氢原子，只会发出特定的、颜色对应光谱上断续区域的光，而不会发出其他颜色的光）。很显然他的想法很有价值。是薛定谔与海森堡的研究创造了量子力学的所有模糊且反直觉的内容。

关于薛定谔如何做出杰出的科学贡献，有一个相当精彩的故事。据说，他有一次去奥地利的阿尔卑斯山度假，带了一些纸、一支笔、两颗珍珠和一个女友。他把珍珠塞进耳朵里以防止分心，将女友安置在床上以寻找灵感，并且试图揭开原子的神秘面纱。他得设法做到在让自己的女朋友开心的同时还创造出一个新的物理理论，能够解释诸多难解之谜。每次当我讲这个故事的时候，我经常补充一点，作为一名物理学家，他当然愿意应对挑战并且完成他必须要做的一切。

当我写下这段文字的时候，我正在飞机上，从意大利阿尔卑斯山区的一场物理会议返回美国。可惜我并没有带任何新的、精彩的理论回来。当然了，我去的是意大利，不是奥地利，我既没带珍珠也没带女朋友。作为一名十分想做出伟大发现的科学家，我真的觉得我需要做个实验，来确定哪个因素对薛定谔的成功是至关重要的。幸运的是，我的妻子是一个充满爱心且通情达理的女人，我确定她会和我一起去奥地利，且允许我携带珍珠。

量子力学理论的结果是电子可以算是围绕着原子核运转的。虽然在原则上，我们不可能知道特定时间某个特定电子的位置，但是我们能够知道它所在位置的平均值。量子力学还解释了每种原子发出特定颜色的光的原因。或许，最有价值的一点是，物理学家终于能够解释门捷列夫的元素周期表了（我们在第 1 章中介绍过）。这一事实令该理论的可信度大大增加。在充分了解了量子力学之前，科学家们已经知道了大约一百来个原子元素，并且知道了原子核和电子的存在。现在他们知道了电子和已知元素遵守的规则只不过是电子、原子核和量子力学的结果。因此，这个世界被大大地简化了。

虽然薛定谔已经将物理学的理解范围扩展到了尺度极其小的物体，他的理论还是有一个明显的缺陷。它没有考虑到爱因斯坦的狭义相对论，因此，在接近光速的时候，无法保证还能适用。很显然，人们还需要对量子力学进行扩展。量子力学与狭义相对论的融合于 1927 年由保罗·狄拉克完成。

狄拉克的观点令人印象极为深刻。然而，正如经常发生的那样，随后的实验显示出了它有小小的瑕疵。电子有一种性质，被称为磁矩，狄拉克对其计算结果恰好为 2。"磁矩"到底是什么意思对于我们的讨论来说并不重要，只要记得狄拉克的理论精确地预测了磁矩数值为 2。然而，通过大约 1948 次实验，人们发现正确的数字接近2.00236，最后一位小数位上约有数值为 6 的不确定性。由于不确定性远远小于这个数字与 2 之间的总偏差，实验表明，狄拉克方程是错误的，因为测量结果显然不是 2。人们已知，电子与光子之间会发生相互作用，于是认为一个更复杂的计算会揭示正确的答案。但是当计算完成的时候，这个数字既不是 2，也不是 2.00236，而是无穷大。所以，正如我儿子经常说的那样，这可真不妙啊。原因在于，在像电子的大小这样及其小的尺度上，电子展示出来的是一个非常繁杂的状态，周围满是围绕着它旋转的光子。当我们更加靠近电子的时候，会看到有更多的光子以更快的速度旋转。当这些旋转的效果叠加起来之后，答案就是无限的。这这这……

幸运的是，大约在 1948 年，三个非常聪明的家伙，朱利安·施温格、理查德·费曼和朝永振一郎，分别独立地用一种非常精巧的数学方式解决了这个问题。这第二次的量子革命使得我们可以对电子的性质进行前所未有的计算，精确度达到了十亿分之一。由此产生的理论被称为量子电动力学或者 QED。这个名字来源于它所涉及的量子领域（Q）和在极小尺度上的电相互作用（E）。此外，理论所描述的粒子并不是静态的，而是动态的（D），通常以接近光速的速度移动。

随着"第二次量子化"的到来，我们已经开始看到现代粒子物理学是如何看待力的。力被看作是携带力的粒子的交换。具体到电磁力，被交换的粒子是光子，（在很多方面可以被认为）也就是让你的眼睛能够看到的那种粒子。在我们介绍完其他的力之后，我们会再次回到粒子交换的这个想法。

强　力

仔细想一想，你会觉得原子核这东西本来就不应该存在。原子核包括一系列质子和中子，全部位于半径约为 $10^{-15} \sim 10^{-14}$ 米的球状空间内（大约为一千万亿分之一米，是一个原子直径为 $10^{-5} \sim 10^{-4}$）。虽然中子是电中性的，每个质子都是带正电的，其电荷量与电子数相同（但是符号相反）。由于（原因一）同性电荷相排斥，以及（原因二）附近的电荷感受到的静电力比较远处的电荷更大，各个质子之间都应该感受到一种排斥力。通过快速的计算，我发现两个相邻的质子之间存在一个大约为 50 磅力的排斥力。再比如像铀原子这样的超大原子核，在原子核边缘的一个质子会受到大约 133 磅力。即使是对一个人来说，这种力的强度也是相当可观的，更不用说是对于一个像质子那样小得令人难以想象的物体。所以，一个显而易见的问题是"到底是什么让原子的原子核保持完整？"，答案只可能有一个。如果存在着某种约为 50~100 磅力的力作用在每一个质子之上，让它们彼此排斥，但是它们却并没有移动，那么必须存在一种更强大的力量将质子们聚合在一起。这种力被称为强力或者核力，因为实在没有更合适的名字了，尽管人们对这种力知之甚少。但是这种"其他力量"是必须存在的。这种力量有一些特殊的性质。我们目前只知道大约一百来种不同的原子（或者元素）。由于量子力学对于原子核周围可以存在的电子数量并没有设置一个上限，那么必须存在某种其他的东西限制了元素的数量。事实证明，如果你将足够的质子和中子放在一起，最终原子核会变得不稳定并且分崩离析。所以，原子核存在一个最大尺寸。当质子数量过多，最终电荷力超过了强力的时候，就会发生这种情况。由于强力的确强于电磁力，唯一可以解释这个事实的是，强力必须具有比电磁力更小的作用范围。如果强力只能作用于相邻的核子之间，且稍远的两个核子之间的强力为零，而与此同时电磁力则是能够无限延伸的，那么实验数据便可以得到解释。我们可以看到，这就能够解释为什么较小的原子核能够如此稳定地存在，而当原子核的规模变大的时候，它就越来越不稳定。图4.4更直观地呈现了这一事实。假设你有一排四个质子。末端质子感受到来自其他三个质子的电磁力（我们将来自质子1、2、3的电力写作 E_1、E_2、E_3，随着各质子距离末端质子之间的距离依次减少，这三个力的大小依次增加）。然而，末端质子只能感受到来自质子3的强力，因为它距离质子1和质子2之间的距离都太大了，无法感受到来自它们的强力。由于力可以叠加，你至少会看到，在原则上，为什么强力最终能够被超越。由于确实发生了这种情况，我们已经证明了强核力的确是非常"强"，但是只存在于有限的范围内，范围之外强力等于零。从本质上讲，强力可以被认为是两个质子之间的"尼龙搭扣"。如果质子彼此接触（或者几乎接触），则强力很强。如果它们没有接触，那么它们彼此之间根本不存在相互作用。

　　决定强核力的大小的因素有些难描述。显然，距离是很重要的，

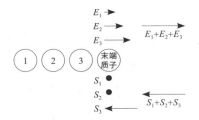

图 4.4 上图展示了一个作用范围有限的强力最终如何会被一个作用范围更大的、较弱的力压制。大量的、较小的力的积累效应最终超过了只能来自最近的一个质子的、更强大的力。注意，图中的"E"表示电力，而"S"表示强力。

虽然我们很难确切地说明为何重要。由于两个质子之间最近的距离也不过是表面相接触，因此我们不知道当距离小于一个质子大小的时候，强力是如何作用的（虽然在我们的粒子物理学实验中，我们可以探测到更小的距离；稍后会详细介绍）。同样地，我们知道，当两个质子之间的距离超过质子大小的三倍或者四倍的时候，这个力会很快地变小。我们也知道，强力是一种吸引力。我们记得，静电力是取决于一个常数、两个电荷之间的距离和电荷量这三个因素的。对于强核力来说，我们已经讨论了常数和距离的影响（在小距离范围内这个常数很大，在较大距离范围内常数为零），但是还没有讨论过电荷量。事实证明，电荷量大的情况有点儿棘手。强力与电荷量无关，因为电中性的中子和质子一样会受到强力的作用。此外，没有其他的自然粒子（即稳定的粒子）能够受到强力的作用。质子和中子有一个（电子和中微子都没有的）共同点，即它们都含有夸克。所以，或许是夸克通过某些方式产生了强力（结果证明是真的）。稍后，当我们讨论携带力的粒子的时候，我们将更多地讨论这种夸克和强力间的联系。

弱　力

　　我们已经在第 2 章中讨论过弱力，但是它看上去仍然很神秘，当我们讨论携带力的粒子的时候，将会揭开弱力神秘的面纱（别担心，马上就讲到那里了），不过我们现在可以回顾一下在第 2 章中介绍过的一些想法。弱力之所以被称为弱力，是因为它的确很"弱"（是的，你猜对了）。我们知道它很"弱"，因为由强力导致的反应发生在 10^{-23} 秒的时间尺度上，而电磁力导致的反应大致发生在 10^{-20} 至 10^{-16} 秒的时间尺度上，还存在着一种力，它导致的反应发生需要 10^{-8} 秒到 10^{9}

年才会实现。回想一下，带电 π 子的衰变时间为 2.6×10^{-8} 秒，而 μ子的衰变时间为 2.2×10^{-6} 秒。碳 14（^{14}C，一种碳的同位素，非常适用于测定万年尺度上的有机物质的年代）特有的衰变时间长达 5730 年，而铀衰变的时间则为 109 年。因为粒子的衰变需要某种力的存在，如果这个力需要花那么长时间才会起作用，那么它必定非常弱。事实上，人们可能会想到，衰变的过程是否涉及多种力，毕竟，10^{-8} 秒和 10^9 年（10^{16} 秒）之间的差距非常之大，但事实并非如此。跨越如此长的时间尺度的，只有一种力。

弱力有几个值得注意的特征。首先，它是唯一一个能够区分我们的真实世界和你在镜子中看到的虚拟世界的力。当你望向镜子，并且举起右手，你的镜像会举起左手。当你朝镜子丢一枚球，球远离你，但是球的镜像（即你看到的、镜子中的球）则朝你而来。如果你将你的前方定义为向前，你的后方定义为向后，那么被丢出的球是向前运动的，而球的镜像则是向后运动的。

我们将在第 7 章中讨论吴健雄的一个著名实验，她在实验中展示了由弱力产生的粒子知道它们自己是在真实的世界还是镜像的世界中。我们之所以开始意识到弱力的这种性质，是因为我们发现，以它们的运动方向为基准，中微子只能顺时针方向旋转，而反中微子只能逆时针方向旋转。这与我们更加熟悉的、孩子们的玩具陀螺正好相反，因为陀螺可以朝两个方向旋转。中微子对自己的运动方向的独特"了解"在物理学中是独一无二的，因为大多数相互作用都无关乎粒子的运动方向（或者旋转方向）。

人们对弱力一直知之甚少，直到 1934 年 1 月 16 日，恩里科·费米提出了一种弱相互作用的理论，这个理论在很多方面都类似于更早出现的电磁学理论。弱荷取代了方程中的电荷，方程中的常数也与电磁学方程不同（并且小得多）。弱力与电磁力的不同之处在于它的作用范围更小，甚至比强力的作用范围还小。弱力的作用范围是强力的范围的大约 1/1000。像强力一样，弱力的强度与两个粒子之间的距离密不可分。这一事实的结果之一是，两个粒子之间的距离越近，弱力就越强。由于碰撞能量决定了两个粒子之间的最小距离，可以得出，弱力随着碰撞能量的变化而变化。这个事实非常有意思，我们将在第 8 章中继续讨论。

关于弱力，另一个非常有意思的方面是，它自己就可以改变夸克和轻子的类型。正如我们在第 2 章中讨论过的那样，物质与反物质可以完全湮灭并且转换为纯能量。但是，这一点只有在物质与反物质种类一致的时候才会发生；即，一个上夸克可以湮灭一个反上夸克，但是一个上夸克不可能湮灭一个反下夸克。然而，对于弱力来说却不是这样。例如，一个正 π 子可以衰变成一个正 μ 子和一个 μ 中微子（$\pi^+ \to \mu^+ + \nu_\mu$）。回想一下，一个 π^+ 包含一个上夸克和一个反下夸克。只有当两种不同类型的夸克能够通过某种方式结合、互相毁灭，且被一个轻子对取代的时候，它才可能衰变。在强力或者电磁力的作用下，这种行为是不可能出现的，但是弱力使它成为可能。但是，因为，弱力真的是……嗯……很弱，所以它起效花的时间很长，因此 π^+ 存在的时间比很多其他粒子都长。

事实上，弱力的作用时间如此之长影响到了我们对它的本质的看法。我们认为它是一种结合了不同类型的夸克的力，但这并不是它的全部本质。例如，中性的 π 子，包含了一个上夸克和一个反上夸克的 π^0，通过电磁力衰变成两个光子（我们写作 $\pi^0 \to 2\gamma$）。π^0 同样也能够通过弱力发生衰变，但是因为电磁力的作用速度要快得多，所以理论上可行的弱力衰变从来没有发生过。这有点儿像我家里打扫卫生的情况。理论上，我家十几岁的孩子们会自愿地打扫卫生。然而，在我家沉积的灰抵达孩子们会自愿打扫的阈值之前，它就已经抵达我能忍耐的极限了，所以我就自己动手了。而且，我对承认以下事实有些惭愧：我妻子的忍耐阈值比我还低，所以我也很少主动地打扫卫生。

另一方面，如果存在着什么东西阻止我妻子打扫卫生（比如陷入昏迷了，或者回娘家去了），那么，下一个更高的阈值（也就是我的阈值）就会起作用了。并且，如果我也被禁止打扫卫生，那么最终孩子们应该会打扫的（虽然实验证据表明，这种情况只有在太阳打西边出来的时候才会发生）。

说回到力，π^0 会通过电磁力衰变的原因是，它是最轻的强子，所以它不会通过强力衰变（强力的衰变必须以强子为产物），如果不使用比既有能量更多的能量，你就不能令最轻的强子衰变成任何其他的强子。所以，π^0 的强力衰变是不可能的。

π^0 可以通过电磁力衰变，其中的上夸克和反上夸克会湮灭产生光子（并且由于光子和电磁力相关，这证明了电磁力也参与其中）。但是，出于与 π^0 同样的原因，π^+ 或 π^- 也不能通过强力衰变。此外，现在电磁力也是不会参与其中的了，因为电磁力只能湮灭类型相同的夸克与反夸克。所以，只有弱力，因为其具有独特的、能够作用于不同类型的夸克的性质才能实现这一过程。

现在我们知道了这四种力的存在，了解哪些粒子能够感受到哪几种力就变得很有意义。夸克是具有最丰富的受力行为的粒子，并且可以受到全部四种力的影响。带电的轻子不受强力的影响，但是剩下三种力都可以作用于它。中微子是最不合群的粒子，仅仅受引力和弱力的影响。因为引力有所不同，所以有必要多说两句。质量（或者其等效能量）引起引力的相互作用，因为引力在本质上如此微弱，以及因为粒子的质量实在很小，所以我们无法通过实验来查看引力在这样小的尺度上是如何作用的。因为引力的强度是如此之小，我们在接下来的讨论中将彻底无视它。粒子类型与它们能感受到的力之间的相互关系如图 4.5 所示。

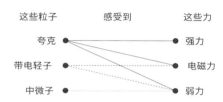

图 4.5 图中显示了哪些粒子会受到哪些力的作用。

　　比较这些力的另一个重要参数是它们各自的强度。正如我们在之前的讨论中看到的那样，粒子间相互作用力的强度取决于两个粒子之间的距离，这意味着各种力的强度之间的比较结果与距离是有关系的。如果我们将质子直径的大小（10^{-15} 米）当作合适的参照，我们可以进行相关的比较。为了让之前介绍过的信息更加容易理解，我们将强力的强度定义为一个单位（即 1），并给出与其对比的其他力的强度，比如，一个强度为 0.5 的力是强力强度的一半，而一个强度为 0.01 的力则是强力强度的百分之一。表 4.1 中给出了各种力的强度。表 4.1 中的数字指的是正常条件下的物质带有的力的值，而不是我们在用大型粒子加速器做实验时获得的数据。与往常一样，一张表格很难表现出全部的事实。

　　如果读者们一路认真地读到此处，你们会发现有件事儿和表中给出的数据不相符。即顶夸克在成为介子的一部分之前就已经衰变了（介子的产生是由强力作用的缘故）。由于顶夸克的衰变，在某种程度

表 4.1 四种已知力的值域和强度

力	值域	在 10^{-15} 米数量级距离上的相对强度
强力	~10^{-15} 米	1
电磁力	无限远	~1/100（10^{-2}）
弱力	~10^{-18} 米	~1/100000（10^{-5}）
引力	无限远	~10^{-41}

上说，是把自己变成了一个底夸克（即改变类型），这种相互作用只能通过弱力而发生。所以这是一个很清楚的例子，说明弱力在强力之前作用于粒子。唉，这是顶夸克的质量所导致的结果之一。顶夸克质量巨大。因为，正如我们所描述的那样，力的强度取决于距离、能量和质量，所以力的相对强度可能会发生变化。顶夸克衰变非常迅速的事实并不意味着弱力比强力强度大得多。它只是反映出了顶夸克质量非常大这一事实，并且，由于神奇的 $E=mc^2$，这意味着顶夸克带有大量的能量。对于某一特定粒子来说，某些相互作用或者行为发生的可能性与力的强度和可用能量有关。

（粒子行为的可能性）～（力的强度）×（可用能量）
（获得一件超酷礼物的可能性）～（对方的小气程度）×（可用资金）

我们可以在粒子的衰变行为和一个男人给他女朋友买礼物的行为之间做一个类比。两个因素在其中起作用。其一是他能够支配的金额，其二是他本质上的慷慨程度。即使他是一个非常慷慨的人，如果他只是个贫穷的物理学研究生（这种状态我一度简直不要太熟悉啊），他不得不非常努力地工作，以筹措资金带他的女朋友去动物园玩儿。另一方面，如果这家伙是个慷慨且非常成功的摇滚明星，他就能够带着他的女朋友飞到巴黎，在香榭丽舍大道吃午餐。他甚至可能会给她买一条钻石项链。总之，可用资源很重要。另一方面，即使这位摇滚明星天生就是个小气鬼，他依然至少可能会在芝加哥的一家很不错的餐厅请女友吃晚餐。这个类比表明了某种力的固有趋势和可用能量一同影响粒子衰变的概率。当顶夸克衰变的时候，真正增加的其实是可用能量。

　　现在我们来看看另外一个重要的问题。即使我们已经知道了各种力的强度，我们依然不知道这些力究竟是如何作用的。粒子之间是如何感知到彼此的？我们已经在第 1 章中讨论了场的概念，比如引力场或者电磁场，在有限范围内，场这个概念的确很不错。然而，场的概念在我们讨论"大"对象的时候更加适合，在这里，"大"意味着相对于原子来说的"大"，比如一个人那么大。但是，当我们观测更微小层面上的物质的时候，我们会发现，规则发生了变化。对于场来说，也是如此。场的一个不赖的类比是河流。每个人都见过河……一大片水域，流动着（时快时慢），但是均质液体的移动始终朝着同一个方向。对于场来说，这是个很好的类比，就比如重力都朝向下方。现在让我们再来看看这条河。尽管我们每个人都很熟悉水，但是我们也知道，当我们仔细观察水的时候，我们可以看到单个的水分子。这一点我们无法直接观测到，但是它确实存在。正如我们看到的、均质的水在更小的层面上变成了单个的水分子，力也是如此。在足够小的尺度范围内，一个场变成了一大群携带力的粒子，像一群蜜蜂一样嗡嗡作响飞来飞去。当然，这开启了一则有意思的新故事。

力与费曼图

我们在第 1 章中曾经提到过，在 19 世纪 60 年代，麦克斯韦证明了，电与磁是某种潜在的力，即电磁力的两面。对我们的讨论更重要的是，他还进一步表明了电磁力与光现象是紧密相关的。这为我们开启了一条对携带力的粒子的研究之路。

在 20 世纪前的若干个世纪，一个吸引了众多物理学者思考的问题是："光的最终本质是什么？"早在牛顿的时代，科学家就讨论了光在本质上是波还是粒子。波和粒子是非常不同的对象。粒子具有明确的大小和位置，而波则没有。关于这场特别的争论以及随后得出结论的故事与量子力学的传奇密不可分，足够写满一本书的篇幅。然而，我们的故事要从人们已经解决了这个问题，并且确定了光的波粒二象性开始。光粒子可以像粒子一样被定位，但是又具有足够的"波动性"，所以在相关的实验中，它能够展现出波的状态。我们将光粒子称为光子。图 4.6 展示了光的三种模型：粒子、波和光子。

我们看到，光子如何具有相当明确的位置。我们还看到，光子的大小是其波长的几倍。对于让我们颇感兴趣（携带大于一个电子伏特的能量）的光子来说，我们看到其波长小于 10^{-15} 米（或者比一个质子更小），这意味着它的位置相当明确。因此，我们经常将光子看作一

图 4.6 一个存在于特定位置的粒子。一个延伸至很远处的波。比较起来，一个光子同时展现了这两种特征；它可以或多或少地被定位，但是仍然具有类似波的性质。

种粒子，但是我们永远不能忘记，在必要的时候，光可以表现为一种波。

　　关于交换光子的两个电子以及电子们的后续行为的数学计算真的很复杂。实际上，如果我请我的专攻实验物理学的同事们计算两个电子通过交换单个光子而发生散射的行为，他们（包括我！）的回答通常是"呃，好吧……嗯……我以前知道该怎么算。我能不能复习一下然后再回复你？"。（然而，那些讨厌的理论物理学家总是会回答"好呀，当然没问题，小意思"。）幸运的是，一位非常有天赋的物理学家，理查德·P. 费曼，具有一种非常直观的思维方式。他绘制了一系列的图片，这些图片所有人都能够理解，并且又精确地与数学方程式相对应。如是，我们能够快速地绘制一个清晰的图示，然后将图片转译为一位（足够勤奋的）科学家能够处理的数学方程。这些图式被称为费曼图，而且它们很容易绘制。让我们举个例子，比如一个电子与另一个电子相碰撞。为了绘制费曼图，我们需要知道如何绘制一个电子、一个光子和相互作用点。绘制这些对象的方法如图 4.7 所示。因此，通过交换单个光子而发生散射的两个电子可以按照图 4.8 所示的方式绘制。

　　"交换"在粒子物理学领域的含意，与我们常规理解中的略有不同。在粒子物理学中，交换意味着一个粒子发射光子而另一个粒子吸收该光子。究竟哪个粒子发射光子、哪个粒子吸收光子是不可知的，即使在原则上也是如此，所以我们的理论必须在数学上包含这两种可

图 4.7 绘制费曼图所需要的相关符号

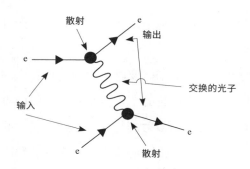

图 4.8 显示两个通过交换单个光子而发生散射的电子的费曼图

能性。为了满足一下好奇心，虽然我们不会太过深究——让我们快速地领略一下费曼图和数学是如何联系起来的。为了做到这一点，我们需要意识到，在图 4.8 中，在散射发生之前，有两个输入电子，而在散射发生后，有两个输出电子。存在一场光子交换、两个顶点〔输入电子发射光子（或者被光子击中）的场所〕和一个光子，最终形成一个输出粒子。于是，我们可以写下每一部分的运算规则。在这里我不会定义数学符号，因为反正我们也不会继续算下去。这些规则如图4.9 所示。

所以，利用这些信息，我们可以将一个简单的费曼图转化为数学运算。（对于数学苦手者来说，别担心……我们不用解这些方程，甚至都不打算尝试真正理解这些方程）。图 4.10 给出了一个例子。

这步之后，所需要的数学知识就变得复杂了。勇敢的读者们可以看看关于这个主题的书籍（参见参考文献中"超级英雄的阅读"的那部分），但是，我亲爱的朋友，你们会觉得这些书相当地令人生畏。反正，我当年上学的时候，读过弗朗西斯·哈尔岑和阿兰·马丁写的那本，到现在我一想起它还觉得头皮发麻。

我之所以在这里介绍复杂的数学公式给读者，并不是因为我希望

对象	图式	符号
输入粒子	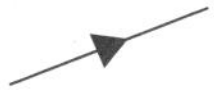	I
输出粒子	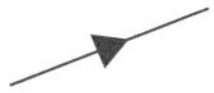	O
光子	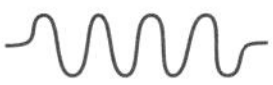	$\dfrac{-ig_{\mu\nu}}{p^2}$
顶点	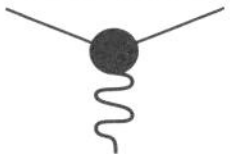	$ie\gamma^\mu$
反物质粒子	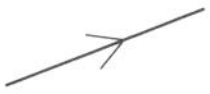	I or O

图 4.9 表格显示了费曼图的每一个组成部分以及它们对应的数学术语。通过绘制图形，我们可以很容易地写出正确的方程式。物质和反物质粒子使用不同的符号（请较真人士们注意，我们这里使用了"开口"和"闭口"的箭头，而在教科书中，反物质同样用"闭口"箭头表示，但是箭头方向相反。为了清楚起见，我引入了一种非标准的符号，现在所有的箭头都指向粒子运动的方向）。

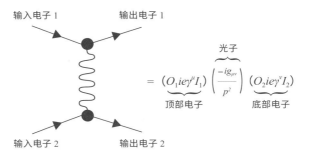

图 4.10 费曼图的各个组成部分与相关的数学表达之间的对应关系。虽然我们不打算解这个方程式，这张图依然强调了所有的费曼图都是表达方程式的简单方法这一事实。这种洞察力使得计算更加容易。

人人都能理解这些等式。真正的原因是我希望读者们能够知道，我所写的所有的费曼图都是伪装下的数学等式。这是一个不可思议的超酷的想法。当然在粒子物理学领域，还有更多的规则，更奇特、更复杂的费曼图，但是每一张费曼图都是书写数学方程式的明确方式。一旦你绘制好费曼图，编写数学方程就是小菜一碟了。当然了，即使是科学家也发现费曼图比方程式更加清晰，因此，我们要感谢费曼，是他让一个本质上很复杂的问题变得更加容易处理。

那么让我们再回到物理学吧。两个电子之间交换光子的过程如何与之前讨论过的静电力的想法相关联呢？我们可以通过类比来很好地解释这一点。让我们从最简单的例子开始。假设你站在湖中的一条小船上，然后你跳入水中。小船会怎么样呢？它会沿着与你身体的运动方向相反的方向移动。因此，投射一个物体会导致另一个物体移动。因为导致物体移动的是力，我们可以认为，从船上投掷物体会导致一个施加在船上的力。接下来，让我们考虑如果把一大袋沙子丢进船里会发生什么。船会沿着这袋沙子击中船之前的运动方向运动。通过类似于上面进行过的推理，如果你将沙袋丢到船上，船会感受到一个力，然后沿着袋子原来的运动方向移动。现在，让我们将这些想法扩展到两条相临近的、彼此相同的小船，每条小船上都载着人，两人的身高体重类似。如果其中一人向另一人投掷一包沉重的沙袋，前者乘坐的小船会远离另一条船。而当另一个人抓住沙袋的时候，他所乘坐的船会沿着沙袋移动的方向而移动（并远离另一条船）。这与两个电子的情况完全同理，因为它们都携带负电荷，所以交换单个光子会让它们受到排斥力。

考虑到正负电荷存在（吸引力也存在）的情况，我们必须要让我们的类比变得复杂刻意一点。假设我们有两位勇敢的水手，他们背靠着对方，其中一人沿着远离另一条小船的方向投掷回旋镖。回旋镖在空中画了个圈，然后被另一条船上的人抓住。两条船通过交换粒子而受到了一个吸引力。在这个例子中，两个人彼此投掷回旋镖，导致两艘船受到了吸引力。虽然这个类比有点儿刻意，但是它说明了粒子的相似行为。

所以我们看到了，单个光子的交换如何能够看起来像是我们认知中的力。为了完全理解这种新想法，我们需要考虑其他的一些事情。一个有意义的问题或许是"单个光子的交换是否完全能够解释静电力？"。当然了，这个问题的答案是"不"，因为真正的答案更加复杂。实际上，两个粒子能够交换多得多的光子，而且它们的确如此。现实中，光子一波接一波地被发射，然后一波接一波地被接收（反之亦然）。那么我们为什么只画了单个光子交换的费曼图呢？嗯，其中一个原因是，单个光子的数学运算相对简单；当交换的光子数量为一个以上的时候，计算变得非常复杂。但是，这个原因单看起来挺糟糕的，因为这种近似可能很难反映现实。在物理学意义上的原因是，在粒子物理实验中，我们朝粒子发射粒子的速度非常之快，因此它们彼此靠近的时间非常之短，于是，它们没有足够的时间来交换一个以上的高能光子，因为它们马上就彼此远离，远到无法继续交换高能光子。这两个粒子在"大交换"的之前和之后的确也会交换光子，但是这些都是低能光子的交换，这些交换不会导致很明显的不同。事实上，我们现在可以进行足够精确的实验，以测量这些额外光子的影响，但是就本书而言，这只是一些小调整，所以我们就不提了。

图 4.8 所示的两个电子之间简单的相互作用只是其中一种可能性。在这种特殊的情况下，我们必须考虑到一个微妙的问题。最初，我们有两个电子（让我们称其为 1 和 2）发生碰撞，然后输出了两个新电

子（让我们称其为 A 和 B）。当我们看到输出电子 A 的时候，它的输入电子是 1 还是 2 ？我们无法知道。因此，我们需要添加一个新的费曼图来说明这两种情况。这一点如图 4.11 所示。

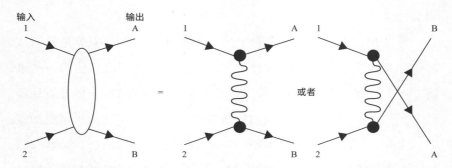

图 4.11 散射计算中微妙的复杂情况。当两个相同的粒子发生碰撞时，我们不可能知道哪个输出粒子对应于哪个输入粒子。

　　虽然上述讨论的情况是涉及专业知识的，而且算不上特别有意思（当然对于准确的计算来说至关重要），当我们令电子和正电子（反电子）碰撞的时候，会发生类似的情况（但是这时候情况则有意思得多了）。虽然一个电子和一个正电子可以遵循我们之前讨论过的、简单的方式发生散射，但是电子和正电子是一对物质 / 反物质的事实意味着它们能够湮灭成为纯能量（即光子），然后能量可以作为另一对物质 / 反物质重新出现（而这对新粒子可以是电子 / 正电子，μ 子 / 反 μ 子，或者夸克 / 反夸克，等等）。正是这种性质（由物质转化为纯能量，然后再转化为新的物质形式）使得我们能够在实验室中创造物质和反物质。例如，一个 π$^\pm$ 在 2.6×10^{-8} 秒内衰变，所以如果我们想要制造一个 π$^\pm$ 粒子束，我们需要从稳定粒子组成的粒子束携带的能量中制造它们。电子 / 正电子交换的两张费曼图如图 4.12 所示。

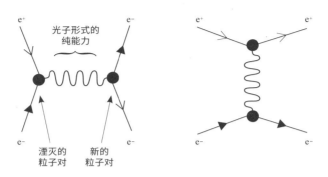

图 4.12 电子和正电子可以发生相互作用两种不同的方式。它们可以通过交换光子而发生散射，而因为它们是相同形式的物质和反物质，它们也可以湮灭成纯能量，然后重新形成新的电子 / 正电子对。

请注意，"交换散射"（如图 4.11 所示）的费曼图不会发生，因为它基于某个特定的输出电子可能是两个原始的输入电子中的任何一个的事实。鉴于人们总是（在原则上）能够区分电子和正电子，所以在这种情况下输出电子的"前身"并非无法确定。在下文中，我们将经常提到湮灭粒子对的费曼图（图 4.12）。

那么，现在我们已经认识了费曼图，光子本身又是怎样的呢？光子是点状粒子（这是表达"它的尺寸非常小"的物理学术语）；它们没有质量，而且能从某个带电物质跳跃到另一个带电物质。光子是玻色子（我们应该还记得，玻色子具有整数自旋），听上去像是某种新的奇异事物，但其实并非如此。普通的光正是由光子组成，我们能够看到光，是因为光子能从（比如说）手电筒中的电子中跳跃到我们眼中的电子之中。虽然高能粒子碰撞中产生的光子比我们肉眼见到的光子具有高得多的能量，但是除此之外，它们基本相同。

如果光子是携带电磁力的玻色子，那么另外两种力又是由什么携带呢？携带强力的粒子被称为胶子，而携带弱力的两种粒子分别被称为 W 玻色子和 Z 玻色子。物理学家推测，引力是由引力子产生的，但是目前不存在任何支持性的实验证据，在近期获得此类证据的可能性也极低（即使在第 8 章中我们讨论了一些这方面的努力）。

费曼图与强力

与光子相比，胶子具有许多相似之处和不同之处。胶子是一种无质量的玻色子，与某种荷耦合并且调解一种力，不过，胶子与光子的相似之处也就到此为止了。胶子并非与电荷耦合，而是与强力耦合。由于强力只能被夸克感受到，所以我们会很自然地思考这种荷是什么性质。夸克拥有，而迄今为止我们所讨论过的其他粒子都没有的一种性质是色荷。由于夸克携带色荷，事实证明了色荷就是"强力荷"。正如我们在第 3 章中所述，色荷有三种不同的类型，它们叠加在一起，形成一种颜色中性（白色）的强子。因此，与量子电动力学（QED）做个类比，我们称之为量子色动力学（QCD）。于是，我们可以通过绘制一张简单的费曼图来开始对胶子的讨论，其中两个夸克通过交换单个胶子而发生散射（图 4.13）。

请注意，我们将代表光子的波浪线替换为代表胶子的螺旋线。不用怀疑，这条螺旋线也有对应的数学公式（而且还非常棘手）。此外，当一对相同的夸克 / 反夸克（$q\bar{q}$）对碰撞的时候，如图 4.14 所示，这两个夸克也可以湮灭，形成一个胶子，然后再重新转化为另外一对 $q\bar{q}$。请注意，因为轻子不受强力的影响，无论是带电轻子还是中微子都不会在这种碰撞中出现。胶子不可能被转化为这些类型的粒子。我们在后文中会再次提到这个湮灭图。

区分光子与胶子的不同行为，至关重要的一点是胶子携带色荷这

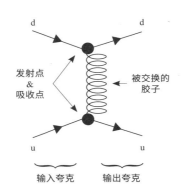

图 4.13 两个夸克通过交换一个胶子而发生散射

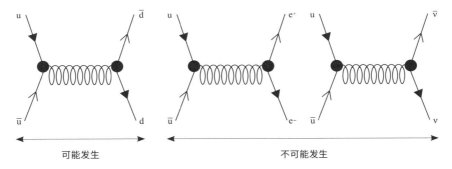

图 4.14 胶子只与夸克（以及其他胶子）发生相互作用。它们不与带电轻子和中微子发生相互作用。

一事实。由于光子是电中性的，并且光子只能通过带电粒子交换，这意味着，一个光子感知不到另外的光子，并且不能与其发生相互作用。在费曼图中，这意味着不可能存在带有三个光子的顶点。相反，由于胶子携带者色荷，一个胶子可以"感知到"另外一个胶子，如图4.15 所示。这意味着，可以存在一个同时连接三个胶子的顶点。"三胶子"顶点的一个可能不那么明显的结果是：原则上，我们可以得到两个可测量的、作为碰撞后粒子的胶子。

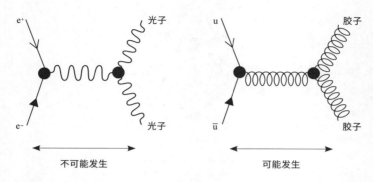

图 4.15 光子仅仅与携带电荷的粒子发生相互作用，而且光子并不携带电荷，因此不可能存在同时连接三个光子的顶点。相反，由于胶子携带强力荷，且胶子可以与其他胶子发生相互作用，因此可能存在同时连接三个胶子的顶点。

　　当然，这一事实极大地影响了强力与电磁力行为模式间的差异。因为胶子同时被夸克和其他胶子吸引，在两个夸克的连接线附近，强力场更加集中。为了理解这一事实的实际结果，我们必须先思考某些我们更熟悉的现象：两个磁铁之间的力和一根橡皮筋产生的力。对于磁铁来说，当两枚磁铁彼此靠近的时候，相互作用力会变得更大。而当两枚磁铁之间的距离极大的时候，两者之间的相互作用力会变得非常微小。相比之下，橡皮筋的行为则完全不同。当一根橡皮筋的两端彼此靠近的时候，没有力存在。然而，随着橡皮筋的两端之间的距离大大增加（即橡皮筋被拉伸），力也增加。电磁力的行为就像成对的磁铁，而强力的行为就像一根橡皮筋。随着两个夸克之间的距离增加，它们之间的强力也会增加。

　　如果我们观察图 4.13 和图 4.15 中的费曼图，我们能够发现一个"显而易见"的事实，即我们能够让两个夸克碰撞，然后获得两个夸克，也有可能获得两个胶子，它们都是我们能够在探测器中测量的。然而，我们曾经提到过，人们从未见过独立存在的夸克，所以，要么我们的推论错了，要么实际情况还要更复杂。当然了，真正的原因是实际情况还要更复杂。当一个夸克在碰撞后逸出的时候，发生了某些事情，将夸克转化为其他类型的粒子，通常是介子（特别是 π^+，π^- 和 π^0，虽然其他类型的介子也有可能出现）。我们在后文中会讨论这种转换是如何发生的，但是现在，让我们暂时将它看成是某种"奇迹发生了"。我们可以绘制类似的费曼图，如图 4.16 所示。

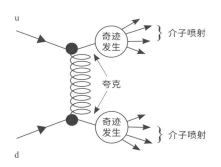

图 4.16 人们从未在实验室中观察到独立存在的夸克。在发生散射之后，夸克被转化为"粒子喷射"，这些粒子看上去像是被猎枪射出来的，它们往往是介子。

粒子喷射：亚原子猎枪

我们将这些粒子的"喷射"称之为"粒子喷射"，因为它们看上去真的很像霰弹猎枪射出的子弹粒。我们使用的另一个术语是，我们会说夸克或胶子"碎裂"成粒子喷射。当一个夸克或者一个胶子碎裂的时候，形成喷射中的粒子数量有多种可能。有的时候，一次喷射可能只包含几个粒子（比如说 1~3 个），有的时候可能包含很多粒子（30~40 个）。通常情况下，一次喷射包含 10~20 个粒子，具体的数字略微依赖于"母夸克"所携带的能量是多少。然而，任何特定的夸克都会转化为一定数量的介子，虽然我们计算不出任何特定夸克在任何特定散射中射出的介子数。我们至多能做到的，是计算出如果我们让一大堆夸克或者胶子碎裂的话，会发生什么结果。然后，我们至少可以计算碎裂发生之后，获得特定数量的粒子喷射的发生概率百分比（例如，6% 的喷射会得到 6 个粒子，8% 的喷射会得到 12 个粒子，诸如此类）。但是我们无法计算出特定某一个夸克的行为。

关于"碎裂"的想法并不仅仅是简单的理论思考。1958 年，人们首次观测到粒子喷射现象，那是在日本感光乳剂小组进行的、一次使用到气球的宇宙射线实验之中，在实验中，含有摄影感光乳剂的板材被携带到海拔很高的地方，并且接受来自外太空的高能质子撞击。显示出特定行为的宇宙射线实验总是有点儿麻烦，因为你不可能知道发生碰撞的都有哪些粒子。因此，粒子喷射第一次在受控的环境中被观察到，是在 1975 年的斯坦福直线加速器中心（SLAC），使用的是 SPEAR 加速器。

SPEAR 加速器让电子和正电子发生碰撞。与本讨论相关的是电子和正电子湮灭成光子，然后转化成 $q\bar{q}$ 对的相互作用过程的具体类型。根据上面的讨论，我们应该看到的是两股粒子喷射，而且，它们的方向应该完全相反。

于是我们遇到了一个有意思的问题。我们如何对粒子喷射（这是实验物理学家唯一可以观测到的现象）进行测量并且将测量结果与涉及带电轻子、夸克、胶子、光子等粒子的计算（这是理论物理学家唯一能够有把握计算准确的内容）进行比较？这处可真是特别巧妙。事实证明，喷射中的粒子所携带的能量与母夸克或者母胶子携带的能量数量非常相近。因此，如果你足够聪明，你可以设计出适当的方法，将来自某个特定夸克（即一次喷射）的所有粒子能量加在一起，然后将你对喷射的测量与理论物理学家提供的、对夸克和胶子的预测进行比较。

　　存在着几种使用不同基本原理的叠加粒子能量的方法。一种非常常见的（而且也是非常容易解释的）技术，是在想象中、在粒子喷射的周围放置一个固定尺寸的锥体，然后移动该锥体，以便在让锥体内部包含尽可能多的能量。然后就停下。这样的算法运行良好，但并非万无一失。正如我们在图 4.17 中看到的那样，有可能会有一颗粒子落在了锥体之外，这样你就错过了它。这种情况经常发生，但幸运的是，被我们遗漏的粒子通常不会携带太多的能量，所以遗漏它带来的影响并不会太大。我们可以测量任何一次事件中的粒子喷射，然后将结果与基于费曼图的计算数据相比较，令人惊讶的是，这种方法的效果非常好。

　　于是现在我们已经将夸克转化为粒子喷射，并且又将其转换回与初始夸克非常相似的某种东西，有人可能会问"可是喷射到底是如何形成的（即图 4.16 中的'奇迹'到底是什么）？"。为了讨论这个问题，我们需要回顾一个众所周知的公式：$E = mc^2$。用文字语言说，这个等式表明了，物质和能量是等价的，或者，换句话说，我们可以将能量转化为物质，然后再转换回来。在以下的讨论中，我希望读者们

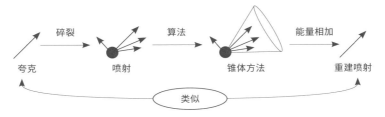

图 4.17 将夸克理论与喷射的实际情况进行比较的方法。一个夸克碎裂并且形成一股粒子喷射。实验者在粒子周围放置一个锥体，然后将粒子们的能量叠加在一起。重建的喷射流在能量总量上类似于原始夸克，因此使得理论和实验的比较成为可能。

牢记这一点。

考察粒子喷射如何形成（即单个携带色荷的部分子如何能够碎裂成很多颜色中立的强子）的最简单的方法是考虑一个电子和一个正电子湮灭并且重新组合形成夸克 / 反夸克对的情况（$e^+e^- \rightarrow q\bar{q}$）。碰撞发生后，$q\bar{q}$ 对沿着直线彼此远离。回想一下，强力的作用方式很像弹簧或者橡皮筋。当两个粒子之间的距离很小的时候，它们之间的相互作用力也很小。然而，随着距离的增加，强力也随之增大，就像拉伸一根橡皮筋一样。在拉伸橡皮筋的时候，当橡皮筋被过度拉伸的时候，沿着橡皮筋方向的力会大大增加，最终橡皮筋会发生断裂。存储在橡皮筋中的能量通过让断裂处的两端迅速彼此分离而显现出来。对于夸克来说，情况大致相同。随着 $q\bar{q}$ 彼此分离，它们之间的色荷力开始增加，而能量则被存贮在连接两个夸克的"一条"色荷力（类似橡皮筋）中。最终，色荷力变得如此之大，这"条"色荷力内的小小空间无法存储如此多的能量，于是这"条"色荷力断裂了（有点儿像自发火花）。但是，当这"条"色荷力断裂的时候，存储的能量依然过大，以至于不能像橡皮筋一样单纯令断裂点处的两端向后缩。在这种情况下，发生的情况是断裂点处的能量转化为一对与之前相同的 $q\bar{q}$ 对。现在，我们有了两个 $q\bar{q}$ 对，原始的 $q\bar{q}$ 对和新生的 $q\bar{q}$ 对。对于橡皮筋来说，断了之后故事就结束了，但是对于夸克来说，故事才刚刚开始呢。由于新生的 $q\bar{q}$ 对移动的速度并不算太快，最初的那对夸克和反夸克依然远离它们而去。因此，该过程会一次又一次地重复，每一次，最初夸克所携带的部分"移动"能量都会被转化为 $q\bar{q}$ 对的质量。最终，相邻的夸克和反夸克们移动的速度大小足够相近，于是它们不再彼此远离。然后，碎裂过程结束，$q\bar{q}$ 对开始配对，每一对都创造了一个独立的介子，这些介子大致沿着原始夸克对连接的方向直线移动。于是乎！夸克或者胶子就变成了介子喷射。

　　在图 4.18 中，我展示了一个上夸克 / 反上夸克（u$\bar{u}$）对彼此远离的例子。在每个断裂点，我都随机地创造一个 u$\bar{u}$ 对或者 d$\bar{d}$ 对。在这个例子中，我们看到一个上夸克 / 反上夸克对转化为一个 π^+、一个 π^- 和两个 π^0。在现实中，通常会有更多的断裂点，对应着更多的介子，但是原则是相同的。

　　虽然我们将讨论局限于 e+e- → q$\bar{q}$ 的情况，图 4.15 清楚地表明，碰撞发生之后，我们可能获得夸克，也可能获得胶子。由于胶子携带色荷，它们的行为很像我们刚刚讨论过的夸克。因此，夸克和胶子都能够制造粒子喷射。

　　Tasso 实验小组利用位于德国汉堡的德国电子加速器（DESY）证明了胶子也能够制造粒子喷射。由于夸克能够发射胶子，我们可以想

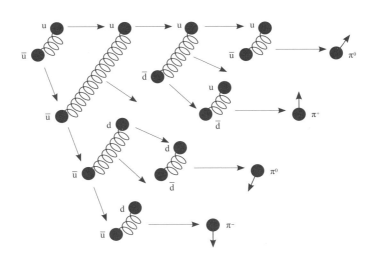

图 4.18 一张描绘粒子喷射是如何形成的示意图。当两个夸克彼此分离，它们之间的强力增加（强力随着夸克的彼此分离而增加）。存储在两个夸克之间的强力场中的能量被转化为夸克 / 反夸克对。这个过程一直持续到能量耗尽为止。最后，我们得到了很多粒子，虽然在最开始我们只有两个夸克。

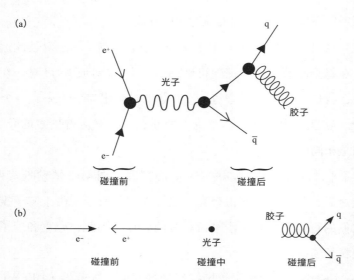

图 4.19 更为复杂的显示胶子喷射的可能情况的图解。(a) 显示了过程的费曼图，而（b）显示了三个阶段的相互作用。在第三个阶段，可以看到两个夸克和一个胶子从碰撞中逸出。

象同时形成三个粒子喷射的事件。图 4.19a 显示了 $e^+e^- \rightarrow q\bar{q}g$ 的费曼图。表示这种特殊碰撞的第二种方法如图 4.19b 所示，它展示了碰撞的全部三个阶段：在碰撞发生的时候，e^+e^- 聚合到一起，形成了一个光子，碰撞发生后，夸克、反夸克和胶子立刻逸出碰撞。因为所有这三个最终状态的对象都携带色荷，所以我们可以期待观测到三个喷射。

质子结构：微型闪电风暴

夸克能够感受到强力，并且通过交换胶子而表现出这一点，这一事实意味着在第 3 章我们对重子和介子的讨论中，我并没有交代故事的全部。质子所包含的，不仅仅只有 3 个夸克。实际上，质子还包含着从一个夸克跳到另一个夸克的胶子。由于每个胶子可以（暂时地）

分裂成两个胶子或者一个 $q\bar{q}$ 对（随即它们会重新组合成新的单个胶子），在任何特定的时刻，质子内部的结构可能都是非常复杂的。图 4.20 显示了在特定时间点可能存在的质子形态，我们可以看到，事实是非常复杂的。当我们讨论质子中的粒子时，我们不会说"夸克或者胶子"，而是使用一个新词"部分子"，意指存在于一个重子（比如质子或中子）或者一个介子（比如 π 介子）中的任何粒子。

如果质子的结构真的这么复杂，那么我们又是怎么做到详细了解它的呢？是通过实验。测量质子内部结构最简单的方法是向其发射电子。电子没有内部结构，并且携带电荷，所以来自电子的光子会撞击质子中的夸克。当电子和夸克通过交换光子而发生相互作用，电子的运动方向和能量会发生变化。我们可以测量这些变化，并且利用得到的信息来确定夸克在被击中之时的行为。如果我们朝很多质子发射很多电子，我们最终会建构出质子的内部结构。我们无法直接观测到质子的内部，所以我们不得不去观察与质子发生相互作用的粒子如何变化，并且从电子的变化中，推断出质子的内部形态。这有点儿像你想知道某个被禁止入内的房间中到底是什么样儿的情况。一种方法上是

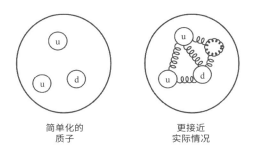

简单化的
质子

更接近
实际情况

图 4.20 我们说，一个质子包含三个夸克，其中有两个上夸克和一个下夸克。而现实则更加复杂，因为夸克交换了胶子，胶子能够成对产生新的夸克和成对的胶子。质子的真实性质非常复杂，并且总在变化。

你找个人进入房间去看看。即使这个人不会说话，你也可以通过观察这个人需要花费多长时间穿越整个房间、以及当这个人离开房间时他的状况来了解这个房间。比如，这间房间可能是空的、满的，或者着了火，或者挤满了爱欺负人的摩托车骑手。一个人经过房间所需的时间和离开时的状态取决于房间内事物的细节；所以，足够有心的话，我们可以通过观察这个人来推断出这间禁止入内的房间的情况。

即使上述的情况看上去已经很复杂了，但是实际情况依然更加复杂。质子的结构不是静态的；它不断地发展和变化着。当我们考虑一个介子，而不是一个重子的时候，就能够更好地解释这一点。为了解释得尽可能清晰，让我们来考虑一个包含 $u\bar{u}$ 对的 ρ 介子（ρ^0）。因为相同类型的夸克 / 反夸克能够通过湮灭而形成胶子，它们确实也这样做了。胶子能够分裂为 $q\bar{q}$ 对或者胶子对。此外，单个夸克能够自发地辐射并且重新吸收单个胶子。在图 4.21 中，我们追踪了一个中性 ρ 介子，即 ρ^0 内部的情况。在图中，随着时间的推移，发生从左到右的变化。图中的垂直线代表了特定时间的快照。我们看到，在我们第一次观察 ρ^0 的内部结构的时候（我们称之为 t_1），它包含一个 $u\bar{u}$ 对。在第二次（t_2），ρ^0 包含了一个单个胶子。在 t_3 时刻，它包含一个胶子对，而在 t_4 时刻，ρ^0 包含了一个 $d\bar{d}$ 夸克对。最后，在 t_5 时刻，ρ^0 包含了一个 $u\bar{u}$ 对，以及一个胶子。

图 4.21 中呈现出的模式绝非异乎寻常 ……它是我临时编出来的。我描述的模式并不是唯一的可能，事件的发生顺序可能与图中完全不同。真正重要的是，该图说明了可以构成一个在名义上是由相同的物质 / 反物质对构成的介子的夸克与胶子的几种重要构型模式。每一个"瞬时点"都显示了一种可能的构型。本质上，该图真正表明的是，在任何特定的时刻，ρ^0 的内部结构可能与另外一个时刻的情况完全不

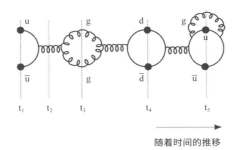

图 4.21 一个 ρ 介子错综复杂的生命历程。因为它包含了同类型的物质和反物质夸克，它们可以湮灭，转化为胶子，而胶子又可以转化为完全不同类型的夸克对。因此，当我们观测一个 ρ 介子的时候，每次看它时它呈现的内部结构可能与上一次我们看它时完全不同。在图中，我们看到了夸克对、单个胶子、胶子对和同时出现的夸克和胶子。事实上，现实的情况更为复杂。

同。那么，测量 ρ^0 的结构意味着什么呢？在任意时刻，当我们看向 ρ^0 内部的时候，其结构可能非常复杂，而且，不久之后，该 ρ^0 可能又具有了一个完全不同的、却同样复杂的内部结构。作为一个诚实的物理学家，我必须指出，在上面的讨论中，我投机取巧了。虽然这种投机取巧并不会影响最关键的部分，但是火眼金睛的读者们会注意到有些东西不太对。具体来说，在 t_1 时间的粒子是一个 ρ^0 介子，它没有净色荷（如果需要，读者们可以通过回顾围绕图 3.4 的讨论来回忆一下关于色荷的内容）。在图 4.21 中，我们看到在一些时间点，ρ^0 介子被绘制为单个胶子（比如 t_2 时间）。因为胶子是携带色荷的，这似乎意味着色荷的数量可以发生变化。这并不是真的……色荷是"守恒的"，这意味着，无论任何时刻，当我们观察一个 ρ^0 介子的时候，我们都应该观察到零色荷。实际上，使得一个物体不携带净色荷（并且能够重现 ρ^0 介子的自旋）所需的最小胶子数为 3。因此，在 t_2 时间，实际上应该有 3 个胶子，但是这只意味着，ρ 介子的结构甚至比图 4.21 的简单示意图中所显示的更加复杂和多样化。

　　为了清晰起见，我们一直在讨论 ρ^0，但是同样的讨论对质子也是适用的。因此，当我们测量质子的结构时，我们需要研究所有可能的复杂构型。为了做到这一点，我们向大量的质子发射大量的电子，最终会获得对我们可能会看到的质子内部的情况的认识。

　　聊到此处，我们也可以顺便来预告下将要在下一章中讨论的一些有意思和重要的观点。读者们可能想知道，质子这么大的质量是来自哪里。在我们的简化模型中，质子只由三个夸克构成，因此你会设想，质子的质量由三个夸克贡献的，每个夸克贡献质子质量的 1/3。然而，我们已经说过，ρ 介子可能只含有三个（无质量的）胶子。因此，ρ 介子的质量不可能仅仅由构成它的夸克和反夸克所贡献。质子的情况也类似，在任意时刻，在质子内部，都可能存在大量的胶子。细致的测量和计算表明，质子中夸克（上夸克和下夸克）的质量非常小，大概只占质子质量的百分之一左右。那么，这是咋回事儿呢？

　　我们必须再次回到爱因斯坦备受尊崇的方程式 $E=mc^2$。在任何特定的时刻，每个夸克和胶子都会携带一定量的能量（虽然正如我们在上面的讨论中看到的那样，这个数量每一瞬间都在变化）。因为能量和质量是等价的，我们测量的质子质量实际上主要反映了质子内部飞来飞去的组成部分的能量。在 2000 年 7 月的《发现》杂志上，罗伯特·库齐格发表了一篇题为《胶子》的文章，在文中他文采斐然地描述了质子的本质。

　　　　单个质子是由三个夸克组成的，这没错，但是夸克是无穷小的……只占质子总质量的 2% 左右。它们在质子内部以接近光速的速度呼啸着来去，然而却被囚禁在其他粒子组成的闪烁"云团"中……这些粒子包括其他的夸克，它们短暂地出现然后消失，而"云团"中最重要的是胶子，它传递着将夸克们绑缚在一起的相互作用力。胶子无质量，且转瞬即逝，但是它们贡献了质子的大部分质量。这也就是为什么说质子是由胶子构成的比说质子是由夸克构成的更加准确。质子们就是一小团一小团的胶水……但是即使这么说，也把质子形容得过于静态和固定了。在质子内部，是流动的、噼啪作响的能量；就像是被困在一个瓶子中永无止境的闪电风暴，这个瓶子的直径小于十万亿分之一英寸。"这是一个非常丰富的、动态的结构，"维尔切克如是说，"我们现在有了一个能够重现它的理论，这是非常令人高兴的。"

在下一章中，我们将讨论质量的问题，读到那里时有必要记住的一点是，我们在讨论的，仅仅是夸克、轻子和规范玻色子的质量。质子和中子的质量（也就是宇宙中大部分可见物质的质量）实际上反映了原子核内部包含的亚原子级别的闪电风暴。

质子内部的复杂结构对当我们朝质子发射电子时产生的结果有所影响。因为我们无法确定在撞击发生的时刻任何质子的结构是什么样的，所以我们无法计算在碰撞中会发生什么样的夸克散射。我们至多能做的是，将我们对最可能发生的相互作用的认知与我们对质子中最可能出现的部分子构型的认知相结合，以计算出我们最有可能观测到的相互作用为何。由于我们还可以计算我们观测到一个稀有的相互作用和 / 或一个稀有质子结构的频率，因此我们可以推断观测到任意特殊类型的碰撞的可能性。

费曼图与弱力

现在，让我们换一个话题，思考我们已知的第四种、也是最后一种力。我们描述的弱力如何通过交换粒子而作用的方式，在所有我们已经理解的力中是最复杂的。与通过交换单一类型的粒子而作用的电磁力和强力不同，弱力可以通过交换两个完全不同的粒子之一来作用。这些粒子被称为 W 玻色子和 Z 玻色子，它们与光子和胶子的区别在于它们具有很大的质量。这些粒子的大质量是弱力相对较弱的根本原因。

人们最初在 β 衰变中观察到弱力，其中一个（电中性的）中子变成了一个（带正电的）质子。想要通过用粒子交换的方式来描述这种行为，被交换的粒子必须带电荷。人们假设出来的被交换的粒子是 W 粒子，一共有两个，其一携带的电荷量与质子相同，另一个携带的电荷与电子相同（即与质子电荷量大小相同，带电的符号相反）。我们称这些粒子为 W^+ 和 W^-，其上标表示了粒子携带电荷的性质。

中子衰变也被称为 β 衰变，因为衰变过程中，一个中子转化为一个质子和一个 β 粒子，并且可以描述为中子中的夸克发射出一个 W 粒子。中子中，一个下夸克（d）发射出一个 W^- 并且转化成一个上夸克（u）。W^- 粒子衰变为一个电子（e-）（电子是 β 粒子，"β 衰变"即得名于此）和一个反电子中微子（$\bar{v}_e$）。该过程如图 4.22 所示。

一个仅仅包含 W 玻色子的理论存在着问题。因为这个理论做出了非常愚蠢的预测。当 W 粒子存在的时候，我们当然能够绘制出费曼图，但是当做完适当的计算之后，我们发现，这一特定的相互作用发生的概率，比所有相互作用发生的概率总和还要大。由于这一特定的相互作用是众多可能发生的相互作用之一，所以它发生的概率比它和

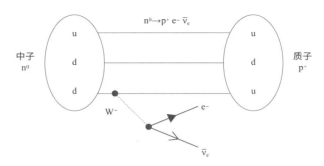

图 4.22 中子转变为质子的过程，其中一个下夸克通过发射一个 W 玻色子而转变为上夸克。

其他相互作用发生的概率的总和还要大是很没有道理的。于是，我们需要修正我们的理论。

　　理论物理学家知道两种方法来解决这个问题。其一是假设是否存在一种质量超级大的电子，它们与普通的电子完全相同，只除了质量不一样。如果这是真的，那么理论上的问题就可以迎刃而解。唯一的问题是，人们从未观测到过这种粒子。我举的这个例子很重要，因为它表明了并非所有的理论都是正确的，即使它们在数学上十分合理。这是一个能够解决问题、然而却不正确的理论。宇宙不配合我们。物理学终究是一门实验科学，在物理学面前，包括理论物理学家和实验物理学家在内的所有人必须保持诚实。

　　幸运的是，理论物理学家足够足智多谋。这个理论有误的事实并没有阻挡他们前进的步伐。在 20 世纪 60 年代后期，一些理论物理学家指出，他们也可以用另外一种方式来解决理论上的缺陷，即假设存在另一个携带力的粒子 Z^0。Z^0 像光子一样是电中性的，但是质量却类似 W 玻色子。因为只存在一种 Z 粒子，所以我们一般不给它加上标了。Z 粒子带有弱力荷。不幸的是，这个理论也存在问题。正如一个下夸克可以通过发射一个 W^- 粒子，而改变其类型变成一个上夸克，我们可以预期一个奇夸克可能会通过发射一个 Z 粒子变成一个下夸克。然后，这个 Z 粒子会衰变成一个电子 / 正电子对（e+e-）。这就是所谓的"类型变化中性流"（FCNC）衰变。这个名字来源是，一个中性的粒子（Z 粒子）改变了其类型，然而没有改变夸克的电荷。这种假设的衰变如图 4.23 所示。

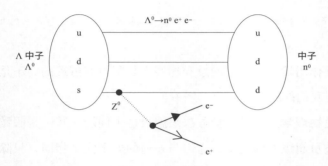

图 4.23 一个 Λ 粒子通过发射一个 Z 玻色子而变成一个中子。这种转变从未被观测到过。

问题是，这种衰变也从未被观测到过。可以想象，我们可能也会抛弃这个理论，原因与我们放弃重电子的想法相同。然而，一条意想不到的途径却让我们柳暗花明。正如我们在第 3 章中所述，格拉肖、李尔普罗斯和梅安尼在 1970 年提出了粲夸克有可能存在。如果粲夸克存在，那么"类型变化中性流"则不可能发生。因此，1974 年，随着 J/ψ 介子（由一个粲夸克 / 反粲夸克对构成）被观测到，人们对"类型变化中性流"的观测失败并不能排除 Z 粒子的存在。

正如我们在第 2 章中所述，高通量的高能中微子束的发明，为测量弱相互作用提供了新的机会。然而，这些实验的目的主要是为了观测到"带电流"相互作用（即涉及 W 玻色子的相互作用），其过程中一个中微子击中一个原子核，然后一个带电轻子（比如 e± 或 µ±）从

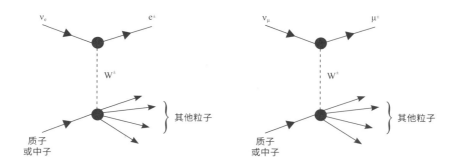

图 4.24 表现中微子散射过程中一个 W 玻色子被发射出来的费曼图。中微子被转化为可以被观测到的带电轻子。这就是所谓的带电流散射。

碰撞中逸出。该过程的示例如图 4.24 所示。

　　这些类型的相互作用的重要特征是，它是由不可观测到的粒子引发的，并且有带电的轻子从碰撞中逸出。由于我们可以计算中微子的典型能量值，同样显而易见的是，带电轻子贡献了中微子能量的很大一部分（但不是全部！）。质子被撕裂开之后又发生了什么变化，其中的细节并没有被如上这样仔细地分析过。

　　现在，考虑的是中微子发射一个 Z 粒子，粒子进而击中一个质子的情况。这是一个很难做的实验。不可见的中微子参与相互作用，发射一个 Z 粒子，然后逸出碰撞，逸出过程同样也是不可见的。因此，人们实际观察到的唯一对象是与质子撕裂相关的"东西"。这种类型的碰撞的一个例子如图 4.25 所示。

　　1973 年，由安德烈·拉加里格主持的加尔加梅勒实验——在位于欧洲核子研究中心的一个气泡室实验——发现了中性流的出现。研究人员在气泡室中获取了氢原子的电子被不可见的粒子击中这一过程的非常清晰的照片。由于没有其他实验观测到相似类型的事件，所以有一些非常尖锐的评论认为这个观察结果的真实性值得怀疑。尽管如

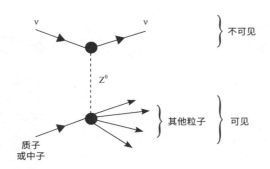

图 4.25 中微子在散射过程中发射 Z 玻色子的费曼图。因为散射后中微子依然还是中微子，因此我们无法观测到其散射后的状态。这就是所谓的中性流散射。

此，加尔加梅勒小组仍然充满自信，在非常仔细地检查了自己的实验数据，并观测到另外的一些同类事件后，他们在 1973 年宣布了他们的发现。于是，中性流因此得到证实。

对带电流事件和中性流事件的观察结果是非常令人受鼓舞的，但是它们并不能证明 W 粒子和 Z 粒子的存在。为了确定其存在，你必须直接观察到它们。不幸的是，所有的计算和实验结果都表明了，W 粒子和 Z 粒子都非常重，质量大约是质子的 100 倍。彼时，没有任何加速器能够"造出"这么重的粒子。显然，人们需要一台新型的加速器。1976 年，卡洛·鲁比亚、大卫·克莱恩、彼得·麦金太尔和西蒙·范德梅尔在欧洲核子研究中心提议建设一台大型粒子加速器，这台加速器能以非常高的能量让质子和反质子碰撞。我们将在第 6 章中详细讨论加速器，不过这里要先提一提操作要领：第一步是用"把射向一个靶的质子的能量转化为反质子的质量"的方式制造反质子。由于反质子和质子一旦接触就会立即湮灭，所以产生的反质子必须不能接触任何对象，并且只能通过电场和磁场来操纵控制。最后，必须将反质子放入加速器中，通过加速让它们的能量增加，最终精准地和质子相撞。这真是相当了不起。

　　然而，被加速的粒子算不上是一个发现。我们还必须记录碰撞。为此，人们建造了两台大型探测器，分别命名 UA1 和 UA2（UA 是欧洲核子研究中心对"地下区域"的缩写）。UA1 被称为凯迪拉克实验，由卡洛·鲁比亚主持，他是你能想象到的最像"拼命三郎"的人。UA2 则被认为是"保底"实验，如果鲁比亚的伟大设想并没有达到预期的效果，那么 UA2 则会保证做出优质且可靠的测量。从 UA1 小组生怕被赶上的表现来看，UA2 小组一定也有着属于他们团队的敏锐且"拼命"的成员。

　　W 玻色子和 / 或 Z 玻色子的发现"竞赛"其实很有戏剧性，在很多方面上看，都类似于我们在第 3 章中描述的、关于顶夸克的发现过程。这场"竞赛"实在很有意思，有一本书专门讲了这段故事，读者们可以在参考阅读中找到相关信息。1983 年的 1 月 21 日和 22 日，在欧洲核子研究中心座无虚席、人声鼎沸的主礼堂，UA1 小组宣布他们发现了 W 玻色子。在 UA1 发表声明的时候，UA2 小组也有了类似的证据，但是由于他们更加谨慎，所以没有选择即刻发布。UA1 小组是幸运的，他们的结论是正确的，正如沃尔夫冈·泡利曾经说过的"敢拼的人才会赢"。几个月后的 1983 年 4 月 30 日，UA1 小组首先观测到了 Z 玻色子，寻找 W 弱电玻色子和 Z 弱电玻色子的故事正式画上句号。卡洛·鲁比亚和西蒙·范德梅尔因为发现了 W 玻色子，也因为设计和建造出了巨大且复杂的加速器使得这个发现成为可能，而共同获得了 1984 年的诺贝尔奖。

　　一个合理的问题是："你怎么知道你发现的是 W 玻色子或者 Z 玻色子？"事实证明，科学家们对确认 W 玻色子的身份比 Z 玻色子的要有把握得多。首先，它产生的概率就比 Z 玻色子高十倍。其次，W 玻色子可以通过两种方式衰变。第一种方式是衰变成一个带电轻子和与其相应的中微子，即（ev_e）、（μv_μ）或者（τv_τ）。第二种方式是衰变成一个夸克 / 反夸克对，比如 $W^+ \rightarrow u + \bar{d}$。然而，$q\bar{q}$ 对很快就转变成为粒子喷射。由于在强相互作用下的碰撞中产生粒子喷射的概率比弱相互作用下的碰撞中产生粒子喷射的概率高大约一千万倍（10^7），W 玻色子的衰变被淹没在大量的粒子喷射中，并且极其难以辨识。然而，中微子能且只能通过弱相互作用产生。所以，即使伴随着每次产生 W 玻色子的粒子碰撞，还有 10^7 次甚至更多的、更无聊的碰撞发生，我们也还是可以让我们的探测器和电子设备无视它们。我们将在第 6 章中讨论粒子发现的这个方面。

关于我们要如何测量这些东西，读者们目前不必去想，我们可以绘制类似费曼图的图表，描述 W 玻色子在被创造和衰变的过程中究竟发生了什么。

我们以图 4.26 中绘制的过程为例。我们可以把整个过程分解成三个阶段：碰撞之前，W 存在时，W 衰变后。为了让事情简单一点，我们只绘制了参与碰撞的存在于质子和反质子之中的夸克和反夸克，而忽略了其他的粒子。在碰撞之前，我们看到，上夸克和反下夸克朝着质子和反质子束的方向移动；在本图中这方向是水平的。然后，W 玻色子产生，正电子和中微子沿着另外的方向从衰变中逃逸。我们说，逃逸粒子的移动方向与原先的上夸克和反下夸克的移动方向呈（至少部分）一定角度。

回想一下，中微子和反中微子不与普通的物质相互作用，这意味着它们无法被观测到。因此看一下图 4.26，然后在脑海中"擦除"图片里的中微子。这意味着，在 W 玻色子衰变之后，你观测到的就是一个正电子向上移动，而并没有任何粒子向下移动。所以，如果眼不

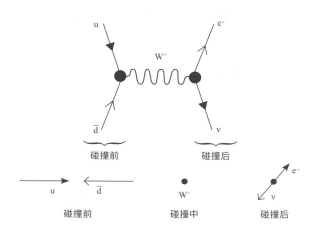

图 4.26 通过湮灭一个上夸克和一个反下夸克创造出一个 W 玻色子。W 玻色子衰变成一个正电子和相应的中微子。图片的下半部分显示了在玻色子的创造和衰变过程中的三个不连续的阶段。

见，怎么能知其为实呢？正如我总是对课堂上的本科学生们所说的那样，答案是"物理！！！"。在碰撞发生的前后，有些东西需要保持相同。我们看到，在碰撞发生之前，有两个粒子在水平方向上移动，而没有垂直方向的移动。在 W 衰变之后，正电子向上移动，并且由于碰撞前后垂直方向上的动量必须是一致的，所以必须存在一个向下移动的粒子，来抵消正电子向上移动的事实。（回想一下，这正是中微子存在的最初假设。）由于我们没有看到有粒子向下移动，这意味着这个看不见的粒子（比如中微子）必须是向下移动的。（对物理学有着一定认识的读者们会意识到，这种推论来自于动量守恒定律。）

所以，观测 W 粒子的最简单的方式是，寻找如下事件：一个带电轻子相对于粒子束朝向"一侧"移动，而另一侧则没有任何可见粒子。这种类型的碰撞非常罕见，但是极其独特，UA1 小组正是通过寻找这些类型的碰撞来确定 W 玻色子是真实存在的。

寻找 Z 粒子的过程与之相似，只不过更加困难。首先，Z 粒子生产的数量就比 W 粒子少十倍。其次，Z 粒子会衰变成相同类型的费米子对；例如电子 / 正电子（e⁺e⁻），μ 子 / 反 μ 子（μ⁺μ⁻）或者夸克 / 反夸克（比如 uū）。之前讨论的 W 粒子衰变成多个夸克的情况在此也有发生。Z 粒子会衰变成两个夸克，但是这种情况与那些更无聊的、涉及强相互作用的碰撞相比，实在是太罕见了，所以它们很难被识别出来。所以我们将目光转向包含两个轻子的最终状态。对于 Z 粒子来说，有一个好消息是，我们可以同时看到它最终衰变形成的两个轻子。但问题是，产生两个轻子的方式并不是只有这一种。图 4.27 显示了一个来自质子的上夸克与一个来自反质子的反上夸克湮灭，从而形成两个轻子〔我们一般将其表示为（ι⁺ι⁻）〕的两种方式。

通过光子而产生轻子（ι⁺ι⁻）对（图 4.27a）的可能性比通过 Z 玻色子（图 4.27b）产生轻子对的可能性要高很多。那么我们如何确定一组特殊的轻子对是来自 Z 玻色子而不是光子呢？答案是，利用"Z 玻色子是一种非常重的颗粒，而且它的质量已经得到了明确的确认"这一事实。当 Z 粒子衰变成一对（ι⁺ι⁻），它会分配给每个粒子一个具体且特定的能量值。因此，我们可以测量每一对（ι⁺ι⁻）的能量值，然

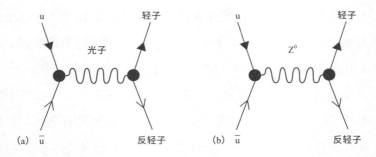

图 4.27 （a）通过创造中间态光子来创造轻子 / 反轻子对。（b）通过创造中间态 Z 玻色子来创造轻子 / 反轻子对。基本上，这两种情况难以区分，唯一的差别是"当碰撞能量接近 Z 玻色子的质量时，Z 玻色子产生的可能性增加"这一事实。

后将能量转换回衰变前初始粒子的质量。如何做到这一点请参见附录 D。因为在每一个能量级之上，我们都可以计算来自光子的（$\tau^+\tau^-$）对的具体数量，那么当在某个能量级上出现了过多的轻子对时，就表明了我们发现了一个新粒子。图 4.28 说明了这一技术要点。

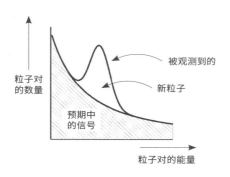

图 4.28 人们如何观察新粒子的产生的示例。测量衰变产物的能量并且记录它们出现的频率。当出现了超出预期行为的事件时，就意味着存在着能够产生粒子的某些新的物理过程。

在图 4.28 中，我们绘制了在每个能量级上，我们所预期的来自光子的轻子对的数量，并将之与我们实际观察到的结果进行比较。当我们在某个特定的能量级上，看到一个粒子对峰值（或者超额现象）的时候，就意味着在这个能量级上有着过多的轻子对。这很可能意味着，在这个能量级上，发生了意想不到的事情。通常情况下，这表明存在一种新粒子，Z 粒子就是这样被发现的。UA1 小组和 UA2 小组只需要观察轻子对，然后考察它们是否比预期中数量更多。当他们收集到足够多的数据，证明这种超额现象并不是偶然事件的时候，他们就宣布了 Z 粒子的发现。

因此，1983 年，在 UA1 小组宣布了 W 玻色子和 Z 玻色子的发现之后，UA2 小组随后很快确认了这些发现。然而，两个实验小组都仅仅获得了相对而言数量较少的 W 玻色子和 Z 玻色子。为了精确地测量玻色子的性质，需要一种新的加速器。与发现了 W 玻色子和 Z 玻色子的、能让质子和反质子发生碰撞的加速器不同，这种新加速器能够让电子和正电子发生碰撞。因为电子和正电子能够完全湮灭，然后产生一个 Z 玻色子，所以人们可以精确地调整粒子束的能量，从而产生大量的 Z 玻色子。1989 年，这台被命名为 LEP（大型正负电子对撞机）的粒子加速器开始运转，它携带有四台精心设计的探测器（分别被命名为阿列夫、特尔斐、L3 和蛋白石），用来记录碰撞。每个实验记录了大约五百万次碰撞，其中 Z 玻色子被创造、然后其性质被以精确的精度测量了出来。探测器和加速器的设计如此精美，以至于它们对月球潮汐引发的地壳扭曲影响很敏感，甚至对一辆在附近驶过的电力火车也很敏感。

1996 年，LEP 加速器的能量被提升，人们希望能够借此制造出 W 玻色子。鉴于粒子束的类型，唯一产生 W 粒子的方式只能是成对产生（例如 $e^+ + e^- \rightarrow Z$ 或者 $\gamma \rightarrow W^+ + W^-$）。每个实验都收集了几千次碰撞事件，事件中 W 粒子对被创造出来，并且人们对其进行了令人印象深刻的测量，在这些测量上，他们与费米实验室的 DØ 探测器和 CDF 探测器产生了激烈的竞争。2000 年 11 月 2 日，LEP 加速器被永久关闭，让位给了一台新的、功能更强大的加速器，即大型强子对撞机或者称为 LHC。LHC 是高能粒子物理研究的未来，我们将在后面的章节中介绍。

现在人们对 W 玻色子和 Z 玻色子的特征已经很了解，知道它们的质量比质子的质量大了将近一百倍。正是这种巨大的质量导致弱力如此之弱。如果 W 玻色子和 Z 玻色子像光子一样没有质量，弱力的强度将会和电磁力的强度大致相同。读者们会自然而然地问，W 粒子和

表 4.2 与已知的四种力相关的重要参数

	强力	电磁力	弱力	引力
相对强度	1	10^{-2}	10^{-5}	10^{-41}
作用范围（米）	10^{-15}	无限远	10^{-18}	无限远
携带该力的粒子	胶子	光子	W 玻色子 / Z 玻色子	重力子
质量（GeV）	0	0	80.3 / 91.2	0
发现年份	1979	很早	1983	未知
寿命（秒）	无限大	无限大	$\sim 3 \times 10^{-25}$	无限大
是否被观测到	是	是	是	否

Z 粒子的质量为什么比质子的质量大这么多。而且，在 1960 年代，当温伯格、格拉肖和萨拉姆证明了，弱力和电磁力只是潜在的电弱力的两面时，物理学家也自然而然地问出了，是什么打破了电磁力和弱力之间的对称性。这个问题非常有意思，我们将在第 5 章中详细讨论。

现在，我们已经了解了所有的力，以及携带这些力的粒子，所以正是进行总结的好时机。总结的信息在表 4.2 中给出。

既然我们现在已经拥有了所需要的工具，我想以介绍一下人们怎么"看到"顶夸克为此章作结。在随后的讨论中，我们将暂时忽略"实际上我们需要探测器来测量事物"这一事实（我们将在第 6 章中介绍各种探测器），而仅仅使用费曼图。

顶夸克的发现

目前，只有欧洲的大型强子对撞机能够产生顶夸克，虽然费米实验室的兆电子伏特加速器曾经在 1985 年至 2011 年期间也制造出过顶夸克。在费米实验室，质子和反质子能够以超过质子质量所包含的能量的 2000 倍以上发生碰撞，这比制造顶夸克对所需要的最小能量的 5.5 倍还多。在最常见的情况下（如图 4.29 所示），一个夸克和一个反夸克结合并且湮灭产生一个胶子，胶子则分裂成一个顶夸克 / 反顶夸克对。顶夸克和反顶夸克都基本上必然会衰变为一个 W 玻色子和一个底夸克（或者反底夸克）。底夸克总能形成一个粒子喷射，但是 W 玻色子可以衰变成夸克 / 反夸克对或者轻子 / 中微子对，如前所述。这一事实使得对产生顶夸克的事件的搜索过程变得更加复杂。让我们暂时忽略 W 玻色子会衰变这一事实，在图 4.29 中绘制了表现顶夸克的产生的典型费曼图。

但是现在，我们需要考虑到 W 玻色子可能的衰变方式。表 4.3 列出了各种衰变方式，以及它们发生的可能性。如果两个 W 粒子都衰变成轻子（比如两个电子），我们就会看到如图 4.30 中所示的衰变链。

衰变发生后，我们看到六个对象；两个来自底夸克衰变的粒子喷射，两个来自 W 玻色子衰变的带电轻子，以及两个来自 W 玻色子衰变的（不可见的）中微子。因此，我们只看到 4 个可见对象；两个粒子喷射和两个带电轻子，再加上丢掉的（看不见的）能量。

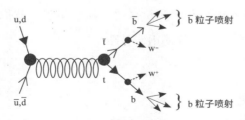

图 4.29 一个包含衰变的方式的顶夸克 / 反顶夸克对生成的例子。W 玻色子有若干种可能的衰变方式。

表 4.3 W 玻色子的不同衰变方式，以及它们发生的可能性

衰变	发生的可能性
$W^+ \to e^+ + \nu_e$	1/9
$W^- \to e^- + \bar{\nu}_e$	
$W^+ \to \mu^+ + \nu_\mu$	1/9
$W^- \to \mu^- + \bar{\nu}_\mu$	
$W^+ \to \tau^+ + \nu_\tau$	1/9
$W^- \to \tau^- + \bar{\nu}_\tau$	
$W^+ \to q + \bar{q}$	6/9
$W^- \to q + \bar{q}$	

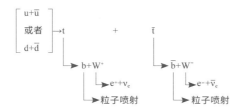

图 4.30 顶夸克 / 反顶夸克对典型的衰变链。在这种情况下，两个 W 玻色子都会衰变成相应的电子或者正电子。

　　如果只有一个 W 玻色子衰变成轻子，而另一个 W 玻色子衰变成夸克，那么我们依然能够看到 6 个对象：两个底夸克粒子喷射，来自一个 W 玻色子的夸克对发生的两个粒子喷射，来自另一个 W 玻色子的一个带电轻子和一个不可见的中微子。当然，如果两个玻色子都衰变成了 $q\bar{q}$ 对，最终我们得到的结果是 6 个粒子喷射。

　　图 4.31 是一张饼图，显示了涉及顶夸克 / 反顶夸克对的事件发生

各类型衰变的概率。我们看到，两个 W 玻色子都衰变成夸克对的情况
发生的概率远高于其他情况发生的概率，但不幸的是，还有更多能产
生 6 个粒子喷射的更为常见的事件。所以，顶夸克衰变的这个特征是
最后一个探索的，因为这些事件非常难以鉴定识别。产生两个粒子喷
射，两个带电轻子——一个 μ 子和一个电子——的情况非常罕见，但
是很少有其他事件可以产生同样的结果。出于这个原因，对于我们对
顶夸克的搜索来说，这是一个非常有吸引力的组合（实际上，在 DØ
实验组和 CDF 实验组开始搜索顶夸克之前，人们认为这或许是唯一可
能发现顶夸克的方式）。而两个 W 玻色子之一衰变成轻子的情况，其
特征是包含 4 个粒子喷射、一个带电轻子和一个不可见的中微子，则
是一种合理的折中方法。最终，顶夸克的发现是通过观测所有其中至
少有一个 W 玻色子衰变成轻子对的衰变方式实现的。

　　所以，现在我们已经对物理学家已知的所有粒子和作用力有了
不少了解。所有的这些知识结合在一起，被称为粒子物理学的标准模

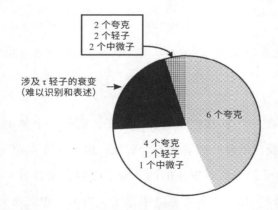

图 4.31 产生顶夸克 / 反顶夸克的事件中出现各种不同类型衰变的概率。产生的夸克数量取决
于 W 玻色子的衰变模式。最可能的情况是，两个 W 玻色子都会衰变为夸克，一共产生了 6 个
夸克。

型。世间万物都可以用 12 种夸克和轻子（如果你不朝粒子加速器内部看的话，就只有 4 种！）以及 5 个力的载体来解释，这始终让我感到惊奇。能用如此少的粒子来解释宇宙中所有千奇百怪的现象（唯一的例外可能要数法国人对杰瑞·刘易斯和伍迪·艾伦莫名的迷恋），这只能被描述为科学成就的胜利。当然，我们面前还有一些疑团，比如为什么 W 玻色子和 Z 玻色子比光子质量大这么多。关于这个问题，我们有一些（未经证实的！）想法，并且正在寻找能够证实这些想法的实验证据（我们将在第 5 章中讨论）。而在第 7 章和第 8 章中，我们将讨论更深层次的谜团。尽管如此，即使我们能够确定的知识还有待补充，它们也必须被认为是长达两千多年的、人类对科学的探究过程中的一项成功。

第5章 "狩猎"希格斯玻色子

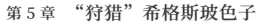

Hunting for the Higgs

所以说，希格斯玻色子棒呆了。那么，为什么关于它的设想没有被普遍接受呢？彼得·希格斯——希格斯玻色子命名的来源（他自己并不情愿），在进行其他方面的研究。维尔特曼——希格斯玻色子设想的提出者之一，称其为一张我们用来掩盖自身的无知的"地毯"。格拉肖则有点儿刻薄，他把希格斯玻色子比成了一个"马桶"，让我们得以冲掉现有理论中的不一致性。另一个重要的反对理由是，我们没有任何实验证据证明希格斯玻色子的存在。

——利昂·莱德曼，《上帝粒子》

在章首引文中，我们看到了一段对希格斯玻色子并不算太正面的介绍，读者们可能会想，为什么寻找希格斯玻色子的过程引起了人们如此强烈的兴趣呢？基本上，当前的理论——在前两章中已经被证明是相当可靠的——强烈地暗示了该粒子存在的必要性。到目前为止，我们的旅程已经涵盖了现代粒子物理的大部分知识。我希望这次旅行能够带给读者们新的、有意思的见解。但是，虽然我们对宇宙的了解程度已经相当深刻，但它仍绝对不能被视为一套完整的知识体系。说起来你可能不信，持续困扰着现代研究人员的问题数量确实非常之多。当然，这应该不会让你感到惊讶。所谓知识，答案有多少，问题就有多少。就像刚会说话的孩子一样，他们总是在得到答案后还要继续不停地问"为什么？为什么"，科学家们也往往发现，每一个问题的答案都带来了新的问题。

在第 7 章中，我们将讨论一些有意思的问题，这些问题可以说是已经得到了完善的解释，而在第 8 章中，我们要讨论的是人类对其了解更少的一些谜团，不过，就目前而言，有一个特殊的问题，正在被近千名物理学家视为"攻坚"的目标。由于人们在这个问题上所投入的努力如此巨大，我们有必要花费相当的篇幅来了解一下到底是怎么回事儿。这个问题就是寻找一种难以捉摸的、尚未被发现的粒子——希格斯玻色子。[1]

在试图讨论这个问题的时候，读者们应该意识到我们已经从已知转向了未知。你无法指望问题会有现成的答案。这是因为答案根本不存在。并不是我知道但是不告诉你。我不知道。没有人知道。但正是这一点令人感到兴奋。我们将一起了解物理学家在寻找什么，以及为什么我们认为所有的努力都是值得的。这是正在进行中的研究。我将带领读者们一起领略这段故事，我会告诉你们我们已经知道了些什么——如果希格斯玻色子存在，我们便可以解决的问题；以及那些仅

---

[1] 经过四十多年的寻找，2013 年，欧洲核子研究中心终于发现了希格斯玻色子，弗朗索瓦·恩格勒、彼得·希格斯因此荣获 2013 年诺贝尔物理学奖。——译注

仅是根据已知信息所得到的推测，比如希格斯玻色子的性质和特性之类的。

质量，宇称与无限性

现在我们有两个问题。首先，什么是质量？其次，为什么不同世代的粒子有着如此不同的质量呢？让我们从第一个问题开始。对于质量的构成，我们都有一种直观认识。我们经常把质量等同于重量，虽然这是错误的。重量越大，意味着质量越大。好吧，虽然这说法可以是对的，但这并不是事情的全貌。重量的存在，需要两个物体，比如你和地球。如果你跑去别的星球上，你的重量会发生变化……在月球上，你会更轻，在木星上，你会更重。然而，你的质量是不变的。质量可以被认为是构成你的"东西"。我比一个婴儿大得多，所以我的质量更大。（当然也有可能是因为我在早餐的时候时不时地多来一块松饼什么的……）

所以被称之为"质量"的东西到底是什么呢？让我们想想完整的物理理论的目标是什么。我们希望减少用来解释构成世界的所有行为所需要的粒子数量。此外，我们希望所有的粒子都得到同等对待。显然，具有不同质量的粒子无法实现这两个目标。实际上，仔细想想，在足够大的能量层级下，质量应该不重要。由于一个物体的能量可以描述为其动能和粒子质量的总和，随着动能越来越大，质量能量就成了一个比较不那么重要的因素。

这有点儿像是汽车与羽毛。所有人都知道，这两者大相径庭。羽毛的质量要小得多。与汽车相比，投掷一片羽毛所需要的能量要小得多——当然，除了在好莱坞电影中以外。但是，现在，让我们把这两个对象放置在龙卷风的路径上。龙卷风卷起一辆汽车和卷起一片羽毛几乎一样容易。因此，我们看到，在适当的环境中，质量并没有那么重要。只有在能量层级较低的时候（或者在我们的例子中，当风速较低时），物体可以通过质量对其行为的影响来区分。

事实上，粒子的自然质量为零。或者更准确地说，用无质量的粒子来表述物理理论是最容易的，实际上人们也是这样做的。事实上，所有的、最高能量的理论都是从无质量粒子开始的。这个事实听上去很荒谬，或者还显得很偷懒；毕竟粒子的确是有质量的。入门级别的物理学课程的学生们经常抱怨物理学家过于简化他们的问题，这在一定程度上来说是一种公正的批评。但是，简化相当方便。明确了初始速度与方向，迈克尔·乔丹可以准确地预测出篮球的路线。（我也能够预测，我的价位可比乔丹的低多了。）让问题大大地复杂化也很容易，只要考虑橡胶篮球中的单个分子、篮球中的空气分子是如何旋转的、篮球的形状、它是旋转还是静止，等等等等，将所有这些信息累加起来，就会使得描述篮球运动理论上可知的所有方面所需要的数学计算变得非常复杂。但是，如果我们担心的只是篮球是否能过穿越一个铁环，所有这些额外的细节都是不必要的复杂因素。如果我们将篮球看作一个形状固定、没有内部结构的简单对象，也能够得到足够准确的描述。与粒子物理理论类似，通过平等地对待所有的粒子，可以极大地简化数学过程和描述内容。稍后，我们将处理由质量带来的复杂性。

20 世纪 60 年代，人们第一次发现，科学家们倾向于使用的物理理论——认为粒子是没有质量的，与清晰的实验观察——粒子的确是具有质量的，相互脱节。正是在这十年间，理论物理学家为了统一两种看似不同的现象——电磁力和弱力——努力奋斗。

　　让我们考虑一下这些理论物理学家为自己设定的任务有多艰巨。电磁力的作用范围是无限大的；弱力的作用范围只有 10^{-18} 米。电磁力比弱力强约 1000 倍。或许最显著的区别有点难以解释。如果你写下电磁力的方程，然后找到所有代表长度的变量，并且用相同数值、符号相反的变量替代它们，最后你会得到与初始方程相同的理论。对于弱力来说，如果你将所有长度变量改换符号，你会得到与初始理论相反的理论。文字表述其实不太好说，用数学语言来说就容易得多。对于那些有"数学恐惧症"的读者来说，你可以跳过下一段，因为我只是用数学语言把上面的话重新说了一遍。但是我还是建议你扫上一眼，因为数学语言的表述实在是非常清楚。

　　假设我们有一个想要计算的量，计算这个量需要使用到电磁力和弱力两种力，而这个量取决于两个长度，我们定义为 x 和 y。我们想看一看将 x 和 y 换成（$-x$）和（$-y$）之后，会发生什么。对于电磁力（EM）方程来说，大概类似于 EM（符号未变）=$x \cdot y$。一旦交换，我们得到 EM（符号改变）=（$-x$）·（$-y$）=（-1）·（-1）·$x \cdot y$=$x \cdot y$。我们发现 EM（符号改变）和 EM（符号未变）是一样的。这于具有不同行为的弱力形成了鲜明对比。对于弱力来说，方程类似于弱力（符号未变）=$x+y$。用负值代替 x 和 y，我们得到弱力（符号改变）=（$-x$）+（$-y$）=$-$（$x+y$）。所以，弱力（符号未变）=$-$ 弱力（符号改变）。这说明了两种力是如何具有非常不同的数学特性的。

　　因此，试图统一电磁力和弱力最困难的一个方面是，我们想要用一个方程来完全描述两种力，然而当我们分别写下描述这两种力的方程时，它们的行为却完全不同。当我们将所有长度变量都用其负值来替换时，我们不得不想出一个一个方程式，来解释一切既有变化又没变化。这听上去不太可能，甚至还有点儿参禅悟道的意味。

　　幸运的是，在 20 世纪 60 年代，没有人告诉这些年轻的理论物理学家，他们所做的事情根本说不通。（实际上，我觉得他们自己也清楚，但是无论如何他们都要坚持一试。）他们试图做的是借用非常成功的量子电动力学（QED）理论，该理论描述了电子和光子的行为，精确度达到小数点后 11 位，并且尝试用类似的方程重新建立弱相互作用的理论。读者们或许还记得，在第 4 章中，在量子电动力学早期，理论学家试图计算电子的性质，比如它的自旋、质量和电荷。当计算完成时，令理论物理学家大为懊恼的是，计算结果是无穷大。由于测量的结果可以肯定绝不是无限的，所以前景看上去有点儿暗淡。然而，就在这个关键的时刻，超人出现了（好吧，实际上是理查德·费曼和他的朋友们）并且拯救了世界。他们所做的，是表明 QED 理论是可以被重新规范化的。重新规范化的含义很艰深，但要点是，通过一个数学上的小技巧，人们可以重新组织数学，所有的无穷数都能够被隐藏在方程中的某个合适的地方。魔法棒一挥……由于费曼和他的朋友们的精辟见解，新的计算与实验结果非常吻合。

　　当人们用同样的方法处理弱力的时候，却没有这么好运了。无限无处不在。很多聪明人都在研究这个问题。原因很简单。首先，这个想法非常有意思，其次，任何成功破解这一难题的人，都能和那些成功降服量子力学的杰出人士们一样，扬名立万。主要的参与者包括，哈佛大学的史蒂文·温伯格和谢尔登·格拉肖，英国帝国理工学院的阿卜杜勒·萨拉姆，荷兰乌得勒支大学的马丁纽斯·韦尔特曼及其学生杰拉德·特·胡夫特，英国曼彻斯特大学的彼得·希格斯，以及欧洲核子研究中心的杰弗里·戈德斯通。同样参与其中的"资深前辈们"（彼时他们已经过了 30 岁这一大人生里程碑）包括朱利安·施温格、默里·盖尔曼和理查德·费曼。这十人中，有八人后来获得了实至名归的诺贝尔奖,剩下两位也在等待理论得到验证进而拿下诺贝尔奖。由于他们获得了诸多的喝彩,你可能会认为他们是成功的,你这么想的话没有错。整个故事非常复杂,所以我们会跳过很多细节,只谈最基本的部分。

最基本的部分,就是我们可以写出一个同时包含电磁力和弱力的方程。光子是电磁力的载体,弱力则有三个载体,一个带负电,一个带正电,一个则是电中性的。成功啦!!好吧,某种程度上的成功。实际上,该理论要求所有这四个信使粒子都是无质量的。另一个结论是,事实证明,除非一切都是无质量的,否则不可能写出一个费米子质量粒子通过玻色子携带力粒子而相互作用的理论。(平心而论,今天的不可能往往是明天的辉煌发现,所以或许"不可能"应该被重新定义为"没有人知道如何做到"。)无论如何,即便是假设无质量的理论也是一种进步,因为至少人们已经克服了一些数学上的困难。无限性依然存在,质量问题也仍然存在,但是已经取得了一些进展。

希格斯的解决方案

所以,现在我们要开始聊一聊本章的重点,即这些剩下来的问题是如何被解决的。1964 年,一位苏格兰理论物理学家彼得·希格斯和他的同事、布鲁塞尔自由大学的罗伯特·布绕特和弗朗索瓦·恩格勒有了一个至关重要的想法。他们假设了另一种场,类似于引力场,存在于整个宇宙之中。不同的粒子与该场的相互作用不同。这样做,我们可以说对称性被打破了。对称性是物理术语,表示对象是相同的,打破对称性单纯意味着它们曾经是相同的,现在却是不同的。在该理论中,电磁力与弱力的信使粒子都是无质量的,因此它们是相同的,这意味着它们呈现出一种对称性。希格斯和同事们假设的场和这些粒子的相互作用是不同的，从而让它们彼此区别，并且打破了对称性。史蒂文·温伯格采用了希格斯的观点，并且展示出，对称性被打破的方面正是质量。四个无质量的携带力玻色子变成了无质量的光子，和引发弱力的有质量的 W^+、W^- 和 Z^0 玻色子。电磁力和弱力被统一成了电弱力（即除了粒子如何与假定的希格斯场相互作用之外，这两种力是相同的）。万岁！！向所有人致敬！格拉肖、萨拉姆和温伯格在 1979 年因此获得了诺贝尔物理学奖。

当然了，讨厌的无穷性依然存在。杰拉德·特·胡夫特采用了希格斯的想法，并将其应用于该问题，然后发现，希格斯场引发了更多讨厌的无穷性。（你会说，哎呀，麻烦了……但是等等，这还有好消息。）这些无穷与初始的无穷符号相反。特·胡夫特在其博士论文中仔细地计算了所有这些无穷，然后将它们相加。结果为零。这就像是我前妻的信用卡账单和我赢得的彩票相加的结果。它们干脆利落地彼此抵消。（好吧，不完全是这样，但我很喜欢这个说法，希望你也能拿来用。）但是，对于特·胡夫特来说，这种抵消很有效。这一结果用来作为博士论文太帅了，并且他与博士导师韦尔特曼于 1999 年共同获得诺贝尔奖。

那么可怜的彼得·希格斯呢？为什么他没能去斯德哥尔摩（领奖）呢？或许是因为他的运气不太好。但是别忘了还有一个事实——即使从希格斯的想法出发，我们取得了所有这些令人叹为观止的、理论上的成功，但是我们并没有真正地证明他的理论是对的。在本章中，我们将讨论该场的特性，以及一些为了确认希格斯理论的研究历史，还有我们正在进行的努力，其中包括当今一些最有紧迫感也最有干劲儿的实验物理学家为了试图证实或者证伪这一理论而挥洒的汗水。

当我们讨论希格斯场的属性的时候，有几个主题需要特别强调。我们将从所谓的"幺正性危机"开始，然后用更长的篇幅讨论对称性的概念以及对称性如何能够被打破。然后，自然而然地，我们将继续讨论与希格斯场的相互作用如何赋予不同的粒子以不同的质量。

"幺正性危机"是一个简单想法的高深名称。粒子相互作用理论只涉及概率，这是量子力学原理的结果。理论物理学家无法告诉你当两个粒子碰撞的时候会发生什么。他们只会告诉你不同事件发生的相对概率，例如，没有发生相互作用的概率为 40%，碰撞产生 2 个粒子的概率为 10%，产生 3 个粒子的概率为 20%，等等。这让我们知道，如果我们重复多次实验会发生什么，以上面举的例子为例，如果我们重复 200 次实验（也就是，如果我们观测 200 次碰撞结果），我们期望能够看到大约 20 次产生 2 个粒子的情况（因为 200 的 10% 是 20）。但是，在任何特定的实验中，即在任何单次粒子碰撞中，结果是什么谁也说不准。

但是，有一件事儿读者们知道一定是真的，即当我们把所有可能性的概率相加起来的时候，结果必须是 100%。这意味着粒子肯定得做了某件事，彼此碰撞，彼此错过，或者别的什么。如果没有希格斯场，理论物理学家发现，经过精心计算，如果他们将所有的概率相加，得出的结果会大于 100%。从字面上看，这意味着存在着比发生的更多的粒子散射还要多的粒子散射。显然，这是无稽之谈，这一事实让理论物理学家感到非常不自在。当一个理论得出荒谬推论的时候，总是很糟糕。但是它真的没有看上去那么糟糕。在足够低的能量层级下，这个理论是 OK 的。只有在更高的能量层级下，概率会增加，直到它们最终预测出荒谬的数值。于是，希格斯场粉墨登场，拯救世界。

　　从 20 世纪早期的一个理论来看，这种行为有很多先例。正如我们在第 2 章和第 4 章中所述，1934 年，恩里科·费米提出了他的弱相互作用理论，它是以早期电磁相互作用理论为蓝本的。他认为，不管是引发弱力的是什么样的粒子交换，该粒子必须质量很大（因为弱力作用范围很小并且很弱）。所以，如果某物质量很大，其质量可以近似为无穷大（就像地球的质量与人的质量相比那样）。这种近似可以大大地简化计算，并且对结果仅产生无关紧要的影响。费米提出该理论的时候，100MeV 已经算是很高的能量级了，所以理论很有效。但是，任何像样的理论都不会仅仅预测某个单一能量级；它该能预测的是所有能量级。因此，如果我们建了一台新的、能量级别更高的加速器，我们只需要改变理论中的能量数字，看哪！我们就有了一个新的预测。

　　即使在早期阶段，人们也知道费米的理论存在着问题，因为在 300000MeV（300GeV）的能量层级下，该理论最终得出了荒谬的预测，其概率和结果超过了 100%。哎呀。最终，人们认识到，我们无法再继续把引发弱力的粒子的质量视作无限大；只能视作是单纯很大。相关的粒子是 W 玻色子，其质量为 80300MeV（80.3GeV），远远高于费米理论基于的 100MeV 能量级。最终，将粒子质量视作接近于无限大的做法崩盘了。尽管如此，费米的想法很了不得，因为它被设计用于解释能量级接近 100MeV 时的现象，并且在高不少的能量级下也相当适用。

　　即使带入 W 玻色子的正确质量，我们计算出在更高能量级下的相互作用的概率时还是会沮丧地发现，在大约 1000000MeV（1TeV）的能量级下，该理论预测出的概率和又一次噩梦般地超过了 100%。希格斯场的存在也解决了这个问题。希格斯场的这一成功，虽然是技术上的，但是对于使用该理论进行进一步的预测至关重要，因为没有它，该理论预测出的只有不合理的结果。

幺正性危机缘于这样一个事实，即我们把一个非常大的对象视作与无穷大对等。最终，采取近似值的做法让我们栽了个跟头。这是否意味着原始理论是错误的？从较真人士的视角来看，我们必须说"是"，虽然不那么严格的人可能会说"不是"，或者至少试着解释为什么原始理论"足够好"。更准确的说法是，这两种理论："错误理论"（最终预测的概率超过 100%）和"正确理论"（以更复杂的计算为代价，预测出更准确的概率），在低能量层级下给出了相似到令人难以区分的答案，只有在高能量层级下才有所区别。为了厘清我们的想法，我们可以想象一辆行驶中的小汽车和其最大速度。如果你用一定的力踩油门，车速可能会达到 20 英里 / 时。用加倍的力量踩油门，可能会让速度提高至 40 英里 / 时，而用三倍力量踩油门则会让速度提高至 60 英里 / 时。但是我们知道，如果用 10 倍的力量踩油门，并不会让车速飙升至 200 英里 / 时（除非你的车比我的小破车好得多）。我们意识到，无论多么用力踩油门，汽车的车速总是有一个无法超越的上限。这是因为我们最初忽略的东西开始变得重要，比如空气阻力、发动机摩擦力等等。

在图 5.1 中，我绘制了两种车速理论。"错误的"理论表明，最大速度与施加在油门上的力成正比。该理论预测，汽车的任何车速都是可能的，我们只要用力踩油门就行了。"正确的"理论表明，汽车的速度上限为 100 英里 / 时，不管我们怎么踩油门。但是，最重要的是，我们需要注意，在用（与 20 英里 / 时所需要的力相比）三倍的力或更小的力踩油门时，"错误"的理论也没有什么问题。只有在存在更大的力（或者让我们用回粒子物理术语：更高的粒子能量）的情况下，两个理论才产生分歧。所以希格斯理论至关重要的功能是，避免理论

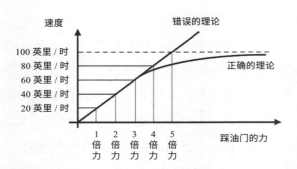

图 5.1 在低能量级下似乎合理的行为如何在高能量级下变得不合理的示例。在这个例子中，汽车能够开多快，取决于踩油门的力度有多大。然而，超过一定的阈值，汽车就无法更快了。

做出愚蠢的预测。这一事实表明，如果没有希格斯的观点，理论就不完整了。由于希格斯场并不是从理论中自然推出，而是后来人们强加的，这也表明了我们的理论有所缺失，因为在一个完整的理论中，希格斯场会自然而然地出现。对于理论物理学家来说，这是个隐忧，又或者，对于足够聪明的人们来说，这可能是一个机会，让他们能够发现以更自然的方式整合理论的各个组成部分的办法。我们将在第 8 章中继续讨论这一点。

用类比解释希格斯机制 I

在费米实验室的入口处，有一个巨大的雕塑，由三根钢梁组成，形成了一组巨大的弧形，从地面开始，伸向天空，并且最终彼此相接。站在旁观者的角度看这个雕塑，挺丑的，每个弧形的高度和长度都不相同；从美学的角度看，似乎哪里都不和谐，从不同的角度看去，甚至颜色也是不同的；然而，当你从一个行人的角度看向那里时，三个弧形以一种令人悦目的方式连接在一起。从下往上看，三个弧形彼此构成 120°，间距相等，三个弧形看上去完全相同。费米实验室的首任主任罗伯特·威尔逊同样也是一位充满激情的艺术家，他设计并建造了这座雕塑，将其命名为"打破的对称性"。这个名字来自于这样一个事实，即只有从某个特定的角度来看，这三条弧线才是相同的，而从其他的角度看，它们总是不一样的。

　　物理现象通常表现出类似的特征。看上去截然不同的事物，在适当的情况下最终被证明是同一件事。一个明显的例子是冰和水蒸气，它们具有截然不同的物理性质，但确是相同的一种物质。在粒子物理学中，也会发生类似的事情。为了统一电磁力和弱力，有必要假设 4 种携带力的玻色子，不幸的是它们得是无质量的……这是一个理论上让人舒心的想法……却被观测结果所排除。正如我们之前所说的那样，希格斯机制（就是"想法"的高级说法），以技术手段结合了这些理论结构，得出了 4 种被物理学家观测到的、携带电弱力的玻色子，无质量的光子和有质量的 W 玻色子（共两种）与 Z 玻色子。通过希格斯机制，较简单的初始理论中，无质量玻色子的对称性（即相同的性质）被证明与物理意义上拥有质量（而且已经被我们观测到了！）的玻色子有关。我们可以设想一个类似的、不那么抽象的情况。假设一个中空金属球，内部有少量水，如图 5.2 所示。我们加热金属球，让内部的水完全汽化，我们会发现，在球内部的环境中，各处都是均匀的，空气与水蒸气在球内部各处的混合比例都是相同的。球内没有任何地方是水蒸气过浓或者空气过于稀薄之类的情况。在这种情况下，对称无处不在。现在，我们让温度下降至水的沸点以下，于是，水会凝结在球的底部，空气则位于顶部。随着均匀性的消失，我们可以说对称性被打破了。

　　与宇宙中的其他场相比，例如引力场、电磁场等等，希格斯场具

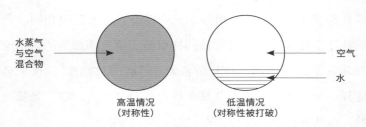

图 5.2 某个特定系统在不同的能量情况下的行为。在高能量情况（即高温情况）下，空气与水蒸气均匀混合，因此在容器内没有任何特殊的地点。在低能量（温度）情况下，水在容器底部凝结，空气则留在容器顶部。在低温情况下，在高能情况下观测到的对称性不再存在。

有特定的属性。这一属性与希格斯场如何改变宇宙中的能量有关。通常，一个场的存在会增加空间的能量。场越强，储存的能量越多。这就有点像弹弓。拉得越长，弹弓越紧（也可以说，"弹弓场"越强）。弹弓拉得越长，存储在"弹弓场"中的能量越多，弹丸就能跑得更快更远。

问题是，宇宙不喜欢集中的能量，并且最终，无论是几毫秒后，还是千百万年之后，宇宙总会让所有的物质都具备最小的能量。山坡上的一块巨石最终会跌落到山谷的底部……即使是高山最终也会被磨平。如果你拉开一根弹簧并保持不动，能量被储存在弹簧中，但是最终，弹簧金属中的分子会移动以缓解张力，弹簧会伸展开来。读者们也可以用橡皮筋做实验。将橡皮筋绑在恰当的重物上，并且通过皮筋将重物吊在钩子上。几周之后，橡皮筋将被拉伸，即使取下重物，也不会恢复如常。

科学家们有关希格斯机制的思想

所以，宇宙不喜欢集中的能量，而力场（如电磁场和引力场）使能量存在，无论在何处。可以通过将场变为零来减少某个地方的能量。如果某个点上没有引力，那么在这一点上，我们就得到了最小引力势能（即零）。最重要的是，对大多数场来说，减少来自该场的能量的方式是根本就不要该场存在。听上去很简单，对吧？

我们可以通过图 5.3 来进一步明确我们的想法。水平轴表示的是引力场的强度，垂直轴表示的是储存在引力场中的能量。曲线显示了对于不同强度的场来说，场中存储了多少能量。得出能量总量的方法是：选择一个特定的场强度（在我们的例子中为 G_1），垂直向上找到曲线上对应的点，然后再水平移动，直到找到纵轴上对应的点。这样我们就知道了在这个场强上存在多少能量。有人会问："能量最小时，场强是多少？"这就是曲线的最低点时的情况（因为在此处能量最少）。我们将这个点标注为 G_2，此时场强为零。没有场意味着没有能量。

希格斯场还为它在宇宙中任何存在的地方都增加了能量。于是问题变成了"增加最小能量的希格斯场强度为多少？"。答案是否与前面的例子一样，也是零呢？为了回答这个问题，我们必须要绕个路，

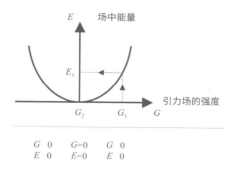

图 5.3 引力势的形状。随着引力场强度的增加，存储在场中的能量也增加。只有在引力场强度为 0 的情况下，引力场中不存储任何能量。

从数学中寻求帮助。这只是个小小的弯路，通过对随后图片的讨论，可以理解这一点的关键之处。有数学焦虑症的读者们可以跳过下一段，继续阅读。

希格斯场可以通过我的理论物理学家同事们常用的数学方法被嵌入理论之中。他们写写算算的，一个方程式接着一个方程式，最后得到答案（此处应该有配乐，因为前一句话的确值得戏剧性的音乐）。我们就相信理论物理学家同事们的能力，直接来看最终的答案。在答案中，我们将希格斯场的强度写作 H。如果 H 的数值很大，则希格斯场很强。类似地，如果 H 的数值很小，则希格斯场很弱。如果 H 为零，那么希格斯场不存在。我们用 E 表示希格斯场引发的能量。E 的数值越大，则希格斯场越强。我们希望找到最小能量值，就像宇宙会做的那样。然后我们将看看希格斯场在这一点上是否强度为零。所以，废话不多说，将能量和希格斯场强度联系在一起的方程是（DJ 老师，此处应该有鼓声）：

$$E = m^2 H^2 + a H^4$$

看，这也没什么让人头疼的，不是吗？这是一个相当无害的等式，与你在高中代数中看到的其他等式没啥区别。我们不要纠结常数 a 的物理学意义，只要记得一点，a 必须是一个正数。具体的数值是多少其实并不重要。变量 m 通常被认为与希格斯玻色子的质量有关，如果希格斯场存在，那么希格斯玻色子也必须存在。我们稍后再讨论希格斯玻色子。因此，如果 m^2 大于零（这在数学上是合理的），我们可以绘制将希格斯场强度与能量相关联的曲线，并且我们可以发现，无论如何，当希格斯场为零的时候，会产生最小能量。这种情况如图

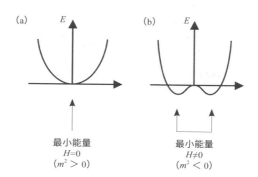

图 5.4 两种不同类型的能量特性。左图显示了，当希格斯场强度为零时，储存在希格斯场中的最小能量也为零的情况。右图则显示了，储存在希格斯场中的能量最小时，希格斯场的强度并不为零的情况。这就是希格斯机制的本质。

5.4a 所示，看起来很像图 5.3，尽管在细节上有所不同。然而，如果我们干点儿"蠢事"，让 m^2 的数值为负，则将希格斯场强度与能量相关联的曲线形状会发生变化。能量值并不是从零开始增加，而是先从零的基础上减少。这种情况如图 5.4b 所示。

因此，如果等式中的 m^2 项能够为负值，我们看到，最小能量出现的时候，希格斯场强度并不为零。从字面上看，这意味着如果希格斯场的实际强度为零，那么宇宙中的能量会比现在要多。由于宇宙总是会最终稳定到最低能量状态，这意味着宇宙中一定存在一个非零的希格斯场，但前提是 m^2 为负（$m^2 < 0$）。

现在，我们进入了理解希格斯场的最后阶段。我知道读者们一定有疑问，因为我们知道任何数的平方都必须是正数，那么 m^2 怎么可能是负数呢？其实吧，在这种尴尬的时刻，我很希望令堂在你耳边悄悄指点你："嘘，你这孩子，不要问这么不礼貌的问题……"因为事实是，我也不知道。没有人真的知道，虽然有很多理论观点可以解释为什么这一点应该是正确的。不幸的是，所有这些观点都没有被实验证明（当然，希格斯场也没有）。我们将在第 8 章中继续讨论这些想法中的一部分。到目前，我们应该明白，我们在上面的等式中写下 m^2 项的原因是存在其他相似的理论。在这一公式最总略的形式中，人们可以用任何变量替代 m^2，比如 k。在这种情况下，k 是正数还是负数并没有什么要紧。这是表述这一问题的更安全的方法，但是因为大部分文献都使用 m^2，于是我也这么做了。但是也不要太较真啦，不要太纠结"一个平方数怎么可能是负数呢"这种问题。

关于希格斯机制，最妙之处在于 m^2 取决于环境（例如碰撞）中的能量。如果碰撞能量足够高，m^2 是正数，因此当希格斯场强度为零时，希格斯场增加的能量值最少。随着环境能量值降低，m^2 项变小，最终变为零。随着环境能量进一步降低，m^2 项变为负值，于是乎，忽然之间，出现最小能量值的情况下希格斯场的强度不再是零了。此时，希格斯场被"开启"了。这种行为如图 5.5 所示。

似乎有点儿奇怪的是，存在一个"神奇能量值"，在这个能量值上，规则完全改变，不过读者们其实也遇到过类似的现象。假设在室温下有一杯水。将这杯水放入冰箱降低温度（即能量），看看会发生什么。在温度降低至 32 华氏度之前，什么也没有发生，而在这个温度上，水开始结冰。从 32 华氏度开始，我们还能继续降低冰的温度（还是通过减少能量）。但是，在那个神奇的温度值有一种很重要的事情发生了。水结冰了。一种具有液体的所有特性（四处流动，形状随着容器而改变，等等）的液态物质变成了固体，呈现出截然不同的物理特性。因此，存在着一种"神奇能量值"（或者温度值），在达到这一值时，观测到的物质行为发生剧烈的变化，而在这个值之上或者之下，规则虽有变化，但并不剧烈。希格斯机制在很多方面上来说都与上面的例子相似。

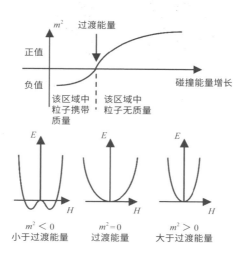

图 5.5 该图显示了希格斯机制中的 m^2 项如何随着碰撞能量的变化而变化。此时，对应最小能量值的希格斯场强度从在高能情况下的零场强到在低能情况下的非零场强。因为粒子通过它们与希格斯场的相互作用来获得质量，在高能状态下，所有的粒子都是无质量的，因为此时最小能量和希格斯场强度都为零。

所以，希格斯机制可以归纳为以下几点。首先，我们得假设希格斯场存在。其次，我们还要假设希格斯场遵循上述等式。最后，在高能碰撞情况下，m^2 项为正数，在低能碰撞情况下，m^2 项为负数，这意味着在高能情况下希格斯场为零，在低能情况下，希格斯场不为零。因为粒子通过与希格斯场相互作用而获得质量，这就导致我们得出不可避免的结论：在高能量层级时（希格斯场为零），粒子没有质量（没有相互作用的希格斯场），在低能量层级时，非零的希格斯场使得粒子具有质量。希格斯机制就是这么回事。

我们已经说过很多次，粒子通过与非零希格斯场相互作用获得质量。现在让我们来聊聊这意味着什么。我们知道，物体通过与引力场相互作用而获得重量。引力消失的话，重量也消失了。在希格斯场的情况下，受影响的是质量。希格斯场不存在，质量也不存在。那么为什么不同的粒子有不同的质量呢？这是因为它们与希格斯场相互作用的程度不同。质量超级大的顶夸克与希格斯场的相互作用非常强烈，而没有质量的光子根本不与希格斯场发生相互作用。

用类比解释希格斯机制 II

人们可以通过类比水以及在水中穿行的物质来设想粒子是如何相互作用的。当我们入水时，我们沉浸其中，被水环绕，就像希格斯场一样。不同生物在水中的运动难度也不相同。鲨鱼是一种极度流线型的鱼，可以极其轻松地在水中游弋，并且达到非常高的速度。相比之下，我的叔叔艾迪，一位退休的相扑选手，甜甜圈爱好者，只能在水中慢慢扑腾。因此我们可以说，鲨鱼与水之间的相互作用很弱，而我的艾迪叔叔与水的相互作用非常强。

另一个不错的类比，是假设我们开车去兜风。当我们开上一条开阔的高速路，我们可以在限速范围内想开多快开多快。现在假设周围没有其他车辆，然后把你的胳膊伸出窗外。张开你的手，伸直，看上去就像是要做空手道斩一样。然后转动手腕，手掌面对地面，感受手上的风力。当你把手放置在这个位置的时候，我们称之为"向下位"。现在继续转动手腕，让拇指指向天空，让手掌朝向迎面而来的风。我们称之为"风位"。现在，注意风施加在你手上的力是如何大大增加的。如果我们把风比作希格斯场，我们就会发现，"向下位"与风相互作用较弱，而"风位"与风的相互作用则很强。

1993 年，彼时的英国科学部长威廉·瓦尔德格雷夫宣布举办一次比赛，奖品是一瓶上好的香槟酒。奖赏如此诱人，物理学家们蜂拥而至，聆听规则，规则很简单。每个参赛者需提交一篇不超过一页 A4

纸的文章，用直白的英语解释希格斯机制。大赛收到了很多参赛作品，每篇文章都或多或少地满足了比赛所要求的清晰简洁。最终，大赛评委会选出了 5 篇被认为是值得一看的论文。获胜者们分别是，伦敦帝国理工学院的玛丽和伊恩·巴特沃思；南方卫理公会大学的朵丽丝和维格多·泰普利兹；牛津大学的罗杰·卡什莫尔；伦敦大学学院的大卫·米勒；伦敦帝国理工学院的汤姆·基博尔；以及欧洲核子研究中心理论部的西蒙·汉兹。虽然所有的获奖论文都很清晰明了，但最受欢迎的是米勒的文章，他提供了一个关于希格斯场如何产生质量以及希格斯玻色子如何形成的绝妙类比。在米勒的文章中，他让英国第一位女首相玛格丽特·撒切尔扮演故事中名人的角色，不过我在欧洲核子研究中心的同事们用爱因斯坦代替了撒切尔夫人，因为爱因斯坦比任何首相都有意思多了（当然了，丘吉尔也是很有趣的人）。就个人而言，我认为彼得·希格斯应该"获此殊荣"，所以在下面的讨论中，我就用的是希格斯。

　　不论如何，这个类比大概就是这样的。假设一个大房间里正在举办鸡尾酒会，里面满满当当都是物理学家。为了好玩，让我们假设与会者是参与 DØ 实验、CDF 实验和四个大型正负电子对撞机实验（阿列夫、特尔斐、L3 和蛋白石）的所有物理学家，总数大概也有几千人吧。（如果你碰巧参加了聚会，并注意到了一个英俊绝顶、才华横溢、品位不凡的家伙，你可以掏出本书让他给你签个名。他很有可能不会这么做，不过他会帮你找到我……）这一大群人均匀地分布在房间的各个角落，虽然拥挤，但是每个参加聚会的人都基本上能够自由行动。这一群人就代表希格斯场。

　　突然，门口来了一位明星物理学家，出于显而易见的原因，这位明星显然就是彼得·希格斯。彼得想要前往吧台喝一杯。他观察房间，看到吧台和人群的密度，并且估计他需要多长时间才能从门口走到吧台。然后他迈着轻快的步伐穿越房间。此时，参加派对的人们注意到希格斯来了。人们开始围着希格斯，聊聊他们寻找希格斯玻色子的最新尝试。通过与人群的互动，希格斯的行进速度减慢到龟速。与此同时，另一位物理学家也从同一个门进入了房间，由于他不怎么出名，所以他很快穿越了房间，在吧台喝到了酒。希格斯和我们那位不具名的年轻同事都在不同程度上与人群发生相互作用，就像不同的粒子与希格斯场发生不同的相互作用一样。

　　但是，希格斯玻色子是怎么回事儿？它与我们的类比关系为何？假设彼得还没有进入房间，但是有人发现他很快就要来了。传言者进入房间，然后告诉门边的人们彼得就快要来了。这些人又会告诉身边的人，很快其他人就注意到了一小群兴奋的人，然后暗忖这些人在激动什么。在更均匀分布的整体人群中，这一小撮激动的人就代表着希格斯玻色子。此外，一些人听完了消息后便远离了人群，与此同时又会有新的人加入这一小撮人。通过这种方式，这一小撮人最终将穿越房间移动到另一头，这就代表着希格斯玻色子的运动。

　　这个类比虽然不完美，但是确是很好地说明了希格斯场如何产生质量，以及希格斯玻色子是怎样产生的。其他的参赛文章都传达了围绕着希格斯粒子的物理学专业知识，但是没有任何一篇文章像这篇一样以如此透彻清晰的程度表达了最基本的事实。

　　我们一直在讨论希格斯场，说得好像它真的存在似的。如果它是真实存在的，我们就应该能够检测到它。想要做到哪怕仅仅是开始对于某一理论的验证，有几件事必须是真的。首先，理论必须与现有的观察结果一致，如果是这样的话，那么观察结果证实粒子具有质量，而描述这些粒子行为的最佳理论需要粒子无质量。其次是理论必须预

测到一些从未被观测到的新现象。当新现象被观测到的时候，理论就
获得了可信度。未能观测到被预测的现象证明该理论存在缺陷并且需
要修改，在最坏的情况下，该理论需要被摒弃。这就是科学的方法。

那么，希格斯理论预测的新现象是什么呢？它预测了一种新粒
子……希格斯玻色子。希格斯玻色子可以被认为是希格斯场中的局部
振动，比如用沙滩代表希格斯场，希格斯玻色子就是沙滩中的沙子。
正如光子是构成电磁场的粒子一样，希格斯玻色子是希格斯场的载体
粒子。

希格斯玻色子具有一些非常特别的被预测出的性质。它是基本
粒子，意味着它不是由更小的粒子构成。它是电中性的，即它不携带
电荷。它具有尚未确定（但是不为零）的质量。它是标量粒子，意味
着它没有量子自旋。这是一种独特的性质，因为迄今为止人们没有发
现其他基本粒子具有为零的量子自旋。相比之下，电子可以被认为是
一个小小的旋转陀螺。在我们已经介绍过的粒子中，只有 π 介子具
有零自旋，它是介子，并且具有内部结构，因此不是基本粒子。旋转
轴定义了一个方向。虽然量子力学的变幻无常使得问题大大地复杂
化，但是我们可以测量旋转轴的方向，因此，对于电子来说，某个方
向是"特殊"的，或者说与所有其他方向不同。除了希格斯玻色子之
外，所有的基本粒子都具有此性质。希格斯玻色子是一个标量（即无
自旋）粒子，所有的方向看上去都一样。一些物理学家对这一性质感
到不安。

最后，希格斯玻色子的一般相互作用是已知的。它可以和粒子发
生相互作用并为粒子提供质量。为了实现这一点，它与不同的粒子进
行程度不同的相互作用。我们甚至可以说，希格斯玻色子是质量巨大
的顶夸克的好哥们，而它与质量极轻的电子之间的互动明显很冷淡。

希格斯玻色子与无质量的光子根本不发生相互作用。（我听说它们俩早年的时候就闹掰啦，原因是为一个可爱的费米子争风吃醋……）

拼命寻找希格斯玻色子

那么我们要怎么找到这个难以捉摸的神秘粒子呢？稍后我将介绍现代的搜索技术，不过首先，我想讨论一下搜索尚未发现的（或者可能根本不存在的）希格斯玻色子的历史。由于我们根本不清楚希格斯玻色子的质量，一些早期的实验试图寻找质量为几十兆电子伏的粒子（相比之下，我们现在知道希格斯玻色子的质量超过 100GeV，足足比早期搜索的预期质量高 10000 倍）。[1] 我们知道，由于希格斯玻色子产生质量，它将首先与可能与它发生耦合的粒子中最重的一种发生耦合。由于希格斯玻色子不稳定，它很快就会衰变为一对粒子。可能是成对的带电轻子（比如 e^+e^- 或 $\mu^+\mu^-$），成对的夸克（比如 $u\bar{u}$、$d\bar{d}$ 等等），或者甚至是成对的有质量的玻色子（比如 ZZ 或 W^+W^-）。希格斯玻色子究竟会衰变成哪种粒子，取决于粒子们的质量。希格斯玻色子不能衰变成任何一对质量超过一个希格斯玻色子质量的 1/2 的粒子。

让我们用一个简单的例子来说明这一点。假设希格斯玻色子的质量为 10（单位是什么我们不必去管）。这个希格斯玻色子可以衰变为两个粒子，每个质量为 5。如果这个希格斯玻色子衰变成两个质量为 4.5 的粒子，那也没问题。这两个粒子的质量总和为 9，还剩下 1 个能量单位。由于能量与质量是可以互换的（还记得 $E=mc^2$ 不？），剩下这个单位则表现为能量。能量的一种常见形式是动能，所以这两个质

---

1 既然我们要讨论的能量范围如此之广，读者们可能需要快速回顾一下附录 B。

量为 4.5 的粒子必须以一定的速度移动，这样才符合计算。关键是，我们要记得，衰变之前与之后的能量必须是相同的。现在让我们思考这个假设的希格斯玻色子衰变为两个质量为 5.5 的粒子的可能性。由于这两个粒子的质量总和为 11，超过了初始希格斯玻色子的质量，这种衰变是不被允许的。在我们的例子中，希格斯玻色子不能衰变成任何质量大于 10/2=5 个单位的粒子。

如果我们查看表 3.3 和表 4.2，我们可以看到希格斯玻色子衰变可能产生的各种粒子的质量。暂时不考虑不与希格斯玻色子发生相互作用的、无质量的光子和中微子（我们将在第 7 章中讨论它们），并且将我们的讨论局限于带电轻子范围内，质量最小的带电轻子是电子，其质量为 0.511MeV，然后是 μ 介子，质量为 106MeV。为了衰变成电子 – 正电子对（e⁺e⁻），希格斯玻色子的质量必须不小于（2 × 0.511 = 1.022MeV）。类似地，为了能够衰变成 μ 介子，希格斯玻色子的质量必须大于（2 × 106 = 212MeV）。质量大于 212MeV 的情况下，希格斯玻色子能够衰变成电子对或者 μ 介子对，不过它通常会衰变成 μ 介子，因为希格斯玻色子更倾向于衰变成质量尽可能大的粒子。因为我们知道，希格斯玻色子的质量超过 100GeV（100000MeV），我们发现，希格斯玻色子更喜欢衰变成一对底夸克（不过，如果希格斯玻色子的质量超过 160GeV 的话，它就更喜欢衰变成一对 W 玻色子）。

但是，在 20 世纪 80 年代初期，希格斯玻色子的质量问题依然是一个伟大的猜想。人们进行了实验，让 K 介子（K）衰变，然后在衰变的产物中搜寻 π 介子（π）和希格斯玻色子（H），这个过程可以写作：K → πH。这种类型的研究排除了希格斯玻色子的质量低于 212MeV 左右的可能性。随着 1989 年，大型正负电子对撞机加速器投入使用，人们发现，希格斯玻色子的最低可能质量不低于 24GeV

（24000MeV），随后，这个数字又增加到65GeV。

1995年，欧洲核子研究中心的大型正负电子对撞机加速器进行了大升级。这台加速器最初是为了深入研究Z玻色子所建，这需要将碰撞能量小心地调整到91GeV，实验者们决定，通过一系列步骤增加加速器的碰撞能量，直到达到209GeV为止。利用这种更高的能量级别，人们可以进行全新的一系列测量。原则上，每次测量都会产生越来越重的希格斯玻色子，就算做不到，至少也能够提高希格斯玻色子最低可能质量的门槛。整个过程虽然很有趣，但是直到2000年夏天，也没什么特别的事儿发生。然后，事情开始升温了。

2000年9月底，大型正负电子对撞机加速器将按照计划被关闭。加速器将被拆解，并且被一台全新的加速器，即大型强子对撞机（LHC）所代替。彼时，人们决定将碰撞能量增加到超过最大设计值。（不知怎么的，我想起了柯克告诉工程部他需要110%的动力来驱动曲率引擎。欧洲核子研究中心的加速器科学家和工程师们，像斯科提一样，成功地实现了这一目标。）他们的想法是，反正大型正负电子对撞机加速器很快就会按计划被关闭，那不如由自己把它玩到报废。利用最大能量和粒子束中的最大粒子数，他们或许能够发现新的物理对象（比如希格斯玻色子什么的）。如果加速器因此损坏，那也没有什么损失。

2000年4月，大型正负电子对撞机加速器被开启，最大能量被设定为209GeV，这是原设计最大能量值的两倍多。四台一流的探测器被安置在加速器四周，分别为：阿列夫、特尔斐、L3和蛋白石。从6月到9月，阿列夫实验组观测到了4次碰撞，这些碰撞的特征与质量为115GeV的希格斯玻色子的产生条件是一致的。其他的实验也进行了搜索，但是收效甚微，虽然特尔斐探测器确实观测到了一次有点儿像希格斯玻色子的碰撞，但是他们也不能确定，或许这不过是一次普通的碰撞而已。眼看着 9 月底就在眼前了，实验者们对实验数据筛了又筛，试图寻找确凿的证据。最后，他们请求欧洲核子研究中心实验室领导批准延长加速器的运行时间。欧洲核子研究中心的董事会有点儿焦虑，因为大型正负电子对撞机的超时运行意味着新加速器，即大型强子对撞机（LHC）的建设工作将要被推迟。修改建筑合同可能会带来严重的财政后果，所以领导层们做出了一定的妥协，延期了一个月，这段时间不算太长，但聊胜于无。随着 10 月份的到来，期待中的事件并没有出现，直到 10 月 16 日，L3 探测器观测到了与此前阿列夫探测器观测到的一样明确的事件。两个不同的实验，观测到了同样的明确结果，让物理学家相信，他们可能真的看到了希格斯玻色子的第一抹身影。

自然地，由于希望的曙光和十月底同时近在眼前，大型正负电子对撞机的科学家又非常努力地阐述他们的理由，希望能够再延长一段运行时间。凭借着通常只有美国全国步枪协会[1]（NRA）才会表现出的热情，他们在世界范围内的粒子物理学家中组织了一场"草根"运动，写了一封请愿书，竭尽所能说服欧洲核子研究中心的领导们延长运行时间。在听取了各方意见、审查证据并考虑后果之后，欧洲核子研究中心主任卢西恩·梅安尼决定不延长大型正负电子对撞机的运行时间，11 月 2 日上午 8 点，大型正负电子对撞机被关闭，名义上是永久性关闭。实验者们毫不气馁，他们意识到，拆除加速器和终结相关实验的最终决定将于 2000 年 12 月 15 日由欧洲核子研究中心委员

---

1 美国的一个非营利性民权组织，也被认为是典型的利益团体。大多数美国国会议员和工作人员认为，NRA 是在美国最有影响力的游说集团。——译注

会（基本上是一个监察委员会）作出。在加速器和实验器具被彻底拆除之前，还是有希望的。实验者们发誓一个月之内就能得到结果，这比通常情况要快得多。或许中心委员会能够推翻中心主任的决定。然而，最终，中心委员会批准了中心主任的决定。委员会权衡了实验数据确实表明了希格斯玻色子的存在的可能性，以及如果大型强子对撞机的建设被推迟，将会招致的、非常实际的数百万美元的财政损失。最后还是钱赢了。

　　那么现在，回首往事，中心主任和委员会当年是否做了正确的决定呢？幸运的是，答案似乎是肯定的。2001 年 12 月，大型正负电子对撞机的实验者们宣布，他们在早期的对于背景的估计中犯了一个错误。"背景"看上去像是你在寻找的东西，但是实际上并不是。就像有人拿着一把立方氧化锆，中间夹杂着几粒钻石，并把它们撒在地板上。立方氧化锆看着像钻石，但其实并不是。实验者们低估了那些看上去很像希格斯玻色子，实际上只是普通碰撞的数量。当他们进行更仔细的计算时，他们意识到，实验数据并不像他们原先想象的那样直指希格斯玻色子的存在。所以中心主任做出了正确的选择。任何人都不应该因为实验人员的错误而责备他们，因为彼时他们正处于一种极大的时间压力之下，而且他们做了所有应该做的事情（甚至做到的还要更多！）。但是这个故事告诉我们，在重大发现即将到来的时候，我们需要进行仔细检查和反思。同样重要的是，我们注意到错误是由实验者们自己发现的。当他们发现犯了错误，他们马上宣布了这一点。这是诚实的科学研究中自我纠正行为的一个很好的例子。

　　那么，如果欧洲核子研究中心的实验并没有发现希格斯玻色子，他们发现的是什么呢？我们现在可以肯定地说，希格斯玻色子如果存在，它的质量必须大于 115GeV。这样的结果非常有用，因为它告诉后来者不需要浪费时间在不可能的地方。关于希格斯玻色子，我们也有了一些其他的新认识。如果它的质量过大，那么就会出现一个问题。由于希格斯玻色子会与大质量的粒子相互作用，那么它们彼此之间也会相互作用（因为它们自己的质量也很大）。这种"自相互作用"将希格斯玻色子的质量上限限制在 500~1000GeV 的范围内。超过了这个范围，理论就会崩溃，或者至少"希格斯玻色子无内部结构"的设想变得不再成立。所以，希格斯玻色子可能的质量范围在 115~500GeV 之间。如果一个叫作"超对称理论"的概念是正确的，就会对希格斯玻色子施加新的约束，大大地降低希格斯玻色子的质量上限到比如 200GeV 左右；事实上，超对称理论预测的希格斯玻色子质量最可能在 100~130GeV 之间。超对称理论是一个未经证实的想法，我们将在第 8 章中很详细地谈及。谨慎的读者会对这些持一定保留意见。（考虑到所有的测量结果）我们对希格斯玻色子的质量的最佳预测（不考虑新的理论观点）在 115~150GeV 的范围内。但是时间会证明一切。

目前的搜索进展

大型正负电子对撞机已经拆除，大型强子对撞机还需要多年才能竣工，其间发生了什么事情呢？ 2001 年 3 月，费米实验室的兆电子伏特加速器开启，试图抓住神出鬼没的希格斯玻色子。两个大型实验组——DØ 和 CDF，目前正在寻找希格斯玻色子，希望自己能够胜出。2010 年 3 月，大型强子对撞机装载了紧凑 μ 子线圈（CMS）和超环面仪器（ATLAS），也加入搜寻的队伍。就像之前搜寻顶夸克的比赛一样，竞争很激烈，赌注也很大。接下来，我将向读者们介绍一下发现希格斯玻色子所需要的实验，以及我们如何进行实验。

　　如果希格斯玻色子的质量在 115～160GeV 之间，那么它能够衰变成的质量最大的粒子为底夸克，其质量为 4.5GeV。在质量高于 160GeV 的情况下，希格斯玻色子能够衰变成两个 W 玻色子（每个质量为 80GeV）。由于探测粒子的难度随着粒子的质量增加而增大，物理学家必须先探索 115～160GeV 的范围，目的是找到希格斯玻色子，或者确定希格斯玻色子的质量比这个范围的上限更大。这样的选择对于设计实验是很有帮助的。如果希格斯玻色子最可能的衰变模式是衰变成底夸克 - 反底夸克对（b$\bar{\text{b}}$），那么探测器是否能够以高效率、高精度检测出底夸克对显然至关重要。为此，所有的四个探测器（DØ，CDF，CMS 和 ALTAS）都建造了复杂精密的硅顶点探测器（我们将在第 6 章中讨论）。因为两个底夸克只能通过弱力衰变，所以它们可以

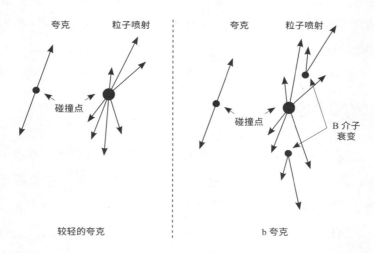

图 5.6 该图说明了一种寻找希格斯玻色子的方式，即寻找标志其存在的 b 夸克粒子喷射。由于每个 b 夸克都只能通过弱力衰变，因此它们能存在很长一段时间。于是，在衰变之前，介子带着 b 夸克前行了很长一段距离（即大于 1 毫米）。观测到粒子在远离初始相互作用点的地方发生衰变是识别 b 夸克的一种方法。

存在很长时间。因此，底夸克和另一个更普通的夸克（比如上夸克或者下夸克）配对并且形成了 B 介子。B 介子可以前行很长一段距离，可能是 1 毫米或者更长。〔没错，1 毫米的确很渺小，但却是肉眼可见的。与粒子相互作用的普遍范围——千万亿分之几（10^{-15}）米——相比，这是个巨大的数字〕。硅顶点探测器可以在远离初始碰撞发生的地点识别含有 B 介子衰变的事件。在图 5.6 中，我们可以对比 b 夸克（即底夸克）形成的粒子喷射和其他更普通的粒子形成的粒子喷射。像所有的夸克一样，b 夸克也会产成粒子喷射；但是对于其他夸克来说，所有的粒子都像是从某一个共同点，即碰撞点喷射而出的。相比之下，B 介子在衰变之前，已经从碰撞点出发移动了一段距离。我们要寻找的正是这种现象，它是事件中存在 b 夸克的强有力的证明。

所以，我们的战略很明确，对吧？（当然，读者们肯定知道，当我问这样的问题的时候，前面必然有坑。）质子中的一个胶子与反质子中的一个胶子结合，形成了一个希格斯玻色子，然后衰变成 b$\bar{\text{b}}$ 对（gg → H → b$\bar{\text{b}}$，如图 5.7a 所示）。然后，你可以寻找能够生成两个 b 夸克的事件，以及能够清楚地表明希格斯玻色子存在的东西。在这一

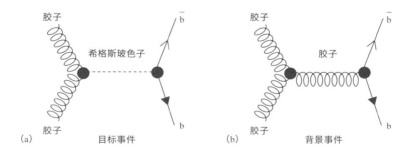

图 5.7 创造 b 夸克对有很多种方法。右边的费曼图发生的概率，比我们想要的、左边的费曼图要高个几千倍。因此，以这种方式寻找希格斯玻色子是非常具有挑战性的，并且在可预见的未来不大会被采用。

点上，我们需要暂时分一下心。真正机灵的读者现在应该大声尖叫了。我们知道，希格斯玻色子只和大质量的粒子发生相互作用，而从第 4 章中我们还知道，胶子是无质量的。因此，两个胶子结合形成希格斯玻色子应该是不可能的。这件事严格说来是真的，但是解释起来非常复杂。为了让我们的讨论清晰明确，我们暂时跳过这一点。感兴趣的读者可以仔细阅读附录 E 中更详细的解释。

虽然我们看到，人们可以通过寻找能够创造 b 夸克和反 b 夸克的事件来寻找希格斯玻色子，但实际的情况由于一个因素而变得更加复杂：人们也可以通过其他不那么有意思的过程来更频繁地创造 b 夸克对。这过程是，两个来自粒子束的胶子并没有结合形成希格斯玻色子，而是形成中介胶子，然后衰变为一个 b$\bar{\text{b}}$ 对。这是一个背景事件，看着像是希格斯玻色子的事件，但其实不是。此类事件如图 5.7b 所示。

这种背景事件的存在倒不一定是毁灭性的，尤其是如果背景事件足够罕见的话。不幸的是，即使不考虑探测器的性能，相对于我们想要的、创造希格斯玻色子的事件来说，背景事件（即包含 b 夸克的普通碰撞事件）出现的可能性要大成千上万倍。更糟糕的是，探测器可能会误读更普通的、能量更低的、更常见的碰撞（即探测器错误地认定包含 b 夸克的事件，但其实并没有的碰撞）。于是乎，背景事件的数量，要比目标事件多数万甚至数十万倍。更更糟糕的是，我们几乎无法区分背景事件和目标事件。所以我们运气不佳。好吧，也不完全是。被打击得不成样子却没被打垮的物理学家又回到绘图板上，重新思考他们的选择。最终，他们发现，可以寻找一个更为罕见的碰撞类型，来自质子和反质子中的夸克相结合，形成一种特殊类型的物质（被称为虚粒子），然后这物质又衰变成或者一个 W 玻色子以及一个希格斯玻色子，或者一个 Z 玻色子以及一个希格斯玻色子。这种特殊形态的物质看起来很像常见的 W 玻色子或者 Z 玻色子，只除了一点，它质量太大了。量子力学的奇异规则允许这种古怪的想法存在，因为根据量子力学的规则，一个粒子可以以完全错误的质量存在，只要存在的时间足够短就可以（参见附录 D 中的解释）。我们以上标"*"来标注这些奇怪的 W 玻色子或者 Z 玻色子。创造希格斯玻色子的这种可能性如图 5.8 所示。

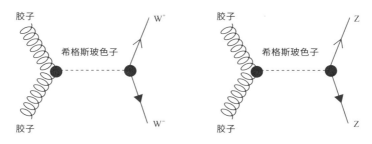

图 5.8 如果希格斯玻色子的质量很大，它倾向于衰变成一对 W 玻色子（图左）或者 Z 玻色子（图右）。

　　这种"联合性的"（之所以这样称呼，是因为希格斯玻色子是与一个大质量的弱玻色子[1]联合产生的）粒子产生事件比更常见的可能出现的情况（gg → H → b$\bar{\text{b}}$）更罕见，但是它有一个值得注意的优势。来自更普通的相互作用（即背景事件）的、类似此过程的事件极度罕见。

　　采用寻找联合性粒子产生事件的方法来发现希格斯玻色子意味着，在任何值得关注的事件中，我们都必须同时找到一个希格斯玻色子和一个 W 玻色子或者 Z 玻色子。让我们举例说明一个希格斯玻色子

---

1 即 W 玻色子和 Z 玻色子的统称。它们是负责传递弱力的基本粒子。——译注

与一个 Z 玻色子同时产生的情况。我们还记得，如果我们寻找 Z 玻色子衰变成电子－反电子对或者 μ 介子－反 μ 介子对的事件，这就让寻找 Z 玻色子变得相对容易一些。希格斯玻色子依然倾向于衰变成 b 对。因此，如果我们发现在某些事件中，出现了两个 b 夸克粒子喷射和两个 μ 介子或者两个电子（比如 bb̄e⁺e⁻ 或者 bb̄μ⁺μ⁻），这种事件将会得到很仔细的考察，特别是当我们确定带电轻子是来自 Z 玻色子衰变的时候。

如果希格斯玻色子比较轻，那么它的主要衰变模式是衰变成底夸克对。如果希格斯玻色子的质量是 W 玻色子质量的两倍以上，那么喜欢衰变成大质量粒子的希格斯玻色子在衰变的时候则会倾向于衰变成质量较大的 W 玻色子。（在自身质量大的情况下，希格斯玻色子也会衰变成两个 Z 玻色子。）这些衰变过程如图 5.8 所示。在标准模型中，成对的 W 玻色子和 Z 玻色子相对少见。结合 W 玻色子和 Z 玻色子衰变成轻子时的显著特性，如果希格斯玻色子的质量相对较大，这将大大地简化对其搜索的过程。虽然我们在这里讨论的是一些普适性的内容，但是这对费米实验室的兆电子伏特加速器实验具有特别重要的意义。

而大型强子对撞机的情况则有所不同。由于其中的胶子产生大量底夸克对，寻找其中只产生了一个低质量的底希格斯玻色子的事件算得上是毫无希望的。在高质量的情况下，希格斯玻色子能够衰变成 W 玻色子或者 Z 玻色子，而这是相对容易观察到的。然而，真正的区别在于相伴产物。由于大型强子对撞机的能量十分充裕，相对来说比较容易产生如下碰撞：在一个 W 玻色子或者 Z 玻色子产生的同时，也生成了一个底夸克－反底夸克对。这使得在大型强子对撞机实验中，寻找希格斯玻色子的相伴产物变得非常具有挑战性。因此大型强子对撞机实验的物理学家已经将注意力转向了一个看似不可能的研究方向。他们寻找希格斯玻色子衰变成一对光子的过程。

　　因为光子是无质量的，所以讨论这种衰变似乎是无意义的。然而，这是有可能发生的，虽然相当违背直觉。在大型强子对撞机中生产希格斯玻色子的真正问题是，能够产生底夸克的普通事件数都数不清。在这里，救世主是量子力学的一个小技巧。正如我们在图 5.9 中看到的那样，希格斯玻色子衰变为一个底夸克和一个反底夸克。然而，这两个粒子随后相互湮灭，产生两个光子。在这种情况下，希格斯玻色子可以耦合于两个底夸克的质量，然后两个底夸克通过电磁湮灭产生光子。

　　这个聪明的量子力学花招也是要付出代价的。回到第 4 章，在图 4.8 至 4.10 中，我们了解到，费曼图和每条线与每个顶点都对方程有相应的影响。对于光子发射的两个顶点，都存在一个数值约为 1/100 的项。由于它们在等式中相乘，因此，希格斯玻色子的这种特殊衰变是更普通的底夸克衰变概率的 1/10000。然而，这是一种非常明确的衰变模式，具有醒目的特征。如果我们建造能够精确地测量光子能量的探测器，这将是搜索希格斯玻色子的很有吸引力的方法。大型强子

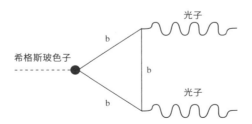

图 5.9 希格斯玻色子的一种罕见的衰变类型在大型强子对撞机中很受关注。希格斯玻色子衰变成底夸克 / 反底夸克对，然后又转变成两个光子。虽然罕见，但是这种衰变非常独特，因此更容易观察。这里的夸克可以用顶夸克替代。

对撞机的两个探测器，CMS 和 ALTAS 确实都具有出色的光子探测能力。

那么，在费米实验室的兆电子伏特加速器中找到希格斯玻色子到底有多难？当我们不知道希格斯玻色子的质量时，我们估计创造一个能衰变成一对底夸克的希格斯玻色子的概率是创造顶夸克的概率约 1/20~1/10（顶夸克已经于 1995 年被发现）。然而，在我写作本书的时候，兆电子伏特加速器实验的数据大约是上次 10 倍［（1/10 的概率）×（10 倍的数据）~1］。所以这看上去很靠谱，只是，搜索希格斯玻色子时的背景事件比搜索顶夸克时的背景事件要多得多。具有极大讽刺意味的是，在上次采集数据期间难以找到的顶夸克，对于希格斯玻色子的搜索来说，造成了极多的背景事件。所以通过兆电子伏特加速器搜寻希格斯玻色子一直以来都（也将还要继续）很有挑战性。[1]

虽然在兆电子伏特加速器和大型强子对撞机中寻找低质量的希格斯玻色子很困难，但是寻找高质量的希格斯玻色子却非常容易。事实上，在 2010 年，DØ 和 CDF（两个兆电子伏特加速器的实验小组）整合了他们的测量数据，排除了从 162~166GeV 的质量范围。此前大型正负电子对撞机实验可能观测到了一些有价值的东西的迹象只是水中月、镜中花。并且因为希格斯玻色子与质量相互作用，如果希格斯玻

---

1 当兆电子伏特加速器在 2011 年停止运营的时候，它获得的累积数据大约是 1995 年的 150 倍。直接发现希格斯玻色子的庞大的背景事件数量，使得人们几乎不可能在兆电子伏特加速器中观测到该信号，因此费米实验室的研究者们寻找一种更罕见（但是更容易识别）的方式来创造希格斯玻色子。这种方法创造希格斯玻色子的概率，是直接创造希格斯玻色子的概率的十分之一，但是背景事件却少得多。最后，兆电子伏特加速器的研究人员没有观察到希格斯玻色子，尽管他们距离它也不远了。他们能够排除一些可能的质量值，并且，兆电子伏特加速器的测量结果，与最终发现希格斯玻色子的大型强子对撞机的、更精确的测量结果是一致的。（本段由作者特别为中文版所添加。）

色子质量过大，它会与其他希格斯玻色子相互作用。因为这些自相互作用的效果是明显的，所以从这些理论基础上，我们可以排除质量极高的希格斯玻色子。

截至 2011 年秋天，情况就是这样了。大型正负电子对撞机排除了低于 114.4GeV 的质量范围。理论上的自相互作用限制排除了高于 185GeV 的质量范围。最后，兆电子伏特加速器最新的两次实验结果排除了从 158~173GeV 的质量范围。大型强子对撞机已经发布了数据，似乎排除了高于 145GeV 的质量。

当所有的数据结合在一起，包括来自许多实验的大量间接测量数据，我们就能发现希格斯玻色子比较喜欢多大的质量。令人惊讶的是，希格斯玻色子偏爱的质量实际上低于 114.4GeV。大约在 80GeV 左右（虽然不确定性很大，不过很容易确定的质量范围是 60~125GeV）。这一事实暗示了几种可能性。首先，也是最简单的，希格斯玻色子的质量可能非常低，刚刚高于大型正负电子对撞机设定的下限。另一种可能性是，还有其他的、未知的物理原理（比如我们将要在第 8 章中讨论的超对称性）改变了情况。当然，如果某些新原则在起作用，那么我在上面提到的限制是无效的，因为它们是使用标准模型计算的。最主要的是，我们不知道希格斯玻色子的质量，我们不知道标准模型下的希格斯玻色子是否是电弱对称性破缺的答案，从本质上说，整件事依然是个谜。物理终究是一项实验科学，在知道之前，我们就是不知道。对于致力于寻找希格斯玻色子的人们来说，眼下是一个非常激动人心的时期。

让我们想一想世界可能会有什么不同。我们记得，电弱理论预测了无质量的携带力的玻色子，通过与希格斯场的相互作用，它们获得了可被观察到的质量。然而，我们正在考虑其他解释。答案不一定是希格斯场。可能是完全不同的东西。

　　当然了，问题是，"有多不同？"目前人们预测的希格斯玻色子是一种"电中性的、大质量的基本标量"的粒子。电中性和大质量很好理解。基本意味着它没有内部结构，标量意味着它没有量子力学自旋。问题在于，虽然我们知道其他的标量粒子，但它们不是基本的，而我们知道的其他基本粒子，都不是标量的。所以，希格斯玻色子将具有独特的属性。这绝对有可能是真的，但它让人起疑。

　　所以，如果希格斯玻色子不存在，那能是什么呢？还有许多其他的理论可以解释电弱对称性破缺，但每个理论都存在着自己的问题。最受欢迎的竞争性理论被称为"天彩"（Technicolor）理论。天彩理论假设了拟夸克（techniquark）的存在，拟夸克是又一种新的粒子类型……宇宙洋葱中新的一层。与可以结合形成介子的夸克类似，一个拟夸克和一个反拟夸克可以结合生成一个拟介子（techni-mesons），拟介子将扮演希格斯玻色子的角色[1]。另一个理论是我们将在第8章中讨论的超对称理论，该理论甚至预测了多种类型的希格斯玻色子，包括带电的希格斯玻色子。

　　那么真正的答案是什么呢？我也不知道。目前，物理学家正在拼命寻找打破电磁力和弱力之间的对称性的东西到底是什么。希格斯机制只是几个竞争理论之中最主要的竞争者。由于所有的理论都作出了类似的预测（来自大型正负电子对撞机的精确数据严格限制了预测的可能性），我在这里就不列举其他理论了。肯定存在着什么的东西，但是究竟是什么，没有人知道。物理学家可以分为三类：信徒，非信

---

1 作者表示，虽然目前天彩理论已经过时了，但是希格斯玻色子的发现并没有完全否定它的存在。作者说："虽然天彩理论不再被认为能够解释基本粒子的质量，但是它仍然有微小的……尽管不大可能……可能是真的。"——译注

徒和怀疑者（其他人称他们为希格斯信徒、无神论者和不可知论者）。信徒们预期我们最终能够找到我们在这里描述的希格斯玻色子，而非信徒认为，基本标量是不可能的，真理一定存在于其他理论之中。怀疑论者，包括我在内，则采取观望态度。一些深感不安的（但可能是有道理的！）人们预测，我们大概不会找到任何与希格斯玻色子具有相同功能的粒子，于是将不得不对整个理论进行修正。前几天，我有个同事预测说，我们将会发现希格斯玻色子，但是会发现它与我们预期的完全不同。或许兆电子伏特加速器实验在其末期将会解决这个问题，或者，更有可能的是，欧洲核子研究中心异军突起的大型强子对撞机会完成这个任务。不论如何。这个过程将非常有趣。

第6章　加速器与探测器：谋生的工具
Accelerators and Detectors: Tools of the Trade

> 对这些我们称之为实验室的神圣寓所感兴趣吧。在那里，人
> 类变得更优，更强，更好。
>
> ——路易·巴斯德，1822—1895

据说，高校领导们更喜欢理论物理学家而不是实验物理学家。实验者们需要巨大且昂贵的设备，而理论物理学家只需要纸和废纸篓。（我听说，他们更喜欢的是哲学家，因为他们连废纸篓都不需要。）尽管如此吧，正是在这些复杂的实验装置中，人们才有了发现。大多物理学科普书的缺陷之一是它们往往是由理论物理学家撰写的，于是人们究竟是如何发现和测量新现象的这一点经常被忽视，或者至少是一笔带过。这非常可惜，因为探索发现的技术与发现本身一样有趣。

在前五章中，我们讨论了人类历史上最伟大的胜利之一，即在深刻和根本的层次上对宇宙的非凡理解。虽然我们的理解尚是不完整的，但是我们对宇宙的大小、速度、能量和温度的详细了解已经远远超出了一般人类经验范畴，这表明了成千上万的、专心致志的男男女女们尽其一生致力于提出棘手的难题。然而，每当我做关于粒子物理学的公共讲座时，总有些听众用锐利的目光把我钉在原地，并说道："你指望我会相信你说的这些？来吧……给我拿个夸克瞧瞧。"虽然有点儿气人，但这是个很好的问题。我们在本书中讨论的物理与普通人的生活经验相去甚远，读者们也不应该听我说什么就信什么。事实是，夸克或者电子太小了，我们无法看到。上文中我那具有批判性思维的听众问的其实是："你怎么能看到无法看到的东西？"

如果我们做很简单的实验，比如从高处抛掷一个球，然后测量球的落地时间，这种实验过程是很容易被看见的，但其实总而言之，所有的科学实验都是一样的。我们要花一些时间来设置环境，使其条件适合测量。比如，我们想知道自己跑一英里需要多长时间。我们得首先确保赛道干燥、天气晴朗。同时我们还要准备测量设备，比如一个秒表。在这一章中，我们首先要详细介绍如何将粒子加速至非常高的速度。这一点至关重要，因为通常情况下，为了常规地测量现代科学所能达到的最有活力（并且最热门）的状态；我们往往需要让两个或者更多的粒子撞碎在一起。然而，即使我们能将具有极高能量的粒子撞碎在一起，如果该碰撞无法被记录，那也没有什么意义。为此，人们建造了质量达数吨的巨型探测器。我们在这一章中，正是要重点讨论这两个任务。在本章的尾声，我们将简要地介绍其他不需要加速器的实验技术。在进行技术讨论之前，让我们先来了解一下美国首屈一指的粒子物理实验室的环境。

费米实验室一日游

当我和同事们每天早上去上班的时候，我们的一天就像往常一样开始了。喝下最后一杯咖啡，拥抱孩子们，给爱人一个吻，然后便开始走向我们的车。年轻的研究生们一般既没孩子也没爱人，他们的晨间仪式通常是吃冷比萨或者晨跑什么的。费米实验室的工作人员四海为家。有些人，特别是来自欧洲的同事们，住在芝加哥，每天都要长途通勤，不过他们就是喜欢这座全美最大城市之一的热闹劲儿。其他人，通常是我们的技术人员，住在实验室的西边，在那里你仍可以购买面积超过一英亩的地块。他们的通勤距离与住在芝加哥的同事们差不多，不过他们一路上没有堵车，看到的是宽敞的道路和广阔的农场。

然而，费米实验室的大多数工作人员都住在附近的社区。在这些富裕且保守的城镇中，许多当地选票在每个职位上只投给一位候选人，这个区域会投票给共和党就如同芝加哥人会投给民主党一样板上钉钉。唯一一个不同寻常的社区是奥罗拉，紧邻费米实验室的西南部，那里的人口结构更加多样化，也更加有趣。这些城镇曾经都是独一无二的，但是郊区的扩张却是一股同质化的力量。随着城市周边的发展，郊区的无序扩张将它们联系在一起，形成了一个巨大的芝加哥大都市区，区内各地缺乏特点，很多人视其为地域多样性的消亡，对其痛斥。每个城镇一直以来都在抵制这种蔓延趋势，并且取得了不同程度上的成功。大多数城镇至少保留了一些原来的特色，在镇中心有许多有趣的小商店。

虽然人们可以从四面八方来到费米实验室，但是一旦进入这里，一切都不一样了。虽然费米实验室目前是世界上最高能的粒子加速器的所在地，但是当你进入实验室的时候，并不会察觉到这一点。整个实验室看起来像是一座公园，一大片广阔的、未开发的土地，被城市的蔓延所包围。实验室占地约 6800 英亩，很大程度保留了千年以来伊利诺伊州北部的原初风格。费米实验室主要由开阔的草地构成，其间点缀着小树林，费米实验室的科研目标中包括试图恢复原始草原上的植物群和动物群。费米实验室甚至拥有一小群数量维持在 50～100 头的美洲野牛。数百只白尾鹿、土拨鼠、土狼、野鸡、苍鹭、白鹭、红尾鹰，以及成千上万只路过的加拿大雁，在这里定居，它们的生活就像数百年来的一样。你会看到一些孤零零的树木点缀在广阔无垠的大地上，像是威风凛凛的哨兵，他们注视着人们与粒子的来来往往，甚至季节的更替，始终泰然自若。

虽然人们对实验室的最初印象让人联想到自然保护区，但实验室的主要目的是进行世界顶级的粒子物理研究。该研究项目的核心是费米实验室的兆伏特电子加速器，这是一台大型的粒子加速器，环状，周长约 4 英里。在加速器周围有 6 个"相互作用区"，在区域内，两个旋转方向相反的质子束和反质子束发生碰撞。这些相互作用区域中，有两个区域中建有建筑物，每个建筑物中都有一台粒子探测器。这两台探测器在设计上和功能上都很相似，尽管使用了相当不同的技术。它们每台质量约 5000 吨，需要大约 500 位物理学家和相当数量的费米实验室技术人员来保证其运行。

两台探测器位于它们各自的相互作用区域，并且记录在其中心发生的全部粒子碰撞中的特定一部分。在每秒发生的成千上百万次碰撞中，每个探测器只能记录大约 50 次，以备将来分析。根据被记录的数据，物理学家将试图揭开宇宙的秘密。

虽然这两台大型探测器目前是实验室的主要焦点，但是在实验室的其他地方，还有一些不显眼的实验，它们使用来自其他辅助加速器的粒子。当你望向大片草原，其间发生着的疯狂的物理数据采集的工作被隐藏在你的视线之外。大多数情况下，你能看到的只是草原，不过有一座风格特殊的建筑会抓住你的眼球……一座 15 层的建筑，那是实验室行政中心的所在地。

威尔逊大楼以费米实验室的第一任主任罗伯特·拉思本·威尔逊的名字命名，当地人都称之为"高楼"，据说受到了位于法国博韦的博韦主教座堂的灵感启发。这两者我都见过，对于这一说法实难苟同，不过有些相似之处还是显而易见的。从正面看，祈祷之手的形状很容易被看到，威尔逊大楼作为科学的大教堂的身份毋庸置疑。

虽然"高楼"是最容易分辨的建筑，但是开车行驶在实验室中，还能看到许多其他有趣的建筑。15 英尺气泡室被一个巨大的穹顶建筑包围着，根据当地传说——它甚至可能是真的——该穹顶是由来自附近社区捐赠的 120000 个再生铝罐打造的。最初的粒子束控制大楼已经不再使用了，它的形状是一座宝塔，从草原拔地而起，而它的替代者（到现在也未使用过）看上去像《疯狂的麦克斯》系列中的世界末日降临后的掩体。新介子实验室总能让我想起滨松市武道馆（位于日本滨松市的体育馆和武术中心），而旧的介子实验室混搭了其前身——"二战"时期飞机库的一些特质和一座只能被描述为工业时尚风的屋顶。实验室北侧的一个泵站被一堵符合数学螺旋线结构的墙所围绕。位于实验室东侧的费米实验室村为访问学者及其家人提供住房。几座实验室建立前就在此处的农舍从实验室的其他地方被搬到这里，改建成了宿舍和公寓。其中一座叫作"东白杨屋"的建筑格外令人印象深刻。剩下的房屋则是曾经的威斯汀村的建筑。最后，在实验室各处都能看到先前的谷仓，它们曾经为之前遍布于周边的农场的运作提供支持，在粒子物理时代也依然很有用。在费米实验室，还有一处很有特色的地方，即先驱者公墓，现在依然由费米实验室精心维护，其中安葬了许多最早定居此处的居民，还有一位新居民，鲍勃·威尔逊，他于 2000 年去世，生前遗愿是希望永远地留在他最伟大的科学遗产的中心。

我已经描述了费米实验室及其周边的区域，部分原因是它是我最熟悉的实验室，也因为它真实地反映了鲍勃·威尔逊的坚定信念，即世界级的科学研究与坚定的环境保护主义并不矛盾。我还没有提到艺术呢，其中一些作品是鲍勃自己的雕塑，它们零零散散地分布在实验室各地。其他的实验室也各有特色，布鲁克海文国家实验室坐落在长岛的沿海森林中，而取址于城市的德国电子加速器，其加速环位于德国汉堡市地下。欧洲核子研究中心的实验室位于瑞士日内瓦郊区的一个高度发达的地区，自然是没有什么特别的自然风情。但是日内瓦有着自己的吸引力，有一片美丽的湖泊，一座巨大的仍在工作的钟楼位于山的一侧，钟的表盘由鲜花组成。那里还有勃朗峰巧克力店，是我去过的最棒的巧克力店。如果你有机会去那里，一定要尝一尝绿棕相间的巧克力，还有顶部有核桃的巧克力，但是别忘了带很多钱。

我在这里描述的费米实验室是所有游客们都能看到的。（请注意，费米实验室欢迎游客前来，但是自从"9·11"事件以来，访问会偶尔受限……来之前请打电话咨询。我们费米实验室的所有人都期待着能够回到邻居们能畅通无阻地来拜访的日子。）我描述的实验室外观传达了这样一个事实：前沿的科学研究与环境保护的承诺，对该地区独特遗产的尊重以及对人类精神艺术方面的深刻理解，所有这些都并不冲突。但是，我还没有提到建实验室的真正目的。费米实验室本质上是一个粒子物理实验室。在实验室的核心区域，是巨大的加速器——兆电子伏特加速器，以及技术尖端的粒子碰撞探测器。正是这种类型的设备最终促成了费米实验室和其他实验室会登上报纸和科普杂志供人阅读的重大发现。在我年轻的时候，我很想知道物理学家是如何进行测量的。那么从现在开始，就让我们好好来聊一聊。

不是只有小汽车才有加速器

所以，我们的第一步，是要弄清楚为什么必须加速粒子。主要原因有两个。第一个原因是，我们想要狠狠地把夸克或者电子敲出来。让我们来举个例子，比如已故的、伟大的芝加哥熊队跑卫瓦尔特·佩顿正在带球向前跑。假设我想要将球从他手里撞飞。我可能会先尝试低能量级别的选择，让我年轻的小侄子跑过去与佩顿相撞。在小侄子的干扰下，佩顿的控球程度几乎没有任何变化。所以让我们增加能量级，我决定亲自上场（我是个大块头，但是没啥运动细胞），跑向佩顿，然后全速撞向他。在这次撞击中，佩顿甚至可能（虽然我觉得希望不大）摔倒，并且不得不用两只手来控球，但是他不会丢掉手里的球。但是这次撞击至少对球有着一定的影响。现在，让我们将碰撞能量再次提升。让我们假设碰撞佩顿的，是另一位伟大的橄榄球运动员迈克·辛格尔特里，他是芝加哥熊队的中后卫（咱们就当这是一次队内训练）。当这两个家伙发生碰撞的时候，会产生巨大的冲击力，至少，有时候碰撞力会如此之大，以至于橄榄球会从佩顿的手中飞出去，佩顿将没有办法伸手将它再次抓住。

粒子碰撞的情况也是类似的。举例来说，假设你想要让一个电子和质子碰撞，目的是释放一个夸克（请暂时忽略我们在第 4 章中讨论的粒子喷射现象）。如果碰撞的能量足够低，电子会撞到质子上然后弹回来，或许会让夸克们晃了晃，但绝对不会释放任何夸克。更剧烈的碰撞可能会对质子造成足够大的冲击，将夸克撞出质子一点点的距离，但是这个夸克和质子中其他夸克之间残存的相互作用力足够大，会将这个夸克再次拉回到质子之中，当然在这种情况下，质子也受到了足够的干扰。最后，我们可以让电子特别猛烈地撞击质子，以至于将夸克从质子中撞出，而不再有机会返回质子内部（这样就形成了粒子喷射）。因此，猛烈的碰撞可以释放出一个曾被牢牢抓住的对象，而不够猛烈的碰撞则永远不会做到这一点。

人们需要高能碰撞的第二个原因，得再度请出我们的老朋友 $E=mc^2$。附录 D 对这个重要的方程式进行了更广泛的讨论，但是我们可以"仅仅通过观看"来了解这个方程式（这个梗来自尤吉·贝拉的那句"你光用看的就能观察到很多"）。它具有所有方程的共有属性……它有左侧和右侧。左侧只有一个代表能量的"E"。右侧是一个"mc^2"，"m"表示质量，"c^2"表示"光速的平方"。光速的实际数字取决于你选择的单位（就好像质量的数字取决于你使用的单位是磅、盎司还是吨，即使这些表示的是同一个质量）。光速的一个很常见的表达是 3×10^8（3 亿）米每秒（或者 186000 英里每秒，也是一回事儿）。一个大数字的平方结果是一个非常大的数字。所以 c^2 是一个非常大的数字。

因此，这个著名的方程说："能量等于一定数量的质量，乘以一个巨大的数字。"一点点质量意味着很多的能量，而更多的质量意味着更多的能量。我们必须得举个例子来说明这能量的量级，比如，一枚回形针，质量大约为 1 克，将它转换为能量，它所释放的能量基本上与广岛和长崎的原子弹爆炸时释放的能量是一样的。

原子弹的例子表明，一点点质量可以转化成很多很多能量（因为 c^2 是如此之大）。不过，这个等式反之亦有效。我们也可以将能量转化为物质。这就是粒子加速器的用武之地。如果我们将粒子加速到很高的能量，它们会高速移动，然后让它们发生碰撞且不再移动，那么我们就要问了，能量去哪儿了呢？在碰撞之前，动能很大，在碰撞之后，动能为零。由于能量既不能被产生也不能被毁灭，动能可以转化为质量，因为能量等价于质量，反之亦然。然而，就像我们所看到的，一点点质量可以产生很多能量，为了制造一个非常轻的粒子，我们需要很多很多能量。

因此，为了制造新的、大质量的粒子，我们需要将更传统的粒子加速到很高的能量级，然后让它们撞到一起。这也就是为什么只有费米实验室的兆伏特电子加速器和欧洲核子研究中心的大型强子对撞机才能制造出顶夸克。只有能量足够大的加速器才能制造出这些质量很大的粒子。这也是粒子物理学家一直努力建造更大的粒子加速器的原因。更多的能量意味着我们可以制造质量更大的粒子。如果该粒子存在，我们就能发现它们。而发现就是科学家的人生目的（好吧，还有去巴黎开会）。

那么，如何加速粒子呢？一般来说，如果我们想要加速某物，那么这个对象需要受外力。如果我们想要一个巨大的加速度（因此需要高速和高能量），我们需要一个强大的外力，而我们能够足够有效地控制的最大的外力是静电力。唯一的问题是，电场只能影响带电粒子。此外，为了长时间加速粒子，我们只能使用稳定的粒子（即那些不会衰变的粒子）。天然的、不会衰变的带电粒子是电子（e^-）和质子（p）。稍微再动点脑子，我们也可以加速它们对应的反粒子，即正电子（e^+）和反质子（$\bar{p}$）。我们稍后再谈这点。当然，这种方式不能加速天然的、电中性的粒子，比如光子（γ）和中子（n）。

讨论之始，让我们只讨论加速质子的情况。让我们将质子放置在电场中，它将受到一个与电场指向的方向相同的力。在某种程度上，就像重力一样。重力场所指的方向始终向下，所以我们抛出一个物体的时候，它总是朝下落。电场的好处是，我们可以随意确定它的方向，因此我们可以选择质子运动的方向，如图 6.1 所示。

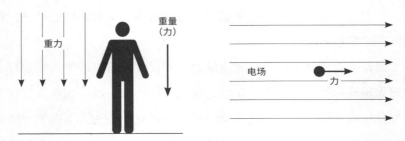

图 6.1 电场在概念上类似于引力场，只不过起到决定性作用的不是质量而是电荷量。另外，电场可以根据需要被调整方向。

制造电场的方法有很多种。最简单的方法是将两块金属板连接到电池上。金属板可以是任何形状，虽然在传统上，我们将它们画成正方形。同样地，金属板也可以是任何大小，彼此的距离也可以任意，不过如果金属板之间的距离比其长度和宽度小得多，那么无论是数学计算，还是解释起来都更容易。在电池的一端引一根电线，连接到一块金属板上，在另一端也引一根电线并且连接另一块金属板。图 6.2 显示了这样的一个装置，两条平行线代表平行的两块金属板。

图中小小的"+"和"−"表示电池的哪一端与哪一片金属板相连接。在现实中，人们使用的电池通常比我在这里画的简单的一号电池强大得多，所以在图 6.3 中，我们不再画电池，只画出平行金属板。为了时刻记得这些金属板是连接在某种电池之上的，我们用相同的"+"和"−"来标记金属板，表示该板连接到电池的哪一极。最后，

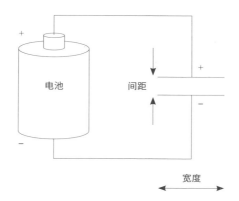

图 6.2　用平行的、分别与电池两极相连接的金属板，可以很容易地制造一个电场。现实世界中的电池比这个简单的 1 号电池强大得多，但是原理是相同的。

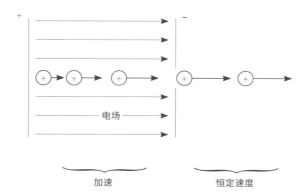

图 6.3　加速器的工作原理是将带电粒子放在带电场的区域中。在这一区域，它们被持续不断地加速。而当它们离开这个包含电场的区域时，则以恒定的速度运动。

我们以这样一种方式来绘制金属板，即它们之间的距离远远大于金属板的宽度（尤其是在图 6.3 和后面的图中）。这只是为了令图示美观清晰。实际上，两块金属板之间的距离要远远小于板的宽度。考虑到所有这些因素，我们可以画出最原始的粒子加速器。

在图 6.3 中，我绘制了两块金属板和它们之间的电场。在右侧金属板的中心，钻了一个小孔，质子能够从此逃逸。从左侧的金属板处，释放一个初始速度为零的质子。该质子感受了一个向右的力，因此它开始加速，在两块板之间，它移动得越来越快，最后穿过了右侧板上的小孔。在离开两块板中间的区域之后，质子以恒定的速度移动。瞧瞧！你刚刚加速了你的第一个质子。

当质子离开金属板之间的区域时，携带的能量与电池的强度有关。为了获得更多的能量，我们需要使用更强大的电池。当然，电池的电量强度是有着实际限值的，所以我们必须想出巧妙的方法来克服这个限制。我们一会儿再聊这件事。在此之前，我们需要定义一些有用的概念。最重要的一个概念，是得有一个能够有效测量能量的度量。读者们可能听说过一些单位：英热、尔格或者焦耳之类的。虽然焦耳是一个比较有用的单位，但是粒子物理学家更喜欢另外一个单位，即电子伏特或者称 eV。电子伏特非常有用。原因在于，电池的强度是以伏特为单位的（比如一号电池可以为 1.5 伏，汽车电池可以为 12 伏），而大部分被加速的粒子是电子或者质子，它们带有相同大小的电荷（虽然符号相反）。对于电荷大小与质子不同的粒子（比如 α 粒子，它携带的电荷是质子的两倍）来说，我们需要调整下面的讨论才能符合它们的情况，但是在这里我们将忽略这一点。对于质子或者电子来说，计算很简单。如果一个质子从一块金属板加速到另一块金属板，且电池的强度为 1 伏，那么该质子将具有 1eV 的能量。如果电池的强度为 1000 伏，那么质子能量为 1000eV（或者写作 1 千电子伏特或 1keV）。对于强度更大的电池，依此类推。表 6.1 列出了规律。

显然，这种能量单位非常方便，我们能够在能量和电池强度之间快速换算。现在，我们需要对这些尺度在脑海中有些概念。将电子固定在原子核周围轨道上所需的能量大约是数十到数千电子伏特。标

表 6.1　用来描述很大数字的前缀们

电压（伏特）	文字	前缀	符号	能量
1	一			1eV
1000	千	kilo	k	1keV
1000000	百万	Mega	M	1MeV
1000000000	十亿	Giga	G	1GeV
1000000000000	万亿	Tera	T	1TeV
1000000000000000	千万亿	Peta	P	1PeV

准牙科 X 射线使用光子能量约为 10 keV。电视也可以算一种粒子加速器，以大约 10keV 的能量加速电子。天然铀矿的放射性约为 1MeV。世界上最高能的粒子加速器能达到的最大能量接近 1TeV。

由于 1eV 是一个相当小的能量单位，爱因斯坦的狭义相对论的影响并不大。携带 1eV 的能量，能使一个电子以 370 英里每秒的速度移动，而质量大得多的质子则会以 8.5 英里每秒的速度移动——这也够快了。另一方面，一个质量为 1 克的回形针，从 1 米（3.2 英尺）的高度上下落，其动能为 6×10^{16}eV（6×10^4TeV），比目前人们能够通过加速使得亚原子粒子拥有的最高能量高出整整 6 万倍。所以，电子伏特是一个非常小的能量单位。在亚原子的世界中，使用它非常方便。

读者们所熟悉的、最简单的粒子加速器是电视或者电脑显示屏，如图 6.4 所示。电子被加速到大约 35keV 的能量，然后撞到屏幕上。快速变化的电场让电子束扫过屏幕。如果没有这些快速变化的电场，电子束则会沿着直线移动，并且在电视屏幕的中心形成一个白点。如果你还记得 30 年或更久以前在你关掉电视的时候见过这个白点，那

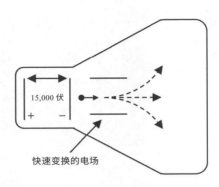

快速变换的电场

图 6.4 电视屏幕是我们最熟悉的粒子加速器。两块金属板之间的电压加速粒子。粒子随后通过的金属板使得粒子横向偏离原来的运动方向。金属板的极性是根据图中假想的、带正电的粒子给出的，而不是普通电视机中的电子。

你大概和我一样老了。如果那时候你还不存在，可以问问你的父母或者祖父母。

　　然而，35000eV 与世界级加速器能够达到的 10^{12}（1000000000000）eV 相比，实在是不足为道。事实证明，1 万亿伏特的电池是不可能被造出来的，所以我们得想到巧妙的解决办法。任何人都能想到的、最简单的办法是将一堆成对的金属板排成一排。每对金属板上施加相同的能量。正如在图 6.5a 中，我们用了三对金属板，粒子可以被加速到 $3 \times 35000 = 105000$eV（我们假设这里的金属板来自电视）。1 号金属板对完全如前所述，一个初始速度为零的粒子从一块板开始加速，然后以一定的速度离开另一块板。但是对于 2 号金属板对来说，粒子以一定的初始速度进入，并且以更快的速度离开，对于 3 号金属板对来说也是如此。如果这有点让你难以理解，考虑一下它与投掷球的情况其实完全相同。如果你在一英尺的高度上释放一颗球，经过一英尺的距离，球以一定的速度撞击地面。为了增加最终的速度（或者说能量），你只需在更高的高度上释放这颗球，比如 2 英尺或者 3 英尺，正如图

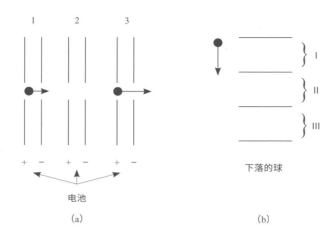

图 6.5　线性加速器的工作原理很简单，即我们可以使用不止一组的金属板对。每组金属板之间都有电场存在，可以进一步地加速粒子。每一组金属板可以被认为类似于在更高的高度上投掷球。在更高的高度上释放球，球下落的速度会更快。类似地，额外的金属板对会让带电粒子的速度更快。

6.5b 所示。使用这种技术制造的加速器被称为 LINAC（线性加速器），因为它沿着直线加速粒子。

　　这种制作加速器的方法很管用，但是需要人们重复制作多个相同的基本加速器单元，成本十分昂贵，尤其是如果需要大量副本的话。如果能够多次利用单个加速器的话就太好了。一旦人们想到了这一点，许多解决这个问题的方案就被提出并且付诸实践。因本书并不是关于加速器的发展史，所以我这里就不一一详述了；感兴趣的读者们可以参考参考书目中的推荐阅读。但是有一种技术在现代加速器中被使用得非常频繁，所以我会稍微解释一下。

不是所有的环都是求婚用的

　　读者们还记得孩提时代去游乐场玩儿吗？有一种游戏设施，我们当年称之为"转转转"。（有人跟我说，他们叫这个东西转盘。）总之它就像是一个放倒的轮子，可以自由旋转。孩子们坐在上面，然后大人们抓着手柄并且推动，整个转盘就会像旧唱片一样旋转。孩子们会跟着转圈然后大声尖叫（根据我的经验，最后还会吐）。让转盘快速旋转的一种方式是，一位成年人站在一边，抓住把手并且用力推，让转盘开始旋转。当把手再次转到面前的时候，成年人抓住它然后再用力推。若干次之后，转盘会越转越快。因此，单有一个加速点（成年人），在保证把手多次经过这名成年人的情况下，转盘就可以转得非常快。

有一种类型的加速器的工作原理与转盘十分接近，叫作同步加速器。在同步加速器中，粒子沿着圆周运动，然后回到一个强大的、但是相对于线性加速器来说更短的加速器中，在那里粒子沿着运动方向再次被加速。基本思路如图 6.6 所示。

为了让读者们对规模大小有个概念，举例来说，费米实验室的兆电子伏特加速器——全美最大的"环"，周长约为 4 英里，但是加速

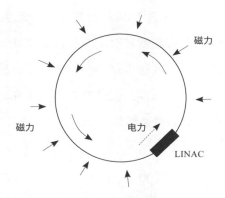

图 6.6 同步加速器是一种重复使用单个加速器的加速器。安置在环上某处的电场负责加速粒子。安置在环周围的磁场使得粒子发生偏转，最后回到加速区域，在那里，粒子的速度被进一步加大。

区域只有大约 50 英尺。位于欧洲的，更大（能量更高）的大型强子对撞机加速器（周长约为 18 英里）的加速区域也仅有大约 10 英尺。有意思的是，位于大型强子对撞机的所在地、之前被拆掉的大型正负电子对撞机，其加速区域却长达大约 2000 英尺。这是因为大型正负电子对撞机加速的是电子，比起质量相对较大的质子来说，运动的电子更难以保持高能量。

使粒子束在其圆形轨道上运动的具体方法是极其复杂的，需要数年的深入学习才能搞清楚其中的细节。不过，基础原理是非常容易理解的。虽然从技术上讲，我们可以利用电场来为粒子的圆周运动提供动力，但事实证明，利用磁场来做这件事更容易，也更省钱。虽然原则上我们可以使用普通的磁铁，比如冰箱贴那种，但是即使是此类磁铁中最强的磁铁，也不足以制造出尺寸适宜的加速器。幸运的是，我们知道一种制造更强磁铁的方法。回想一下，我们在第 1 章中提到的，汉斯·奥斯特是如何发现能够通过电线中的电流制造一个磁场的。事实上，在现代的加速器中，我们利用了同样的原理。人们利用通电的线圈来制造大型的"电磁铁"（之所以叫这个名字是因为磁铁是通过导电制成的）。人们使用线圈，是因为线圈中的每一圈都施加了同等大小的磁力，例如，100 圈的线圈比起单个线圈来说，产生的力也是后者的 100 倍。因此，物理学家在确保实用性的前提下使用了尽可能多的线圈，以在电流同样大的情况下获得更强的磁场。他们也尽可能地加大电流量。问题是，导线越长，电流通过它就越困难，而更多的线圈也意味着更长的导线。所以得做出妥协。

如果我们能够降低电线的阻力，那么电流通过电线将会更加容易。通过更大的电流，我们可以得到更大的磁力，同时电费也没有那么贵。偶然地，大自然会表现出某种奇特而有用的行为。当某些金属的温度非常低的时候，其电阻不仅仅会变小……甚至会变为零！所以物理学家现在所制造的磁铁，其载流导线的温度低至零下 450 华氏度（大约零下 270 摄氏度）。真是相当冷。任何被冷却到如此低温的磁铁都被称为超导磁铁。使用超导磁铁的第一台大型加速器复合体是费米实验室的兆电子伏特加速器，它于 1983 年开始运行。大型强子对撞机使用了大约 10000 个磁铁，运行温度更低。

在这一点上，我想稍微跑个题，提下这项研究的一个有益的衍生产品。虽然粒子物理学家使用大型超导多线圈磁铁来引导粒子在其轨道上运动，但其实跟医院里磁共振成像（MRI）的磁铁背后的设计原理是一样的。在医院里，巨大的超导磁体构成了核磁共振成像设备的核心，该设备用来拍摄人体内部的照片，与传统的 X 光比起来，对人体的损伤更低。虽然粒子物理学家不能宣称是自己发现了超导性，但他们可以声称是自己推动了超导现象的"工业化"，他们的贡献是让大磁铁的制造总数得到提升（回想一下，费米实验室的兆电子伏特加速器周长约 4 英里，共用了 1000 块磁铁）。所以，任何通过核磁共振扫描而被挽救了生命的人都应该明白，他们之所以还活着，（部分）是因为粒子物理学研究的某个衍生产品的功劳。

了解了线性加速器和同步加速器的原理，我们现在可以知道现代高能粒子加速器是如何工作的。目前正在运行或者正在建设中的加速器有很多，所以我将讨论我最熟悉的一台，费米实验室的兆电子伏特加速器[1]。兆电子伏特加速器曾经是世界上能量最高的加速器，是美国加速器皇冠上的一颗宝石。它位于芝加哥以西约 30 英里的费米国家加速器实验室（也就是费米实验室），能够同时将质子和反质子加速

---

1 兆电子伏特加速器于 2011 年 9 月 30 日关闭。——译注

至将近 1TeV。让我们暂时忽略反质子，看一看我们如何将质子加速
到如此高的能量。

　　实际上，我们不能简单地将一个质子放进兆电子伏特加速器然后
按下开关。虽然原则上来说，也可以做到，但是效率并不高。所以，
兆电子伏特加速器（以及所有的现代加速器复合体）实际上是由一系
列加速器构成的，被称为加速器链，每一台都被调节在一个特定的能
量范围内以便能最有效地工作。质子被引导着从一台加速器到另一台
加速器，每一步都获得了能量，最终达到兆电子伏特加速器的 1 兆电
子伏特能量。用一辆旧的手动变速汽车来打比方很合适。原则上，从
静止状态开始，你可以直接把车调至 5 挡，也可以通过从较低的挡
位，将车速逐渐提升到最高，让加速更加有效。费米实验室的加速器
正是由 5 个"挡"构成。按照能量递增的顺序，他们分别是考克饶夫 -
沃尔顿产生器（Cockcroft-Walton）、直线加速器（LINAC）、助推器
（Booster）、主注射器（Main Injector）和兆电子伏特加速器（Tevatron）。

　　如果我们想要加速一个质子，我们首先必须以某种方式获得一个
裸质子，这是一个中等难度的任务。幸运的是，有一种原子的原子核
中只有一个质子，那就是氢原子。但问题是，氢原子中的质子总是和
一个我们不想要的电子绑在一起。很显然，我们想要把这个电子拿走
并且丢掉，虽然这并不是非常难做到，但是出于技术原因，我们采用
的是另一种做法。于是乎，你可能会感到惊讶，因为我们所做的是添
加了一颗电子。虽然这看上去是极度错误的做法，但是它的确能导致
一件好事；因为它让氢原子带上了净电荷。氢原子，通常是由一个带
正电的质子和一个带负电的电子构成的，整体来说是电中性的（即不
带电荷）。（氢气分子则是由两个氢原子构成的，也是电中性的。）通
过添加一个电子，氢原子现在带了负电荷并且可以通过电场加速。事

实上，粒子加速器加速质子的过程并不是一次加速一个，而是同时加速大批质子，每批至少 10^{12} 个。这些质子也并不是全部都在同一个地方，而是分散形成了我们所谓的"粒子束"。其实，质子的运动方式让我想起了环形纳斯卡赛道上的汽车。（当我们说回到反质子时，我们也可以将它们想象为一列汽车，只是朝着相反的方向行驶而已。）

考克饶夫－瓦尔顿产生器是费米实验室加速链中的第一台加速器，从概念上说，由两块板和一个非常高端的"电池"构成。带负电的氢原子进入其电场区域，能量从零被加速至 750keV。然后，氢离子被注入"第二挡"，直线加速器。直线加速器由一系列很多很多的、相同的金属板构成，大致如图 6.5a 所示。氢离子带着 750keV 的能量进入直线加速器，离开的时候，则带上了 401MeV 的能量（此时的速度大约为光速的 75%）。在氢离子离开直线加速器的时候，它会通过一片薄薄的碳箔。当原子通过箔片的时候，它们与箔片中的电子发生相互作用，电子被从氢原子中剥离。由于电子被丢弃，现在裸质子可以形成粒子束。第三个加速器是加速器链中的第一台同步加速器，被称为助推器。助推器接受了携带 401MeV 能量的质子，并且在 0.033 秒的时间内将它们加速至 8GeV 的能量。然后，粒子束进入（1999 年）新建的主注射器。加速器链中的"第四挡"也是一台同步加速器，将质子的能量从 8GeV 加速到 150GeV。最后一挡，也就是兆电子伏特加速器，是一台带有超导磁体的同步加速器。它接受了携带 150GeV 能量的质子束，并且将其加速至 1000GeV，或者 1TeV。（实际上，当我们的竞争对手们想要找碴儿时，他们就指出，兆电子伏特加速器只能在 980GeV 或者 0.98TeV 的能量下可靠地运行，因此我们称之为兆电子伏特加速器是有点儿太自我感觉良好了。他们说得当然没错，但是我要说"怎么事儿这么多呢……"。另外，我们曾经在最高 1.01TeV 的

能量下试运行了兆电子伏特加速器，我们让它以 0.98TeV 的能量运行，
是为了保持 3% 的安全边际。）图 6.7 显示了费米实验室加速器复合体
的示意图。

　　表 6.2 详细列出了费米实验室加速器链的五个阶段的重要参数。

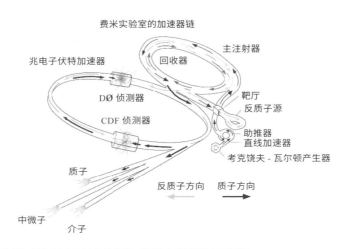

图 6.7 费米实验室加速器复合体的各种组件（图片由费米实验室提供）

表 6.2 费米实验室加速器的基本参数

名称	开启年份	初始能量	最终能量	最大速度（光速百分比）	加速时间（秒）
考克饶夫 - 瓦尔顿产生器	1971	0	750keV	4	1.6×10^{-7}
直线加速器	1971	750keV	401keV	71	8×10^{-7}
助推器	1971	401MeV	8GeV	99.45	0.033
主注射器	1999	8GeV	150GeV	99.998	1
兆电子伏特加速器	1983	150GeV	1TeV	99.99996	20

新一代加速器的崛起

在上一节中，我详细介绍了费米实验室的兆电子伏特加速器，因为在过去的 25 年左右的时间内，它就是我的实验之家。然而，2011 年 9 月底，兆电子伏特加速器停止了运行。粒子加速器的未来属于位于瑞士日内瓦郊区的大型强子对撞机（LHC）。

大型强子对撞机规模比兆电子伏特加速器的规模大得多。兆电子伏特加速器的周长约为 4 英里，它可以处理的最大能量束为 1TeV（也是其名字的由来）。相比之下，大型强子对撞机周长为 18 英里，每个粒子束的设计能量为 7TeV。兆电子伏特加速器加速质子束和反质子束并且让二者相撞，而大型强子对撞机则加速两个质子束。由于质子比反质子更容易获得得多，因此大型强子对撞机的碰撞亮度预计比兆电子伏特加速器高 50~100 倍。在几乎所有方面，大型强子对撞机都是一台拥有更大探测范围的超级机器。

兆电子伏特加速器中的反物质粒子束的存在确实让我们能够接触到一些物理现象，而这些现象在大型强子对撞机上是很难看到的。但是，总的来说，现在是时候让兆电子伏特加速器退休，坐在加速器养老院的门廊上，摇着摇椅，回忆自己当年曾经成就的非凡研究了。

毫不怯场的后生——大型强子对撞机的诞生颇具戏剧性。2008 年 9 月，全世界媒体在当场目睹了它内部第一次产生环状运行的粒子束，其宣传效果堪比美国国家航空航天局（NASA）任何一项重大成就。仅仅一周半之后，随着一些最终的交付使用工作的进行，一处焊接不良的电气连接因为过热而熔化了一大块铜导体。导致充满液氦的容器破裂。然后事情就有意思了。当液体转化为气体时，它通常会膨胀 700 倍。大量的液氦以惊人的方式转化为气体。这些氦气从一个相对较小的洞中喷射出来，释放出来的力足以令一块质量达 35 吨的磁铁移动近 1.5 英尺。（而这块磁铁原本还是固定在水泥地面上。）

这次泄漏事故对大型强子对撞机的损坏范围很广，大约花了一年半时间才修复。在损坏后的调查中，确定根本原因是焊接技术不佳，并且人们发现，大型强子对撞机只能以原设计能量的一半安全运行。2010 年春天，大型强子对撞机成功地循环并碰撞了两束质子，每束质子的能量为 3.5TeV。2010 年，人们收集了少量（但是在科学上非常有用）的数据。按照惯例，大型强子对撞机会在圣诞节期间停止运行，2011 年春天，它又恢复了运行。按照计划，大型强子对撞机将运行两年，并且在 2012 年秋季关闭以修复设计上的缺陷。维修将持续两年，然后大型强子对撞机将再次碰撞质子束，这一次是以设计能量进行碰撞。总能量为 14TeV 的碰撞可能会揭示宇宙的更多谜团。

与兆电子伏特加速器一样，大型强子对撞机也是一组加速器链，所以我们这里就不像前文中那样一一列举所有的组件细节了。一系列的直线加速器和圆周加速器将质子引入大型强子对撞机，每个加速器都会按照自己的方式提高质子的能量。

大型强子对撞机是一台技术顶尖的设备。长达 18 英里的束流管中的真空程度比月球表面要高 10 倍，其真空的容量可以与欧洲许多美丽的大教堂相媲美。储存在大型强子对撞机的仅仅一个质子束中的能量可以熔化一整吨铜，而储存在磁体中的能量足够熔化 18 吨金。这些磁体比宇宙最深处还要寒冷，它们产生的磁场比地球磁场强 100000 倍。对于技术爱好者们来说，基本上没有什么小发明比这更有趣了。

大型强子对撞机是一台了不起的设备，这就是为什么我的许多同事选择在那里做研究。在利用兆电子伏特加速器做研究长达四分之一个世纪之后，是时候搬到更绿的牧场……寻找新的视界……探索新的前沿了。在未来的几年里，我们很有可能会对宇宙有彻底的、全新的认识。

靶与粒子束类型

当我们终于有了一束粒子在手（在我们的例子中，是质子束），问题就变成了"然后呢？"。我们知道，为了做实验，我们需要把质子撞到什么东西上，但是要怎么做到呢？有两种基本的技术。第一种是将粒子束对准一个静止目标，然后发射（我们称之为"定标靶"）。这个靶可以是任何东西，它通常是一小罐低温液态氢，但是有时也可能是一小块固态材料。我曾经做过的实验中，使用的靶包括铍、铜、碳、铅等等。最重要的一点是，这个靶在化学意义上来说必须纯净（或者我们必须准确地知道它的构成成分）。否则，获得实验结果后的计算过程可能是一场噩梦。

当一个粒子（比如质子）撞击一个静态目标粒子（比如另一个质子）的时候，可能会发生各种类型的相互作用。但是，无论是哪种相互作用，碰撞后逃逸的粒子通常都朝向一个方向移动，例如，如果粒子束从左而来，向右移动，那么在碰撞后，粒子碎片也倾向于向右移动，如图 6.8 所示。因此，在这种类型的碰撞中，探测器一般会全部位于碰撞的一侧。在许多方面，这种类型的碰撞就像是射击西瓜。在击中西瓜之后，飞出的子弹和所有的西瓜肉都向一侧喷出。

用这种方法来做实验的一个超级棒的好处在于，你不必非常精确地控制粒子束的朝向；毕竟，你可以单纯设置一个更大的靶。另一个好处是，你可以通过设置一个更厚的靶而增加相互作用发生的概率。

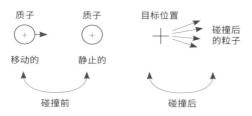

图 6.8 典型的定标靶碰撞示意图。最初，一个移动的粒子击中另一个静止的粒子。在碰撞之后，产生了许多新粒子，它们通常沿着初始移动粒子的方向移动。

回忆一下，粒子碰撞是很罕见。如果你的靶只有 1 英寸厚，大多数粒子会直接通过该靶而不会发生任何相互作用。如果你的靶有 2 英寸厚，大部分在第 1 英寸中没有发生相互作用的粒子还有机会在第 2 英寸中发生相互作用。如果还有 3 英寸的，那就更好了。一个靶的实际最大厚度在很大程度上取决于粒子束的类型和实验设置，但是，比如说 20 英寸厚的液态氢靶，一点儿也不罕见。即使是这么厚的靶，如果粒子束是由质子构成的，也只有 4% 的质子会和靶发生相互作用，并且大多数相互作用不会非常剧烈，因此通常造成的都是很无趣的碰撞。

　　关于定标靶实验我们要讨论的最后一件事是，事实上，它能够让我们绕开成功加速各种粒子的第一点先决条件，即粒子必须是稳定的。碰撞后产生的粒子是各种各样的，最常见的是 π 介子，它们通常是不稳定的。如果我们收集粒子的速度非常快，迅速留下想要的粒子，丢掉不想要的粒子，那么我们可以使用磁体聚集粒子，看哪！你就有了一束不稳定的粒子。只有通过弱力衰变的粒子才有足够长的寿命以被施用这种技术，但是 π 介子束、k 介子束、μ 介子束和中微子束已经被制造了出来，并且这只是其中的一小部分。

　　虽然定标靶实验有着悠久且可敬的历史，但是它们有着一个主要的局限性。它们无法像你想象中的那样，为碰撞的"有意思的部分"

提供足够的能量。在图 6.8 中，碰撞前后，粒子们都向右移动。这意味着我们只创造出了质量较低的粒子。相比之下，我们假设两个相同的、携带同样能量的粒子（我们可以打个比方，比如两辆相同的小汽车，车速相同，运行方向相对），正面相撞。在碰撞之后，两个粒子（或者两辆小汽车！）都完全停在了它们的轨道上。回想一下，碰撞前后的能量必须守恒，再进一步回想，一个粒子的总能量是它自身的质量与动能的总和。在正面碰撞的情况下，碰撞后的动能为零，因此，碰撞前的所有动能在碰撞后转化为质量能量。（较真人士们会注意到，我刚才所说的更适用于电子和正电子碰撞的情况，而不是两个质子碰撞的情况。他们是对的。但我们还是无视他们吧。）其效果比你想象的要盛大得多。让我们假设一个携带 1000GeV 能量的电子和一个携带 1000GeV 能量的正电子正面相撞。（好吧，还是让较真人士们开心一下。）这样的碰撞可以产生一个能量为 2000GeV 的粒子。相反，让我们假设一个携带 1000GeV 能量的电子和一个静止的正电子碰撞。从直觉上看，我们应该能够创造出能量为 1000GeV 的粒子。然而，直觉是错误的。在这种情况下，能用来创造新粒子的能量只有 1GeV。这意味着，电子和正电子的粒子束碰撞试验可以创造出（并且发现！）比类似的定标靶实验中创造的粒子质量大 2000 倍的粒子。对于质子和反质子的碰撞实验，区别并不是如此之大，但是碰撞试验创造的粒子，比类似的定标靶实验创造的粒子质量大约 50 倍。鉴于可能的收益如此巨大，很显然物理学家最终会找到制造粒子束碰撞机的方法。

　　我所知道的第一台对撞机，是 1965 年运行的一台小型电子－电子对撞机。这台对撞机由位于俄罗斯新西伯利亚的 Budker 核物理研究所（BINP）所建造，同一时期，斯坦福直线加速器中心（SLAC）

也在建造类似的加速器。实际上，我亲眼见过 BINP 的第一台对撞机，它被称为 VEPP-1。整台机器大概有台球桌大小。对撞机包括两个环，每个环的大小大概是台球桌的一半，看上去像是一对挨在一起的结婚戒指。第一台粒子束对撞加速器的最高能量为每束粒子 160MeV。从这样一个不起眼的（然而却令人印象深刻的）开端，最终发展出了周长达 18 英里的现代巨型加速器。

因为费米实验室的兆电子伏特加速器和大型强子对撞机的目的是寻找新的、大质量的粒子，所以很明显它们必须以对撞粒子束的模式运行。当决定要建造一台对撞机的时候，我们首先要确定进行对撞的粒子是哪一种。选择有很多种。我们可以对撞正电子和电子（e^+e^-），就像 LEP 对撞机那样，也可以对撞电子和质子（ep），就像 HERA 对撞机那样，还可以像大型强子对撞机那样对撞质子与质子（pp）。（LEP 对撞机和 HERA 对撞机都是位于欧洲的大型加速器。）在费米实验室，正如我们之前介绍过的，我们对撞的是质子与反质子（$p\bar{p}$）。我们选择的配置通常取决于我们想要做的测量，而每种选择都有利有弊。比如，一台 e^+e^- 对撞机很棒，因为电子和正电子没有内部结构，所以粒子束的所有能量都能用来生产新粒子。另外，因为每次对撞都是一样的，所以我们对每次对撞的能量了解得都很精准。还有，正电子相对来说是比较容易制造的（我们稍后具体讨论），所以我们可以制作非常密集的粒子束，进而产生许多碰撞。不利的一面是，电子非常轻，因此在它们进行圆周运动的时候，能量损失得也非常快。此外，我们可以精确地设置粒子束能量这一点，也可能成为一个问题。如果我们正在寻找的粒子质量为 100GeV，而我们设置的粒子束能量为 98GeV，我们可能什么也找不到。在过去，这种例子有很多。我曾经见过很多物理学家，他们都在哀叹"我离发现 J/ψ 介子也就差那么一点点"。（如果需要，请参阅第 4 章复习一下。）

另一方面，质子－反质子对撞机（或者质子－质子对撞机，但是让我们用质子－反质子加速器来举例）有自己的特点。质子质量很大，所以在它们沿着圆环做圆周运动的时候不会损失太多能量。但是，反质子很难被制造，也不大容易进行处理操作，这就让问题变得棘手了。然而，真正的差异与质子的结构有关，我们在第 4 章中已经介绍过，它是一个包含部分子的受延展的对象。质子或者反质子的每个部分子携带的能量是质子或者反质子本身能量的随机分数。让我们来看看粒子束中的三个 "价夸克"[1] 或者 "反价夸克"。虽然我们已经清楚准确地了解质子和反质子的能量，但别忘了，有意思的对撞是发生在部分子（在我们的例子中是夸克）之间的，而不是整个质子或者整个反质子的层面上。我喜欢将质子－反质子对撞机比作两群彼此穿越的蜜蜂。大多数情况下，两个蜂群彼此穿越，很少发生相互作用，但是偶尔会有两只蜜蜂迎头撞上。但是某个蜂群中的所有蜜蜂都与另一个蜂群中的所有蜜蜂同时撞上，这是不可能发生的事。对夸克来说也是如此。

因为每个夸克通常携带质子能量的 10%～30%，这意味着有意思的对撞所涉及的能量要比粒子束的整体能量低得多。这其实就抵消了使用质子－反质子对撞机能够获得的大部分优势。实际上，兆电子伏特加速器中典型的 "有意思" 对撞能量和 LEP 对撞机（世界上能量最高的正负电子对撞机）可以获得的最高碰撞能量差不多。所以你会问，那为什么还要这么做呢？明知道每次碰撞都带有不同的能量让人火大，为什么我们还要用质子－反质子对撞机？好吧，除了我们想知道夸克对撞的时候会发生什么这个明显的原因之外，还有一个更为迫

---

1 在强子中决定量子数的夸克叫 "价夸克"；除了这些夸克，任何强子都可以含有无限量的虚（或 "海"）夸克、反夸克，及不影响其量子数的胶子。——译注

切的原因。虽然质子内的价夸克通常携带质子能量的 20%，但是偶尔
它们也会携带更多，比如 50%~80%。所以，在极度罕见的情况下，
我们会获得非常猛烈、非常高能的碰撞，远远超过现有正负电子对撞
机能够获得的最高能量。对于粒子物理学家来说，能量就是生命。能
量是发现的源泉。能量最高。

　　但是尽管如此，质子－反质子的对撞还是很混乱的。它们被称为
"垃圾桶的对撞"，其中有意思的相互作用发生在一只垃圾桶中的破闹
钟和另一只垃圾桶的烂鞋之间。我们需要从碰撞产生的其他乱糟糟的
一坨中挖掘出目标对撞的标志性特征。正负电子对撞机要清晰得多，
因为碰撞后产生的粒子只来自相互作用本身。在正负电子对撞中，没
有多余的旁观者。我们可以说质子－质子对撞机或者质子－反质子对
撞机是为了发现新粒子，但是在我们知道具体数据的情况下，其精确
度与正负电子对撞机是没法相比的。

反物质登场

　　到目前为止，我们还没有讨论过在很多碰撞中使用的反物质粒子
束。兆电子伏特加速器（质子－反质子对撞）和 LEP 对撞机（正负电
子对撞）都由两个旋转方向相反的物质粒子束和反物质粒子束构成。
欧洲核子研究中心很早以前的（能量更低的）SPS（质子－反质子）
对撞机以及位于 SLAC 国家加速器实验室的早期的（正负电子）加速
器也是如此。正反物质粒子束对撞当然不是唯一的选择，欧洲核子研
究中心早期的加速器 ISR（即相交存储环），以及庞大的大型强子对撞
机，都是质子－质子对撞机。与任何设计一样，每一种选择都各有利
弊。使用互补的、物质粒子束和反物质粒子束的最显著的优点是，就

像各种物质和反物质一样，它们能够完全湮灭成能量，然后转化成一种新的、未被发现的、大质量粒子。

反物质的问题在于它很难存储。如果正电子与电子接触，它马上会转化为能量。对质子和反质子来说也是如此。因此，我们首先要担心的问题是，如果我们真的手握反物质，要如何将它与普通的物质隔离开来？第二个问题是"到哪里去找反物质呢？"。当我们环顾地球，甚至整个宇宙，在我们目力所及的数十亿光年的范围内，我们并没有看到大量的反物质存在。当然，我们偶尔会在宇宙射线中看到一个反物质粒子，但这其实真不算什么。在我们所看到的数十亿个星系中，存在着数量大到令人难以理解的物质，而我们看到的反物质却少得可怜。（请注意：为什么如此是一个巨大的谜团，目前人们正在进行深入研究。在第7章中，我们将详细讨论这个问题。）

但最重要的是，在整个宇宙中，并没有地方让我们购买或者开采反物质。我们首先要以某种方式制造出反物质，然后在不接触它的情况下将其存储起来。这确实是一个艰巨的挑战，但是我们现在有能力做到这一点。在任何时候，费米实验室都拥有世界上最大的反物质供应，数量非常巨大。当然，巨大也是相对的。如果我们把超过25年以来费米实验室所创造的所有反质子堆积在一起，其质量也远远没有一粒尘埃大。虽然我已经强调了物质与反物质湮灭的时候会释放出大量的能量，但是如果我们将所有创造出的反质子与相同数量的质子湮灭，由此产生的能量将会让容量为两个半加仑的咖啡壶升温90华氏度（50摄氏度）……刚好让你的室温饮料升温至可饮用的热饮温度。所以不要担心我们的邻居们的安全问题。

真正的问题是，像费米实验室这样的实验室是如何创造出如此"大量"的、诸如反质子的外来物质的？让我们再次回到那个著名的等式：$E=mc^2$。一个普遍可靠的方法是，我们可以通过纯能量来创造反物质。正如我们在第 2 章中提到的，反质子于 1955 年在劳伦斯伯克利实验室的高能质子加速器（Bevatron）中首次被发现。一束能量略高于 6.5GeV 的质子（质量约为单个质子质量的 7 倍）被引导至质子靶（即氢靶）上。在得到检视的数百万次碰撞中，产生了几个反质子。反质子的数量如此少的原因是，第一，很难恰好创造出三个合适的反夸克，然后令它们"碰巧"构成了一个反质子；第二，加速器的能量才将将足以制造反质子。真正敏锐的读者会好奇，为什么我们需要一个能量为质子质量 7 倍的粒子束来制造一个反质子（其质量与质子相同）。原因是，试验以两个质子开始，我们需要让这两个质子也存在于最终状态（因为它们不能彼此湮灭）。此外，物质和反物质必须被成对制造，因此，对于我们制造的每一个反质子，我们还必须制造一个质子。因此，在每次碰撞之后，我们至少需要有 3 个质子和 1 个反质子。最后，因为实验是定标靶的，因此在碰撞之后，所有的粒子都必须朝一个大致方向移动。将所有这些效应加起来，制造反质子所需要的最小粒子束能量大约为 6.5GeV。

　　费米实验室用十分类似的方法制造反质子。人们用质子撞击靶，生成了大量的粒子。反质子被收集起来，其他的粒子则被丢掉。要怎么做到这一点呢？很简单，人们将所有大质量的、带负电的粒子导入一个存储环，反质子就能被筛出。因为除了反质子之外的所有粒子都会很快衰变。

　　费米实验室用的是对撞机，也就是说，在兆电子伏特加速器中，有质子和反质子，两束粒子以相反方向旋转，正面相撞。我们可以让这两个粒子束在环中运行大约一整天左右，这很理想。我们让两束粒子在环中运转，然后开启探测器测量碰撞，持续时间大约一天。然后，当粒子束质量变差时，我们就丢掉它们（将粒子束撞向准备好的、位于特殊地点的墙上），然后在加速器中重新注入两束粒子并且重复实验。

当粒子束在兆电子伏特加速器的环中循环整日的时候，我们本可以让其他 4 台加速器闲置。但我们并不是不使用它们，而是用它们来制作反质子。每隔 2.5 秒，我们使用其他 4 台加速器（包括主注射器）将质子加速到 120GeV 的质量。然后我们将这些质子瞄准镍靶，并且收集逸出的反质子。产量很低。例如，每个质子脉冲包含 5×10^{12} 个质子，反质子的平均产量为 5×10^7 个。因为我们需要大约 3×10^{11} 个反质子来进行有价值的物理研究，所以我们反复重复反质子的创造过程，并且将每次创造出来的反质子储存在一个特殊的粒子加速器中，这个加速器顾名思义，叫"存储器"。为了获得足够进行一次实验的反质子，我们需要 7 个小时来累积。在 24 个小时中，我们能够收集（我们说"堆叠"）大约 10^{12} 个反质子。做到这一点的技术细节具有足够的挑战性，西蒙·范德梅尔和卡洛·鲁比亚因此获得了 1984 年的诺贝尔物理学奖。

正负电子对撞机中的正电子也是以类似的方式创造的。当在最大的一个环中，电子束与正电子束碰撞的时候，另一个比较小的加速器却在不停地工作，顺利地累积着正电子。当大环之中的粒子束质量下降的时候，小加速器中已经聚集了足够的反物质，实验者们可以更新大环中的粒子束，并且继续试验。

世界上的加速器

因为我曾经利用费米实验室的兆电子伏特加速器搞了 25 年的研

究，所以我稍微花了几页的篇幅详细介绍了一下它。但读者们并不应该认为费米实验室是唯一有着令人印象深刻的加速器的地方。早在鲍勃·威尔逊和他的哥们儿们在伊利诺伊大草原上建造了费米实验室之前，真正的世界级加速器位于阿贡国家实验室、布鲁克海文国家实验室、斯坦福直线加速器中心、洛斯阿拉莫斯国家实验室和劳伦斯伯克利实验室。在美国以外的地方，有位于瑞士的欧洲核子研究中心的国际实验室，位于德国汉堡的德国电子加速器实验室，位于日本筑波的高能加速器研究机构的 KEK 实验室。苏联有着才智逼人的科学家，他们也建造了一些令人印象深刻的加速器。虽然费米实验室长期以来一直有着最高能的加速器，但是欧洲核子研究中心建造了一个非凡的、极具竞争性（亦具有互补性）的加速器——大型正负电子加速器（LEP），该加速器下设置四个卓越的实验小组，让费米实验室的科学家们的竞争之心迅速跳动。当大型强子对撞机开始运行的时候，费米实验室不再占据业界尖端地位，而是把第一把交椅让还给了欧洲核子研究中心，大型强子对撞机的设计能量是兆电子伏特加速器的 7 倍，每秒钟生成的碰撞也是后者的 10 倍。如果位于得克萨斯州沃克西哈奇县的超导超大型加速器（SSC）得以建造，那么美国将依然保留其能量领先者的称号，可惜这不可能了。读者们可能还记得，超导超大型加速器原本应该是大型强子对撞机的竞争对手，其质子束与反质子束的碰撞能量应该是费米实验室的兆电子伏特加速器的 20 倍。SSC 项目在 1993 年被美国国会终止。（你能看出我的嫉妒吗？幸运的是，欧洲核子研究中心和费米实验室一样，是一个真正的国际化机构，所以美国人也能在那里占据一席之地。）然而，眼下正在进行的讨论间接指明，下一台加速器应该是一台巨大的线性加速器，被称为国际直线对撞机（ILC），这将是一台加速电子束和正电子束的超级高能直线加速器。设计工作正在进行中，选址仍需要数年的时间才会开始。（虽然在我看来，费米实验室就挺好的……）

目前的加速器可以支持种类非常丰富的物理研究计划。现代粒子加速器很少只有一个目的，但是通常都会有一个主要焦点。最初为发现顶夸克而建造的兆电子伏特加速器现在转而搜索希格斯玻色子。大型正负电子对撞机的建造是为了精确地测量 Z 玻色子的性质，随后的升级让它们能够根据特征识别 W 玻色子，并且也参与搜索希格斯玻色子。HERA 加速器（电子－质子对撞机）被设计用于深入观察质子内部，并且研究涉及电子和夸克的碰撞的物理过程。大型强子对撞机的目的是寻找希格斯玻色子，而且，它要么证实超对称理论，要么证伪（我们将在第 8 章中讨论）。布鲁克海文国家实验室的相对论重离子对撞机（RHIC）可以将裸金原子核对撞，并且寻找一种全新的物质状态，即所谓的"夸克－胶子等离子体"，在如此大的体积内，能量会如此之大，以至于夸克和胶子被认为能够从质子和中子中脱离出来，自由地混合在一起。此外，还有能量更低但束流率更高的加速器，被设计用来寻找罕见的物理现象，尤其是 CP 不守恒（我们将在第 7 章中讨论）。这些加速器为斯坦福直线加速器中心的 BaBar 探测器和日本 KEK 的 Belle 探测器服务。这些加速器的能量值设定在能而产生大量的 b$\bar{\text{b}}$ 对（底夸克与反底夸克对）的大小。详细信息参见表 6.3。

所有这些形形色色的加速器，虽然在细节上有所不同，但是有很多共同点。它们都让以相反方向旋转的带电粒子束对撞（除了 CEBAF 之外）。它们都用电场加速粒子，并且用磁体控制粒子束。所有这些加速器对于通过实验提出和回答物理学前沿研究带来的有价值的问题至关重要。

虽然得以制造这种在技术上极其复杂的加速器复合体，以及由此

表 6.3　各大加速器的基本参数

加速器	实验室	启动时间	粒子束	能量 (GeV)	环直径	主要目标
兆电子伏特加速器（Tevatron）	费米国家加速器实验室（FNAL）	1983	质子/反质子	1960	2 千米	顶夸克、希格斯玻色子
大型正负电子对撞机（LEP）	欧洲核子研究中心（CERN）	1989	电子/正电子	90	8.6 千米	W 玻色子、Z 玻色子
相对论重离子对撞机（RFIC）	布鲁克海文国家实验室（BNL）	1999	很多 *	200**	1.2 千米	夸克-胶子等离子体
HERA	德国电子加速器（DESY）	1992	电子/质子	310	2 千米	光子结构
大型强子对撞机（LHC）	欧洲核子研究中心（CERN）	2009	质子/质子	14000***	8.6 千米	希格斯玻色子、超对称
KEK B	高能加速器研究机构（KEK）	2000	电子/正电子	10.6	0.5 千米	CP 不守恒
PEP II	SLAC 国家加速器实验室（SLAC）	1999	电子/正电子	11.1	0.7 千米	CP 不守恒
连续电子束加速器设施（CEBAF）	托马斯·杰斐逊国家加速器装置（TJNAF）	1994	电子/质子	4.8	****	原子核
超导超大型加速器（SSC）	超导超大型加速器实验室（SSCL）	*****	质子/反质子	40000	19 千米	希格斯玻色子、超对称

* 可以加速从氢元素到金元素的若干种类型的原子核

** 表示每个核子的能量，但是在金原子中有很多核子

*** 出于保持运行稳定的原因，目前的运行能量为 7000GeV，当前的计划是在 2014 年让其全速运转

**** 没有环形结构

*****1993 年取消

产生的粒子束两件事本身已经令人叹为观止，但是我们必须记住，加速器只是工具而已。我们加速粒子的原因是为了更好地理解在极端条件下的物质行为。加速器为我们提供了这些极端条件下的物质，但是除非我们能把这些碰撞记录下来，否则我们只是在浪费时间。我们需要的是某种能够记录每次碰撞以供日后研究的相机。在理想情况下，我们想要一台能够拍下碰撞的"有价值"部分的清晰照片的相机。但是所有这些"有价值"的事情都发生在质子那么大（或者甚至更小）的空间之内。读者们可能会想，想要拍摄这么小的照片，我们大概需要一台微型的相机，但事实上，现代粒子探测器往往质量达数千吨。所以，人们真正应该问的问题是："物理学家如何记录这些规模巨大的碰撞数据，以及他们如何理解所看到的东西？"

粒子探测器：世界上最大的照相机

当你第一次见到一台现代粒子物理探测器，你一定会惊讶于它庞大的身躯。偏小型的探测器质量约一千吨，而现代高端探测器的质量约为一万吨。目前正在建造的两个巨大探测器甚至把这些探测器也衬得娇小。于是乎，我们不得不问一些问题。为什么这些探测器都这么大？另外，它们是怎么测量粒子的？让我们假设一下，在理想的世界中我们要测量些什么。在一次能量为 2TeV 的质子－反质子碰撞中，如果我们设置让碰撞具有中等左右的强度（后面会有更详细的说明），我们会得到 100~300 个"最终状态"的粒子（也就是存在于相互作用之后的粒子）。为了完整地测量整个事件，我们需要知道一些信息。首先，我们要知道每个粒子的身份，（即它是光子、电子、π 介子、μ 子等等。）我们要知道每个粒子的能量与动能；也就是说粒子的移动方向以及它具有多少能量。在读者们熟悉的非相对论世界中，这意味着粒子的运行速度。虽然在粒子物理的相对论世界中，规则是不同的，但总而言之，速度与能量是相关的，记住这一点就足够理解了。如果读者们想要了解更多更详细的信息，请参阅附录 D。

我们想知道的最后一个信息，是每一个粒子出现的时候位于空间中的精确地点。如果我们知道全部的这四件事（出现时的位置、粒子类型、能量、动量），我们就知道了按理讲能被我们知道的、关于碰撞的一切信息。如果我们足够贪婪，我们可能也想尽可能多地了解每个粒子的过往。例如，一个 π 介子可能作为碎片的一部分产生于粒子喷射，也有可能是来自某个更大质量的粒子的衰变，而这个更大质量的粒子也是在喷射中产生的。最重要的是，我们想要了解关于每一个粒子的、尽可能多的信息。

所以，虽然在一次典型的碰撞中，会有数百个最终状态的粒子，让我们只挑选一个进行着重讨论。我们将专注于 μ 子的情况，至于为什么，我们很快就会看到了。最先挑 μ 子来考虑很有用处，因为它相对稳定（比如，一个低能量的 μ 子在衰变之前能够移动数千英尺，而一个高能 μ 子还能跑得更远）。μ 子携带电荷，因此它可以通过电场被操纵，最重要的是，这种电荷允许 μ 子电离物质。电离是测量高能粒子能量的最常用的技术。

电离与追踪

仔细想来，对于任何对象，我们总是能够通过它与周围环境的相互作用来探测它。我们探测到一个白色的物体，是因为它能够将光子反射到我们的眼中。我们探测到一个黑色的物体，是因为它不反射任何东西。我们知道，隔壁的房间里有一个婴儿，是因为当他哭泣的时候，声音会引发空气的振动，然后振动传递到我们的耳膜之中，进而刺激神经，诸如此类的。如果任何对象能够与周围环境相互作用，我们就能够探测到它。

基本粒子也是如此。因为一个带电粒子携带电场，当它通过物质的时候，物质中的原子可以"看到"这个带电粒子（即感受到这个带电粒子的影响）。原子核和原子中的电子都"看到"了这个带电粒子，但是因为原子核的质量太大，所以它们不大会受到影响。然而，由于电子的质量特别小，以至于它们可以完全被击出原子之外。通常情况下，原子具有相同数量的电子和质子，但是一旦情况改变（比如我们将一个电子击出原子之外），我们就称这个原子为离子。将电子从原子中"击出"（从而将原子转化为离子）的过程被称为电离，如图 6.9 所示。

一旦了解了这一点，你就对粒子探测有了 90% 的了解。如果一个粒子穿越物质，它会使物质内的原子发生电离。我们收集这些被击

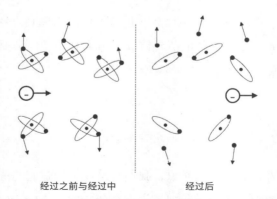

经过之前与经过中   经过后

图 6.9 电离过程的示意图。一个携带电荷的粒子在物质中移动，随着它的行进，将电子从原子核中击出。这些电子被我们收集并检测。

出原子的电子（稍后将详细介绍我们是如何做的），并且通过被释放的电子来推断带电粒子的路线。此外，由于每释放一个电子，带电粒子的能量都会减少，我们可以通过它穿透物质的深度来确定粒子的能量。例如，假设每次一个原子被电离的时候，带电粒子都失去其 1%的能量（当然在现实中绝对没有这么多），那么在经过 100 个原子之后，带电粒子会失去全部的能量然后停下来。这有点像打滑的汽车。一辆快速移动的汽车（即更能量更多）比一辆更慢的汽车会留下更长的滑移痕迹。

　　虽然粒子能在物质中移动多远是衡量其能量的一个不错的标准，但是它在移动中击出的电子数量甚至更有用。原因在于，一旦我们得到了电子，我们就能够把它们导入专门的电子设备中，然后以有用的方式来操纵电信号。我们在图 6.9 中看到了电子是如何从原子中被撞出的。如果我们在带电粒子通过的区域内放置电场，电子将感受到来自电场的力并且被推向一侧。读者们应该还记得我们在讨论加速器的时候提到的电场，如果我们在此处设置同样的电场，被击出的电子则会向正极金属板移动。一旦它们击中金属板，电子就会通过电线流向电子元件，后者则会计算出电子的数量。所以，在我们回到对粒子检测的更总体的讨论之前，让我们先回顾一下我们对电离的了解。一个带电粒子通过物质。该粒子的电场将物质的原子中带负电的电子从原子中击了出来，于是原子变成带正电的离子。我们施加的电场将电子和离子分得更开（使得它们不能像通常那样重新结合）。电场让电子移动的速度很快（因为它们的质量很低），而带正电的离子移动的程度很小（因为它们质量很大，不过它们最终的确也稍微有所移动）。这一系列事件如图 6.10 所示。

　　最后还有一点很重要。所谓电离，指的是电子被从物质中的原子

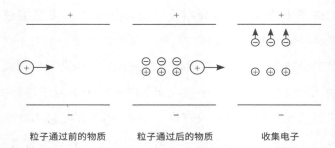

粒子通过前的物质   粒子通过后的物质   收集电子

图 6.10 电离电子收集的基本步骤。带电粒子在存在横向电场的情况下穿过物质。该粒子将原子中的电子击出，产生电子和带正电的离子。然后，比较轻的电子则在电场的一块金属板上被收集，随后导向电子元件。

中击出的过程。在这个过程中，穿越物质的粒子速度降低，无论我们是否收集电子，它都会发生。所以电子的收集与电离过程无关。我们收集电子只是为了测量电离。

这有点像一辆刹车失灵并且撞向（都是小树苗的）林场的小汽车。汽车撞上许多树，将它们撞飞（即电离原子）。每撞飞一棵树都会让汽车稍微减速。最终，汽车停了下来。不管我们有没有在看，树都被撞飞了（电离了），最终汽车（粒子）停下来了。通过数清被撞飞的树（即收集电子），我们可以测算汽车的行驶速度，这与汽车的原始速度有关。

当我们谈过了可以通过计算电子数量来确定粒子的能量，但我们仍然需要知道粒子停止之前在物质中穿透了多远。这是因为我们需要知道在带电粒子前面应该放置多厚的物质。如果粒子其实需要在物质中前进一英尺才停下来，而我们只放置一英寸厚的物质，粒子会在穿透物质的过程中减速（也就是失去能量），但是并不会停下来。我们将会发现，这个属性非常有用。

读者们可以想象，粒子穿透物质的距离与该物质的密度有关。致

密的物质意味着更多的原子。更多的原子意味着在同样体积的空间
内，被电离出的电子更多。因此，在更密集的物质中，粒子停下来所
需要的时间比在不那么密集的物质中更快。以如下三种物质为例：气
体（比如空气），塑料和固体铁块，我们可以计算让粒子停下来需要
多厚的物质。例如，假设我们有一个携带 10GeV（这个数字算是比较
大，但并不令人惊讶）能量的 μ 子。我们需要 56 千米（33 英里）的
空气，50 米（160 英尺）的塑料，或者 8.5 米（27 英尺）的铁块来让
这颗 μ 子完全停下来。27 英尺厚的铁块规模相当可观（并且别忘了，
这颗 μ 子携带的能量并不算特别高）。所以我们得想出更聪明的办法
来解决这个问题。但是请记住，从现在开始，电离是我们一切讨论的
核心。

　　还有另一项我们可以利用的重要技术，我们之前已经讨论过了。
也就是带电粒子在磁场中的行为。当一个带电粒子在磁场中移动的时
候，会发生偏转。该粒子将会沿着圆周轨道运动。读者们应该会记
得，这就是我们利用磁铁建造大型圆形加速器的原因。对于一个固定
的、恒定的磁场来说，粒子运行轨道的半径与带电粒子的能量（更准
确地说是动能）有关。粒子携带的能量越多，其轨道的半径就越大。
最后，粒子的运行方向是顺时针还是逆时针取决于粒子携带的电荷的
符号。正粒子与负粒子的运行方向相反。哪种粒子对应哪个方向则是
任意的（因为我们可以通过改变磁场的方向，或者改变我们观测粒子
时自身的位置来改变粒子的运动方向）。但是正负粒子的运行方向总
是相反的。这些要点如图 6.11 所示。我们在图 6.11a 中看到，在没有
磁场的情况下，带电粒子沿着直线运动。在图 6.11b 中，我们看到携
带正电荷与负电荷的粒子沿着相反的方向运动。最后，图 6.11c 显示
了，能量较低的粒子受到磁场的影响远远高于能量较高的粒子。能量

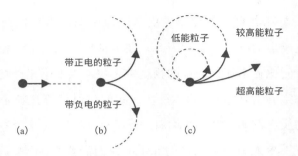

图 6.11 磁场使带电粒子沿着圆形轨道移动。带正电的粒子和带负电的粒子沿着相反的方向移动，虽然哪个粒子对应哪个方向是任意的。另外，粒子移动的圆周的半径与粒子的动量有关。动量越高的粒子，运动轨道的半径越大。

较低的粒子的路线出现了明显的弯曲，而能量非常高的粒子的路线看上去几乎是直线。现在我们已经了解了电离和磁场这两个关键性的技术，我们已经准备好解决粒子检测这个有意思的问题了。

　　气泡室被发明的故事非常有趣。事情是这样的。在一个月黑风高的夜晚……好吧，其实并不是这样，但是故事的开头总要有点噱头嘛。大家都相信的说法是，1952 年，唐纳德·格拉泽去了密歇根大学所在地——密歇根的安娜堡市的一家酒吧喝闷酒。他闷闷不乐地盯着他的啤酒，看着气泡从杯子低端升到顶端。另一位顾客评论说，气泡在杯子中形成了一条漂亮的轨道，格拉泽福至心灵，突然想到他可以使用放射性粒子在适当的液体中形成气泡。格拉泽将液体（实际上是乙醚）放入玻璃容器，在一定的压强下将其加热，使其温度刚好低于沸点。在粒子撞击气泡室之前，他将压强降低，令液体处于一种"过热"的状态。所谓液体的过热状态，指的是温度高于沸点但是不沸腾的状态。只需要一个小小的刺激就能引发液体的沸腾。这个刺激就是带电粒子的穿越。当带电粒子穿过液体的时候，随着它引发的电离，它会留下一个小小的尾迹，有点像喷射式飞机的航迹云，我们可以拍照记录。我们可以通过将盐加入汽水来模拟这种现象。（传言说，当初格拉泽用的是啤酒，但是你绝对应该用汽水，因为用啤酒来做这种实验太暴殄天物啦。）1953 年，在美国物理学会的一次会议上，格拉泽宣布了他的成果。1960 年，他因此获得了诺贝尔物理学奖，彼时他只有 34 岁，年轻得不像话。这个故事真的是太传奇了。任何以啤酒和有趣的物理开始、以诺贝尔物理学奖为结束的故事，我都觉得很棒。它还为花了一整天来击碎原子的我的研究生和我本人下班后该做什么提供了绝佳的范例。如果格拉泽能用啤酒来获得灵感，那我们绝对相信啤酒管用。我们甚至愿意原谅格拉泽的背叛，毕竟他后来从物理学跳槽到生物学的研究去了。

　　虽然发明气泡室的是格拉泽，但是将其变成真正的探测器技术的却是路易斯·阿尔瓦雷茨。格拉泽的第一个气泡室直径只有几英寸，由玻璃制成，因为格拉泽相信只有玻璃才足够光滑，不会从容器表面的褶皱处引入我们不想要的气泡。阿尔瓦雷茨通过使用带玻璃窗的金属容器增加了气泡室的尺寸，玻璃窗是为了方便拍摄粒子的轨迹。另外，阿尔瓦雷茨将液体从乙醚改成了液态氢。进一步的改进可见费米实验室巨大的、直径长达 15 英尺的气泡室，该气泡室于 1973 年 9 月 29 日启用，于 1988 年 1 月 1 日退役，一共拍摄了数量惊人的 235 万张照片。阿尔瓦雷茨通过气泡室发现了许多新粒子，因此他在 1968 年获得了诺贝尔奖。阿尔瓦雷茨真的是一个"文艺复兴式"的全才，除了物理学之外，他还有很多副业。其中最有意思的一些包括他使用宇宙射线来搜索埃及金字塔中的隐藏密室；他还对呈现了肯尼迪总统的刺杀过程的、著名的"扎普鲁德影片"进行了分析；以及，他最非凡的成就或许是，用流星或者彗星撞击地球来解释恐龙的灭绝。阿尔瓦雷茨真的是个涉猎广泛的家伙。

　　粒子穿越液氢时留下的痕迹，令液氢沿着粒子的路径沸腾。磁场的存在让粒子的路径发生偏转，路径弯曲的程度与粒子的能量有关；路径弯曲的程度越大，说明粒子的能量越低。

　　气泡室虽然是实现探测技术可视化的最简单方法，但却受到许多限制。相对来说，它比较慢，最大重复率不过每秒几次。此外，确保能够气泡室能够记录"正确"的相互作用（后面会详细介绍）也有点困难。以及，对气泡室数据的分析需要人们一张张地看照片……这的确是一种非常冗长乏味和容易出错的方法。很显然，人们需要一种新方法。

　　关于如何克服气泡室的局限的关键性突破来自一位法国物理学家，乔治·夏帕克。夏帕克曾是法国抵抗运动的成员，纳粹集中营的幸存者，后来他又成为粒子探测技术中最高产的研究者之一，因此他在 1992 年获得了诺贝尔奖。夏帕克最著名的成就或许是一维丝室探测器的发明。一维丝室探测器的原理很简单。就其最基本的元件而言，一维丝室探测器可以被看作是一根带电压的、非常细的金属丝，金属丝由气体所包围（通常是含有大量氩气的混合气体）。当一颗带电粒子穿越氩气的时候，氩原子被电离。通过巧妙地布置电场，来自离子化的氩原子中的电子会快速"跳跃"到金属丝上，并沿着金属丝移动，最终被导入准备好的电子设备上。因此，带电粒子的经过是通过我们读取电子设备中的信号来确认的。这有点像按了门铃就跑的孩子。虽然你从来不曾见到孩子的面，但是敲响门铃的电脉冲证明了有个孩子曾经路过你家的门廊。

　　虽然单根金属丝可以说明丝室的原理，但是在现实生活中，人们往往在丝室中设置大量的、位于同一平面的平行金属丝，看上去很像竖琴。当一颗带电粒子穿过平面的时候，距离粒子路径最近的一根金属丝中会产生一个信号。想想看，这个信号给了我们粒子位置的信息（因为我们知道距离粒子最近的金属丝是哪一根，我们也知道这根金属丝的具体位置）。然后我们可以通过设置很多金属丝平面，并且记录下哪些金属丝被电子击中的方式来确定粒子的路径。这个想法如图 6.12 所示。我绘制的是多个金属丝平面从侧面看起来的样子，在图中，每个点都代表一根金属丝的尾端。在图 6.12a 中，我画出了所有的金属丝，以及一颗经过它们的粒子。在图 6.12b 中，我只画出了粒子路径附近的金属丝。于是，通过幼儿园级别难度的绘画技巧，我们可以连接这些点，并且绘制出带电粒子的路线。粒子的路径是弯曲的，这当然说明有磁场存在。

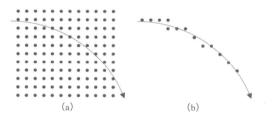

(a)　　　　　　(b)

图 6.12　丝室的基本构成。每一个点代表一根电线的尾端。一颗受磁场影响偏转的粒子会撞击一系列金属丝。通过观察哪些金属丝被击中，我们可以重建粒子的路径。

　　通过使用这种技术，探测器的大小可随需求而定。现在，我们已经可以做到观测许多前文中列出的我们希望在探测器中看到的对象。我们知道了粒子精确的位置和路径，以及它的能量（根据粒子路径的弯曲程度判断）。此外，我们知道粒子携带电荷，由于我们知道磁场的方向，我就能知道粒子携带的电荷是正还是负（根据粒子的运动路径是顺时针还是逆时针来判断）。我们确实取得了重大的进步。

　　虽然"竖琴"探测器（其实叫丝室）很好用，并且有着悠久且传奇的历史，但是它也有其局限性。金属丝间的接近程度是有限的，出于技术限制，如果距离太近的话，丝室就很难操作了。因此，即使使用精巧的电子设备，我们测量粒子位置时的精度，也只有毫米的几十分之一。虽然这种精度已经相当高，但是许多测量还需要更高的精度。另外一个重要的考量来自于这样的事实：高能碰撞发生后，可能会产生几百个粒子。如果两颗粒子彼此靠近，它们的轨迹可能会和同一根金属丝交叉，使得两个粒子只留下一个信号。解决这些问题的唯一方法是减小相邻金属丝之间的距离；我们之前已经说过，我们在让金属丝在接近到一定程度后很难做到继续减小他们之间的距离。那么我们该怎么办呢？

事实证明，我们可以用小硅条来代替金属丝和气体的技术。这些硅条极其微小，这要多亏计算机产业为了制造更小的芯片做出了非凡的努力。在现代探测器中，硅条的宽度可以低至 0.05 毫米。想想看吧。以一根米尺为例，米尺上最小的距离刻度为 1 毫米。这些硅条很细，在 1 毫米的空间内，我们能够并排塞下 20 根硅条。同样令人印象深刻的，是构成现代探测器的硅条总数，大约将近一百万。正在建造的新探测器甚至会让这些惊人的数字也相形见绌。这些新的探测器将于 2008 年上线。最终的结果是，我们可以将基于硅条的跟踪装置放置在探测器的中心附近，在距离相互作用的发生非常近的地点获得关于粒子碰撞的行为非常详细的信息。

当然，我们还不知道如何观测中性粒子（即携带零电荷的粒子，比如光子和中子）。此外，我们也不能容易地区分一个电子（e-）和一个带负电的 π 子或者 μ 子（π- 或 μ-），或者反过来，我们也不太容易区分正电子（e+）和带正电的 π 子或 μ 子（π+ 或 μ+）。进一步地，我们稍加深思熟虑就会发现另一个局限性。众所周知，携带大量能量的粒子不会被磁场弯曲太多，因此它的路线也会越来越接近直线。

　　正如我们在图 6.13 中看到的那样，最终粒子的能量会因为过大，只击中了单排的丝线。更高能量的粒子的路线甚至会更直，而且依然只击中同一组丝线。因此，一旦粒子超过一定的能量，我们就无法区分它和更高能量的粒子。由于所有具有这种能量和更高能量的粒子都会击中同一组丝线，所以它们看上去都是一样的，因此测量给出的它们的能量值都相同，我们称之为"很多"。所以，再一次地，我们需要发明新的技术。

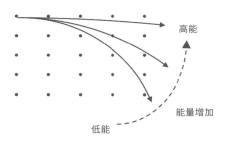

图 6.13 带电粒子穿越丝室，每一个粒子的能量依次增大。能量超过一定的数字，所有的粒子都会击中同一组线。这就限制了这种探测技术可以测出的粒子能量最高值。

　　之前我们谈到了电离，我们发现，对于一个能量为 10GeV 的 μ 子来说，需要 27 英尺厚的铁块才能让它停下来。这可真用了不少的铁，所以我们得想办法缩小这个数字。如果电离就是故事的全部，我们可就要傻眼了。然而，还有一种我们忽视的现象。这种现象叫作簇射。因为 μ 子没有表现出这种簇射行为，所以我们来聊聊电子的情况。

热量法：测量能量

当电子穿越物质的时候，它会像其他带电粒子一样引起电离。不过，它也会干点别的事儿。当电子靠近原子核的时候，它会受到原子核的电场影响，并且发生偏转。作为偏转的结果，电子会发射一个光子。因此，在碰撞发生之前，我们有一个单一的电子，携带一定的能量（比如 100 个能量单位），在碰撞之后，我们有了一个电子和一个光子，每个携带（比如说）原始电子能量的一半（所以它们各自携带 50 个能量单位）。接下来就是见证神奇的时刻。携带 50 个单位能量的电子继续前进很短的一段距离，然后击中另一个原子核，再发射另一个光子，然后再次和光子平分能量（所以每个粒子携带 25 个能量单位）。于是问题变成了，这些光子会怎么样。光子可以转换成电子 - 正电子对（e^+e^-），在原子核附近，这一点很容易做到。每一个电子和正电子都携带光子的原始能量的一半（因此它们各自携带 25 个单位的能量）。然后，电子和正电子又可以击中另一个原子核，并且辐射出更多的光子。因此，我们有了一个关于电子、正电子和光子的"瀑布"，或者"簇射"，粒子数量急速增长，随着粒子数量的增加，粒子的能量会相应地减少。这种效果见图 6.14。

后续产生的粒子之间的距离被称为辐射长度。每一颗粒子平均前进一个辐射长度，然后分裂成一对粒子（$e \rightarrow e\gamma$ 或者 $\gamma \rightarrow e^+e^-$）。辐射长度的大小在很大程度上取决于物质本身，但通常情况下，金属中的辐射长度都很小（比如，在铅中，是 6 毫米，即 0.25 英寸，而在铁中则是 18 毫米，或者 0.71 英寸）。

簇射的真正重要性在于我们能够将单个的高能粒子转化为很多的低能粒子。这些低能粒子让物质电离并最终停了下来。由于粒子可以

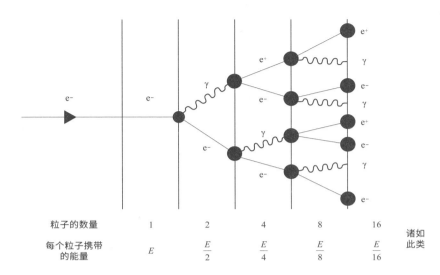

图 6.14 电子的量热法的基本特征。单个电子与探测器中的原子相互作用，并发出一个光子。电子继续前进并且再次发生相互作用。光子随后又成对地生产电子 - 正电子对。粒子数量按几何级数增长，每个子粒子都携带其母粒子的一部分能量。最后，单个的高能粒子转化为许多的低能粒子。

穿越物质，并且在电离的过程中损失能量，其穿越物质的距离与粒子的能量成正比，通过增加粒子的数量（并且减少它们的能量），我们可以大大地减少可吸收原始粒子的物质的必要厚度。例如，如果我们将粒子数量增加 100 倍（因此将能量减少到 1/100），我们需要让粒子停止的物质厚度也减少为原来的 1/100。

　　我们实际上需要的、能够吸纳来自电子的全部能量的铁块必须厚得足以令簇射发展到一定规模。正如我们在图 6.14 中所看到的，在最初的几次相互作用之后，只有少数粒子出现。只有在经过若干个辐射长度之后，才能出现最大粒子数（在现实中，可以高达上千个）。考虑到所有的这些效果，我们发现，携带 10GeV 能量的电子的簇射可以完全被包围在厚度为 15~20 英寸的铁中。这个厚度是为了捕捉少量的，能在铁块中行进非同寻常的距离的特殊粒子。实际上大部分电子的能量让它们在不到 6~7 英寸的厚度内就停止了。电子在铅中的行进距离大约为在铁中的 1/3。

实际上，根据我到目前为止所介绍的内容，我没法证明自己估算的 15 英尺厚的铁这个数值是正确的，因为电子簇射可以无限期地持续下去，直到每个粒子的能量变成无穷小。这是因为我此前所描述的情况有些过于简单化了。在现实中，如果粒子的能量低于一个阈值，它就不再转化为粒子对，相反，它只是单纯地穿过物质，一边行进一边电离。这有点像飞机。超过一定的速度，飞机能飞起来。它或许飞得笨拙，或许飞得敏捷，这取决于它的速度，但无论如何它能飞。然而，一旦速度低于阈值，飞机就不再能飞行了。在特定的能量值以下，电子、正电子和光子不再能够成对。

我很喜欢将粒子簇射比成烟花。一个粒子进入物质，首先只引发电离。随后，它与一个原子核相互作用，产生更多的粒子，进一步又产生更多的粒子，每一个后续粒子都携带更低的能量，直到低能粒子通过物质时只引起电离。类似地，当我们发射一束烟花的时候，在上升的过程中，它通常留下一条发光的小尾巴，让人联想到电离。烟花会有一个初始爆炸（相互作用），然后抛出一些"小炸弹"，然后再继续爆炸。一连串的爆炸继续发生，直到小炸弹们都爆炸了，渐冷的余烬下落，一个接一个地发光、熄灭，就像粒子簇射中，最终的粒子在最后阶段的电离一样。

到目前为止，我们讨论的簇射只涉及电子、正电子和光子。那么强子，比如质子和 π 子的情况又是如何呢？它们也会发生簇射，但是过程更加复杂。为了发生簇射，强子需要实实在在地击中一颗原子核，而不是仅仅靠近它就行。这种情况更为罕见，因此粒子在发生相互作用之前行进的距离会更长。此外，每一次相互作用都比电子的情况更复杂。不像电子在每次碰撞后会只创建两个粒子，强子会生成随机数量的粒子，大概是 3~8 个（通常是 π 子）。这些 π 子将穿越物质并且最终与其他的原子核相互作用。所以强子的簇射和电子的情况差不多，但是考虑到所有的效应，强子的簇射比由电子或者光子引发的簇射持续的时间要长不少，但是其规模尺寸依然能保证实验的可操作性（以 10GeV 的 π 子为例，大约为 4~5 英尺）。图 6.15 显示了稍微更加复杂一些的强子簇射。

图 6.15 强子与物质相互作用的示意图。每次碰撞都会产生许多新粒子，每一个粒子的能量都更低。虽然在细节上更加复杂，但是强子的簇射与电子的簇射类似。

　　我们所举的粒子簇射的例子发生在金属物质中，比如铁、铅之类的。我描述了粒子簇射的过程。但是，还有一个问题。我不知道如何方便地测量粒子在金属中的电离。测量电离的典型方法（如前所述）需要特殊的气体和电场，以收集电离出来的电子。但是气体的密度远远低于金属，所以，气体中的电子簇射可能需要经过几英里长的气体才能完成。那么，我们该怎么做呢？答案实际上相当巧妙。我们只需要结合这两个想法就行。我们设置一块金属板，然后在金属板后面设置一个包含能测量电离的低密度物质的空间。然后再设置一块金属板，再设置一个包含易于电离的物质的空间，按照这种模式多次重复。金属让电子簇射快速发展，而低密度的物质让我们能够"窥见"电子簇射过程中不同阶段的情况。由于我们描述过的、密度较低的物质是气体，所以读者们可以想象一个由金属板和气体交替组合构成的探测器，这是可行的，但事实证明，还有一种更优的选择，能够测量金属板之间的空隙中的电离。这种新物质被称为"闪烁体"。

闪烁体通常由塑料制成，其中混入了一些特殊的化学物质。它看上去非常像略带紫色的树脂玻璃片。与气体的情况不同——在气体中，电子的存在指明了有电离发生，我们可以通过巧妙的方法测量电子，当闪烁体被电离的时候，它会发出非常快速的闪光，通常是紫色或者非常浅的蓝色。光线在塑料中反弹，直到撞上一个可以将光转化为电子信号的专用设备。一旦静电力产生，人们就可以将它导入专用的电子设备和计算机，从而进行分析。

上段中提到的、将光转化为电信号的专用电子设备可以通过几种不同的技术来实现。最近，业内有一种向固态设备发展的趋势，但是还有一种更早先的技术，不但更容易解释，而且非常酷。此外，许多现代实验仍然在使用这种"旧技术"。光电倍增管（即 PMT，或者光电管）能够极快速地将光转化为电。关于光电管，有两件事我们必须知道。首先，即使是一颗低能光子（即组成可见光的光子）也能够将原子中的电子击出来。对于这种现象的理解是爱因斯坦获得 1921 年的诺贝尔奖的原因之一（而不是像很多人认为的那样，是由于相对论）。你会说，"啊哈，这不就成了吗"。但是不幸的是，没那么简单。一个光子（最多）可以释放一个电子，而一个电子携带的电量极其小。所以我们需要以某种方式放大这个由单个光子释放的电子，将它变成很多电子，足够释放出能够被现代电子设备记录的电信号。于是就说到了我们必须知道的第二件事，即当一个电子非常快速地移动并且撞击某些金属的时候，它可以击出几个电子。实际上，通常情况下，一个电子能够击出四个电子。

于是现在我们可以制作一个光电管了。我们取一根中空的玻璃管，在玻璃管的一侧涂上金属混合物，这种混合物可以很容易地将光子转化为电子。然后我们添加一个电场，电场可以将电子加速至金属板或者金属网格，在那里，一个电子可以击出 4 个电子。接下来就是这做法的精妙之处。我们将这 4 个电子加速至另一块金属板，每一个电子又能够击出 4 个电子，于是我们有了 16（4×4）个电子。再来一块金属板，我们有了 64 个电子，以此类推，每次增加金属板，电子数量都会是原先的四倍。这种技术的工作原理如图 6.16 所示。通常情况下，一个光电管带有 8～14 块金属板。一个有 12 块金属板的光电管能够将 1 个光子转化成 4^{12} 个，也就是约 1700 万个电子。因此，一枚光电管能够将单个光子转化成足够多的电子，令现代电子设备能够探

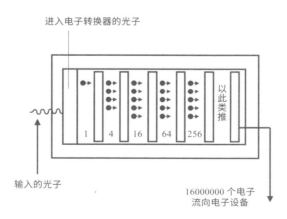

图 6.16　光电倍增管操作原理。一个光子从左侧进入，并且击出了一个电子。电场将这个电子引导至另一块金属板上，因此击出 4 个电子。一系列电场引导输出的电子，每个电子又击出 4 个电子。通过这种方式，单个光子可以产生成百上千万个电子，因此能够在专用的电子设备中被检测到。

测到它们。光电管的奇妙之处还不止如此，实际上做到这一切它只需要 10^{-8} 秒，它所需要的空间也非常小。典型的光电管是直径约为 1~2 英寸，长度约为 4~6 英寸的圆柱体。

所以我们为什么要将这些稀奇古怪的技术结合在一起，建造由交替的金属板和塑料闪烁体或者气体构成的、巨大的探测器呢？因为它提供了一种测量粒子能量的非常好的方法。在粒子簇射中产生的粒子数量大致与发起簇射的粒子的能量成正比。通过对簇射中的粒子数量进行采样，我们可以测量发起簇射的粒子能量。这种探测器被称为热量计（或者能量测量装置）。正如我们将要看到的，热量计是现代粒子探测器中不可或缺的组成部分。

所以，我们现在已经知道了很多有用的技巧，能够帮助我们识别碰撞中出现的不同类型的粒子。读者们可能还记得，当我们列出我们对粒子探测器的要求的时候，这正是其中之一。每种类型的粒子与物质的相互作用方式不同。以 10GeV 的能量为例，一颗不簇射的 μ 子能够穿透约 27 英尺的铁。而一颗会（短距离）簇射的电子，则会被 1~1.5 英尺的铁吸收。一颗通过核过程发生（长距离）簇射的强子（例如 π 子或者介子）需要 4~5 英尺的铁来吸收。此外，光子的簇射和电子簇射很相似。而与物质不怎么发生相互作用的中微子，则能够穿越数千光年厚的铁。最后，我们应该记得，中性粒子不会电离，因此除非它引发粒子簇射，否则我们看不到它。

一台探测器：诸多技术在其中

了解这些特征之后，我们可以绘制一个探测器的示意图，看看各种粒子（μ 子、电子、强子、光子、中微子）是如何相互作用的。我们看到，每种粒子都有独特的行为，因此我们能够通过粒子在探测器中的相互作用的特征来识别粒子的身份。

在图 6.17 中，我们大致能够看到我们预期观测到的各种粒子各自的特征。左边是一个仅由易电离的气体构成的区域，右边则是一个由交替的金属板和塑料闪烁体构成的热量计。μ 子在气体和热量计中都留下了单一的轨迹。电子在气体中留下一条轨迹，然后在热量计中引发了簇射，并且深入热量计的距离不太远。相比之下，π 子在气体中具有与电子类似的特征，但是在热量计中引发的簇射距离入射处更远。电中性的光子在气体中没有留下痕迹，但是在热量计中引发了与电子非常类似的簇射。最后，不发生相互作用的中微子在两个探测器中都没有留下任何信号。

有了这些知识，我们就能掌握现代粒子探测器的基本要素。我们记得，有两种与粒子束相关的物理实验，定标靶实验和碰撞实验。虽然定标靶实验可能非常复杂（而且我就是通过参与某个定标靶实验入

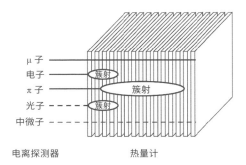

图 6.17 不同粒子如何与大块物质相互作用的示意图。μ 子直接穿越物质，只发生电离。电子会在较短的距离内发生相互作用，散尽能量。相比之下，π 子的情况类似，但是渗透程度更深。光子的情况看上去与电子类似，但是光子是电中性的，它们在发生簇射之前不会留下任何信号。中微子不会在探测器中发生相互作用，于是从我们的眼皮下溜走。通过这种方式，人们可以识别击中设备的各种粒子。

的行），但是我们还是要集中讨论碰撞实验，因为它们才是更现代的测量物质在极端条件下的行为的方法。

因为大多数（但不是全部）碰撞实验需要两个能量相等的粒子束，彼此旋转方向相反并且迎头相撞，基本的几何学表明，碰撞后的粒子可以从各个方向上喷出。这是因为两个粒子束具有相同的能量。如果其中一个粒子束比另一个能量更高，碰撞后的粒子的运行方向则更倾向于与较高粒子束的方向相同。但是因为我们在讨论的是相等能量粒子束的情况，这就决定了探测器的基本几何形状。在理想情况下，理想的探测器是一个球体，以碰撞点为中心，球上有两个小孔，让粒子束进入和离开。读者们可以想象一个篮球，粒子束进入篮球并在球心的位置发生碰撞，差不多就是这个意思。最重要的一点是，我们要完全监控环绕着碰撞点的范围，以便收集在相互作用中被创造的所有粒子。如果我们丢了粒子，我们就会丢掉信息。

遗憾的是，工程学上的考量——比如，机械支撑的问题、部件的便携性、构造的难易程度等等——使得另一种几何形状成为最优的选择。更实用的几何形状是圆柱体，柱体两端的平面与粒子束的方向相垂直，碰撞发生在圆柱体的中心处。图 6.18 显示了两种几何形状。从现在开始，我们将对撞机探测器视为圆柱体。

虽然设计大型粒子探测器是一门复杂技艺，因此人们可以做出许多选择，但是有一些基础知识，如图 6.19 所示。通常情况下，探测器的中心由一个硅探测器构成，以便精确地测量靠近原点的碰撞的特征。然后，是一个更大体积的空间，其中往往设置有追踪器；追踪器的设计通常是基于前文中介绍过的气体和金属丝的工作原理，当然其他的选择也是有可能的。整个追踪器内往往设有磁场，以使粒子偏转并测量它们的能量。这个中心追踪器之外，通常是两层热量计；一层

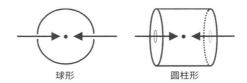

球形   **圆柱形**

图 6.18 对撞粒子束探测器的概念图。在两种情况下，探测器都几乎把碰撞点完全包围。这里显示的圆柱形探测器更为常见。

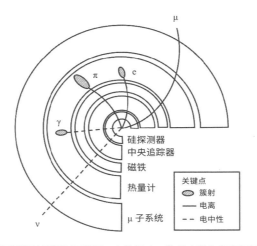

图 6.19 一台典型探测器的侧视图示意图。在该图中，粒子束进入和离开的方向都是垂直纸面的。探测器右下四分之一的缺口是为了给文字标识让出位置，实际的探测器在这种视角下应该是圆形的（在三维视图中应该是圆柱形）。图中还绘制了现代实验感兴趣的典型粒子的代表性轨迹和特征。虚线表示（在该设备中）粒子不可测，而实线则表示探测器能够观察到粒子的移动。

比较薄，为了让电子和光子的簇射尽可能地短，另一层则要厚得多，为了完全囊括强子（比如 π 子和质子）引发的簇射。这些热量计由若干金属板构成，金属板之间的区域则由容易观测的物质填充。金属的种类多种多样，铁和铅是最传统的选择，不过铀（铀 238，不是造原子弹的那种）也是一个非常有吸引力的选择。

　　在热量计外侧是 μ 子探测器。当然说是"μ 子探测器"也是有点误导了，因为中央追踪器和热量计也能够测量 μ 子。然而，除了 μ 子和不可见的中微子之外，所有的粒子都被厚厚的热量计挡住了。因此，任何穿越热量计并且在"μ 子探测器"中被观测到的粒子必须是 μ 子。

　　每个探测器可以有很大的不同，因为每个探测器都是一个非常复杂的设备，并且，由于预算有限，人们必须做出妥协，每个探测器设计组都必须要决定哪种功能是最重要的，以及需要在哪种功能上做出使其性能低于最佳程度的妥协。人们非常谨慎地做出这些决定，判断的依据是现有的最尖端科学知识。但是在科学的前沿，选择并不总是非黑即白，因此有的时候人们不得不依靠直觉。历史会奖赏那些做出正确选择的人，并且遗忘那些没有做出正确选择的人。

　　在具体某个实验室中，往往有两个大型实验组建构彼此竞争的探测器。这样做的原因有很多：万一有重大灾难发生，损坏其中一台探测器，整个试验室的工作不至于停摆；两个小组竞争也能鼓励研究人员努力工作（就好像他们还需要额外刺激似的）；两个小组的数据可以进行交叉检查，如果其中一个组出了错，另一个组很可能会发现它。在费米实验室，两台巨大的探测器分别是 DØ 和 CDF（即费米实验室碰撞探测器的首字母缩略，因为彼时它还是实验室里唯一的探测器）。HERA 加速器配置了 ZEUS 和 H1 两个实验组，而大型正负电子对撞机加速器身边则有四个实验组：阿列夫、特尔斐、L3 和蛋白石。巨大的大型强子对撞机加速器则为两个非常巨大的探测器提供粒子束，分别是 ALTAS 与 CMS，当然还有其他一些更专业的、更小型的探测器。

　　在过去的十五余年间，顶夸克研究领域取得了很大的进展。在提出发现顶夸克的论文中，提到了 30~50 次发现事件，而兆电子伏特加速器实验现在已经记录了成千上万次的此类事件。而大型强子对撞机的发现也已经超越了这些数字。由于大型强子对撞机的能量更高，顶夸克的产量增加了 20 倍。大型强子对撞机是一间顶夸克制造的工厂，只要一想，仅仅几年前我们费米实验室还在抓耳挠腮地努力寻找顶夸克，就会觉得眼下对标准模型中的这一领域的研究精确度简直令人难以置信。

　　虽然我们现在很清楚现代加速器和探测器的工作原理，但是我们忽略了一个非常重要的问题。当费米实验室的加速器以最高光度运行的时候（即火力全开，产生最高能的粒子束），在两台探测器中，每秒分别大约会发生一千万次碰撞（在大型强子对撞机探测器中则大约为一秒钟近十亿次）。然而，大多数碰撞都是无聊的类型，我们之前已经彻底研究过了。因为每次实验每秒钟只能在计算机磁带上记录下大约 50 次碰撞，我们必须以某种方式告诉探测器哪些碰撞是有意思的，哪些则是无聊的。粗略地说，探测器每记录下一次碰撞，都必须查看并放弃其他 100000 次碰撞，所以它们必须记录下那些"正确的"碰撞。如果我们只记录下那些不需要的碰撞，那我们永远都不会有任何有趣的发现，这是让研究人员夜不能寐的问题。那么，我们该怎么办呢？

　　很明显，为了以如此快速度做出决定，整个过程需要自动化。如果我们将粒子物理探测器看作是相机，那它必须也是一台智能相机，知道应该拍哪些照片。这种能力由复杂且反应迅速的电子设备提供。人们教会了这些电子设备在探测器中哪种类型的信号有可能预示着有趣的物理现象，并且记录下这些特定类型的碰撞。决定记录哪些碰撞的过程被称为"触发器"。

通常情况下，存在许多级别的触发器，一般被编号为0、1、2……不同的实验有着不同级别数量的触发器。级别0的触发器是通常机制简单，比如要求两组粒子在探测器中心交叉并且至少有一对粒子束中的粒子能够发生碰撞。鉴于现代粒子束的粒子密度，对于随后需要监测粒子碰撞的电子设备来说，这也仅仅是让它们需要筛选的撞击量减少了不多的几个数量级。下一个级别（级别1）可能需要探测器在某处出现大量的能量。这意味着碰撞有一定强度，因此可能是很有趣的。后续级别的触发器对事件提出了越来越严格的限制，以便查看它是否足够有价值、值得被记录下来。最后，最高级别的触发器（差不多是3级左右）可能会提出非常复杂的要求，比如，需要有两个高能粒子喷射和一个低能粒子喷射，并且事件必须产生一个电子和一个μ子。为了对事件做出如此复杂的评估，需要很长的时间，甚至对于计算机来说也是如此（大概需要1/1000秒左右……说时间长也是相对的，比如坐飞机的时候遇上了熊孩子，每一秒都度日如年哪）。我们需要如此多级别的触发器的原因在于，每个级别的触发器都比前一个需要更长的时间来运行。如果某个事件在探测器中甚至没有出现一些能量团，那么查看它是否满足粒子喷射、电子或者更复杂的条件则是很愚蠢的。于是，级别1的触发器直接筛除了这些事件，级别2和级别3甚至都不会看到它们。触发器的级别越高，需要评估的事件数量越少，触发器在每个事件上可以花费的时间就越长，因此我们使用的算法也就可以越复杂。于是，我们现在可以理解，为什么设计合适的触发器是实验中最重要的任务之一。如果你的实验中，任何一个级别的触发器拒绝了诺贝尔奖级别的事件，它将永远不会被记录下来，然后你的竞争对手可能就去斯德哥尔摩领奖了。你能做的，只是礼貌地鼓掌祝贺。

名利双收的人如何生活

当我们考虑到现代粒子物理实验的超大规模时，自然地，我们也会在某种程度上对设计建造它们的人和做一个实验需要多长时间而感到好奇。正如读者们想象的那样，这样的努力需要许多互补的技能才能成功完成。从我们到目前为止所讨论的内容来看，很显然，我们需要物理学家、机械师、电气工程师、计算机科学家和土木工程师，以及经常被忽视的技术支持：技术员、行政支持、基础设施（供热、照明、清洁服务等）。虽然最终写书出书、获得荣誉，并且公平地讲也指引了研究方向的，是物理学家，但是在我们的发现中，所有参与实验的人们都扮演着至关重要的角色。

了解清楚在一个现代实验中究竟包括什么样的科学人力资源是很有意思的。虽然我们很难明确地指出一个现代实验中所涉及的人员数量，但一个实验中参与的物理学家不到 200 人的情况是很难想象的。费米实验室的 DØ 实验和 CDF 实验都分别有大约 500 位物理学家参与，大型强子对撞机的超大型实验组 ALTAS 和 CMS 则各有约 2500 位物理学家。

以我最熟悉的 DØ（CMS）实验为例，让我们再了解更多一些。参与实验的，有 500（2500）位物理学家，其中有大约 100（500）人是研究生，在古代，他们也被称为"学徒"，一边学习技术，一边与更有经验的科学家合作。虽然他们的身份是学生，但是当他们开始直接参与实验的时候，他们已经完成了课业，他们不但要花时间做研究，更重要的是学习如何做研究；学习如何批判地思考，以及如何从不完美的数据中提取有意义的信息。当他们毕业之后，他们已经学会了其中技巧，能够独立工作并且开始自己的实验。

　　那些选择以粒子物理学为事业的人们总有很长的路要走。在大学4年之后，他们进入研究生院，在那里他们会攻读博士学位。根据环境、个人动力、导师的效率以及（令人不安的）运气成分，这个过程可能需要4到8年的时间。毕业之后，他们通常会花3到8年做一个博士后，即使大部分只会花5到6年。在此之后，他们可以担任初级教师或者在国家实验室谋一个职位，但这仍然是临时性的。正是在这段时间内，他们需要担任领导角色，并且证明他们对重要研究课题有着远见卓识。如果他们在这个阶段——大约需要6年——取得成功，他们就被认为是该领域的领导者，然后就被授予终身职位。从新手到公认的专家这段旅程全程可能需要20年。这个数字是就纯美国学术环境中走实验物理学这条路的人而言的。理论物理学家或者其他国家的实验物理学家可能花费更少的时间，而在另外几个国家，也或许需要花费更长的时间。无论细节如何，沿着这条路的旅程都是一项重大的投入。但是作为一个已经走过这条路的人，我可以说，回报是巨大的，尤其是对那些有着永不满足的好奇心的人们来说。

　　对于一个实验来说，除了500（2500）位物理学家之外，还有大约相同数量的人提供技术支持；包括工程师、计算机专业人员和技术人员，不过在实验的整个周期中，这些人员的数量和比例都有所不同。这些专业人士的努力对于我们研究的成功至关重要。读者们应该意识到了，这些是最大规模的合作实验，还有一些实验涉及的物理学家人数更少。

　　我们已经介绍了物理学家的生命周期，而实验也有着自己的生命周期。一个实验通常需要5到10年来计划，并且用5到10年来建设。实验的过程大约需要5年的时间，在这段时间内，我们分分秒秒都在碰撞粒子束，或者尽可能接近这个理想状态。任何称职的物理学家都会主张实验的连续运转，因为没有粒子束就没有可记录的数据。而数据就是我们的追求。

　　运转 5 年之后，探测器通常需要翻新或者升级，以跟上加速器性能的必然会出现的改进，同时也要解决实验开始时未被提出的问题。最终，新的加速器和探测器上线，火炬被传递给新一代。不过，设计合理的碰撞实验，伴随设备更新，时间跨度可长达 20 至 30 年。

水，不仅仅是止渴

　　到目前为止，我们都专注于粒子碰撞实验中的加速器和探测器，不过，粒子物理学及其相关领域宇宙学的知识也可以通过不涉及加速器的实验来取得进展。在第 7 章中，我们将讨论中微子天体物理学这一有意思的领域，相关实验中的探测器可能包含一个含有 50000 吨水的巨大地下储蓄罐。因为大型地下水探测器的数量还不少，我将花一点时间在这里解释它们的工作原理。

　　1934 年，帕维尔·阿列克谢耶维奇·切连科夫出任谢尔盖·伊万诺维奇·瓦维洛夫的研究助理。瓦维洛夫给了切连科夫指派了任务，弄清楚来自镭源的辐射并且被不同液体吸收的时候会发生什么。此前的研究人员们已经注意到，镭被放置在水附近的时候会发出蓝光，但是普遍的观点认为，这是荧光的机制在起作用，而荧光早前已经被观察到了。切连科夫进行了更深入的研究，通过改换液体，他表明了荧光并不能解释这种现象。他进一步地证明了，这种效应的真正原因是来自镭中的电子撞击了水分子。他在 1934 至 1937 年期间发表了这些实验结果。所欠缺的，是对这个问题的解释："如果不是荧光，那又是什么呢？"

　　1937 年，伊戈尔·叶夫根耶维奇·塔姆和伊利亚·米哈伊洛维奇·弗兰克在数学上解释了所谓"切连科夫辐射"的起源。像往常一样，数学过程很复杂，但是基本思想却不难理解。当带电粒子穿越物质的时候，它可以扰动物质中的原子。这种对原子的扰动带来的能量可以通过原子所发的微光来得到释放。到目前为止，这些现象并不能导致"切连科夫光"。为了呈现所谓的切连科夫光，带电粒子在介质中的移动速度必须比光在相同介质中移动的速度更快。（读者们可能听说过，光速是无法被超越的，但是只有在真空中才是这样。在物质中，粒子的速度有可能比光更快。）由于粒子的速度比光的速度更快，所以人们可以将沿着其路径的不同地点发射出的光叠加在一起，利用这一点作为有带电粒子穿越透明材料（其中包括水，这对于我们而言真是方便）的标志。如果一个带电粒子在水中行进的距离相对较短，它会发出锥形的光，当它撞到一道平整的墙时，锥形的光看上去就像一个圆。这种行为如图 6.20 所示。通过分析圆的大小以及光撞击在墙上各个点的精确时刻，人们可以推断出关于水中粒子的大量信息。正如读者们将要在第 7 章中看到的，这种技术对于理解来自外太空的中

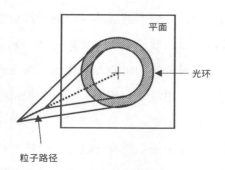

图 6.20 切连科夫辐射的基本特征。一个带电粒子穿越透明介质并且发出锥形的光。我们可以通过粒子在探测器壁上观测到的光环来监测它。

微子的恒定流量来说至关重要。为了奖励他们的研究成果，切连科夫、塔姆和弗兰克在 1958 年被授予诺贝尔奖。

　　本章中我们讨论的科技与技术手段只是现代物理学家用来解开最微小的奥秘（或许也可以说是最大的奥秘，取决于你如何看待它）的可行方法中的一个小小的部分。在这样一本书中，用一章的篇幅来涵盖我们采用的所有错综复杂的想法是根本不可能的。感兴趣的读者们请仔细阅读本书后面的建议读物书单，以获取更多信息。但无论如何，我们已经了解了真正重要的想法。现代粒子物理实验中产生的极高能粒子是通过它们与普通物质之间相对平凡的相互作用来观测的。研究人员们总是寻找新的方法来把已知的概念用于创新的方面，但如果读者们觉得对我们在这一章中讨论的方法的理解还算透彻，那么在可预见的未来，你们对我们将要使用的加速器和探测器也会有着很好的把握。

第 7 章　即将得到解决的难题

Near Term Mysteries

> 在每一门科学中公认的、有序的事实周围，总是飘浮着一片
> 由特殊的观察结果构成的尘雾云，这些观测结果微小而不规律，
> 很少遇到，忽略这些观察结果往往比关注它们更容易……任何人
> 只要始终如一地注意那些不规则的现象，就能让科学得到革新，
> 而当科学得到革新时，新的公式往往含有更多的、例外的声音，
> 而不是那些本应是规则的声音。
>
> ——威廉·詹姆斯

　　虽然我们在第 3 至 5 章中，已经详细描述了我们对于粒子物理学
已经知道的、或者我们自认为知道的许多知识，但依然存在着很多令
人感兴趣的问题。在接下来的两章中，我们将集中讨论那些被笼罩着
谜团的问题。这些谜团可以被分为两类。第一类是被我们部分理解的
谜团，现在的人们可以针对这些谜团进行实验，并且希望能够在未来
几年的时间范围内阐明这个问题。第二类是那些显然存在的谜团，但

是我们几乎没有任何（或者就干脆完全没有）关于实验方法的头绪，也没有任何希望表明我们将在短时间内搞明白（尽管这些问题往往看上去很干脆利落，而且人们还经常惦记着它们）。在第 7 章中，我们将讨论第一种类型，而在第 8 章中，我们将专注于第二种类型。因此，读者们在阅读接下来的两章的过程中，应当牢记一个事实，我们正在越来越接近真正的前沿，也就是我们人类的知识边界。如果说我们对科学的描述似乎变得越来越模糊，那其实意味着我们确实并不太知道。这么说吧，对于接下来两章我们将要讨论的所有主题，我都不知道最终答案是什么。没有人知道。此外，我认为这一章是本书中理解起来最困难的一章，而其余章节则更容易一些。这是因为有关这些主题的信息虽然很多，但我们的理解不全面。因此，我将告诉读者们我目前所知道的一切，但是因为我们对这些问题的理解还不是很透彻，所以我也没有办法给出一个板上钉钉的结论，毕竟我自己也不是很清楚答案究竟是什么。但不管怎么说吧，第 7 章之后的章节都要比这一章容易，千万别打退堂鼓啊。还有，其实这一章也没有真的那么难……它只是能让读者们感受到实验前沿的令人困惑的学术生活。下一章我们将介绍理论的前沿。

关于这些问题，尽管最终的答案是什么我们并不清楚，但依然有着大量有趣的知识点需要讨论。毕竟，要想知道所谓的"谜团"是否存在，您需要知道这个谜团到底是什么……即便我们并不能理解它。在本章中，我们将讨论两个非常有趣的问题。首先是关于中微子质量的问题。虽然中微子的质量被我们假定为非常非常小，甚至可能是无质量的，但是一些相对比较新的证据表明，中微子可能真的存在质量（虽然很轻）。与夸克和带电轻子不同——这些粒子的质量我们可以直接测量出来，中微子的质量是通过中微子振荡的特殊行为而表现出来的。这就是不同类型的中微子（v_e、v_μ 和 v_τ，或者叫电中微子、μ 中微子和 τ 中微子）相互让彼此"变形"的现象。人们最近已经有了观测到这种现象的确凿证据。在本章中我们要讨论的第二个问题是，在所有的粒子实验都表明，物质和反物质都是被等量制造出来的前提下，为什么我们这个宇宙中却只有物质而没有反物质。关于这一话题，我们的实验经验得出的结论被称为"CP 不守恒"。CP 不守恒理论与中微子振荡理论非常相似，即便它们的物理表现形式并不相同。

1 号谜团：来自太阳的中微子

1956 年，人们发现了中微子存在的确凿证据（我们在第 2 章中讨论过这件事儿），自然而然地，物理学家就想要去找一找是否有其他来源的中微子。最初，人们是通过观测人造核反应堆中的中微子流而发现中微子的，但其实还有一个功能更强大的核反应堆，而且距离我们也不太远。这个核反应堆就是太阳，它每秒钟发射出 2×10^{38} 个电子型中微子。并非所有来自太阳的中微子都携带相同数量的能量，因为太阳中会发生各种各样的核聚变反应。太阳中最常见的反应是这个：$p^+ + p^+ \to d^+ + e^+ + v_e$（两个质子融合在一起，形成一个氘核、一个正电子和一个电中微子），这种情况下，产生的中微子携带的能量是很低的。当中微子的能量变得足够低时，它就变得更加难以检测。因此，太阳内部其他（更高能量）的中微子来源将让我们的搜索变得更容易。幸运的是，太阳中还有很多后续的核聚变过程，比如一个质子和一个氘核可以融合成一个氦 3 核（$p + d \to {}^3He$）。实际上，氢、氦、锂等元素的所有稳定同位素都存在于太阳中，并且可以产生核聚变。虽然不同类型的核聚变的细节与反应温度高度相关，但在目前的太阳中，像碳、氮和氧这样比较重的元素也可以被制造出来，当然，它们的生产速度比较轻元素的低了不少。这些核聚变反应中，很多都能够产生中微子，一般来说，较重的元素核聚变时更容易产生高能中微子。因此，测量来自太阳的中微子的关键就变成了，在"更重的元素发生更少量的聚变"和"更重的元素聚变产生更高能的中微子"之间找到一个可行的折中方案。

表 F.1 展示了太阳中丰富多彩的各种聚变过程。由于它有些复杂，所以我把它放在了附录之中。基本上，它列出了太阳中的两个质子核聚变成氦 4（^{4}He）的各种方法。专门研究这方面的物理学家必须得考虑到所有这些复杂情况，对这个问题感到好奇的读者们可以去附录 F 看个究竟。但是在这里，我们可以看到一些有意思的事情。首先，太阳中大部分（99.6%）的氢 2（^{2}H）来自质子与质子的核聚变。这种 2H 由一个质子和一个中子组成，也称为氘核（记为 d$^+$），它能与一个质子继续发生核聚变而形成氦 3（^{3}He）。这些 ^{3}He 中的大多数（85%）会与彼此发生核聚变，而不产生中微子。然而，在 15% 的情况下，氦 3 和氦 4 发生核聚变形成铍 7，然后，在极少（大约 0.13%）的情况下，铍 7 与一个质子发生核聚变生成硼 8（^{8}B）。我们可以得出，与质子－质子聚变的发生次数相比，产生硼 8 的过程释放中微子的次数只占其 0.02%（15% × 0.13% = 0.02%）。稍后，我们将发现这一点的重要之处。

对太阳产生的中微子（即太阳中微子）的研究将能够回答许多问题。人们除了可以对来自太阳的中微子通量进行简单的验证（鉴于如果太阳是通过核聚变来提供能量，就一定会有中微子通量）之外，还可以通过中微子来探测太阳的内部。我们已经很确定，在太阳中心产生的光子需要很长时间才能到达太阳表面（大约 10000 年！）。但中微子却不同，它们立即就能逃离太阳。在光子从产生到离开太阳的过程中，它们会与从太阳中心到太阳表面这一段旅途中所遇到的各种原子发生各种反应，所以它们的性质会不断发生改变。但中微子则不同，它们几乎不与其他物质发生反应，因此我们观察到的中微子基本上与它们产生时的状态是一样的。

　　1958 年，在美国物理学会纽约会议上，当时在美国海军研究实验室工作的哈里·霍尔姆格伦和理查德·约翰斯顿宣布了他们所做的将氦 3 和氦 4 核聚变成铍 7（$^3He + {}^4He \rightarrow {}^7Be$）的实验结果。令他们惊讶的是，测得的这种相互作用发生的概率比之前认为的高出 1000 倍左右。实际上，我与哈里认识很久了，我从研究生时代起就认识他。当我联系他让他回忆这件事的时候，他告诉我，他们当时不知道理论上的预测值很低，如果知道的话可能就不会做这个实验了。随着读者们的继续阅读，你们会发现，要是这个实验没做成，对后续的中微子物理研究可能是灾难性的。虽然与中微子物理学没有明确的联系，但这次测量是至关重要的。这是科学之间相互关系的一个很好的例子，并提醒我们，你永远不知道事实会证明哪些研究至关重要。它还表明，我们对基于理论的推断应持一定的怀疑态度。

　　显然，这一发现的一个相关推论是，太阳中 ^7Be 的含量一定比我们之前所认为的要高得多。正是这一论断，让威廉·"威利"·福勒和艾尔·卡梅隆提出，^7Be 可能与一个质子发生核聚变从而形成硼 8（$^7Be + p^+ \rightarrow {}^8B$）。这个反应不会产生中微子，但是 ^8B 很不稳定，它会很快通过 β 衰变成为处于"激发态"的铍 8，在这种状态下，^8Be 中的质子和中子们都在疯狂振动（$^8B \rightarrow {}^8Be^* + e^+ + \nu_e$，注意，这里的 * 符号代表激发态）。来自这种相互作用的中微子具有很高的能量（平均能量为 7MeV），足以被我们检测到。虽然这种中微子的能量确实足够高到值得我们关注它，但我们还面临着一个问题，那就是这种类型的反应实际上数量很少。没错，通过 ^8B 衰变而产生中微子的次数，仅仅是主流的质子 - 质子核聚变发生次数的 0.02%。

当人们意识到，^7Be 以及 ^8B 的数量居然是原始期望值的 1000 倍，我们就开始寻找合适的检测机制。1963 年末，约翰·巴赫卡尔发现，中微子与氯的相互作用比预期的要高（约 20 倍）。氯 37 能与一个电中微子相互结合，从而得到一个电子和激发态的氩 38（$^{37}Cl + v_e \rightarrow e^- + ^{38}Ar^*$）。这一观测为测量来自太阳的中微子奠定了基础。

1964 年，两位颇有干劲的科学家，约翰·巴赫卡尔和雷蒙德·戴维斯在美国的旗舰物理学期刊——《物理评论快报》上，连续发表了两篇文章。在这些文章中，他们建议建造一个探测器，内装 10 万加仑的四氯乙烯（C_2Cl_4）。四氯乙烯是干洗店所使用的液体，一直让环保主义者们忧心和不满。虽然这两位科学家被普遍认为是太阳中微子研究领域的先驱是实至名归，但和任何其他的研究一样，他们的研究并不是万丈高楼平地起，而是站在了前人的肩膀上。为了简洁起见，我在这里也就不讨论"前人的肩膀"了。巴赫卡尔是来自加州理工学院凯洛格辐射实验室的一位年轻物理学家，后来他成为了太阳中微子物理学研究领域的中流砥柱之一，而雷·戴维斯"只不过是"布鲁克海文国家实验室的一位化学家。我之所以说"只不过"，是因为物理学家对化学家的"嘲讽"，就像实验学者对理论学者的"嘲讽"一样常见。只不过，他们二人的研究计划是如此地令人印象深刻，以至于看上去都像是天方夜谭。巴赫卡尔和戴维斯共同预测，在他们的探测器中，每天将发生约 1.5 个中微子相互作用。他们会让太阳中微子与四氯乙烯相互作用大约两个月，然后提取氩气。稍微计算一下之后，他们预计在这段时间内会有 90 次的相互作用，因此天真地预计会提取到 90 个氩原子。然而实际上，他们只提取到了 48 个，因为 ^{37}Ar 的半衰期仅为 35 天，因此有一些原子在数据采集期间就衰变了。此外，他们对氩原子的提取效率仅为 90%。所以，让我们这么看这件事儿：他们有 10 万加仑的四氯乙烯。如果我们算一算，得出的结果是其中大约含有 10^{31} 个氯原子，他们计划提取并识别出 48 个氩原子。这听起来是真的很难。所以化学家也许还真的挺聪明的……戴维斯在 2002 年是诺贝尔物理学奖得主之一，这也证明了物理学界对他的工作的高度认可。

戴维斯和巴赫卡尔首先向布鲁克海文化学系提出了这个实验计划，经过数周的考虑，化学系批准了该实验，并将这个想法上报给了 AEC（如今的能源部的前身）。这个实验计划得到批准，他们用相对较少的一笔钱：60 万美元（1965 年的美元）建造了这个探测器，

由于需要保护实验使其不受到更普遍存在的宇宙射线的影响，该实验被设置在了位于南达科他州的霍姆斯泰克金矿，深度为 4850 英尺。人们在这里挖掘了一个特殊的洞穴，并在此进行实验。初步结果表明，戴维斯和巴赫卡尔测得的实际反应率不是预期的每天 1.5 次，而是每天 0.5 次，约为预期值的 1/3。他们又在《物理评论快报》上连续发表了两篇文章，宣布了他们的测量结果，其中一篇详细介绍了测量结果，而另一篇则讨论了标准预测。

当数据和理论之间存在如此大的差异之时，有许多可能的原因。数据可能是错误的，理论可能是错误的，或者可能出现意想不到的现象（或者三者中的任意两者，甚至三者皆有！）令人遗憾的事实是，第三种可能是最不可能出现的，至少当实验和计算都是新做出的情况下是这样。戴维斯的工作简直堪称英雄壮举。他必须从无数的原子中提取出几个特定原子。任何一个微小的错误，都可以解释预测值和实

验数据的差异。然而，当他们通过将强中子源加入四氯乙烯罐里来生产 ^{37}Ar 时，或者当他们把 ^{36}Cl（氯 36）加入四氯乙烯罐时，他们提取的原子量恰恰符合他们的预期。因此，这样看来他们的实验技术是可靠的。巴赫卡尔负责的任务同样很艰巨。他必须根据太阳核聚变总量中的一个很微小的部分（占 0.02%）来计算出中微子的通量。此外，这个结果大致取决于太阳核心温度的 25 次方。这个计算的敏感度如此之高，以至于我们可以很容易地想象巴赫卡尔对于占比如此微小的值的计算会出现小错误。想想看，在太阳上做实验可不容易，空调费应该巨贵。所以，为了验证他们的模型是否正确，物理学家只能通过查看从太阳到达地球的光量，以及通过其他一些间接的测量方法。一个小小的误差，无论是理论上的还是实验上的，都可以使实验数据中 ^8B 中微子的通量从预计中的 0.02% 变成 0.007%，这完全说得通。而且，我承认，在过去很多年里，我都曾如此解释这个差异。

抛开我的怀疑，戴维斯和巴赫卡尔的成果其实完全经得起时间的考验。自从他们在 1968 年发表论文以来，其他人已经对他们的实验以及理论进行了无数次的重复测试。重复测试中探测到的来自太阳的 ^8B 中微子通量约为预期值的 1/3（在氯基探测器中测得）。由于差异始终如此之大，因此仍然可能存在着未被发现的错误。显然，需要进行一次确认性实验。

在 1968 年至 1988 年期间，戴维斯和巴赫卡尔继续着他们对太阳中微子问题的研究，但他们几乎算是"孤军奋战"。他们每个人只有一位联合研究者：布鲁斯·克利夫兰（化学）和罗杰·乌尔里希（太阳模型计算）。随着时间的流逝，人们开始思考其他实验的可能性。至少，新的实验应该是独立完成的，重复原始的霍姆斯泰克技术，但由不同的人来做。如果能够采用与之前完全不同的技术来进行实验那就更好了，这个实验最好能对太阳中最主流的核聚变反应（$p+p \rightarrow d+e^+ + v_e$）有一定的敏感度。乔治·扎瑟平试图在苏联重复戴维斯和巴赫卡尔的原始实验，但是最终没有成功，具体原因是什么，我也不太清楚。这并不意味着重复实验发生过，并且没有得出先前的结果，而是说这个实验根本没有被重复过。扎瑟平并没有重现霍姆斯泰克实验，但是他所做的努力推动了下一代太阳中微子探测器的诞生。

唯一稍微有希望探测到质子－质子核聚变产生的低能中微子的反应是镓-71 转化为锗-71（$v_e + {}^{71}Ga \rightarrow e^- + {}^{71}Ge$）。这一探测器的构想最初由俄罗斯理论物理学家瓦迪姆·库兹明在 1965 年提出，但似乎并不可行（或至少是成本高得令人望而却步），因为一个有效实验就需要三倍于世界年产量的镓元素。于是，巴赫卡尔和戴维斯又在《物理评论快报》上发表了文章，这一次，他们建议集中全力在美国进行这样的镓实验。各方各面对该建议的反应在总体上是好的，但"地盘之争"对获得必要的资金造成了很大的困扰。天文学家认为这一拟议的实验是伟大的物理学实验，而物理学家则认为这是伟大的天文学实验。但两方都认为对方应该资助该实验。在物理学界，就连支持者们也有着不同意见，粒子物理学家认为这个实验是伟大的核物理学实验，而核物理学家则认为这个实验是伟大的粒子物理学实验。于是，这个实验提案就有些像是爹不疼娘不爱的"孤儿"。巴赫卡尔甚至试图申请让美国国家科学基金会（NSF）来资助该实验。然而，由于该实验提案由包括布鲁克海文国家实验室的许多科学家在内的多人共同提出，美国国家科学基金会拒绝了资助该实验。（布鲁克海文国家实验室是能源部的实验室，国家科学基金会和能源部通常不会给对方的实验买单）于是乎，就像我说的……这是一场"地盘之争"。最后的结果是，美国从未为大型镓实验提供资金。

最终，一个由布鲁克海文国家实验室、宾夕法尼亚大学、海德堡的马克斯·普朗克研究所、普林斯顿高级研究所和魏茨曼研究所组成的国际合作机构进行了一次试点试验。这次实验用掉了 1.3 吨镓。虽然这项首开先河的尝试没有得到结论性的结果，但该实验的工程工作令科学家们明确了他们需要何种提取技术。就像更早的霍姆斯泰克实验一样，科学家的想法是从数十吨的镓中提取出仅仅数个的锗原子。

与美国不同，苏联对这个实验更加重视。时任苏联科学院核物理研究所所长的莫伊西·马尔科夫对这一设想给予了热情的支持，他不但在实验期间借来了 60 吨的镓，还在苏联格鲁吉亚安迪尔奇山下的巴克桑中微子观测所的建造过程中发挥了重要作用。所以苏联（以及现在的俄罗斯）科学家在本国国民们眼中享有比美国科学家更高的威望。

我曾经在 1996 年 2 月参加过俄罗斯新西伯利亚布德克核物理研究所的一次会议。这次会议可真是精彩"冻"人（是的，这个双关语是我故意用的，2 月份的西伯利亚，哎哟我去……）。在此类学术会议上，组织者们通常会留出一个晚上来让大家参与当地的文化活动。这一次，我们被大巴送到了当地的剧院，台上的高歌令我们度过了一个着实美妙的夜晚。在回来的路上，我们经过了新西伯利亚国家歌剧院，这是俄罗斯最大的歌剧院，也是一座有意思的建筑。它的灵感似乎要归功于劳伦斯·伯克利实验室标志性的圆顶建筑和古典希腊柱廊的融合。当然了，还有工人、士兵和列宁站在一起的雕像——毕竟没有这些的苏联建筑都是不完整的！由于俄罗斯人对自己的艺术极为重视，我们都表示想去看歌剧，因为俄罗斯的歌剧一定会很好看。不幸的是，我们得知在这个季节，歌剧院是关门的。虽然我们感到有些失望，但我们也对此表示理解，并很快将这事儿抛到脑后去了。然而，第二天在开会的时候，我们得到消息，歌剧院已经专门做出了安排，将为这次会议的参会者表演歌剧。科学家在俄罗斯就是这么有面子。我都完全可以想象，如果费米实验室的主任向芝加哥交响乐团或芝加哥歌剧院提出类似的请求，会得到什么样的答复。对话将如下所示："嗨，我叫皮尔·奥东，我是世界上最高能量的粒子物理实验室——费米实验室的主任。我知道现在是你们的休演季，但是我这里在接待 100 位国外的科学家，我想请问您明天是否愿意为他们做一次特别的演出。喂？喂？？？"其实皮尔是个口才很好的人，可惜美国与俄罗斯不是同一种风格。不论如何，在俄罗斯的体系中，科学家受到尊重，并且具有相应的影响力。所以我并不奇怪，像马尔科夫这样的强势人物能够得到这么多的镓。

这个实验被称为 SAGE 实验（也就是"苏美镓实验"的缩写），由来自莫斯科核研究所的弗拉基米尔·加伏林和乔治·扎瑟平以及来自洛斯阿拉莫斯国家实验室的汤姆·鲍尔斯共同领导。实验启动时的初始镓共有 30 吨。该实验在 1988 年正式开始，实验地点位于地下 1000 米的地方，1991 年，镓的用量升级为 57 吨。不久之后（1991 年），另一个相似的实验也启动了，这个实验的参与者主要是欧洲科学家。这个实验被称为 GALLEX 实验，地点位于意大利阿尔卑斯山的格兰萨索国家实验室。GALLEX 实验由德国马克斯·普朗克研究所的提尔·科尔斯顿领导，实验的核心是一个大型储罐，内部装有包含 30.3 吨镓元素的氯化镓（$GaCl_3$）水溶液。装满溶液之后，整个探测器的质量大约为 100 吨左右。

1990 年，SAGE 实验组公布了他们对太阳中微子通量的测量结果，他们发现实验结果约为预期的 $52\% \pm 7\%$。回想一下，$\pm 7\%$ 意味着他们非常确定实际的数字在 45% ~59% 之间。因此，尽管他们不能完全确定具体的数值，但他们可以肯定，如果实验准确地测量出了预期的结果，那么他们将获得的实际数字并不会是 100%。GALLEX 实验组也得到了类似的结果，他们观测到了预期中微子通量的 60% ±7%。这两个实验都是通过在其设备中注入强中微子源铬 59（^{59}Cr）产生的已知数量的中微子来检查其设备的运行是否正常的。两个实验所测得的相互作用的次数均在预期的 5% 范围以内，证明他们了解自己使用的检测器和技术。为保险起见，GALLEX 实验注入了已知数量的砷 71（^{71}As），这种砷元素会衰变成 ^{71}Ge。这次，提取到的 ^{71}Ge 的数量在预期的 1% 之内。显然，这种现象不能用"实验人员对他们的探测器缺乏了解"来解释。

此外，读者们可能还记得，镓实验对太阳中占据主导地位的质子 - 质子的核聚变反应很敏感。所以我们甚至不能说这种结果只是次要聚变过程中的一个小误差。虽然人们还抱有幻想，认为理论没错，可能就是"算错了"，但实际上这种可能性已经大大降低。主流物理学家们已经开始认真思考太阳中微子到底经历了什么。它们会衰变吗？会相互作用吗？到底发生了什么？

中微子啊中微子，你去哪里啦？

在初步实验结果出来后不久，理论物理学家们就提出了解决难题的可能答案。1969 年，弗拉基米尔·格里波夫（Vladimir Gribov）和布鲁诺·庞特科沃（Bruno Pontecorvo）提出解决太阳中微子问题的假设：来自太阳的电中微子会振荡成其他类型的中微子（例如 μ 中微子或 τ 中微子），这些中微子更难检测得多。例如，在霍姆斯泰克探测器里所发生的反应中，中微子通过 $^{37}Cl+\nu_e \rightarrow e^- + {}^{38}Ar^*$ 这一反应与其他物质发生相互作用。图 7.1a 中给出的费曼图显示了这种情况是怎么发生的。

　　如果电中微子以某种方式改变自己的类型类型，从而转变为 μ 中微子，则可能会发生如图 7.1b 所示的反应。然而，电子的质量是 0.5MeV，而 μ 子的质量大约是它的 200 倍，为 106MeV。由于来自 ^{8}B 的中微子的最大能量为 15Mev，它们根本没有足够的能量来制造 μ 子。因此，带有 15MeV 的 μ 中微子们不会将氯转换为氩或将镓转换为锗，所以，霍姆斯泰克，SAGE 和 GALLEX 的探测器都不会检测到它们。因此，中微子振荡假说符合氯实验和镓实验数据中测量到的电中微子数量少于预期值的事实。

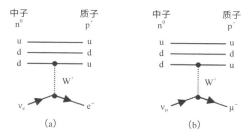

图 7.1　一个中微子发射出一个 W 玻色子，然后转变为一个带电轻子。W 玻色子将中子转换为质子。

　　最初，大多数物理学家都不相信这种振荡假说（尽管现在它已经成了共识性的观点）。这个设想的最大问题是，在粒子物理学实验中，电中微子和 μ 中微子的行为很不同。回想一下，我们在第 2 章中，讨论了莱德曼、施瓦茨和施泰因贝格尔三人在 1962 年所做的实验，实验显示 μ 中微子仅会产生 μ 子，而不会产生电子。然而，根据庞特科沃和格里波夫的说法，μ 中微子可能会转变为电中微子（从而可能会产生电子）。好像有哪里不太对劲。

中微子振荡的概念相对难以解释，因此我们在正文中先以笼统的语言对其进行描述，对此感兴趣的读者可以去阅读附录 F，在该附录中，我们将讨论一些更为复杂的细节。当中微子行进一段相当长的距离时，就会发生中微子振荡。假设我们现在有一个电中微子。如果它行进了一段距离，那么它就有一定的可能性变成（比如说）μ 中微子。如果它再走一会儿，那么它将 100% 会转变为一个 μ 中微子。但再过一段时间，它可能又转变回电中微子了。在量子力学中，我们不能精确地计算出某个特定粒子会如何表现，只能算出一个概率。不过，当我们有很多很多的粒子的时候，问题就变得直观得多。如果振荡概率为 50%，那么有一半的粒子将发生变化。这一点如图 7.2 所示。

在图 7.2 中，变化点显示为"砰！"，这似乎意味着所有中微子都在特定的时间发生变化，但现实情况是，中微子类型的转化概率是很平稳地发生变化的。这种更符合现实的行为如图 7.3 所示。

在初始状态，我们称之为"距离 1"，我们有一束纯电中微子的粒子束，没有任何 μ 中微子的存在。在"距离 2"的地方，中微子们通过振荡全部转变为 μ 中微子，没有电中微子。在"距离 3"的地方，电中微子和 μ 中微子的数量成了五五开，而在"距离 4"的地方，所有的中微子又都变回了电中微子。这种模式一遍又一遍地重复，这样一来，将探测器放置在与放射源相距不同距离的位置上，就可以观测到不同比率的 μ 中微子和电中微子的混合粒子束——即使在开始的时候，我们只有一个纯电中微子束。

那么，人们如何用统合这种振荡以及 1962 年观察到的"来自 μ 子衰变的中微子没有产生电子"这一现象呢？这个问题的答案来自另

图 7.2 一束纯电子中微子的示意图，它将转化为电中微子和 μ 中微子的混合粒子束，然后再转变为电中微子束，最后又转变为 μ 中微子束。注意，图片中的"砰！"并非现实情况，它只是为了给出有关中微子如何振荡的基本思想。

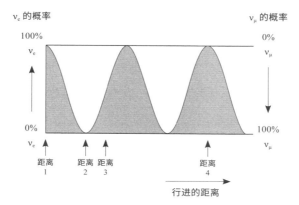

图 7.3 一个更符合现实的、关于中微子如何振荡的描述。最初（距离 1），一个纯电中微子束开始平稳地转换为电中微子和 μ 中微子的混合粒子束（距离 1 和距离 2 之间的区域）。而在某些地方，粒子束完全转换为 μ 中微子（距离 2）。

一个问题。也就是"中微子两次振荡之间的距离是多少？"。加速器实验的长度大约有 1 英里长，如果振荡距离超过这个长度，那么该实验将不会观察到中微子振荡（因为中微子的前进距离还不够远，不足以发生振荡）。事实证明，振荡所需的距离取决于中微子的能量（以及其他因素）。考虑到所有的相关参数，我们可以计算出发生振荡所需的距离可能是数百到成千上万英里。附录 F 中提供了有关如何计算这些数据的详细信息。

当然，到目前为止，在本书中，我们还没有证明中微子实际上真的会振荡（尽管我们很确定它们确实会振荡）。我们当然可以将太阳中缺少的中微子解释为"太阳物理学家算错了"，或者给出更奇异的"中微子衰变了"之类的理由。中微子振荡只是众多相互竞争的可能正解中的一种。为了证明它的真实性，我们必须转向另一组实验。

凭空出现的中微子

讨论到这里，我们必须绕道而行，跳上时光机，回到 20 世纪 70 年代末。当时的物理学家对如何将各种不同的力统合成单独一个理论非常感兴趣。当时为达成这一目的而提出理论中受众较广的那些版本具有一个共同点：它们预测质子最终会是不稳定的，会发生衰变。然而，质子的推测寿命远远长于宇宙的寿命。于是这个理论与我们仍旧存在的事实相符，但也许一个足够聪明的实验能够灵敏地观察到质子的衰变。

在 20 世纪 70 年代末，人们造出了三个大型探测器来研究这个紧迫的问题。其中两个探测器是装满水的大水罐。第三个探测器则是由铁和气体组成的巨大模块构成（用于实际探测）。这两个水探测器其中一个被称为 IMB（即尔湾 – 密歇根 – 布鲁克海文的首字母缩写），位于俄亥俄州克利夫兰的莫顿盐矿，另一个被称为神冈探测器（得名于神冈核子衰变实验），位于日本的神冈矿山。气体和铁基探测器被称为"苏丹 2"，位于明尼苏达州的苏丹矿山。为了简化我们的讨论，我们将集中介绍神冈探测器实验。就像更早的太阳中微子探测器一样，人们必须将所有三个探测器都放置在地下深处，以使它们免受到在地面上那些更为常见的粒子相互作用的影响。神冈探测器内部装有 3000 吨纯净水，周围环绕着光电倍增管，正如我们在第 6 章中提到的那样，光电倍增管可以将光转换为电信号。实验设计者的想法是，如果一个质子确实衰变了，那么它会变成一个正电子和一个中性的 π 介子（$p^+ \rightarrow e^+ + \pi^0$）。当正电子在水中移动时，会出现一个小光点。这个小光点将被传送到光电倍增管并被检测到。所以罐子里的水除了提供大量的质子以供衰变实验之外，还是监测光信号的重要因素。这是因为电子或正电子在水中的快速传播会产生切连科夫辐射，正如我们在第 6 章中讨论的那样。设置完毕，神冈探测器的实验人员们就开始坐下来静静等待。经过实验大约十年间近乎连轴转的运行，他们并没有观察到质子的衰变，于是他们推论，质子的寿命应该在 10^{33} 年以上，尽管事实上它可能还会"长寿"得多。实际上，我们没有实验证据表明质子能衰变。由于宇宙的当前年龄约为 10^{10} 年，因此质子的如此"长寿"也就让我们晚上不会焦虑失眠了。

　　上文中，我们之所以以神冈探测器实验为例，主要是因为它的后续实验，"超级神冈探测器实验"，取得了非常了不起的成功。当然，IMB 实验也是很有竞争力的，实际上，它的规模还要大不少。它的器材内部装有 8000 吨的水，被安置在克利夫兰城外地下 600 米左右的地方。"苏丹 2"探测器质量约 960 吨，位于一个旧铁矿的第 27 层，地下约 690 米处。"苏丹 2"的启动时间比 IMB 和神冈探测器都稍微晚一些，但它为我们的讨论提供了补充证据。我个人特别喜欢"苏丹 2"探测器。虽然我从未参与过这个实验，但这是我"亲眼"看到的第一个粒子物理实验。1986 年春天，我拜访了阿贡国家实验室，参观他们的粒子物理设施，他们正在那里建造"苏丹 2"的模块。我们能够走近这些模块，然后触摸它们。每个模块为 1 米见方，高 2.5 米。我可以想象 224 个模块堆叠在一个巨大的阵列中，并对现代粒子物理实验的规模有了直观的感觉。那次参观的经历更加坚定了我早先的决定——成为一名实验粒子物理学家。从那以后，我的学术生活一直很有趣。

　　由于质子衰变如此罕见（人们可以直接从其漫长的生命周期中推断出这一点），想要明确地探测到这种衰变变得更加困难。原因是没有任何一台探测器能只探测到单独一种物理过程。尽管人们非常努力地使探测器仅对我们感兴趣的测量敏感，但探测器通常也能够观察到其他现象。有时候这些"其他"现象，不管它们是什么，看起来都很像我们想要观察到的那种相互作用。因此，我们必须了解这些"背景"物理事件，或者说伪物理事件。

　　物理学家必须抗衡的背景物理事件之一是来自宇宙的 μ 子射线。即使探测器深埋地下，偶尔仍会有一些来自宇宙的 μ 子射线穿过探测器。幸运的是，这种我们不感兴趣的事件很容易被识别和排除，因为来自宇宙 μ 子往往是带电的，它从探测器的顶部进入，从底部离开。探测这种 μ 子的方法是通过切伦科夫辐射（至少 IMB 实验和神冈探测器是这样的……"苏丹 2"的情况则有所不同），我们在第 6 章中讨论过。标志性的信号是一个大的光锥，人们看到的是一个光圈，照亮了光探测光电管。因为来自宇宙的 μ 子射线从探测器顶部进入，在底部离开，所以人们会在探测器底部附近看到光圈。

　　尽管 μ 子很容易被识别，但中微子却比较棘手。毕竟，中微子进入探测器的时候，无法被探测到，但它们却能水原子相互作用并留下信号。这看起来确实很像预期的质子衰变信号（没有任何东西进入探测器，探测器内部自发地发生一次相互作用）。所以，明确中微子和其他物质的相互作用虽然很少发生，但也比质子衰变频繁得多，这对于研究质子的寿命来说是至关重要的。

　　事实证明，太阳中微子并不是重要的背景事件，因为它们的能量往往很低（也就是说，很容易就能把太阳中微子的相互作用和质子衰变的信号区分开来）。然而，还有另一种中微子来源会给我们的实验带来巨大的麻烦。这就是大气中微子。这些中微子的名称多少容易让人产生误解，因为大气层本身并不是中微子的直接来源。这些中微子真正的来源是宇宙射线，通常是质子，但也可能是其他原子核。读者们应该还记得，宇宙射线是来自外太空的带电粒子，它们带着巨大的能量撞向地球。尽管宇宙射线具有很大的能量范围（这个事实很快就会变得非常有用），但也存在着这样的宇宙射线，它们刚好具有的能量值让它们看起来正好像质子衰变。

　　宇宙射线通过以下方式产生中微子。宇宙射线撞击大气，并与空气中某些物质（氧、氮等）的原子核相互作用。当一个质子撞击一个原子核的时候，碰撞会产生很多粒子。每一次碰撞都是独特的，我们无法预测哪些粒子和多少能量会从碰撞中逃逸出来。然而，真实的情况是，从碰撞中逃逸出来的粒子主要是 π 介子。虽然中性的 π 介子很快就会衰变成两个光子（$\pi^0 \rightarrow 2\gamma$），但是带电的 π 介子存活的时间要长得多。它们的寿命是如此之长，以至于还可以继续撞击空气中的另一个原子核（尽管它们之中有很多并不会真的这样做，而且在飞行中就衰变了，这一关键事实我们将在稍后讨论），并制造出更多的 π 介子。这种模式一次又一次地重复，每次碰撞都会增加 π 介子的总数；通过这种机制，每次相互作用都可以从原始相互作用处出发产生（比如说）5~30 个 π 介子，通过继续碰撞，最终产生数千甚至更多的 π 介子。举例来说，让我们做一个简化的假设，在每次碰撞中都正好可以产生 10 个带电的 π 介子。第一次碰撞后，出现了 10 个带电 π 介子。如果这 10 个 π 介子又分别撞击到空气中其他的原子核，那么就会出现 100 个 π 介子。如果每个 π 介子再重复这一过程，将会有 1000 个 π 介子，依此类推。因此，每一个来自外太空的粒子都可以产生数量巨大（并且确切值大小差异极大）的 π 介子。鉴于每个粒子所产生的"粒子簇射"的具体情况的差异可以是巨大的，那我们怎么能够期待理解它们呢？此外，这事儿和中微子有什么关系呢？请注意，虽然这种粒子簇射是在空气中发生的，因此传播的距离很远，但本质上它和图 6.15 中所描述的那种粒子簇射是一样的。

　　回想一下，带电荷的 π 介子都是不稳定的，最终会发生衰变。所以这些 π 介子中很大一部分在与空气中的原子核发生后续的相互作用之前就已经衰变了。一个带电的 π 介子衰变为一个带有相同电荷的 μ 子以及一个相应的 μ 中微子或者反 μ 中微子（$\pi^+ \rightarrow \mu^+ + \nu_\mu$，$\pi^- \rightarrow \mu^- + \bar{\nu}_\mu$）。μ 子们几乎不与空气发生相互作用，所以它们基本就是自己衰变。μ 子会衰变成一个带有相同电荷的电子和一对中微子，具体来说是一个 μ 中微子和一个电中微子（$\mu^+ \rightarrow e^+ + \bar{\nu}_\mu + \nu_e$，$\mu^- \rightarrow e^- + \nu_\mu + + \bar{\nu}_e$）。所以，举个例子，一个带负电的 π 介子的衰变，我们写作：$\pi^- \rightarrow e^- + \bar{\nu}_e + \nu_\mu + \bar{\nu}_\mu$。因此，我们看到，最终所有带电的 π 介子都变成了一个电子或正电子和三个中微子，且它们总是两个 μ 中微子和一个电中微子。因此，虽然我们不知道有多少中微子来自于宇宙射线，而且我们也不知道宇宙射线会在何时何地击中地球，但我们能完全确定一件事。那就是：当我们看到来自大气的中微子的时候，它们应该是以一定的比率出现的，两个 ν_μ 对应一个 ν_e，如图 7.4 所示。然而，当 IMB 实验、神冈探测器实验和"苏丹 2"实验测量这个比率的时候，都发现了一个相当令人震惊的结果，即 μ 中微子的数量与电中微子的数量几乎一样多，而不是预期的两倍于电中微子。乍一看，我们可能会得出结论：μ 中微子消失了。再稍微思考一下，我们会觉得，也可能是电中微子的数量增加了，或者干脆这两者的数量都发生了变化。因此，在此时此刻，我们并不知道整个故事的全貌是什么，但是显然，大气中微子也在经历一些有趣的事情，就像太阳中微子一样。

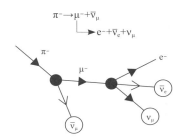

图 7.4　一个来自宇宙射线的 π 介子衰变成一个 μ 子，然后又衰变成一个电子。每个电中微子的出现会伴随着两个 μ 中微子。

"超级 K"发现了答案

为了弄清到底发生了什么，物理学家做了很多工作，但是真正的答案是在 1998 年，由东京大学的户冢洋二教授领导下的"超级神冈探测器"实验中得出的。超级神冈探测器（也被称为"超级 K"）是原始的"神冈探测器"的放大版。其形状像一个宽 128 英尺、高 135

英尺（等于 11 层楼）的圆柱体。它也位于神冈矿山。它的内部装有 50000 吨纯净水。为了排除粒子在周围岩石中首先发生相互作用的事件，实际上只有圆柱体中心的 22500 吨水被用来探测中微子。如果在外部的 27500 吨水中检测到了任何信号，则假定该事件起源于周围的岩石，因此不被视为人们想要的中微子事件。

因为"超级 K"是如此巨大，因此它比它的前辈探测器们能获得更多的中微子相互作用。更重要的是，它能够区分初始中微子向上运动和向下运动的不同情况。如图 7.5 所示，如果这个中微子是在大气中形成的，那么这些来自上方的中微子在撞击"超级 K"探测器之前的行进距离仅为大约 12 英里（约 20 公里）。另一方面，从下往上传播的中微子是在世界的另一端产生的，相距"超级 K"大约 8000 英里（约 13000 千米）。只要特定的振荡长度明显大于 12 英里，但是远小于 8000 英里，那么我们就会看到，下行中微子的比率为我们所预测的 2∶1，而上行中微子的比率则是另外一个数字。当然，这是在如果中微子振荡是真实的的前提下。这种技术特别绝妙，因为若是没有例如中微子振荡这样的有意思的物理现象发生，即使你的所有计算都是错误的，你在把上行的所有中微子中的 μ 中微子和电中微子的比例，与下行的所有中微子中的 μ 中微子和电中微子的比例进行比较的时候应该也会发现二者相同。

1998 年，"超级 K"实验小组在"中微子 98"会议上宣布了他们对上行中微子和下行中微子的分析。他们发现，上行和下行的电中微子的数量完全符合他们假设中微子振荡不存在时对这两种粒子数量的预期。然而，对于 μ 中微子来说，情况就大不相同了，结果如图 7.6 所示。"超级 K"实验小组发现下行中微子的数量与预期的一样。真正令人兴奋的是，他们观测到的上行 μ 中微子的数量是他们假设中微子

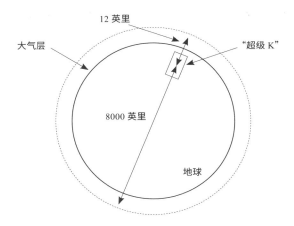

图 7.5 对 "超级神冈探测器正上方大气中产生的中微子的行进距离比世界另一端产生的中微子行进的距离短得多" 这一事实的图示说明。

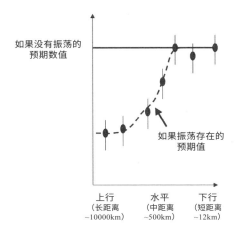

图 7.6 一个典型的中微子振荡实验数据范例。若不存在中微子振荡，数据将在预期值处形成一条平坦的线。与下行的中微子相比，上行的中微子的测量值低于预期，这是大气中微子会发生振荡的有力证据。

振荡不存在时对它的数量的预期值的一半。其基本思想如图 7.6 所示。那么问题来了，这些缺失的 μ 中微子去了哪里呢？我们知道它们没有振荡成电中微子。我们知道这一点是因为"超级 K"观测到的电中微子数量和他们预期的一样多。如果 μ 中微子振荡成了电中微子，人们会观测到额外的电中微子。因此，唯二的解释是，要么 μ 中微子振荡成了 τ 中微子（这种想法现在被人们普遍接受），要么可能存在第 4 种中微子，这种中微子以前从没有被观测到过，并且具有一些奇怪的性质（这个想法已经被证伪）。

上面的讨论是针对来自宇宙射线的高能中微子。当"超级 K"实验组考察低能中微子时，他们看到的上行电中微子和下行电中微子的数量与假设电中微子不发生振荡的情况下的预期数量相同。但是当他们观察 μ 中微子时，结果却与预期不同。就像在更高能量级上的测量中一样，上行的 μ 中微子并没有预期中的那么多。然而，他们还看到了一个现象，下行的 μ 中微子也比预期的要少。根据理论，中微子在振荡之前所行进的距离的决定因素之一是它所带有多少能量（参见附录 F）。通过将数据分为高能量和低能量两组，"超级 K"检测器能够为中微子振荡提供非常有力的证据。由于"超级 K"实验的成功和贡献，小柴昌俊是 2002 年的诺贝尔奖得主之一。

2001 年 11 月 12 日，一场悲剧降临在"超级 K"实验头上。一位技术人员在走向探测器的时候，他感到了地面上传来的隆隆声。不用说，当一个人在那么深的地下，尤其是在地震频发的日本，感受到这种隆隆的响声，肯定是一种可怕的经历。但是，这次的轰隆声并不是由地震引起的，而是由"超级 K"探测器的自毁造成的。读者们应该还记得，"超级 K"探测器基本上就是一个大水罐，内装 50000 吨水，同时被 11000 个光电倍增管"围观"。而"超级 K"的光电管实际上就是若干个大号空心玻璃球，直径约 50 厘米。在短短的几秒钟内，2/3 的光电管发生破裂。虽然永远不可能百分百确定事故起因，但最有可能的原因是底部（水压最大的地方）的一个光电管发生了内爆，由此产生的冲击波导致它周围的光电管也连续发生内爆。内爆和冲击波的连锁反应传遍了整个大水罐，摧毁了大部分的光电管。几秒钟之内，就造成了超过 2000 万美元的损失，但幸运的是没有人受伤。目前，"超级 K"实验小组的物理学家正在试图弄清楚究竟发生了什么，并设计解决方案来防止另一场这样的灾难。他们将重建探测器，但与此同时，他们将把剩余的光电管匀给整个探测器，并尽可能地继续他们的工作。[1]

为什么会发生振荡？

中微子振荡的另一个关键参数与中微子的质量有关。如果中微子确实是无质量的，它们就不会振荡。我们在附录 F 中讨论了一些专门化的东西，在这里，我们就简要讨论一下基本的思路。但要注意的是，振荡现象的原因深深植根于量子力学；所以，如果我们足够较真，所有的类比都会失效。

最重要的是，如果不同类型的中微子具有不同的质量，那么它们的运动速度就会略有不同。量子力学里最核心的就是概率和概率波。一件事情是可能的还是不可能的取决于这些概率波的高度。如果"电中微子概率波"高的时候，"μ 中微子概率波"也高，那么它们的可能性是相同的。然而，如果一种波比另一种波移动得快，其中一种波

1 "超级 K"探测器已经在 2002 年重新启动，目前依然在运行之中。——译注

（比如说电中微子的波）将超过另一种波，导致"电中微子概率波"
中的一个高点将会对应于"μ中微子概率波"中的一个低点。于是，
在这种情况下，这个中微子有很大的概率是电中微子，而是μ中微子
的概率则很小。图 7.7 展示了这个过程。

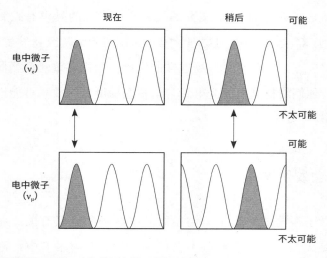

图 7.7 中微子振荡原理的一个比较逼真的示意图。如果在一个特定的时间，μ中微子和电中微
子的存在概率是相等的，那么，这两个粒子以不同的速度运动这一事实意味着，在之后的一个
时间点里，它们的存在概率将出现差异。

　　我觉得这确实有点难以理解，所以也许我们可以通过讨论两条相
邻的车道来让它更具体形象一些，让我们假设每条车道上都有相同间
隔的车。一条车道上的车以每小时 60 英里的速度行驶，而另一条车
道上的车则以每小时 62 英里的速度行驶。在图 7.8 中，读者们可以看
到我是怎样让最开始时两条车道上的车排列情况一致的。但是，如果
其中一条车道上的车比另一条车道上的车稍快，那么它就会缓慢超越
后者。一段时间后，一条车道上的汽车将与另一条车道上的车间空隙

对齐。两列车都将继续前进，直到它们最终再次彼此对齐。这有点类似于中微子概率振荡的过程。

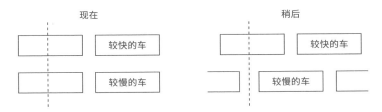

图 7.8 中微子振荡的类比示意图。如果在一个特定的时刻，两排汽车是对齐的，但它们却以不同的速度行驶，最终它们将不再对齐。

我们可以在我们的类比中看出，更大的速度差异意味着车辆的连续对齐发生得更频繁。我们可以说，更大的速度差对应于更快的振荡。在中微子的世界，更大的速度差对应于更大的质量差。所以，如果不同类型的中微子在质量上有很大的差异，它们就会振荡得更快。

中微子振荡的一个非常重要的方面是，它们证明了不同类型的中微子有不同的质量。但它并没有说明中微子的实际质量。如果你有两个物体，一个质量为 1 磅，另一个质量为 2 磅，那么质量差是 1 磅。但是如果一个物体质量为 100 磅，另一个质量为 101 磅，质量差也是 1 磅。它们具有相同的质量差，但质量却大不相同。中微子振荡仅仅表明中微子的质量是不同的，但它没有说明中微子的质量本身是多少。为了弄清楚中微子的质量本身，而不是质量差，我们必须说回到提供了中微子可能存在的原始线索的那一种实验：β 衰变。不过，由于这个话题对于讨论中微子振荡的现象并不重要，我只是顺便提一下。最新的 β 衰变实验已经确定，电中微子的质量非常小。虽然目前尚不清楚这个质量到底有多小，但我们知道电中微子的质量小于

2.2eV。其他一些实验也严格地确定了另外两种类型的中微子的质量范围。由于宇宙中有非常多的中微子，大部分是宇宙大爆炸遗留下来的（每立方厘米的宇宙空间中大约有 330 个中微子），中微子的质量可能宇宙学研究具有价值。我们将在第 9 章中继续讨论这一点。

虽然大气中微子的振荡（$v_\mu \to v_\tau$）似乎已经是"板上钉钉"的事实了，但我们还需要另外一个实验，来证明太阳中微子也会发生振荡。回想一下，人们对太阳中微子的实际数量比预测数量少的猜测之一是，电中微子在从太阳出发前往地球的途中衰变成某种未知的物质状态。

萨德伯里中微子观测站（SNO）是一台独一无二的探测器。SNO探测器的罐子里装的不是水（H_2O，两个氢原子加一个氧原子），而是重水 D_2O，也就是两个氘原子加一个氧原子。回想一下，氘是氢的同位素，一个氘原子包含一个质子和一个中子，而氢原子的原子核中只有一个质子。由于这种差异，在 SNO 探测器中，人们可以看到所有类型的中微子（v_e、v_μ 和 v_τ）。在霍姆斯泰克实验和 GALLEX 实验中，人们只能看到电中微子，而不能看到 μ 中微子和 τ 中微子，而在 SNO探测器中，这些中微子都曾被探测到，虽然这些中微子都是硼 8 产生的。在 2001 年夏天，他们宣布了他们的第一批结果，这些结果随后被更彻底的分析所证实。SNO 小组将他们的数据与来自"超级 K"的更成熟（也更精确）的测量数据结合起来。结论是，硼 8 中微子在离开太阳的时候是电中微子，而在撞击地球的时候则是以〔（可测的）三种中微子（v_e、v_μ 和 v_τ）〕的混杂的形式存在。因此，它们没有衰变成无法探测的东西。这有力地支持了中微子振荡的观点。

中微子探测器的现状

在我撰写本书的第一版的时候，已经进行过和正在进行的中微子实验大概有十来个，它们几乎都能彼此契合，只除了一个。每一个实验都曾经有或依然有着自己的优缺点，而且它们之中没有一个能测量出中微子振荡的全部真相。但是它们彼此之间并没有矛盾，除了一个。我们马上就会讲到这个实验，但首先让我们讨论一下对于实验来说"一致"或"不一致"究竟意味着什么。对一些测量来说，两个连续的测量结果一致是很容易的，比如在家里和健身俱乐部用磅秤称你的体重。但是对于前沿研究来说，就没有那么容易了，因为即使是最好的实验也有其局限性。假设我们有一些好但并不完美的测量结果。怎么判断它们是否具有"一致性"？让我们以类比的方式来回答这个问题。假设有一间屋子，屋子里有一位著名演员。现在我们让一些人快速地朝屋子里看一眼，然后从他们那里获得的观察信息出发，推测这位演员到底是谁。甲可能说，他们看到了一个黑发男子。乙可能说他们看到一个身材苗条且穿着蓝色牛仔裤的人。丙可能会说他们也不确定是不是真的看到了一个"人"，但是他们确实看到了蓝色的裤子和白色的衬衣。一个观察能力特别强的人（对应一个非常棒的实验）可能会说，他们看到了一个穿着白色 polo 衫的男人，而且他看上去很脸熟，可能曾经参演过乔治·卢卡斯的电影。请注意，虽然并非所有人都报告了相同的内容，但是假设他们都做出了准确的观察，我们可以确定房间中的那个人是一个苗条的男性、黑头发、穿着白色 polo衫和蓝色牛仔裤。此外，这家伙还可能曾经参演过卢卡斯的电影。由此，我们可以缩小范围并确定那位演员究竟是谁。但是，假设另一个人进来报告说他们看到了一个金发女人。这个人的报告显然与其他所有的报告不一致。所以我们可以推断最后的观测是错误的。当然，也有可能是演员为了这一次观察而临时男扮女装，戴上假发。在这种情况下，观察是准确的，但需要一个新的理论来解释数据。但无论如何，你都会对这一观察结果感到担忧，并希望得到某种确认。

回到中微子的问题上，有一项实验1995年公布的结果与其他所有的实验结果都不一致。该实验是洛斯阿拉莫斯国家实验室的液体闪烁体中微子检测器（也写作 LSND）。LSND 实验的有意思之处在于，它向一个远处的探测器发射一束 μ 中微子。实验人员们报告说探测器探测到了电中微子。回想一下，人们观测到的中微子振荡的数量取决于中微子的能量、中微子源和探测器之间的距离、两种中微子类型之间的质量差异，最后则是混合的"强度"（也称为"混合角"）。由于前两个变量是已知的，所以 LSND 报告说，他们的观察表明中微子间的质量差异和混合角存在特定的范围。唯一的问题是，其他实验也根据 LSND 提出的质量差和混合角的数值进行了观察，却什么也没看到。所以，要么 LSND 的结果是完全错误的，要不就是发生了特别奇怪的事情。令此事更添戏剧性的是，生产中微子的加速器——洛斯阿拉莫斯介子生产设备（LAMPF）计划退役。随着实验寿命接近其尾声，人们总是倾向于报告有争议的结果，以获得额外的实验时间来证实或证伪他们的结果（回想一下，我们不是在第5章中讨论过发生在 LEP 实验尾声的"寻找希格斯玻色子大戏"吗？），所以 LSND 可能是因为身处巨大压力之下而较通常情况提前报告了他们的结果。更加令人困惑的是，LSND 实验的参与者之一，詹姆斯·希尔居然"叛变"了，他在同一期《物理评论快报》上发表了一篇文章，对 LSND 的正式结果提出了质疑。这样的选择并非史无前例，但极为罕见，给整个研究形势蒙上了一层阴影。LSND 在1998年永久结束，结束前没有实质性地改变他们最初的实验结果。

当然，如果 LSND 的结果是正确的，那将是非常令人兴奋的，因为我们目前的理论不能统合所有其他的测量结果和 LSND 的结果。这意味着我们将不得不重新考虑我们的理论。当然，我们的既有理论已被证明是相当可靠的，所以在我们最终决定抛弃它之前，我们极其需要一次测量来确认 LSND 的数据。

幸运的是，费米实验室建立了一个新的实验。这就是 MiniBooNE 实验（即微型助推器中微子实验的缩写）。MiniBooNE 实验由洛斯阿拉莫斯国家实验室的比尔·路易斯（也是 LSND 的发言人）和哥伦比亚大学的珍妮特·康拉德领导，该实验被专门设计用来确认或驳斥 LSND 的实验结果。在 2007 年 3 月，他们宣布了实验结果。新的测量未能确认 LSND 结果。看起来初始的测量结果因为某些原因出错了。这一次的测量使得既有的中微子测量数据相互间一致。

在我们关于中微子振荡的讨论中，仍然存在一个漏洞。虽然证明中微子振荡存在的证据格外有吸引力，但所有的这些证据都依赖于对中微子源的计算。虽然我们的计算是相当坚实可靠的（无论是针对太阳中微子还是大气中微子），但是计算全然没有好的测量结果那么有说服力。人们想要做的是，在中微子源附近（在一个"近距离探测器"上）测量中微子束的组成和能量，然后在粒子束行进了令其有机会发生振荡的极为遥远的距离之后，在一个"远距离探测器"上再测量一次。这使我们能够比较近距离探测器的测量结果和计算结果，最终令我们对中微子的振荡有一个清晰的认识。如果中微子源是粒子物理束，人们可以改变粒子束的能量并重复实验。由于振荡的次数随粒子束能量的变化而变化，人们可以预测远距离探测器测出的中微子数量相较于近距离探测器的数据将如何变化。最后，我们将得到一个好的、可靠的、可控的测量结果。

有许多新的实验可以做到这一点。比如费米实验室 2005 年启动的主注射器中微子振荡搜索（MINOS）实验。还有 K2K（从 KEK 到神冈观测站）实验，在这个实验中，粒子束从高能加速器研究机构（KEK）出发，发射到"超级 K"探测器。类似的还有 2008 年启动的 CNGS 实验（从欧洲核子研究中心到格兰萨索国家实验室）。在 CNGS 实验中，粒子束其实是朝着意大利的一个洞穴发射，而那里实际上还有别的一些实验，包括 OPERA 实验和 ICARUS 实验。

最后，我还没有提到一些从核反应堆中寻找中微子振荡的实验。这些实验，比如 CHOOZ 实验、Palo Verde 实验、Bugey 实验等，它们都在对中微子振荡理论的其他参数的范围进行限定。一项名为 KAMLAND 的新实验利用整个日本的核电工业作为中微子源。

为了研究中微子的振荡，目前已经结束的、正在进行中的和被拟议进行的实验共有几十个。实际上，有一个名为"中微子振荡产业"的网页，它详尽地罗列了人们为了理解中微子所做的各种努力。其中许多项目刚刚开始或将在未来几年内开始。整个中微子振荡的研究领域非常活跃，还有很多实验正在进行中，我不可能一一列举（但我还是想提一下"冰立方中微子"实验，研究者们计划在南极洲使用一立方千米的冰，这可真是很酷的计划啊）。对于中微子振荡的研究来说，我们正在经历一个非常激动人心的时刻，读者应该密切关注大众媒体，关注未来几年将陆续公布的有价值发现。

2 号谜团：反物质都在哪儿呢？

除了中微子之外，还有另外一个亟待解决的谜团，目前全世界正有超过一千位的物理学家集中精力争取攻克这一难关。来自我最熟悉也最亲爱的实验室（费米实验室）和它最直接的竞争对手（欧洲核子研究中心）的科学家只占其中一小部分，斯坦福线性加速器中心（SLAC）和它的竞争对手，日本的 KEK 实验室，目前是反物质研究的主要阵地。关于反物质的研究主题叫作"CP 不守恒"，这个名字一眼看上去令人不明所以。那么，为什么"CP 不守恒"令当前的物理学研究者们产生了如此大的热情呢？这个话题之所以吸引人，是因为它也许可以为"我们为什么会存在"这个令人困惑的问题提供答案。

关于"存在"的问题，并不是只有科学家才关心。千百年来，男人和女人，神秘主义者和先知们，离奇的或是受众广泛的宗教和哲学的倡导者，以及在晴朗的午夜穹庐下注视着羊群的个别牧羊人，都会思考这个严肃的问题。然而，尽管人们提出了许多可能的答案，但只有利用科学方法收集到的知识，才对这个问题提供了专门化的解释和预测。因为科学为许多事情提供了丰富的见解，人们很自然地会用这种方法来解决"存在"的问题。只是有一个问题。读者们到目前为止已在本书中阅读到的所有信息表明，我们的科学知识在这个问题上严重失败。事实上，我们的物理学知识预言了我们观测到的宇宙根本不应该存在。那么，是科学错了，还是该揭示另一种微妙的，至少能为解决这一令人担忧的难题带来希望的现象了？

为了理解这种科学上"看似的失败"，我们必须回到第 2—4 章，回顾一下我们在反物质这个话题上所学到的东西。就我们所知，宇宙基本上完全是由物质构成的。反物质是一种可以与物质湮灭并释放出巨大能量的对抗性实体。事实上，让一克物质与一克反物质湮灭，可以释放出与摧毁广岛和长崎的原子弹爆炸相当的能量。

1932 年，卡尔·大卫·安德森在加州理工学院的古根海姆航空实验室发现了第一个反物质——正电子，它是对应普通电子的反物质。然而，尽管现代粒子物理实验中已经分离出亚微观数量的反物质，但人们并没有观测到大量的反物质。因此，人们必须回答的问题是："物质占压倒性多数和反物质相应缺乏是否令人惊讶？又或者这应该正是人们所期望的？"

要回答这个问题，我们应该回到第 3 章和第 4 章。在这两章中，我们讨论了反物质是如何产生的。创造反物质的唯一已知方法是将纯能量转换成两个粒子，因为二者间总有一个物质粒子和一个反物质粒子。

图 7.9 给出了代表性的示意图。例如，一个光子（γ）转换为一个夸克（q）和一个反夸克（$\bar{q}$），或者一个光子转换成一个带电轻子（ℓ^-）（电子、μ 子或 τ 子）和一个反轻子（ℓ^+）。类似地，一个胶子（g）可以转化成为夸克－反夸克对。Z 玻色子也可以像光子一样分裂成两个粒子。最后，一个 W 玻色子可以转换成一个夸克－反夸克对，或者一个带电轻子（ℓ^-）和一个中微子（ν）。在 W 玻色子的情况下，如果带电的轻子是物质粒子，则中微子是反物质粒子（$\bar{v}$），而如果带电的轻子是反物质（ℓ^+），则中微子是物质中微子。W 玻色子也可能衰变成不对应的夸克和反夸克对，例如 $W^+ \rightarrow u + \bar{d}$。

前面的讨论和图示中最重要的一点是，物质和反物质是等量产生的。同样重要的一点是，为了将物质转化为能量，需要一个相同的反物质粒子（例如，$e^+ + e^- \rightarrow \gamma$）。因此，物质和反物质是成对地产生和毁灭的，所以看起来宇宙中物质和反物质的数量肯定应该是相等的。而且，在有同等数量的物质和反物质存在的情况下，这些粒子最终会找到彼此并湮灭成纯能量。因此，宇宙最终只会充满了弥散的能量辉光，而完全没有任何物质。

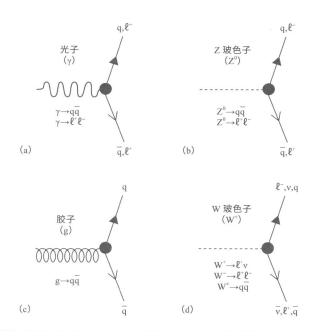

图 7.9 所有的物质都是成对产生的；一个物质粒子对应一个反物质粒子。

那么，为什么真实的情况不是这样呢？似乎有几种可能的解释。第一种解释是相当激进的，可以被描述为"我们所理解的物理定律根本就是错误的"这一不断困扰人的怀疑。任何有名望的科学家都应该认为这是一种可能性。但是，科学技术上的显著成就、生活水平的提高和人类的普遍进步，所有这些最初都是通过谨慎地应用科学方法而成为可能的，这间接意味着我们对世界的理解实际上是挺准确的。此外，各大洲成千上万的实验者在无数的实验中已经非常可靠地确立了物质和反物质的平等地位。因此，这种解释不太可能是正解。

对于我们几乎观察不到反物质这一事实的第二种解释是，这是一种错觉，宇宙中确实存在相等数量的物质和反物质。支持这种观点的人的理由很简单，他们认为尽管我们所居住的宇宙区域完全由物质组成，但在宇宙中的其他地方却存在着大量的反物质，同时也缺乏物质。这种解释虽然听起来合理，但需要实验验证。如果宇宙中存在反物质的聚集，那么它在哪里？我们知道，它肯定是不在我们附近的（比如在月球）。在登陆月球时，尼尔·阿姆斯特朗能够说出"'鹰'已着陆"，而不是湮灭成一个巨大的、在地球上都可以看的火球。此外，我们已经顺利地在许多行星上着陆了探测器。因此，太阳系仅由物质组成。即使我们还没有访问过银河系中的其他恒星，我们也可以用一套不同的观测方法来排除它们由反物质组成的可能性。虽然星际空间确实是空的，但它实际上含有稀薄的气体云。这是通过天文测量得出的。这种气体弥漫在星系中，所有的恒星都嵌在其中。如果这种稀薄的气体物质接触到一颗反物质恒星或行星，我们将很容易看到由此产生的能量释放。所以在我们的银河系中，应该不存在大量聚集的反物质。类似的论证排除了在银河系附近存在反物质星系的可能性。我们在这里说的"附近"是指在几千万光年以内。

在更大的距离尺度上，证明大量反物质集中存在的观测证据很薄弱。然而，任何能够对宇宙起源给出一定合理解释的理论都很难解释在如此大的距离范围内物质和反物质的局部聚集。因此，尽管不能排除这种解释，但它似乎并不太可能。

那么，在考虑并否定了这两种解释之后，关于为什么物质在宇宙中占据主导地位的这个谜团，我们还能怎么解决呢？显然，这是一个引发人们思索的谜题。科学家说不定已经研究过这个问题并解决了它。还是说，这个谜团仍未解开，只是在等待某个年轻物理学家的灵光乍现来厘清这一切？由于本章的标题为"即将得到解决的难题"，读者们可能已经猜到了，现代物理学家相信，他们已经理解了能合理解释这一现象所必需的主要想法。然而，我们仍然需要一些测量来明确和细化我们的理解。我们目前将介绍的这些实验还正在进行中。

但是，在我们继续探讨为什么物质在宇宙中占据绝对的统治地位之前，我们得先暂停一下，学习一些专用词汇。我们先从以下观察结果开始我们的讨论：能量只能转化为物质 – 反物质粒子对。但这两个粒子也必须是同一种粒子，例如，一个光子永远不会衰变成一个夸克和一个反轻子，反之亦然。事实上，我们在此撞见了另一套重要的守恒定律。守恒定律体现了对宇宙的关键理解和观察。回想一下我们早先接触到的能量守恒定律。它表明了一个既定系统中的能量总量永远不会改变，尽管它可以改变形式。这就好比一个装有一定量水的完全密封的容器。人们可以加热或冷却这个容器，里面的水可以转化为蒸汽或冰，但水的总量永远不会改变。

现代科学中有许多已知的守恒定律，每一条都揭示了对宇宙结构的深刻见解。在我们当前的讨论中，我们需要理解一个看似晦涩的守恒定律，称为"轻子数守恒"。"轻子数"是一个很简单的概念。如果一个粒子是物质轻子，我们称其拥有 +1 的轻子数。一个反物质轻子的轻子数为 –1，而非轻子的粒子的轻子数则为零。轻子数有点像电荷，因为一个粒子可以带正电荷或负电荷，或者是中性的。举个例子，让我们设想一个简单的情况，一个光子（轻子数为零）分裂成一个电子（轻子数为 +1）和一个正电子（轻子数为 –1）（$\gamma \rightarrow e^+ + e^-$）。我们看到，在这个反应中，轻子数确实是守恒的〔光子分裂前轻子数为零，分裂后的净轻子数依然为零，因为（+1）+（–1）= 0〕。

我们也可以把以上讨论中的轻子换为夸克，给物质的夸克一个正数值，给反物质的夸克一个负数值。而由于夸克不是轻子，因此它们的轻子数必须为零。到这里，你也许会觉得存在对应"轻子值"的"夸克值"，围绕夸克值发展出一个理论是很可行的。然而，由于历

史原因，我们已经有了一个类似的等效术语。各种"重子"主要是在
20世纪50年代得到发现，它们是质量比较大的粒子，质子和中子是
人们最熟悉的重子，由于当时人们距离发现夸克还很远，所以就用了
"重子数"这个概念。每个物质重子的重子数为 +1，而反物质重子的
重子数为 –1（注意，由于每个重子包含三个夸克，物质夸克的重子数
为 +1/3）。

　　由于稳定的重子（比如质子和中子）比轻质的轻子（比如电子
和中微子）的质量要大得多（比如，质子的质量大约是电子的质量的
2000倍），所以在历史上，关于宇宙中物质占据主导地位这一现象的
讨论，甚至讨论使用的语言本身，都一度围绕着重子。由于每一个反
物质重子都可以抵消一个物质重子的重子数，在一个物质重子和反
物质重子数量相等的宇宙中，宇宙的净重子数应该是零。如果，物质如
我们观察到的那样多于反物质，宇宙的重子数应该是正的，而一个反
物质占主导地位的宇宙的重子数应该是负的。因此，关于物质/反物
质的不对称性的整个辩论可以简化为一个数字……宇宙的重子数。

萨哈罗夫的三个条件

　　1967年，苏联物理学家、政治异见者安德烈·萨哈罗夫发表了一
篇论文，他在文中阐述了，任何一个理论，只要它能解释人们所观测
到的宇宙为何具有正的净重子数，就必须具备哪些特性。这些标准可
以分为三类：第一类条件，是存在某种违背重子数守恒的物理过程，
也就是说，某种相互作用在其发生的前后重子数是不同的。第二类条
件是，自然法则一定以某种我们尚未观察到的方式呈现出不对称：宇
宙相对于反物质一定更倾向于创造物质。最后一个条件是，不管最终

是什么物理过程违反了重子数守恒，它必须不符合"热平衡"，这是一个晦涩的物理术语，但有着非常特殊和专业的含义。热平衡原本是描述温度的一种属性，所以我们用这个简单得多的话题来描述它的意思。假设我们有一根金属棒，长度有几英尺。我们将这个金属棒的一端放在冰上，另一端则放在火上烤。几分钟之后，我们移走冰块和火焰，然后触摸金属棒的两端。结果并不会让我们出乎预料：一端是热的，一端是凉的。然后将会发生的是：热量从热端流向冷端。当热量从金属棒的一部分传到另一部分时，该金属棒就不处于平衡状态。过了一会儿，这根金属棒上各处的温度都成为相同的了。因为在金属棒中没有温差，从金属棒一端流出的任何热量都被来自另一端的相等热量抵消了。因为这些热量的流动是相同的，所以金属棒处于热平衡状态，这是形容棒子里没有温度差（或者说没有能量浓度的差别）的高端说法。图 7.10 说明了这一点。

图 7.10 为了达到热平衡，必须没有能量的集中。当没有能量集中时，所有方向上的能量流是相等的（即处于平衡状态）。

在物质 - 反物质不对称的背景下，如果违背重子数守恒的物理过程处于热平衡状态，那么它会有抵消任何暂时的重子数量相较于反重子数量过剩的情况的倾向。因此，我们看到，违背重子数守恒的过程一定不能处于平衡状态。

　　由于萨哈罗夫的条件提供了清晰的思路，科学家们纷纷开始构建满足他的标准的新理论。事实上，本章前面描述的质子衰变实验就是为了尝试测量是否存在以下违背重子数守恒的情况：质子衰变成更轻的粒子（这些粒子都不是重子，因为质子是最轻的重子）。由于实验中未观测到此现象，物理学家们开始寻找其他的解释。他们很快就意识到，一个完全可行的解决方案一直就在他们的眼皮底下。至少在原理上，电弱力可以满足所有相关需求。

　　为了说明这个不那么显而易见的想法，让我们考虑萨哈罗夫的第三个标准，即热平衡的要求。正如我们在第 5 章中详细讨论过的，在某个能量级之上，粒子是没有质量的，而在这个能量级之下，电磁与弱力之间的对称性被打破，从而使基本粒子获得了我们所熟悉的质量。让我们想想，在宇宙大爆炸后的最初几秒钟内，这一切必然是发生了的。在宇宙冷却的过程中，随机的波动让宇宙的某些部分率先冷却。在冷却发生的地方，形成了一个个的"泡"，其中所有的粒子都可能有质量，"泡"的周围则是电弱对称性尚未被打破的、较热的区域。能量会从较热的区域流向较冷的区域，因此，"泡"和周围空间之间的边界就不会处于热平衡状态。因此，萨哈罗夫的第三个条件得到满足。

　　那么他提出的另外两个条件呢？第一眼看上去，好像和电弱力没有什么关系。比如，电弱力能怎么违背重子数守恒呢？似乎它就不能违背，因为我们之前画过的、关于 W 玻色子或 Z 玻色子的费曼图都不允许违背重子数守恒。在这里，量子力学的变幻莫测再一次帮助了我们。就像在中微子振荡的情况下，电中微子可以振荡成 μ 中微子，违背重子数守恒的振荡也是可能存在的。问题是，这种振荡被抑制了，因为振荡发生所需的能量不足。我们观测到的夸克和轻子都具有非零的质量，这就让这种振荡变得非常不可能。然而，当宇宙温度比现在高得多时，所有的夸克、轻子和电弱玻色子（W 玻色子和 Z 玻色子）的质量都完全为零，所以这种限制就不存在了。这就像是一屋子贪婪的银行家，他们来自不同的国家，每个人都有相同数量的钱，尽管货币种类不同（包括美元、英镑、欧元、卢布等）。我们暂时使各种货币的兑换率相等（即 1 美元 = 1 欧元 = 1 英镑，以此类推）。只要汇率不变，银行家们就可以自由地交换货币。但是，如果一种货币突然变得更有价值，或者说这种对称性被打破了，这种货币就会在交易中被"冻结"。用物理学术语来说，我们说这种货币的交易被"抑制"了，因为每个银行家都会把这种货币存起来而不进行流通，因为它的价值（继续沿用类比，也就是质量）大于其他货币。因此，电弱力允许违背重子数守恒的出现，只要宇宙温度足够高，高到让希格斯机制变得无关紧要。

　　萨哈罗夫的第二个条件是关于一种青睐物质胜于反物质的机制的存在。这个话题引起了很多物理学家的极大兴趣，因此我们将在下文花一些篇幅来了解我们迄今为止所知道的东西，以及我们希望当前的实验如何进一步增加我们的知识。为了理解这些观点，我们需要了解一些新的守恒定律，它们被颇为神秘地称为电荷共轭（C）、宇称（P）和电荷共轭宇称（CP）。

电荷、宇称，以及其他

　　在我们试图理解这些新的守恒定律之前，我们应该回顾一下我们之前讨论过的一些观点。我们现在已经熟悉了能量、动量、自旋和电荷的守恒定律。总的来说，我们已经发现了一个关于守恒定律和描述世界的数学方程的极其重要的事实。对于每个守恒定律——"守恒"是表达"该数量永远不会发生变化"的物理学术语，在方程表达式上有一个相应的要求，就是我们所说的对称性。在这种情况下，对称意味着你可以改变方程中的一个变量而不会影响结果。为了说明这一点，让我们举一个最简单的实验例子。我们走进一个大房间，地板是水平的。然后，我们丢一个球，并计时这个球需要多长时间才能落地。虽然如果我们从不同的高度释放这个球，以及我们是向上抛还是向下抛这个球，都会影响最终的测量结果，但是也存在着一些变量，无论我们怎么更改，都不会影响最终的数据。比如，其中一个此类变量就是，我们抛掷这个球的地点，无论是在这间房子的正中央还是在距中央有一定水平距离的地点，结果都是一样的。我们向东、向西、向南、向北走个 5 英尺，都会得到同样的测量数据。同样地，我们什么时候做实验也无关紧要；今天还是明天都不会对结果产生影响。第三个无关紧要的变量是我们面对的方向。不管我们面朝哪个方向，最终的测量结果也都是一样的。这三个变量不影响测量结果的事实，意味着我们的方程必须具有平移、时间和旋转上的对称性。这三种对称性必然导致动量守恒定律、能量守恒定律和自旋守恒定律。

　　想要进一步探索物质在宇宙中占主导地位的原因，需要理解与其相关的对称性，由此我们必须重新审视我们的老朋友，量子自旋。在粒子物理学的语境中，如果我们暂时地（而且是错误地！）把一个基本粒子（比如说电子）想象成一颗用牙签插着的橄榄，那么理解起"自旋"来就容易得多。（显然，我真是过于热爱泡吧了……）假设牙签的一端被涂成了黑色。如果让黑色的一端面对我们，且我们顺着牙签的方向看过去，同时旋转这根牙签，我们可以看到这颗橄榄的表面正在做顺时针或者逆时针的旋转。我们当然可以分别称这两种情况为正和负，或者顺时针和逆时针，但事实上我们要称它们为"左手的"和"右手的"。选择这样的称呼，是因为我们的两只手是彼此的镜像。为了理解所谓的"右手性"是啥意思，我们用右手握住这颗橄榄，让牙签黑色的一端与拇指指向的方向一致。如果我们让手指自然卷曲，并将牙签黑色的一端对准我们的眼睛，我们就会看到，我们的手指是以逆时针方向卷曲的。因此，逆时针旋转被称为"右旋"。用另一只手重复该实验，则表明顺时针旋转是"左旋"。

我们需要了解的另一项关于自旋的见解是，任何一个时钟的指针，都可以被认为是顺时针或者逆时针运转的，这取决于我们是怎么拿着这个时钟的。按照正常的方式拿着这个时钟，指针是顺时针运转的。然而，将时钟翻个面儿，那么指针就在逆时针运转了。

最后，我们必须回顾一下，"量子自旋"与我们通常理解的这个词的字面意思不同，因为自旋轴只能指向两个方向……沿着或逆着粒子运动的方向。如果粒子没有在运动中，就连一个在虚空中旋转的量子力学粒子的"牙签"或者说旋转轴都可以是指向任何方向的。这是因为粒子在虚空之中，没有什么可以定义方向。但是，如果一个粒子在运动，那么有一个方向，即粒子运动的方向，就不同了。以我们的手为例，如果我们用大拇指指向粒子的运动方向，就会发现，我们右手或左手的手指卷曲的方向与粒子旋转的方向一致。根据粒子旋转方向与哪只手相符合，我们就说这个粒子是"右手的"或"左手的"。

每个亚原子粒子都可以用这种方式来表示，除了那些自旋为零的粒子。实际上与零自旋的粒子相关的数学计算更为简单，但它们与目前的讨论无关。

我们要考虑的第一个概念是"宇称"，简写为 P。正如物理学中经常出现的情况一样，"parity"一词有一个被普遍接受的含义和一个物理学家使用的极其特殊的含义。"parity"的一般含义是指事物是等效的或相似的。然而，对于物理学家来说，它描述的是粒子运动的方向。回想一下，当我们讲到能量、动量和自旋守恒的时候，我们发现测量的结果（也就是说物理定律）与你所在的位置、面对的方向和进行实验的时间无关。不过，另一个可以改变的变量是你在做实验的时候，是向前还是向后移动的可能性。如果你的测量与你是向前进还是向后退无关，那么这就意味着"宇称"存在。对于物理学家来说，这意味着如果你在方程中将"向后"和"向前"互换（用术语说，就是你将方程中的每一个 x 都替换为 $-x$），你的测量值（和预测值）不应该改变。事实上，"宇称"实际上存在于三维空间中，所以你应该分别用右代替左，用下代替上，用向后代替向前。不过，为了让我的解释更清楚，我们就仅仅讨论左和右的情况。宇称性的第二个方面出现在量子力学中。只要与量子力学有关的事，总是要复杂一点，所以我们在这里只讨论单独一个想法。在量子力学中，每个粒子都可以用数学表达式来描述，称为波函数（WF）。这个波函数相当复杂，但我们可以思考一下，如果我们对它进行宇称变换（即用相反的方向替换所有方向），这个波函数会发生什么变化？我们会发现，对于有些粒子来说，如果我们这么做了，它的波函数并没有发生变化。我们称这个例子为具有正的宇称（P=+1）。与此相对应地，对于有些粒子来说，如果我们对它的波函数进行宇称变换，会发现出现了一个原始波函数的负函数。这样的粒子就被称为具有负的宇称（P=-1）。通过查看一个简单的波函数就可以很容易地理解这一点，我们假设该波函数等于 x，即位置变量〔写作 WF（无交换）=x〕。左右交换单纯意味着我们要用 $-x$ 替换每个 x。我们发现，在我们进行了 $x \rightarrow -x$ 的替换后，新的波函数是原始波函数的负值，也就是 WF（交换）=$-x$=$-$WF（无交换）。这是一个负宇称的波函数。相反地，对于另一个波函数 WF（无交换）= x^2 来说，在我们进行了 $x \to -x$ 的替换后，该函数不会发生任何变化（毕竟 $(-x)^2 = x^2$）。我们说这样的函数具有正的宇称，因为 WF（交换）= WF（无交换）。

20 世纪 50 年代，大量的各种奇异粒子被生产出来，这时宇称性的概念开始变得有趣。自然而然地，人们首先试图做的是测量这些奇异的（即长寿的）粒子是如何衰变的。特别值得注意的是两个带有奇异性的粒子，分别称为 τ 粒子和 θ 粒子。（读者们请注意，这两个名称现在都已经不再使用了，特别是，这个 τ 粒子与 1974 年发现的 τ 轻子完全无关。）τ 粒子和 θ 粒子具有相同的质量、寿命和电荷，但是其中一个（θ 粒子）总是衰变为两个 π 介子，而 τ 粒子总是衰变为三个 π 介子。宇称是守恒量之一，也就是说宇称在衰变前后应该是相同的。如果我们知道粒子衰变后的宇称性，我们就可以推断出母粒子的宇称性。此外，我们需要结合单个粒子的宇称，以得到一个总的宇称。计算宇称的方法很简单，将各个粒子的宇称相乘即可〔即，宇称（全体）= 宇称（粒子 1）× 宇称（粒子 2）〕。

通过更早先的工作，物理学家已经知道，π 介子的宇称为 −1。于是，对于 θ 粒子来说，它衰变成两个 π 介子，那么它的宇称为 $(-1) \times (-1) = +1$，也就是具有正的宇称。相反，τ 粒子衰变成 3 个 π 介子，它的宇称则为 $(-1) \times (-1) \times (-1) = -1$，也就是具有负的宇称。如果在衰变过程中，宇称是守恒的，那么 τ 粒子和 θ 粒子一定是两种不同的粒子，因为它们最终衰变成了两种具有不同宇称的不同状态。另一方面，如果在衰变过程中，宇称可以是不守恒的，那么 τ 粒子和 θ 粒子则有可能是同一种粒子。因为（在这个假设中）宇称不守恒，一个粒子可以衰变成拥有 +1 宇称或 −1 宇称二者中的任一。因为我们对宇称性在奇异粒子的衰变中所起的作用缺乏了解，所以我们被绊住了脚。

弱相互作用中宇称守恒理论之死

对 τ-θ 之谜的探索，使两位年轻而聪明的科学家获得了一项深刻的见解，它将撼动整个物理学界。1956 年 4 月，杨振宁参加了人称"罗彻斯特会议"的两年一度的会议，它近年来在很多地方举行过，而实际上没有一次是在纽约的罗彻斯特。罗彻斯特会议的目的是让理论学家和实验学者们聚在一起，试图更好地理解当下急需被解决的物理谜团。在此类会议上，通常每天上午或下午专门都讨论一个特定的主题，在为期一周的会议期间，人们将讨论若干个主题。在题为"新粒子的理论解释"的会议上，杨振宁首先发言，总结了 τ-θ 粒子的情况。随后又有几位物理学家发表讲话，每个人都提出了试图解决这个问题的不同建议。其中一个被提出的建议是，τ-θ 粒子说不定是同一种未得名的粒子的两种不同的衰变方式。由于这个粒子可以衰变成具有 −1 和 +1 宇称性的粒子的组合，这就意味着原始粒子没有唯一的宇称性，或者，如果它有，那么显然宇称性是不守恒的。如果这个解释被证明是真的，那可真是太奇怪了。会上的讨论并没有解决这个问题，但确实增加了杨振宁的好奇心。

杨振宁当时在普林斯顿高等研究院拥有终身教职，但他那个暑假却去到了位于长岛的布鲁克海文国家实验室。回到纽约之后，杨振宁见到了他的好朋友——哥伦比亚大学的教授李政道。杨振宁和李政道的工作地点相距不远，还是多年好友，于是他们一周见两次面，讨论一些非常有趣的理论问题，包括 τ-θ 粒子的问题。所以他们不可避免地又聊到了前文所述的未得名粒子的宇称性这个问题之上。τ粒子和θ粒子都通过弱力衰变。如果一个粒子可以通过弱力以两种不同的方式衰变，每种方式都具有不同的宇称，这就意味着宇称在弱相互作用中不守恒。回想一下，在物理学家的"行话"中，"守恒"的意思是宇称性在某件事（比如粒子衰变）发生之前和发生之后都是一样的。当时，物理学界普遍都相信宇称性是守恒的，因为许多实验已经证明了宇称性在强相互作用和电磁相互作用中是守恒的。杨振宁和李政道问了一个正确的问题……有没有人证实过弱相互作用下宇称是否守恒？

为了回答这个问题，两位理论家转而求助于另一位哥伦比亚大学的教授，吴健雄。吴健雄是一位极其出色的实验物理学家，是纽约地区β衰变和弱力实验方面的专家。她了给杨振宁和李政道一本大约一千页厚的书，书中汇集了过去40年中所有可信的β衰变实验的结果。在李政道和杨振宁仔细研究了现有的数据后，他们发现了一个相当令人惊讶的事实，即弱力的宇称守恒问题根本没有经过实验研究。他们撰写了一篇题为《弱相互作用中的宇称守恒问题》的文章，发表在1956年6月22日的《物理评论》上。虽然他们的论文并没有说宇称守恒一定不会发生，但它向所有实验物理学家表明，这个问题还没有得到实验的证实，所有人都可以试一试。他们说：

> ……显然，现有的实验确实能够高度准确地表明，在强相互作用和电磁相互作用中，宇称是守恒的，但是对于弱相互作用来说（即介子和超子的衰变过程，以及各种费米相互作用），其过程中宇称守恒到目前为止只是一个推断出的假设，没有实验证据支持。

在李政道和杨振宁决定发表文章之前，他们的同僚吴健雄实际上已经开始准备着手相关实验了。虽然实验最可能的结果是弱力下宇称守恒，但并非如此的可能性也仍旧存在。如果弱力下宇称真的不守恒，那么这个结果将改变一切。吴健雄当时已经来到美国 10 年了，她原本打算通过乘坐"伊丽莎白二世女王号"游轮回到东方一游对此加以庆祝。但有如此精彩又有意义的实验在等着她，于是她取消了船票，让她丈夫自己回去了。她的选择可能看起来有点不寻常，但发现宇称不守恒的想法实在太吸引人了。吴健雄想要投入工作。

为了完成这个实验，吴健雄需要的基本要素如下。首先，她需要使用一个由于弱力相互作用而发生衰变（即 β 衰变）的原子核。其次，这个原子核必须有一个固定的量子自旋值。幸运的是，许多原子核都是这样的。目前为止，一切顺利。但真正棘手的是，她必须使原子核的自旋（也就是插在橄榄上的牙签的黑色一端）都指向同一个方向。这是为什么呢？这是因为，我们测试宇称是否不守恒的方法是，先定义一个方向，然后观察从原子核中逃逸的衰变粒子，比如，衰变的产物是否与原子核的自旋一致，还是与原子核的自旋相反，又或者呈 90° 夹角。如果宇称对称性存在，我们将无法判断是所有的方向都发生了翻转，还是它们都保持未变。按照这样的思路，我们需要记住宇称翻转改变的是方向，而不是自旋。但从图 7.11 可以看出，保持自旋方向不变并翻转坐标系统等同于保持坐标系统不变并翻转自旋。在这两种情况下，方向和自旋都从指向同一方向变成指向相反的方向。"方向"箭头所指的方向并不重要，重要的是运动方向和自旋之间的相对方向。

因此，吴健雄的实验的原理是很简单的。她选择了一个具有高放射性的钴 60（^{60}Co）原子核，并且让原子核的自旋朝着同一个方向。

钴 60 原子核通过自发的 β 衰变变成了镍 60（^{60}Ni），一个电子（e$^-$）和一个反电中微子（$\bar{\nu}_e$）。本质上，这个反应是一个中子（n^0）变成一个质子（p$^+$），（n$^0 \to$ p$^+$＋e$^-$＋ν_e）。钴原子核的量子力学自旋为 5，而镍

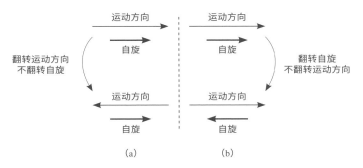

图 7.11 翻转自旋等同于翻转运动方向。在这两种情况下，如果自旋和运动指向相同的方向，只翻转其中一个将导致二者分别指向相反的方向。

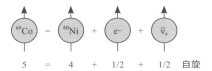

图 7.12 钴 60 的自旋守恒。电子和反中微子都必须沿相同方向旋转（因为 5＝4＋1/2＋1/2）。

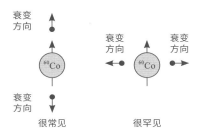

图 7.13 在钴 60 衰变中，逃逸粒子的方向往往与原始原子核的自旋方向平行。相对于原子核自旋方向呈 90°的逃逸粒子非常少。

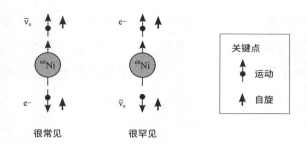

图 7.14 宇称不守恒的有力证据。右手性的反中微子很常见，而左手性的反中微子却很罕见，这一事实说明了弱相互作用中，宇称是不守恒的。

的自旋为 4。由于量子自旋是严格守恒的（回想一下，这意味着对于一个例如衰变事件来说，其之前和之后的自旋是一样的），这意味着电子和中微子的自旋之和必须是 +1。

目前为止，还没有什么特别的。别急，精彩的内容马上就来了。读者们需要知道的最后一件事是，由于一个微妙的物理事实，衰变产生的粒子倾向于沿着镍的自旋方向或相反的方向逃逸，但很少在 90° 的方向上逃逸。

因此，最后我们可以看到，基本上只有两种可能，如图 7.14 所示。在衰变过程中，电子和中微子二者之一可以沿着镍原子核的自旋方向运动，而另一个的运动方向则相反。

现在让我们只关注图中的这个电子，我们发现，如果对左手的图进行宇称变换，那么我们就可以得到右手的图。再看一看图 7.11，这一点就更清楚了。图 7.14 的左侧和右侧的最大区别在于，在左侧图中，电子的自旋是左手的，反中微子是右手的，而在右侧图中，反中微子是左手的，电子是右手的。如果能够导致 β 衰变的弱相互作用与宇称无关（即，弱力在宇称交换的情况下能保持对称性），那么图 7.14 中两种不同的可能衰变发生的概率应该是相同的。如果两者发生的概率是不相同的，那么在弱力相互作用中，宇称就是不守恒的。

吴健雄教授和她的合作者们做实验的过程是很艰难的。我们在这里就不展开具体的细节了，我只是想说，即使以 45 年后的今天的眼光看来，他们能这么快就把实验条件给凑齐，真的令人印象深刻。他们将钴原子核的自旋对齐到指向一个方向；他们将探测器安置在粒子将要逃逸的方向，然后开始计数。如果我们定义钴原子核或镍原子核指向的方向为正方向，那么实验的核心测量是比较电子沿着正方向移动的次数和沿着负方向移动的次数。如果次数相同，则宇称守恒。如果不是，那宇称就不守恒。

那么，答案是什么呢？下面就是见证奇迹的时刻……1956 年下半年这段时间里，他们发现了一些迹象表明，两者的比率并不相等，但由于他们在实验中遇到了种种困难，因此在这一时期做出任何确切的声明都是不明智的（但吴健雄和她的同事们还是在对结果完全确定前将他们的进展告诉了李政道和杨振宁）。最终，在 1957 年 1 月初，他们得到了确定的结果。毫无疑问，电子向负方向逃逸的概率比向正方向逃逸的概率高得多。实验结果引起了轰动。1957 年 1 月 7 日凌晨 2 点，吴健雄的合作者之一，国家标准局的 R. P. 哈德逊延续了最经典的物理学传统之一，他开了一瓶 1949 年的拉菲，与同事们一起为他们取得的成就干杯。他们是用纸杯喝的拉菲，这似乎是物理学界的一个规矩。事实上，根据我的经验，当一个人在午夜到早上六点之间用劣质酒杯喝下一瓶好酒来庆祝一项发现或技术成果时，就可以称得上是一位物理学家了。这可是一个重要的人生节点。

1956 年，在哥伦比亚大学，除了李政道和吴健雄之外，还有其他的教授，他们同样是重量级科学家，同样干劲十足。而且，物理学家的圈子也并不算大。李政道和杨振宁的文章发表之后，大家纷纷开始在午餐期间讨论起吴健雄的初步试验结果。其他物理学家开始思考他们能够如何为这项工作做出贡献。还有一件重要的事情人们也必须搞清楚，那就是宇称不守恒究竟是弱相互作用的特征，还是只是 β 衰变的特征。当时，人们认为费米的弱相互作用普遍理论能够解释所有的弱相互作用，包括 β 衰变、π 介子衰变、μ 子衰变、奇异性等等。于是，验证宇称不守恒的普遍性就变得至关重要。

1957 年 1 月 4 日，这天是星期五，哥伦比亚大学的一群物理学家在上海咖啡馆吃了午餐。就着大量炸蛋卷，他们聊了不少物理学界的八卦。讨论中最热门的话题是有关吴健雄的实验的传言。一位名叫利昂·莱德曼的年轻教授正在思考他和他的同事们能否也做出一些贡献。于是，这一整天他都在思考 π 介子衰变，这是一种弱力衰变。哥伦比亚大学物理系的内维斯实验室的加速器可以大量生产 π 介子。这些 π 介子会衰变成一个 μ 介子和一个中微子。如果在 π 介子衰变中，宇称像在 β 衰变中一样是不守恒的，那么衰变产生的 μ 介子将有一个特定的手性。然后，这些 μ 介子会衰变成一个电子和中微子（这是另一种弱力衰变，虽然当时人们对这种衰变过程中的一些微妙之处还不是很了解）。莱德曼他们的想法是，先通过 π 介子产生 μ 介子（它们具有对齐的自旋），然后他们将查看衰变产生的电子的自旋是否倾向于朝着某一个方向。经过几天的工作，他们证明了来自 μ 介子衰变的电子的自旋确实倾向于朝着某一个方向。在接下来一周的星期二，弱相互作用的宇称不守恒被证实了。

莱德曼和他的同事们的实验结果实际上比吴健雄的更为重要（也就是更有说服力），不过开辟先河的是吴健雄。两个实验小组都发表了开创性的论文，1957 年 2 月 6 日，他们在美国物理学会的会议上宣布了他们的成果。在这个历史时刻，与会者们竖起耳朵仔细聆听报告的每一个字。

　　但并非所有人都相信这些实验的结果。沃尔夫冈·泡利在给维克托·魏斯科普夫的一封信中写道："我难以相信上帝会是一个软弱的左撇子。"但很快，实验结果就被世界各地的研究小组所证实。像往常一样，一些人开始意识到，他们几年前采集的数据显示，在弱相互作用中，出现了宇称不守恒的现象。于是，又一批物理学家加入了"如果我当时……"俱乐部。无论如何，是吴健雄、莱德曼和他们的团队率先到达了终点。李、杨二人因其先见之明和关键性的论文，分享了 1957 年的诺贝尔物理学奖。一般来说，诺贝尔奖委员会不喜欢犯错误，因为如果把奖颁给某人，却在之后发现他是错误的，那可真是太尴尬了。诺奖委员会这么快地把奖颁给了李政道和杨振宁，证明了宇称不守恒这一发现的重要性和影响力。

宇称对称已死！电荷共轭宇称（CP）万岁！

　　由于弱相互作用的宇称对称已经被证明不可能了，理论学家们开始争先恐后地探索到底什么情况下对称性能得到守恒。实验结果已经表明了一个明确的事实，中微子总是具有左手的量子自旋，而反中微子的自旋一定是右手的。人们从未观测到具有右手自旋的中微子和具有左手自旋的反中微子。因为宇称，也就是 P，要求自旋可以被翻转，这就意味着宇称交换会把左手性的中微子变成右手性的中微子。由于人们从未观察到这种情况，所以宇称对称并不是弱相互作用的特征之一。然而，还有一种交换，人们猜测它会保持对称性，那就是电荷共轭，写作 C。

　　电荷共轭能把一个粒子转变成它的反粒子。所以它会将左手的中微子转化为左手的反中微子，这也是人们从未观察到的现象。所以这个猜测有问题。

　　然而，理论物理学家们意识到，当这两种交换——首先是宇称交换，然后是电荷共轭交换，写作 CP——同时进行时，对称性得到保持。举个例子，比如我们有一个左手的中微子，单是宇称交换会将其转化为右手的中微子，我们现在知道这是不可能的。但是随后的电荷共轭交换又将它转化为了右手的反中微子，这就没什么问题了。因此，虽然弱相互作用在 C（电荷共轭）和 P（宇称）的分别作用下并非不变，但在 CP 的联合作用下是不变的。这个基本思想如图 7.15 所示。这样的观察使得大多数物理学家感到了安心，毕竟他们对宇宙不遵守宇称对称的前景感到相当不安。让宇宙左右对称的"正确"方法是把物质与反物质的交换纳入理论——这一想法让他们感到很满意。秩序又恢复了。

　　读者们可能还记得，我们开始"宇称不守恒"这个题外话是为了

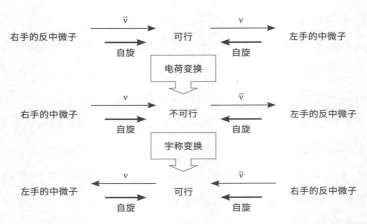

图 7.15 这张图表明了如下事实：虽然仅变换电荷或宇称会导致一个不可能存在的情况，但是同时变换两者则会出现合理的情况。

试图找到一个更倾向于生产出物质而不是反物质的过程。在这方面，我们尚未成功。我们下一个故事开始了传奇的最后一章。

1954 年，芝加哥大学的默里·盖尔曼在休假期前往哥伦比亚大学度过了一段时间。他与普林斯顿大学高级研究所的亚伯拉罕·派斯撰写了一篇有趣的论文。派斯是一位老资历的物理学家了，他 20 岁出头的年月是在阿姆斯特丹躲避盖世太保的追捕中度过的。盖尔曼则年少轻狂，像一颗冉冉升起的新星。他们的论文讨论了中性的 θ 介子（θ^0）。在他们的研究中，他们发现了一件神奇的事情。在那个年代，θ 粒子是令物理学家感到着迷的奇异粒子之一。我们现在不再称其为 θ^0，而是称之为 K^0。在接下来的讨论中，我们将启用该粒子的新名字。因为他们的想法早于盖尔曼和乔治·茨威格在 1964 年提出的夸克假说，所以他们讨论的内容集中在了 K^0 介子的衰变特性上。

盖尔曼和派斯知道，人们可以通过使用强力在粒子加速器中大量地生产 K^0 介子〔现在我们知道，这个粒子包含一个下夸克和一个反奇夸克（$d\bar{s}$）〕。然而，由于强力相互作用可以保持粒子的"奇异性"守恒，这意味着如果最开始就没有奇夸克的存在，那么每次我们生产出一个奇夸克的时候，必须也同时生产出一个反奇夸克。由于我们看不到夸克的个体，这意味着当一个 K^0（$d\bar{s}$）被创造出来的时候，同时也会出现一个反 K^0（$\bar{K}^0$，即 $s\bar{d}$）介子。（请注意，在现实中，K^0 是能和其他很多的强子一起被创造出来的，只要这些强子中包含有一个奇夸克就可以，但是我们现在就单纯地讨论 K^0-$\bar{K}^0$ 同时产生的情况。）由于奇夸克和反奇夸克具有相反的奇异性，将它们二者相加，它们的奇异性会相互抵消，因此整体的奇异性为零。最基本的事实是，可以通过强力来生产携带有奇夸克的粒子（并且是大量生产），只要同时生成携带有反奇夸克的粒子就行了。

　　另一方面，在 K^0 和 $\overline{K}^0$ 同时生成之后，它们迅速彼此远离。由于此后每个介子（比如 K^0 介子）都带有一个单独的奇夸克，又因为没有同伴与之一起衰变，所以 K^0 介子无法通过强力或电磁力衰变，因为这两种力都需要物质－反物质对发生湮灭。因此，K^0 介子只能通过弱力衰变，因为弱力衰变不需要保持奇异性守恒。这些事实的后果，即由强力创造，却随后因弱力而发生衰变，确实很奇特。再加上 K^0 和 $\overline{K}^0$ 介子都是电中性的，并且它们具有不同的奇夸克含量，这就导致了更深远的后果。

　　第一个后果被称之为 K^0-$\overline{K}^0$ 混合。基本上，这意味着 K^0 介子可以转换成自己的反粒子，然后再转换回来。这种行为源于量子力学。因为 K^0 和 $\overline{K}^0$ 都能衰变成两个 π 介子（$K^0 \rightarrow \pi\pi$，$\overline{K}^0 \rightarrow \pi\pi$），所以量子力学认为，在 K^0 介子"真正地"衰变之前，它可以"暂时地"衰变成一对 π 介子，然后又重新变回原来的 K^0 介子。这种模式可以重复许多次，直到 K^0 介子不可逆转地衰变为两个介子，然后逃逸并被探测到。到目前为止，这看上去是一个奇特的量子力学行为，但如果读者们习惯了这个想法，它就显得不那么奇怪了。真正奇怪的是，$\overline{K}^0$ 介子也可以短暂地衰变成两个 π 介子，然后又重新生成 $\overline{K}^0$ 介子。读者们可能会问：π 介子们怎么知道应该是变回 K^0 介子还是 $\overline{K}^0$ 介子啊？答案是，它们不知道。一个 K^0 介子可以短暂地衰变成两个 π 介子，然后它们可以结合变回一个 $\overline{K}^0$ 介子。通过这种反应链，一个 K^0 介子可以变成 $\overline{K}^0$ 介子，然后再变回 K^0 介子。这确实很奇怪，如图 7.16 所示。

　　虽然 K^0-$\overline{K}^0$ 振荡已经够奇怪的了，但是盖尔曼和派斯实际上还提出了一个更深刻的见解。这就是 K^0（或 $\overline{K}^0$）介子可以衰变成两个或者三个 π 介子的事实。这是 τ-θ 谜团的重演。由于含有两个 π 介子的状态的宇称为 +1，而含有三个 π 介子的状态的宇称为 -1，那么，除非

图 7.16 K 介子振荡。K 介子可以振荡成反 K 介子，然后再振荡回来，直到它们最终衰变为了两个或者三个 π 介子作为最终状态。

一个粒子没有唯一的宇称，否则这个粒子不能以两种不同的方式衰变。

　　量子力学方面的较真人士可能会对下面的讨论略有不满，但对我们大多数人来说，这个解释就可以了。基本上，由于强力不能区分"左"和"右"（即，它是宇称对称的），每个 K^0 介子有 50% 的概率拥有 +1 的宇称，还有 50% 的概率拥有 −1 的宇称，所以预期中 K^0 介子会以两种概率相同的不同方式衰变。因此，我们可以将 K^0 介子的总数写作（50% 的宇称为 +1 的 K^0 介子）和（50% 的宇称为 −1 的 K^0 介子）。现在，关键的来了。对于 $K^0 \to \pi\pi$ 衰变，衰变之后只有两个 π 介子。这意味着较少的能量存在于 π 介子的质量中，因此它可以迅速衰变。相反，对于 $K^0 \to \pi\pi\pi$ 衰变来说，更多的能量存在于 π 介子的质量中，所以这个衰变速度比较慢。实际上，慢速衰变（宇称为 −1）这一部分的寿命是快速衰变（宇称为 +1）这一部分的 100 倍。

　　于是就说到了重点。如果我们制作一束 K^0 介子束并让它们发生衰变，宇称为 +1 的那一部分，会快速地衰变成两个 π 介子。因为宇称为 −1 的那一部分 K^0 介子的寿命要长得多，最终我们能看到的只有 3 个 π 介子的衰变（$K^0 \to \pi\pi\pi$）。我们将 K^0 介子中，寿命比较长的那一部分称之为 K^0_L（L 是长寿的意思），而寿命比较短的那一部分 K^0 介子则被称为 K^0_S（S 是短寿的意思）。莱昂·莱德曼和他的合作者们（他们可真是非常忙碌的一群人啊）在 1956 年发现了具有标志性的长寿特征和 3 个 π 介子的衰变结果的 K^0_L，刚好是在其存在得到预测的两年后。

到目前为止，没有问题。K^0 介子会衰变，快速衰变的部分会衰变成两个 π 介子，慢速衰变的部分会衰变成 3 个 π 介子。这一切结果都符合假定"在弱相互作用下，CP 对称被严格遵守"为真时的预测。当然，如果一个长寿命的 K 介子（宇称为 −1）只衰变成两个 π 介子（宇称为 +1），那么 CP 对称就会被违背。1964 年，吉姆·克罗宁（Jim Cronin）和瓦尔·菲奇（Val Fitch）在吉姆·克里斯滕森（Jim Christenson）和勒内·图雷（René Turlay）的协作下进行了一个实验，以研究这一问题。他们发现，在他们让粒子束向前传播很长的一段距离之后（足够长到让所有的 K^0_S 都衰变了），有一小部分的 K^0_L 介子"错误地"衰变成了两个 π 介子。虽然这个事件发生的比率很小，只占 0.2% 的时间，但结果却令人震惊。这是因为 CP 守恒被违背了，因此，我们终于发现了一种令物质优先于反物质产生的机制。1980 年，克罗宁和菲奇因这项发现而获得了诺贝尔奖。

虽然我只讲了长寿命的 K 介子 K^0_L 衰变成 3 个介子的情况，但其实它们也可以衰变成：

$$K^0_L \to \pi^+ + e^- + \bar{\nu}_e \qquad (a)$$
$$K^0_L \to \pi^- + e^+ + \nu_e \qquad (b)$$

由于等式（b）可以通过将等式（a）进行 CP 交换而获得（即进行自旋翻转，然后用反物质代替物质），如果 K^0_L 介子的宇称始终为 −1，那么这两个等式发生的概率应该是相同的。然而，经过测量表明，K^0_L 衰变成正电子的时间要比衰变成电子的概率大 0.33%。终于，我们了有一个区分物质和反物质的反应。事实上，我们现在就可以明确指出实验产物中的什么可以被认定是反物质。反物质，就是长寿命的电中性 K 介子 K^0_L 在上述这一特殊衰变的过程中产生的带有出现概率更高的电荷的带电轻子。

由于我们已经发现了确实存在能够区分物质和反物质的过程，我们已经完成了我们所要完成的任务。哈萨罗夫的第二个标准得到了满足，宇宙中为什么物质比反物质多得多这个问题似乎也得到了解决。读者们也可以想象，在这样重大的问题上，一定有很多人投身相关的科研工作。最近，就有两个实验就获取最佳测量结果展开了竞争，它们分别是费米实验室的 KTeV 实验和欧洲核子研究中心的 NA48 实验。这两个实验都进行了非常仔细的测量，以惊人的精度探索了 CP 不守恒这一主题。

然而，近来，人们的兴趣已经从探索 K 介子（携带奇夸克）的行为转向了探索 B 介子（携带底夸克）的行为。原因是，虽然我们在 K^0 的行为中观察到了 CP 不守恒，证明了标准模型可以解释一些物质－反物质的不对称性，但理论框架（下文即将讨论）结合迄今为止我们讨论过的 K^0 测量结果，它们能预测出的不对称性还不足以来解释我们世界的真实现状。要么我们之前的讨论有意思却与这个问题无关，要么，故事还没有讲完。究竟是哪种情况呢？当前研究的目的就是回答这个问题。

1963 年，一位颇有名望的理论物理学家尼古拉·卡比博，首次提出了关于如何解释强力和弱力对 K^0 介子产生的作用是如此不同的想法。回想一下，强力是能够保持奇异性守恒的，因为一个 K^0 介子包含一个反奇夸克，而一个 $\overline{K}^0$ 介子包含一个奇夸克，因此，当强力作用一个粒子的时候，绝对不会看到一个粒子既是 K^0 介子同时又是 $\overline{K}^0$ 介子。相反地，弱相互作用则不用考虑奇夸克的含量，实际上，奇夸克正是通过弱力才发生的衰变。因此，在弱力作用下，一个粒子可以同时具有是 K^0 和 $\overline{K}^0$ 的可能。这种基于量子力学的行为比较难理解，不过我们在图 7.17 中画出了最主要行为的示意图。我需要对这张图做一些解释。假设我们有两支铅笔，然后将它们以彼此呈 90° 的角度绑在一起。我们称其中一支铅笔为 K^0，而另一支则称为 $\overline{K}^0$。如果我们只能沿着其中一支指向的方向看去，那么我们将只能看到 K^0 铅笔，或者 $\overline{K}^0$ 铅笔。在这种情况下，我们只能看到另一支铅笔的底端，因此基本上是不可见的。这就和强相互作用相似，它只能看到这个粒子呈现 K^0 或者 $\overline{K}^0$ 的性质，而不能同时看到两种。现在，让我们旋转一下视角，不再沿着两支铅笔中的任意一支看过去，就像图 7.17 右侧所示。现在我们能同时看到两支铅笔。类似地，弱相互作用可以看到一个粒子同时呈现出 K^0 介子和 $\overline{K}^0$ 介子的性质。强相互作用"观看"这两种 K 介子的方式有点像是"盲人摸象"。一个盲人摸到了大象的鼻子，说大象"像条蛇"，另一个盲人摸到了大象的腿，说大象"像棵树"。这两

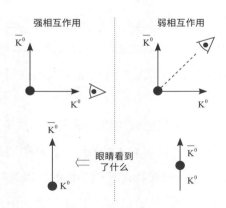

图 7.17 强相互作用和弱相互作用"观看"任何特定的 K 介子的方式是不同的。如果想要清楚地看到粒子携带有奇异性或是反奇异性，就需要强相互作用。而弱相互作用则会将同一个粒子看成两者的混合体。

种观点都是对的，但由于他们各自的视角都是有限的，所以两者都没有得到全面的认识。

　　同样地，尼古拉·卡比博意识到，强力和弱力只是"看到"了"真实"粒子的不同方面。1972 年至 1973 年，小林诚和益川敏英扩充了这一至关重要的见解，因为他们意识到了可以对卡比博的想法进行延伸，从而解释 CP 不守恒的现象。不过，还有一个问题。1972 年，盖尔曼和茨威格关于夸克的理论中，只包括了上夸克、下夸克和奇夸克。小林和益川的扩展则需要有其他三种夸克存在。由于当时连上夸克、下夸克和奇夸克的存在都没有被完全的确立，所以他们的想法只是被当成稍微有点意思的新奇见解。1974 年，粲夸克被发现，1977 年，人们又发现了底夸克，情况发生了巨大的变化。虽然顶夸克要到 1995 年才被发现，但即使是在那之前，小林和益川的设想也得到了物理学界的重视。在理论上，这个新的卡比博 - 小林 - 益川理论（CKM 理论）能够预测出 CP 不守恒，并最终（可能）预测出物质在宇宙中占据的主导地位的情况。

　　CKM 理论的核心包含九个关键参数。它们就是一个"类上夸克"（上夸克、粲夸克、顶夸克）能够释放出一个 W 粒子并且变成一个"类下夸克"（下夸克、奇夸克、底夸克）的概率。由于存在 9 种可能的组合（u → d、u → s，等等），这 9 个参数说明了一切。目前的状况是，我们对这 9 个参数的测量能达到的精确度并不相同，因此精准地测量这些数字是目前世界上几个加速器正在紧锣密鼓研究的项目。如果 CKM 理论是正确的，那么这 9 个参数并不都是独立的，它们相互之间的联系是可以预测的。最终，在 CKM 理论中只有 4 个独立的参数。

　　那么，为什么有那么多的科学家使用底夸克来研究 CP 不守恒呢？这是因为 CKM 理论提供的指导。回想一下，整个领域的研究起点，是预测 K^0 介子振荡成 $\overline{K}^0$ 介子，再振荡回 K^0。就像前面讨论的中微子振荡一样，如果想要发生 K^0-$\overline{K}^0$ 振荡，K^0 和 $\overline{K}^0$ 之间需要存在一个小小的质量差。对 CKM 理论的进一步研究表明，整个 CKM 的想法要求 6 个夸克具有不同的质量，否则整个方法就会分崩离析。因为我们一直在讨论用"电弱对称破缺"来解释宇宙中的物质过剩，所以相关的质量尺度是电弱 W 玻色子和 Z 玻色子的质量尺度，它们的特征质量约为 100 GeV。通过查看表 3.3 和表 4.2，我们看到顶夸克之外的所有夸克的质量都比 W 玻色子和 Z 玻色子小得多。尽管如此，底夸克还是比其他更轻的夸克大得多，因此 B^0 介子的 CP 不守恒量预计会比目前实际测得大。所以，与 K^0-$\overline{K}^0$ 介子之间微不足道的 0.2% 的 CP 不守恒量相比，科学家倾向于使用预计不守恒量要大得多的 B^0-$\overline{B}^0$ 介子。因此，B^0-$\overline{B}^0$ 介子可能会揭示更多关于 CP 不守恒的奥秘。

思考一下我们所讨论过的知识的含义，我们发现，我们现在所掌握的，是在宇宙中过量产出重子（即物质）所需的"成分"，甚至"生产配方"。然而，"配方"上的文字有点模糊，因此我们需要更好地理解它。目前正在进行的、研究含有底夸克的介子的实验项目是一项重要的工作，它将会帮助我们了解"配方"中的步骤。

在我们即将结束这个主题的时候，有必要重新回顾一下我们这段旅程的起点，即"在观察到的宇宙中反物质似乎并不大量存在"这一事实。我下面的话以有根据的猜测为开始，然后逐渐变得更加确实。所谓"太初"时分，整个宇宙被挤在一个小空间里，就像一个等待孵化的蛋。出于某种原因（量子涨落？上帝之手？谁知道呢……），宇宙爆炸了。最初，宇宙非常热，大约有 10^{30}℃。在宇宙诞生的 10^{-41} 秒之内，粒子和反粒子的数量彼此相等，也大约等于光子数量。随着宇宙的膨胀和冷却到相对较低的 10^{26}℃，使得物质比反物质更有可能产生机制并开始发挥作用。对于每 10 亿个反物质粒子，就有十亿零一个物质粒子。不过光子的数量依然是接近的。宇宙诞生大约 10^{-34} 秒后，能够导致当前宇宙存在的物质相对于反物质在数量上的微小优势已经就位。随着宇宙进一步老化，到了一秒钟的高龄（反正在粒子物理学的世界这就算是高龄了），整个过程已经完成，宇宙看起来与我们此刻居住的宇宙已经大致相似了。宇宙的温度降低到了 10^{10}℃，大部分激荡的反应都结束了。每 10 亿个反物质粒子都被 10 亿个物质粒子湮灭了，只剩下一个物质粒子。光子没有受到影响，所以对于每一个物质粒子，大约对应 10 亿个光子。就这样，我们揭示了真正的事实。虽然我们观察到的世界似乎是由物质主导的，但实际上是光子（和中微子，我们在第 9 章中会有更多的讨论）主导了宇宙，至少在总数量上是这样。

正是宇宙大爆炸 10^{-34} 秒后的关键转变，使我们此刻得以存在。如果没有它……也就是说，如果每 10 亿个物质 – 反物质对中没有一个额外的物质粒子……我们就不会在这里了。因此，目前人们期待对 B^0 介子的研究能更好地揭示宇宙历史上的一个关键时期。虽然我们认为我们可能已经了解了熔炉般的宇宙在其形成过程中发生了什么，但只有通过更多的数据和更好的测量，我们才能最终确定。

在本章中，我们选择了两个非常有趣的问题，这些问题目前正受到物理学家的密切关注。对于这两个谜团，人们已经了解了许多东西，更妙的是，人们还设计了相当复杂的数学理论来解释迄今为止所观察到的现象。因此，尽管将这些现象视作是位于标准模型这一极其成功的宇宙理论的前沿是合理准确的，但我们已经拥有了关于它们的重要数据，并且设计出了复杂的理论来解释这些数据。希望在未来十年里，物理学家能够彻底解决这些问题。然而，在没有实验证据的情况下，还有更大的奥秘有待探索，而且指导我们的只有基本上不受约束的理论推测。粒子物理学的标准模型尽管取得了巨大的成功，但它还是一个不完整的理论。这个理论提出了一些它自己无法回答的问题。想要了解这些更深层次的谜团，我们必须进入下一章。

第8章 奇异物理（研究的新前沿）
Exotic Physics (The Next Frontier)

> 我们永远都不能停止探索，如果我们的探索会有终点，那也会是我们下一次探索的开端，去首次认识我们未知的所在。
>
> ——T. S. 艾略特

在前面的章节中，我们已经讨论了很多我们已知的、关于基础物理学的知识。粒子物理学的标准模型出色地解释了迄今为止人们在大范围的温度和能量范围内得到的所有测量数据。将粒子物理学与它的兄弟领域化学（它其实不过是非常复杂的原子物理）和它的表兄弟领域生物学（本质上是复杂的化学）结合起来，就可以解释我们所熟悉的所有现象。如果我们把爱因斯坦"多少让人脑筋打结"的广义相对论加进来，就可以很准确地描述有史以来观察到的所有现象。

通常这样的成功会让人感到骄傲自满，但物理学家在19世纪末吸取了教训。虽然能够解释实验数据是一个终极理论的必要条件，但这还不够。一个理论要想成为终极理论，它必须没有任何回答不了的问题。尽管标准模型取得了巨大的成功，但它仍不能满足这一标准。到目前为止，读者们一定有一些自己想问的问题。你可能想象不到有疑问的不只是你自己。物理学家就有很多这样的问题。虽然物理学家们可能会对具体某一个难题感到最为好奇，不过被问到的问题主要包括以下几类：

- 为什么会存在夸克和轻子，是什么让它们具有差异？
- 为什么会存在三代粒子，且每一代都包含一个夸克对和一个轻子对？
- 还存在有更多代的粒子吗？
- 为什么会有四种力，为什么它们间的相对大小会是如此？
- 如果电磁力和弱力可以被证明是更基本的电弱力的两种表现形式，有没有可能通过进一步的努力和思考得出"只有一种真正的力，四种表面上不同的力只是它的不同侧面"这一结论？
- 为什么物质粒子是费米子，而携带力的粒子是玻色子？
- 希格斯机制可以解释顶夸克如何比其他夸克质量大得多，但它没有解释顶夸克为何比其他夸克质量大得多。
- 就此而言，希格斯假说会被证实吗？
- 广义相对论和量子之间能否实现统合？
- 为什么我们似乎生活在三个空间维度和一个时间维度中？
- 是什么让时间和空间不同？
- 如果量子力学和广义相对论可以相互统合，那么是否有理由说存在着一个最小空间值甚至最小时间值？

所有这些问题的答案，以及其他多得多的问题的答案，都是完全的谜。但最重要的是，有些问题很容易提出，但标准模型无法为其提供答案。在本章中，我们将讨论一些为了解决这些问题所进行的尝试。当我们这样做的时候，读者们应该意识到我们已经离开了知识的"舒适区"，进入了未知的领域。这样的转变往往伴随着危险，当然，这一次是智力上的危险，而不是过去勇敢的探索者所经历的各种各样的人身危险。但不妨记住这个事实：我们正在进入"未知世界"，并且几乎没有什么能指引我们沿着真理的道路前进。然而，缺乏了解并不代表我们就可以天马行空地猜测。天马行空地猜测是现代的神秘主义者们的做法，他们运用匪夷所思的理论来填补我们知识体系中的空白。科学，与它的竞争者神秘主义的世界观不同，它受到前面几章中所述的大量已知知识的制约。任何新的理论对所有的实验数据的解释，至少得和现有的理论一样好，最好是更好。此外，为了取代现有的理论，新理论必须能正确地预测一种新的现象，或者对旧理论没有能阐明的、数据的两方面之间的基本联系给出解释。

一个好的理论能够减少必须由"手工"输入的变量（或信息）的数量。例如，目前的理论预测物质和反物质粒子具有相同的质量。一个反物质的电子，即正电子，必须与它更常见的"兄弟"——电子具有相同的质量。因此，我们没有理由去把这两者的质量都测量出来。当然了，我们还真的这么做了，因为两者之间的任意大小的质量差都将标志着该理论的崩溃。

尽管现有的理论预测了物质－反物质对之间的对称性，但它对电子本身的质量却只字未提。在没有实验输入的情况下，我们不知道该如何计算出它。事实上，当下粒子物理学的标准模型需要插入 20 个参数，而我们对这些参数之间的相互联系并不了解。这些通过实验测量得到（而非推导出）的参数为：夸克的质量（6 个参数），带电的轻子的质量（3 个参数），希格斯玻色子的质量和"真空期望值"，也就是希格斯场对真空空间的能量增加量（2 个参数），构成卡比博－小林－益川（CKM）矩阵的四个独立数值（我们在第 7 章中刚刚介绍的），电磁力、强力和弱力的"耦合常数"（本质上就是每个力的强度）（3 个参数），另外还有两个更加晦涩难懂的参数，即"量子色动力学真空的相位"，这个我们在本书里就不讨论了，以及"宇宙常数"，这是一个描述引力的变量，目前还不在标准模型的范围内（2 个参数）。如果第七章中讨论的数据表明"中微子有质量"这一点是正确的，那么输入参数的数量就会再增加 7 个。它们分别是中微子的质量（3 个参数）和一个描述中微子混合的、类似 CKM 矩阵的矩阵（4 个参数）。

摆弄参数

　　这些参数似乎都与我们日常经历的世界没有多大关系，但神奇的是，它们确实和日常世界有很大关系。试想一下，如果理论保持不变，而我们只改变其中一个参数，让其他参数保持不变，世界将会有何不同。我们举个简单的例子，假如电子的质量和 μ 子的质量一样大，看看世界会有什么不同。这么小的变化似乎并不重要，但我们会发现事实并非如此。首先发生变化的是原子的大小。原子的大小与电子的质量成反比。电子的质量增加一倍，原子的大小就减小一半。由于 μ 子大约比电子质量大 200 倍，这就意味着原子的大小约为原大小的 1/200。这种大小的改变听上去很了不得，但其实并非如此。当爱丽丝在梦游仙境时缩小到一个很小的尺寸之后，她几乎被她还是原来大小时流下的泪水淹死。相比之下，在我们的"重电子"世界里，所有的原子都以同样的比率缩小了，所以一个迷你的你会坐在一把迷你椅子上，吃迷你食物，开一辆迷你车（一些迷你英国人会开一辆迷你 - 迷你车）。迷你的邪恶博士甚至会收养一个迷你 - 迷你咪。一个迷你的人生活在一个迷你的宇宙里，他的感受到的世界和你每天经历的世界不会有很大的不同。

正如我们将在下一段中看到的那样，下面的这一点是没有实际意义的，但还是提一句：你的体重会发生变化。一个迷你的你，生活在一个迷你地球上，迷你的你和迷你地球都拥有和正常的你以及正常的地球同样数量的原子，而你的重量，将会是正常大小的你的重量的40000 倍。这是因为虽然你和地球的质量变化仅不到 10%，但地球却缩小了 200 倍。由于你和地心之间的距离会变小，最终的结果就是你会重得多。

不过，一个"重电子"的世界将与我们此刻所居住的世界完全不同。在我们的假设世界中，μ 子不会衰变（因此是稳定的），而原子则会非常不稳定。就像现实生活中的 μ 子一样，围绕原子核旋转的重电子有时会穿透原子核，有时电子会与质子结合形成中子和中微子（$e^- + p^+ \rightarrow n^0 + \nu_e$）。因此，所有的原子都会迅速衰变为中性粒子（中子和中微子）。氢将不存在，恒星将不会燃烧，生命也不会形成。宇宙将是稳定的，但也会非常无聊。

那么为什么这在我们的世界中没有发生呢？这是因为中子的质量略高于质子。真实的（即在我们的宇宙中）电子不能提供足够的能量来进行这种破坏原子核的复杂反应。所以我们很安全。

通过图 8.1，我们可以更清楚地说明这一点。为了制造出一种特殊的亚原子粒子，一开始我们至少需要与该粒子所携带的能量相等的能量。由于能量和质量是等效的，我们将从质量的角度来讨论。为了使质子和电子能够结合形成中子，它们的总质量必须超过中子的质量。

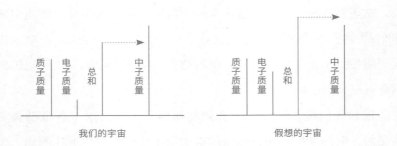

图 8.1 该图显示了更大质量的电子将如何改变宇宙。在我们的宇宙中，一个轻电子和一个质子结合，不具有足够的能量来产生中子。相反，对于假设的重电子来说，它将与质子结合形成一个中子。这将从根本上改变宇宙。

从图中可以看出，在假想的宇宙中，这个条件是满足的，因此允许中子的形成。而在我们这个真实的宇宙中，电子和质子不能形成中子。

  如果像"改变电子质量"这样的"小事"可以极大地改变宇宙的性质，那么像"改变夸克质量"这样的"小事"也可以。读者们应该还记得，所有普通物质都是由上下夸克组成的，一个质子由两个上夸克和一个下夸克组成，而一个中子则由一个上夸克和两个下夸克组成。让我们假设上夸克和下夸克的质量对调。在现实世界中，下夸克的质量略高一些，由于中子包含两个下夸克和一个上夸克，因此中子的质量比质子稍微大一些。虽然中子们可以安稳地存在于原子核中，但是单独的中子是不稳定的，它在大约 15 分钟之内就会衰变成一个质子、一个电子和一个反电中微子（$n^0 \rightarrow p^+ + e^- + \bar{\nu}_e$）。在夸克层面，发生的情况则是一个下夸克变成了一个上夸克（$d^{-1/3} \rightarrow u^{+2/3} + e^- + \bar{\nu}_e$）。

  在我们假定的、"上下夸克互换质量"的世界里，情况则正好相反。质子将是不稳定的，而中子将永远存在。正常的氢原子由一个孤质子和一个孤电子组成。然而，在我们的假想宇宙中，这些质子会衰变成中子。所以弥漫在真实宇宙中的氢气就不存在了。由于质子会衰变成一个中子、一个正电子和一个电中微子（$p^+ \rightarrow n^0 + e^+ + v_e$），这个正电子会四处游荡，最终与一个在氢原子核内的质子没有衰变的情况（就如同我们宇宙中的情况）下本该围绕在氢原子核周围的电子相遇并发生湮灭，从而产生两个光子（$e^+ + e^- \rightarrow 2\gamma$）。氦比氢稍微幸运一点。正如我们将在第 9 章中讨论的那样，宇宙中的大部分氦在大爆炸后不到三分钟之内就已经形成了。由于我们的"假想质子"的寿命长达 15 分钟，那么它的存在时间足够（在 3 分钟内）形成氦。就像我们宇宙中的中子一样，原子核中的质子是稳定的，所以氦不会衰变。实际上，在我们假定的这个"上下夸克交换质量"的宇宙中，氦元素的总量将和真实的宇宙中一样多，但没有任何氢元素的存在。这个假想的宇宙将由氦、中子、中微子和光子组成。我们所理解的生命形式，甚至很可能任何生命形式，都不会存在。

到目前为止，我们已经"摆弄"了电子和上下夸克，这些粒子在我们所处的宇宙中显然都很常见。那如果我们改变顶夸克的质量，会怎么样呢？顶夸克的寿命约为 10^{-24} 秒。改变顶夸克的质量肯定会对一切毫无影响吧？底夸克的质量大约比粲夸克大 3 倍，粲夸克的质量大约比奇夸克重 2~3 倍（不过奇夸克的质量并没有被直接测量出来，所以这个断言有点不确定）。相对地，顶夸克的质量大约是底夸克质量的 40 倍。假如我们参照之前两对夸克的质量差规律将顶夸克的质量降低到比如说仅比底夸克的质量大 3 倍（真实宇宙中顶夸克的质量为 172GeV，而我们现在假设这个数字变成 17GeV），我们的宇宙将会发生什么样的变化呢？由于顶夸克的生命周期非常短，仅在宇宙大爆炸后的极其短暂的时间内大量存在，这种变化肯定无关紧要……对吧？

如何计算这种变化的效果，细节有点复杂，但当我们算完之后，就会得到令人惊讶的结果。顶夸克可不是对日常生活毫无影响的转瞬即逝的粒子，顶夸克的质量会产生可观察到的后果。如果顶夸克的质量为 17GeV，而不是我们实测的 175GeV，那么质子和中子的质量约为其当前值的 80%。虽然不像其他一些变化那样差异巨大，但这个结果间接表明，顶夸克的影响对于我们此刻所经历的这个世界来说，并不像人们想象的那样微不足道。我其实挺喜欢顶夸克质量降低所产生的后果，因为它的净效应是将宇宙中所有东西的质量减少到当前值的 64%。一个 200 磅的家伙会突然变成 128 磅。要是能发明这种减肥法，我就发家致富啦！阿特金斯饮食法、葡萄柚减肥法之类的，你们都靠边站吧……"林氏顶夸克减肥法"闪亮登场！

考虑将这 20 个无法解释的参数中的每一个都分别"调整"一下，会发生什么样的改变，这样做会花费很长的时间。有些组合只会轻微地改变宇宙，而有些组合则会彻底改变宇宙的面貌。如果我们一次同时改变两个参数，情况会更加复杂。

总之，这个简短的思维练习强调了我们所要面对的、真正的问题。为什么会有 20 个彼此独立的参数？一个更好的（也就是更完整的）物理理论是否能够揭示不同参数之间的联系，从而减少真正独立的参数的数量？为什么这些参数具有它们此刻的数值呢？有没有可能遵循历史先例，以某种方式理解这复杂情况，并用更简单、更基本的理解取代它？

虽然我并不知道上述任何问题的答案，但现代基础物理学的目标是简化。我们希望，所有的力都将被证明只是一种原生力的不同方面。我们也希望，12 个夸克和轻子最终将被揭示为某一种粒子的不同侧面，或者，更令人兴奋地，被证明是空间本身振动的不同方式。在接下来的几页中，我将讨论几个理论，这些理论被认为与标准模型相比，提供了对世界更完整的理解。最先讨论的两个理论并不是完整的理论，因为它们并不试图解释一切，而是试图为我们对宇宙的理解增加一些新的真理。这两种理论都有一个很好的特点，那就是在当前实验中它们具有潜在的、可观察到的结果。换句话说，这些理论预测了现代实验在原则上可以发现的、但尚未被观察到的一个或多个现象。因此，在我们下文的讨论中，我们也将对相关的最新实验结果进行一些分析。在我写到此处的时候，这些新想法还没有一个被证明是正确的，但是我在 DØ 小组和 CDF 小组工作的同事们正在非常努力地工作来证明或证伪这些理论。

　　尽管这些理论显然不是"终极"理论，因为它们甚至没有试图解释一切，但我们将以一个确实渴望拥有"终极"地位的理论来结束本章。这个理论做出了预测，但不幸的是，现代实验还不够灵敏，无法证明或证伪这个理论。尽管如此，它依然是一个很酷的想法，我们讨论它是为了了解我们的终极理论可能是什么样子。

　　我提到了"终极"理论和"有效"理论（也就是单纯"更好"的理论）。这两者有何不同？从本质上讲，这两者有着两个方面的差异：其一是该理论要求输入的、无法根据其自身推导出的参数的多少；其二是该理论在多大程度上能够解释其各组成部分之间的关系。我们将需要输入实验数据的理论称为"有效理论"。有效理论听起来不如"终极"理论好，因为后者不需要任何输入；所有的量都可以从理论中推导出来。尽管如此，有效理论还是非常有用的。其中一个例子就是牛顿的万有引力定律，该定律适用于太阳系。牛顿定律要求太阳、行星和附近飘浮的各种岩石和冰的质量作为输入数据。一旦给出了这些数值，牛顿定律就可以完全地描述太阳系中的运动，但是，对于为什么要输入这些不同的质量，该理论却没有回答。还存在有更好的（即更完整的）行星形成理论，可以预测，例如"为什么内行星更小且主要由岩石构成，而外行星更大且主要由气体构成"等问题。这些更完整的理论仍然是"有效理论"，因为它们依然需要输入组成太阳系的气体的原始分布。对于每一个有效理论来说，至少在原则上，都存在着一个更完整的理论，可以对之前理论中任意输入的内容做出解释。物理学家希望找到一种完全不需要外部输入的理论。

在我们接下来的讨论中，读者们会读到很多以"普朗克"命名的事物；例如：普朗克长度、普朗克时间和普朗克质量。马克斯·普朗克（Max Planck）是量子力学的早期开拓者之一。他曾经研究过一个古老的问题……"是否存在'正确的'度量单位？"英尺被定义为国王的脚的长度，而一米最初被定义为一条穿过法国巴黎的、从北极到赤道的直线距离的 1/10000000。因此，这些定义是历史上的随机值。如果换了一位国王，或者地球的大小发生改变，那么英尺和米的长度就会发生改变。我们需要一种确定长度，时间和质量的绝对方法。普朗克意识到，我们可以使用通用的基本常数来做到这一点。他从三个通用常数开始：光速（c），牛顿的万有引力常数（G）和普朗克常数（h）——它在量子理论中起着重要作用。表 8.1 给出了三个常数的单位。

由于这三个参数被认为在浩瀚的宇宙中保持恒定，而且很可能在时间层面上也是，因此通过取这三个参数的比值，我们就可以确定长度、时间和质量的普遍值。普朗克长度为（hG/c^3）$^{1/2}$，其值约为 10^{-35} 米。普朗克时间为（hG/c^5）$^{1/2}$ 或约 10^{-44} 秒，普朗克质量为（hc/G）$^{1/2}$ 或约 10^{-8} 千克。在粒子物理的尺度上，普朗克长度和普朗克时间是难以想象的短，而普朗克质量却极高。为了给大家一个参考，请记住，普朗克长度只是一个新的单位，和一英尺或一英里、一米或一千米是一样的。一个质子直径大约有 10^{-15} 米，这听起来相当小，但那大约是

表 8.1　基本常数的单位

常数	符号	单位
光速	c	长度 / 时间
万有引力常数	G	（长度）³ /（时间）² （质量）
普朗克常数	h	（质量）（长度）² /（时间）

10^{20}（也就是 100000000000000000000，或 100 万兆）个普朗克长度。

　　虽然普朗克参数与人类的日常经验相距如此之远，但它除了具有理想的普遍性之外，也具有现实意义。例如，如果在普朗克长度大小的空间内拥有一个普朗克质量，那么就满足了创造黑洞的必要条件。也许最重要的是，物理学家推测，在长度和时间可与普朗克长度和普朗克时间相当、能量可与普朗克质量相当的情况下（还记得 $E=mc^2$ 吗？），人们将能够写出一个"终极"理论。在我们讨论人们为了编写这种理论的种种尝试之前，让我们先来看看一些有效理论，它们比目前的标准模型更为完整。

如果你知道超对称性（SUSY）……

　　目前，人们所研究的所有理论都离不开"对称性"的思想。正如我们在之前的讨论中提到的那样，当理论物理学家使用"对称性"这个术语时，它具有特殊的含义。在物理理论中，具有对称性意味着你可以改变一些东西，而另一些东西则不会随之改变。比如你的身高，其定义为从头到脚的距离，无论你在哪里测量，得到的结果都是一样的。无论我去到哪里，我的身高总是 5 英尺 11 英寸（所以我只能加入 APS——美国物理协会，而不能去 NBA 打球）。我们说，一个人的身高是恒定的（即不变的），因此描述身高的理论方程在选取新的地方进行测量的操作之下，一定是"对称的"。

我们在前文中提到过，所有携带力的粒子（光子、W 玻色子、Z 玻色子、胶子和引力子）都属于玻色子，这意味着它们的量子自旋为 0、±1、±2、±3，以此类推。玻色子是"群居动物"，有可能在同一个地方存在着相同的玻色子，它们都能相处得很好。相反，物质粒子（夸克、带电轻子和中微子）属于费米子，它们的特征是具有 ±1/2、±3/2、±5/2 以及诸如此类的量子自旋（事实上，我们已知的基本粒子的量子自旋只有 ±1/2）。费米子是粒子世界里的独行侠，因为在同一个地方不可能有两个完全相同的费米子。费米子和玻色子之间的这种区别是非常重要的，因为如果我们将它们二者交换（即让费米子携带力，让玻色子携带物质），我们的宇宙就会发生天翻地覆的变化。明确了这个事实，我们又回到了我们的"未解之谜"之一。为什么携带力的粒子和物质粒子具有完全不同的量子自旋？

我们可以用另一种不同但是等效的方式来表达这个问题。如果我们将所有的费米子和玻色子交换，理论会表现出什么样的对称性？很明显，眼下的理论在这种操作下是不对称的。比如，我们现在有一个方程，方程中有一个上夸克（一个费米子），我们将它变成"波色上夸克"。因为我们并没有观测到这种情况，这个方程（和我们的宇宙！）不可能具有这种对称性。

然而，1982 年，哈佛大学的哈沃德·乔吉（Howard Georgi）和斯坦福大学的萨瓦斯·季莫普洛斯（Savas Dimopoulos）有了一个想法。假设更精确的理论在交换费米子和玻色子的操作下确实表现出对称性。那么就必须增加额外的数学术语来解释目前未观察到的玻色物质粒子和费米携带力粒子。虽然我们最终还是要回到"为什么这些粒子没有被观测到"这个问题，但让我们先单纯地设想一下这个想法会产生什么影响吧。这种新的对称性需要一个名字，而由于它是在20 世纪 70 年代被提出的（早于乔吉和季莫普洛斯的论文），那个年代，人们喜欢用"超"字起名，所以这个新理论被称为"超对称性"（Supersymmetry），简写为 SUSY。从技术上讲，乔吉和季莫普洛斯的工作是将"超对称性"与标准模型结合起来。因此他们提出的模型被称为"最小超对称标准模型"，简称 MSSM。

　　SUSY 是一个很简单的概念。人们已经提出了数百个，甚至成千上万个新理论（即模型），其中以 SUSY 作为关键组成部分。一些理论物理学家花费了大量的工作时间试图阐明这些模型的内部运作原理，而实验物理学家则试图观察到 SUSY 预测的物理结果。在接下来的几页中，我们将讨论为什么 SUSY 理论如此受欢迎。

　　超对称性最初是作为某些物理理论的补充而被设计出来的，这些理论已知与现实不符，但因为其具有非常有趣的数学特性，所以人们还是愿意研究它们。本质上，物理学家是在玩一个数学游戏，而 SUSY 让这个智力练习变得更加有趣。后来，在数学思想和技术得到充分的发展之后，理论物理学家开始看到它们在粒子物理学中的适用性。虽然在我撰写本书的时候（2003 年 12 月），尚无任何直接证据表明宇宙具有"超对称性"这一属性，但是人们高度怀疑这个猜想可能是真的，因为大约有 1 万篇科学论文都在讨论这件事儿。读者们可能会问为什么物理学界对这个想法表现出如此热情，这再合理不过。这是因为，包含 SUSY 设想的理论可以解释那些标准模型解释不了的问题。在这一点上，我想提醒读者们，"能提出解释"不一定表示"提出的解释是正确的"。SUSY 可能仍然会被证明是一个有意思但最终却是错误的想法。我们将讨论如何确定 SUSY 设想是否为真，即，物理学家正在寻找的预期实验特征是什么？不过，在讨论这个问题之前，我们应该先讨论一下 SUSY 设想在理论上的一些成功之处。

关于强力、弱力和电磁力这三种力的统一，最令人困惑的问题之一是，为什么它会出现在如此高的能量之下。能够让这种情况发生的能量，就是所谓的"大一统理论"，简称 GUT，即尺度的统一。后来，在能量值达到普朗克能量的情况下统一了这三种力与迄今为止难以解决的引力，更是让人费解。最根本的难解之处如下：如果静电力和弱力统一的尺度是 100GeV，或者 10^2 个 GeV，为什么 GUT 的尺度要高达 $10^{15} \sim 10^{16}$GeV，而普朗克尺度则达到了 10^{19}GeV？是什么物理过程造成了各个统一尺度之间有如此大的差异？标准模型无法回答这个问题，这个问题也被称为"级列问题"（即粒子物理学中的未解决问题）。由于存在着 20 个参数，我们无法计算出它们的数值，而是需要实验输入，所以我们不得不调整我们的理论，使之与当前实验的所有观测结果一致。这种调整需要极其、特别、非常高的精度……实际上，我们必须在 10^{-32} 的尺度上进行操作。这有点儿像要测量从我们这里到距离最近的恒星（4 光年之外）上的什么东西，然后测量的精度必须达到质子的级别。对于精度有如此高的需求，看上去就不怎么靠谱。通常情况下，如果需要这种精确的调整，就说明有一种物理现象正在起作用，但这种现象并没有被包含在你的理论中。

如果 SUSY 设想是正确的，那么我们就可以猜测新粒子们的存在，它们的存在将解决上述问题。我们很快就会了解这些假想粒子的性质。如果超对称理论所预测的、新的（迄今为止未被观测到的）粒子的质量与已经被观测到的它们的对应粒子的质量完全相同，那么它们就能彼此完美地抵消。如果超对称粒子的质量太大，则无法产生抵消。事实上，正是 SUSY 理论的这种特性使理论物理学家确信，在未来十年内进行的实验中将会观测到新预测出的粒子。如果没有观测到它们，那又会有不少物理学家抓破头了。

在第 5 章中，我们讨论了希格斯机制，它解释了基本粒子是如何获得质量的。我们必须记得，彼得·希格斯的想法并不是从标准模型中自然产生的，而是事后人为强加上去的。通过发展新的，将标准模型的所有成功之处与新的 SUSY 原理融合在一起的理论，理论物理学家能够以一种简单而自然的方式推导出希格斯机制。这种成功的一个结果是，新理论预测的不是单一的希格斯玻色子，而是一批各式希格斯玻色子，包括一些带电荷的玻色子。虽然迄今为止我们还没有观测到希格斯玻色子，但如果得到这几种希格斯玻色子的观测证据，它们将成为 SUSY 理论的合理性依据。

SUSY 设想在理论上取得一个格外令人印象深刻的成功。有一个涉及希格斯玻色子的、令人不安的谜团，我们至今还没有提到。请回想第 5 章，希格斯玻色子想法的基本原理是假设宇宙中处处存在着一个希格斯场。所有的地方都存在着能量。人们可以计算出希格斯场应该具有的"能量密度"，即单位体积内的能量值，并与宇宙学实验测得的数值进行比较，这样做时，科学家们观察到"一点"差异。好吧，真实情况是，也不是"一点"差异，理论预测的、希格斯场的能量密度是观测到的能量密度的 10^{54} 倍。为了让读者们感受到这是多么巨大的差异，我们打个比方，如果实际测量结果相当于小到难以想象的普朗克长度，那么希格斯理论预测的东西则更接近宇宙的大小。这可就尴尬了……

这种差异最早是在 20 世纪 70 年代中期被人们发现的，当时人们认为这是一个谜，但不妨暂时搁置一旁。希格斯机制的想法如此成功，以至于人们对它进行了详细的探讨。当时人们对这种差异的态度是：不要去管这该死的谜团了。其实，这种态度也并不像看上去那么愚蠢又随便啦。纵观科学史，我们会发现有很多非常有效，但却做出了非常愚蠢的预测的理论。人们承认这些愚蠢预测的存在，但却把它们搁置到一旁，一边等待能解决难题的新见解出现。恩里科·费米在20 世纪 30 年代提出的弱相互作用理论就是这样一个例子。如我们所见，这个谜团最终得以解决。

超对称性为这一挥之不去的担忧提供了一个可能的答案。由于精妙的数学事实，超对称性可以完整地抵消希格斯理论预测出的巨大能量密度。然而，只有当新预测出的粒子们具有与其常见的、对应物质粒子完全相同的质量时，这才是正确的。我们知道这个假设是不正确的，因为我们还没有观察到这些假设的粒子。鉴于我们知道，即使这些新粒子真的存在，它们也必须具有很大的质量，那么 SUSY 就不能简单地解决希格斯能量场的问题。然而，"超对称性"实在很有意思，以至于一些理论物理学家还在继续提出理论，并不把上述的质量上的差异当作全然的阻碍。

SUSY 理论的另一个成功之处是力的统一。读者们可能还记得，粒子物理学的研究目标之一是统一力，即证明强力、弱力和电磁力是同一个更基本的力的不同侧面。一个明显的问题是，这三种力的大小有着巨大的差异。因此，这三个力只有在强度发生某种变化时才能统一。实验证明，力的强度随着碰撞能量的增加而变化，强力和弱力随着能量的增加而变弱，而电磁力的强度则随着能量的增加而增加。目前为止，我们只在一个很小的能量范围内对力的大小进行了测量，但是我们可以推算在更大的能量下力的情况，并查看这些力的强度是否终会变得相同。按照这种方法，我们会发现，这些力最终确实具有相

同的强度，但三个力达到相同的强度时，它们处在不同的能量下。图
8.2a 说明了这一观察结果。

一个有趣的问题是："在多大的能量下，这三个力获得相同的强
度？"我们看到，这种情况发生在大约 $10^{15}GeV$ 的能量级下（回想一
下，世界上最高能量的加速器具有大约 10^3GeV 的能量）。更有趣的是，
人们意识到普朗克能量（相当于普朗克质量的能量）约为 $10^{19}GeV$，
因此推算出的可导致"力的统一"的能量接近"终极理论"的普朗克
能量，这个结论太诱人了。

当这三种力最终达到相同的强度时，我们看到它们并没有在此时
融合为一体。当我们用 SUSY 原理进行同样的推断时，三个力的变化
趋势的细节会自然地发生变化，但值得注意的是，三个力的强度变得
相等时，它们的能量也是一致的！如图 8.2b 所示，达到"等量力"的

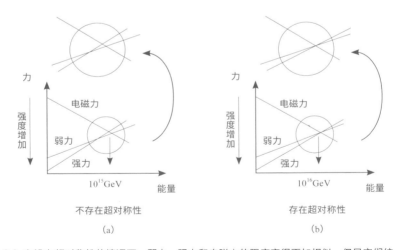

图 8.2 在没有超对称性的情况下，弱力、强力和电磁力的强度变得更加相似，但是它们统一时
所处能量值却不相同。如果超对称性是存在的，三个力统一在同一能量值上，这一点似乎支持
了超对称性的存在，主要是因为这个论据实在很"优美"。从理论上来看，这很吸引人，但从
实验数据上看，却不那么令人信服。

能量值发生了一点变化，这次约为 10^{16}GeV，相较之前更为接近普朗克能量。"三种力的强度在同一能量值上统一"这一事实并不是某个理论必须具有的推论，然而 SUSY 能推导出它，这无疑令 SUSY 极具吸引力。

SUSY 设想还有很多其他的、在理论上的成功之处；有兴趣的读者请查看参考书目中的推荐阅读内容，以继续对这一有趣理论思想的讨论。但是，我们应该记得，到目前为止，我们还没有直接的实验证据表明 SUSY 设想实际上是正确的。现在，让我们将注意力转移到实验物理学家身上，看看他们是如何试图确立这一理论的正确性或者试图一击致命地"毙掉"这个想法的。

SUSY 设想的核心是费米子和玻色子应该在理论中具有同等的质量。这意味着，如果理论预测了携带质量的费米子，那么一定也存在携带质量的玻色子。同样地，一定也存在着类似的携带力的费米子。本质上说，对于我们已知存在的每一个粒子，SUSY 都预测了另一个迄今尚未观测到的粒子。命名这些新粒子有一个简单的方法。对于每种类型的物质费米子（夸克、轻子和中微子），都有一个类似名称的玻色子，每个玻色子前面加上一个字母"s"（也就是超夸克、超轻子和超中微子，统称为超粒子）。对于每个携带力玻色子（光子、W 玻色子、Z 玻色子、胶子和引力子），也存在着一个类似名称的费米子，这次是在原有名称后面加上一个"ino"（也就是超光子、超 W 子、超 Z 子、超胶子和超引力子，统称超规范子）。类似于希格斯玻色子的费米子被称为超希格斯粒子。我们在原有粒子的符号上面加上一个"～"来表示这些粒子的超对称粒子，于是超夸克就是 $\tilde{q}$，超中微子就是 $\tilde{\nu}$，超 W 子就是 $\tilde{W}$，以此类推。要验证 SUSY 理论，我们需要观察到其中一些超对称粒子。

我们对这些超对称粒子有一些了解。到目前为止，还没有在任何实验中观察到它们。这清楚地表明，它们的质量一定是非常大的，否则早就已经被观测到了。此外，我们还知道，要么超对称粒子是不稳定的，要么它们与普通物质的相互作用程度并不是很强。这是因为，虽然制造出这种超对称粒子所需要的能量很大，但在宇宙大爆炸时，以及每天来自宇宙的射线在大气层中碰撞的时候，都会产生这种量级的能量。既然超对称粒子应该被生成，那么人们并没有观测到它们的事实表明，要么它们一出现就会迅速衰变，要么它们不经常发生反应，所以我们未能观测到它们。虽然不与普通物质相互作用（除了通过引力）的大质量粒子的确可能存在，但这些并非超对称粒子。我们之所以知道这一点，是因为科学家们预测超对称粒子是以相当普通的方式产生的，我们在下文中马上就要说到它了。因此，我们只能认为，超对称粒子必须以某种方式衰变为普通粒子。有了这一小节中所描述的知识，下面我们就要开始了解通过实验来验证 SUSY 或许可行的做法。

"拼命地"寻找超对称性（SUSY）

在我们给出一个具体的例子之前，我们需要知道，超对称粒子的形成规则与标准模型中的粒子形成规则相似。超对称粒子是成对产生的，就像夸克一样。回想一下，我们在第 4 章中提到，我们可以湮灭一个电子和一个正电子，从而形成一个 Z 玻色子，然后 Z 玻色子会衰变成一个 μ 子 - 反 μ 子对（$e^+e^- \to Z \to \mu^+\mu^-$）。其实，超对称粒子的产生和这个过程很相似。如果超对称性是存在的，那么这个 Z 玻色子则可能会衰变成一个超对称的电子 - 正电子对，也就是超电子（$\tilde{e}^-$）

和超正电子（ẽ⁺）。图 8.3b 展示了这个过程。

读者们可能会想，那就直接寻找超电子和超正电子对不就好了吗，但可别忘了，超对称粒子是不稳定的。于是，我们必须思考这样的问题，它们会衰变成什么粒子？由于超电子是一个超对称粒子，因此它不可能简单地衰变成电子（ẽ⁻ → e⁻）。在某种程度上，衰变后的粒子必须和初始粒子一样，表现出超对称的性质。这时，我们必须引入一个重要的新概念，即最轻超对称粒子，写作 LSP。

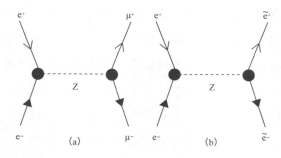

图 8.3 超电子 / 超正电子对的产生过程，与简单的 μ 子 / 反 μ 子对的生成过程是类似的。

LSP 是中性超对称粒子中的一种。目前人们还不知道到底是哪种粒子构成了 LSP，可能是超引力子、超光子，等等。因为根据定义，LSP 是最轻的超对称粒子，没有其他超对称粒子比它更轻。由于在整个粒子衰变的过程中，存在一个守恒的超对称的量（类似于电荷、奇异性等），所以每次超对称粒子衰变都必须产生一个较轻的超对称粒子，作为其衰变产物之一。由于没有比 LSP 还要轻的超对称粒子，我们就能得出这样的结论：在所有的超对称粒子中只有 LSP 是稳定的。因为 LSP 是稳定的，并且目前还没有被观测到，人们不得不意识到，LSP 一定不携带电荷，不携带"色荷"，或者说"强力荷"。这是因为，如果它真的能够感受到这些力，我们应该已经观察到它与普通物质发生相互作用。由于我们不知道超对称性（SUSY）是否真的存在，或者，如果它真的存在，我们也不知道各种超对称粒子的质量，因此目前 LSP 的真实身份还是一个谜，所以这个称呼实际上是一个泛指。

　　于是，我们发现，图 8.3b 实际上是不完整的。因为超电子和超正电子也一定会发生衰变，它们将分别衰变成正常的物质电子和正电子，同时释放出一个 LSP 粒子。图 8.4 给出了更准确的衰变过程图。由于 LSP 是稳定的，电中性的，且不受到强力的作用，因此它的行为有点像是中微子，能从探测器的"眼皮子"下悄悄逃走。因此只能通过 LSP 的缺失来探明它的存在。

　　细心的读者此时一定已经警觉起来了。图 8.4 所示的相互作用的"实验特征"（即相互作用后我们所看到的东西）是一个电子、一个正电子和两个"看不到"的 LSP。所以我们真正看到的是一个电子、一个正电子和去向不明的能量。稍加思考，我们就可以知道，只要利用我们现在所熟悉的普通物理学知识，就能产生这样的事件。图 8.5 就

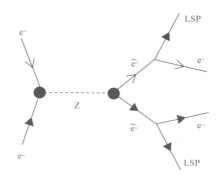

图 8.4　由于超电子和超正电子一定是不稳定的，它们会衰变成一个最轻超对称粒子（LSP）和一个正常的物质电子或正电子。目前，所有的超对称粒子都是仅存在于理论之中，人们还没有发现它们。

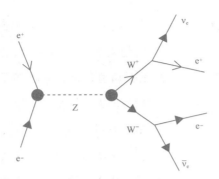

图 8.5 超对称粒子的产生的背景事件。中微子是无法被观测到的，LSP 同样也被预测是无法被观测到的。如何区分开两者是一个挑战。

给出了其中一种可能性。

中微子和 LSP 一样都能从探测器中逃逸，因此，这个事件看起来很像我们所讨论的、更"奇异"的超对称事件。在这一点上，我猜读者们一定在心里想："物理学家究竟是怎么聪明地区分开这两种可能性的？"

关于这个问题的答案，简而言之，就是"我们也没法分清"。我们代之以利用我们对标准模型的专业知识来预测如图 8.5 所示的那类事件的发生次数。然后，我们进行实验，数一数我们究竟看到了多少。如果我们看到的事件太多，我们就会开始相信，也许这是因为我们看到了一些如图 8.4 所示的类型的事件。

目前，费米实验室的加速器是唯一正在运行的、有可能检测到 SUSY 的加速器，而且，虽然图 8.3—8.5 中所示的事件因为简单明了，所以对讨论很有用，但实际上，费米实验室的加速器是不太可能观测到这些事件的。因为费米实验室的加速器和大型强子对撞机都是让质子和 / 或反质子相互碰撞，因此初始粒子必然是夸克或胶子。虽然我们不可能知道哪种类型的相互作用更有可能发生，但理论物理学家确实"更青睐"一些相互作用，它们如图 8.6 所示。图 8.6a 中的事件是，一个来自质子中的上夸克与一个来自反质子的反下夸克交换了一个超下夸克，产生了一个超 W 子和一个超 Z 子。超 W 子衰变成一个 LSP和一个 W 玻色子，后者会按照通常的方式衰变。类似地，超 Z 子也会衰变成 Z 玻色子。因此，最终状态的粒子是一个 μ 子、一个 μ 中微子、一个电子和一个正电子，以及两个无法观测到的 LSP 粒子。这种事件特征被称为"三轻子"，因为它包括三个带电轻子和去向不明的能量，它是费米实验室和大型强子对撞机的实验人员们最喜欢的特征之一，因为这是一个非常醒目的事件，DØ 小组、CDF 小组、CMS 小组和 ATLAS 小组都能很容易地探测到这种事件。更为重要的是，我们已知的各物理过程很难制造出具有类似特征的事件。即使只观察到一个这样的事件，尽管它不是决定性的，但也会被认为是非常值得关注的事。

　　图 8.6b 中显示的是另一种类型的相互作用，一些理论物理学家预测，这种相互作用将在费米实验室内大量（好吧，是相对地"大量"）发生。在这个反应中，一个上夸克与一个反上夸克交换了一个超上夸克，从而产生了两个超胶子。每一个超胶子分别衰变成一个夸克和一个超夸克，后者又衰变成了一个夸克和一个 LSP。最终，每一个夸克

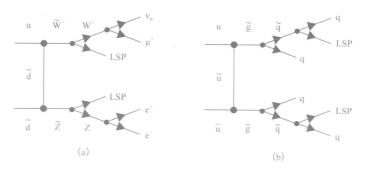

图 8.6 人们预计会在费米实验室的兆电子伏特加速器中主要出现的两种超对称粒子相互作用。图（a）中的"三轻子"特称非常吸引人，因为它的背景事件范围非常小。

都会分裂、形成一个粒子喷射（见第 4 章），而 LSP 则悄悄地逃逸，不会被探测器发现。在这种情况下，人们从探测器中观测到的是四个粒子喷射，以及去向不明的能量。可惜的是，这种观测事件实际上可以通过已知的物理过程相对容易地产生——尤其是考虑到目前的探测器的实际性能。因此，通过这种相互作用的方式来验证 SUSY 的存在将更具挑战性，而我在 DØ 实验室和 CDF 实验室的同事们目前正在积极探索。

读者们可能会问，科学家费尽心思去理解并尝试寻找 SUSY，目前获得了哪些成果呢？ LEP 实验（见第 6 章）的所有四个实验小组都曾经试图寻找 SUSY，但什么都没发现，DØ 实验小组和 CDF 实验小组在我们的"首次运行"数据采集阶段（即 1992 至 1996 年）也什么都没发现。目前，人们还没有观测到（或者至少是识别出）超对称粒子。从 2001 年到 2011 年，DØ 实验小组和 CDF 实验小组都使用功效大幅提升的探测器采集了数据。他们目前还没有观测到 SUSY，但他们做出了很多的努力。两个实验小组将继续搜寻与图 8.6 所示类似的事件，以及本书中未提及的许多其他事件。同样，大型强子对撞机（LHC）在 2010 年 3 月加入搜索的队伍，ATLAS 小组和 CMS 小组也正在寻找类似的特征事件。最终的结果是，要么我们会观测到足够多次所需要的特征事件，要么我们观测不到。如果我们没有观测到足够多的特定事件来证实我们的新发现，我们就可以对各种粒子的能量"设限"。这意味着，我们可以声称，尽管我们不能确定地排除 SUSY 的存在，但我们知道，尚未被观察到的超对称粒子的质量大于某个值，通常约为几百个 GeV。这就像是一只螃蟹攀爬一座水下的山，它想知道自己什么时候能露出水面，遇到空气。每次它爬上一座更高的水下山，它都可以提高自己对于海洋深度的预测值，但是它也不能确

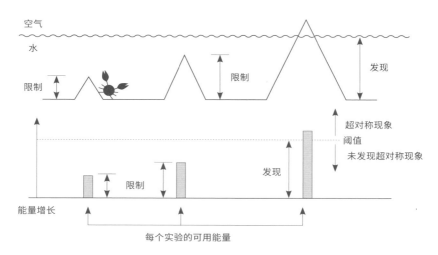

图 8.7 粒子搜索的示意图。在没有跨过一个能量阈值之前，我们很难说明一个粒子是否真的存在。想象一只螃蟹沿着水下的一座山向上攀爬，因为山顶没有露出水面，因此它没有碰到空气，也就无从知晓海洋的确切深度。通过攀登更高的山峰，他只能确定海洋的深度比之前确定的还要深。粒子实验也是类似的。更多的能量将允许实验越过生产阈值，从而观察到一个罕见的粒子。而在低于该阈值的情况下，我们只能说粒子的质量大于你的"能量之山"。

定海洋深度是否是无穷的。最终，它或许会爬上一座高到足以露出海面的山（也就是说它终于爬上了某个小岛的海滩），置身于空气中。这时，他终于可以测量海洋深度了。这个螃蟹的例子和粒子物理学关联如下：每一个实验小组（每一只螃蟹）都试图在更高的能量级别上进行实验（攀登更高的山脉），其明确目标是超过能量阈值（从水到空气），在该阈值之上找到超对称粒子。到目前为止，还没有任何实验超过了该阈值；虽然每个实验小组都知道自己的能量设置是多少，并且以此对超对称粒子设定了限制……也就是说，超对称粒子的能量级别必须高于每个试验中最高的"能量山"。DØ 实验小组和 CDF 实验小组都改进了探测器的性能，并且设置了更高的"能量山"。时间将证明"螃蟹"是否能够爬出水面，还是一直待在水里。费米实验室探测器的第一批实验结果在 2003 年公布，在接下来的几年里，改进的结果（即更高的能量极限或者可能的新发现）逐渐公布出来。2010年，大型强子对撞机（LHC）开始运行，其运行能量级别之高，让费米实验室的兆电子伏特加速器根本无法望其项背。如果兆电子伏特加速器和大型强子对撞机都没有发现 SUSY，许多理论物理学家认为，这会证明 SUSY 尽管一个迷人的理论，但这个理论根本无法描述宇宙。时间会证明一切，无论如何，搜索的过程会很有趣，人们甚至可能会发现一些完全意想不到的东西。

在我们结束关于"SUSY 存在的可能"的这个有意思的话题之前，我们必须提出最后一个问题。回想一下，SUSY 理论的基础是将费米子和玻色子对称（即相同）地对待。如果读者们仔细想想看，就会发现，我们刚刚在上面的讨论中已经证明了这是不可能的。这是因为我们知道，例如，标量电子的质量要比更普通的电子大得多。类似地，超光子和光子也具有不同的质量。据我们所知，没有一个超对称粒子的质量与它们的正常物质对应粒子相同。这种质量上的差异意味着，物质和人们假设的它们所对应的超对称物质之间显然不存在对称性。这是为什么呢？

通过这些思索，我们开始体会到了一种更复杂的思想。如果SUSY真的存在的话，它必定是一种"破碎的"对称。就像我们在第 5 章中讨论过的，希格斯机制被认为打破了电弱对称性，使得光子和 W 玻色子、Z 玻色子具有不同的质量，那么，一定存在另一种打破了费米子和玻色子之间对称性的机制。这一情况与 SUSY 的不同之处是，电磁学和弱力长期以来一直被当作两种不同的力来理解，直到很久之后，它们之间的对称性才被人们发现。而在 SUSY 这边对称性（以及对称性破缺）在我们发现任何该理论预测的特定粒子之前就已经被假定了。

如果 SUSY 在更高的能量下具有良好的对称性，但在现代粒子物理实验的可达到的能量下，这种对称性是破缺的，那么破坏这种对称性的机制是什么？答案是未知的，尽管当然有人讨论过这件事。解决这个问题的前提是，物理学家必须至少探测到一些由 SUSY 这一不完全对称理论所预测出的粒子。

鉴于 SUSY 似乎只是部分正确，那么对于我们之前讨论的电弱对称性的破缺来说，SUSY 如何称得上是一种"进步"呢？这样说吧，如果超对称性是存在的，它就能解释一些标准模型未解决的一些谜团。因此，尽管 SUSY 仍然仅是一个有效理论，但如果它是正确的，它相较于标准模型更完整，因此更好。所以，虽然 SUSY 还未被证实，但在未来的十年中（如果它得到证实，甚至时间还要更长），它将继续获得物理学家相当多的关注。

在我们彻底告别 SUSY 之前，我想花一些篇幅来凸显一个需要进一步强调的观点。尽管我已经描述了一些或许可以表明发现超对称性的事件类型，但这些只是可以证实某一特定模型存在的特定一组事件。事实上，SUSY 比任何模型都涵盖更广。SUSY 是多种模型都对其加以体现的一个原则。SUSY 是"玻色子和费米子在理论中必须具有相等质量"这一概念。任何包含这一原则的理论都是超对称理论。然而，融合了超对称性思想的两个不同模型有可能做出相当不同的预测。

我们可以借用进化论领域做出一个类比。进化论的一个原则可以是"适者生存"。不同的物种通过这个原理演化出许多不同的解决方案，以达成最好地传播它们的基因的目的。有些物种为了不被天敌吃掉而进化出强大的甲壳，而有些物种则为了提高速度而放弃了甲壳。还有一些物种为了提高存活率，生下了很多很多的后代。所有这些进化的解决方案都类似于许多不同的超对称理论。

　　因此，我们可以看到证明 SUSY 不存在是一件相当困难的事情。虽然任何特定的理论都可能被推翻，但推翻其基本原理却要困难得多。这就好比人们观测到了一个具有甲壳的物种灭绝了，这并不证明"适者生存"的原则是错误的，因为适者生存的表现形式可能是另一个丢掉甲壳而提高速度的物种存活了下来。

　　虽然 SUSY 无疑是一个非常流行的想法，正在引起许多理论和实验物理学家的关注但它绝不是"市面上"唯一的想法。我们现在就要转向另一个非常有意思的问题：为什么我们似乎居住在一个三维空间和一个时间维度之上？其他维度有可能存在吗？

大额外维度：是事实还是科幻？

　　读者们应该还记得，在我们讨论 SUSY 的时候，提到了一个很大的理论谜团，也就是所谓的"级列问题"，这个看上去很高端的名字实际上就是表明我们确实不知道为什么达成电磁力和弱力的统一的能量值要比统一强力和引力所需要的能量值低得多。级列问题的一个解释是我们前面所描述的精确调优，但也有人提出了其他的解释。假设现实中，使得电磁力、弱力和强力能够统一的大一统能量尺度（GUT）不是 10^{16}GeV，且使得电弱力、强力和引力能够统一的普朗克尺度（Planck scales）也不是 10^{19}GeV，而是大约 1000（10^3）GeV，也就是电弱力统一能量尺度的大约 10 倍。这样的话，电弱力统一尺度、大一统能量尺度和普朗克尺度就会十分接近，于是就不会再存在所谓的"级列问题"了。

　　为了让大一统能量尺度和普朗克尺度比人们从它们在低能量层级（即已经测量到的能量层级）上的行为中推断出的预测值低得多，这意味着必须存在一些新的物理过程，以改变我们所观察到的趋势。什么样的物理现象能够做到这点呢？我得说，接下来关于这个话题的一切，都是纯粹的猜测（哪怕尚算有根据）；让我们来探讨以下这个有意思的想法。

1998 年 2 月，尼马·阿尔卡尼－哈米德（Nima Arkani-Hamed），萨瓦斯·季莫普洛斯（Savas Dimopoulos）和格奥尔基·德瓦利（Giorgi Dvali）三人恰好都在斯坦福大学（当时德瓦利是访问学者，他原本是在意大利里雅斯特的国际理论物理中心工作），他们提出了一个与直觉相左的观点（即 ADD 模型）。假设我们所熟悉的三个空间维度和一个时间维度不是唯一的维度。如果有比我们熟悉的四个维度更多的维度呢？额外维度的想法倒也不算什么新鲜事，它可以追溯到 20 世纪 20 年代，最早出现在西奥多·卡鲁扎（Theodor Kaluza）和奥斯卡·克莱因（Oskar Klein）的研究中，爱因斯坦也"凑了个热闹"。ADD 模型的显著贡献是，它提出了"引力可能比其他力跨越更多维度"这一想法。

在科幻文学中，额外维度和平行宇宙已经是见怪不怪的事儿了。就在你现在所在的位置，或许就存在着另外一个独立的宇宙，它或许具有相当不同的物理规律。因为某种障碍的存在，我们无法感知另一世界的居民，我们注定要像幽灵一样穿过彼此，却不知道对方的存在。我们就这样无知无觉，一直到，有一位疯狂的科学家，才华横溢，感到自己受到了迫害（"蠢货……我要让他们都看到……"这话耳熟不？[1]），他打破了两个世界间的缥缈间隔，在我们的宇宙中引发

---

1 在很多恐怖电影中，总会有那么一位被主流的科学家迫害的非主流科学家。这位被迫害的科学家往往会暗自"发狠"，比如制造出弗兰肯斯坦之类的怪物，试图控制世界，或者发明出疯狂又危险的东西之类的。——译注

了某种浩劫。然后，故事中会出现一位英雄帅气的年轻人，他会和疯狂科学家的美丽且同样聪明的女儿一起，拯救这个世界。好吧，虽然这种故事情节我相信读者们都觉得看着眼熟，但是我们现在说的额外维度并不指这个。

要想更好地了解什么是"额外维度"，我们要翻阅一本写于100多年前的绝妙小说。1884年，著名的莎士比亚研究者、高等数学爱好者埃德温·阿伯特（Edwin Abbott）出版了一本书，名字叫作《平面国：一个多维空间的传奇故事》。在这个绝妙的故事中，主人公"正方形A"是一个只有长和宽两个维度的几何图形。他在"平面国"的二维世界中旅行，遇到了其他的图形，比如五边形、六角形等等。在本书的尾声部分，"正方形A"所在的二维世界中来了一位来自三维世界"立体国"的球形访客。这位球形访客将正方形A带入了三维世界，正方形A于是能够从一个平面国居民从未获得过的新的角度来观察他的世界。当正方形A开始领悟到这个额外维度的意义时，他猜测，也许"立体国"也是属于一个更大的四维空间的一个小小的子空间。阿尔卡尼－哈米德、季莫普洛斯和德瓦利的ADD模型提出的就是：我们居住的宇宙可能具有其他维度，而我们无法感知到它们。如果这个假设是正确的，他们就能解决层级问题，如图8.8所示。

说起额外维度的事情，总是会让人感到有些费解，毕竟，我们要如何让自己的大脑去思考这样一个违反直觉的想法呢？因此，我们将从不同的方向来看待这个想法，以便更好地化解困惑。由于我们可以感知三个空间维度，我们将从思考一维和二维世界来开始我们的研究，因为我们可以通过类比了解随着维度的增加会发生什么。在进行这个讨论时，我们还应该考虑一个重要的想法。我们"仅能"感知三个空间维度。如果存在额外的维度，而我们无法体验到它们，就意味

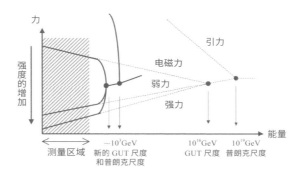

图 8.8 假设：大额外维度的存在允许各种不同的力在一个更低的能量层级上实现统一，这个能量层级比我们通过低能量行为所推断预测出的数值低得多。虚线表示从测量区域外推出的值。测量区域外的实线显示了 ADD 理论描述的行为。

　　着存在某种障碍令我们无法观察到它们的存在。又或者，这些额外的维度可能与我们熟悉的维度有所不同。我们先抽象地思考这些想法，然后再回过头来分析 ADD 三人在 1998 年提出的理论。

　　让我们先来谈一谈图 8.9 中描述的四个不同的世界。借用阿伯特的命名法，我们将其中零维度的空间称之为"点国"，将一维空间称之为"线国"。"平面国"包含两个维度，而我们的三维世界则是"立体国"。每增加一个维度，我们就多获得了一个可能的运动方向。此外，每一个维度都可以被认为是包含了无穷个下一级的更低维度。看看我们零维度的宇宙"点国"。这个宇宙的居民无法移动，因为宇宙中只有一个地方。如果我们取无数个零维度的点并把它们一个挨着一个地摆放在一起，它们就形成了一条直线，如图 8.10 所示。在一维的"线国"之中，居民们现在被允许只能左右移动。类似地，无限数量的平行线可以构成一个二维空间。"线国"的居民们只能左右移动，而"平面国"的居民们还能上下移动。所谓的上下移动，在实质上意味着个体在相邻的一维宇宙之间进行跳跃。事实上，假设在一个特定

图 8.9 4 个不同维度的"国度"。"点国""线国""平面国"和"立体国"。它们都是简单空间，维度数依次递增。

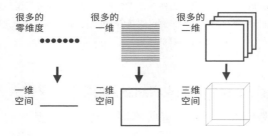

图 8.10 每个维度空间都可以由无限多个低维度空间组成。

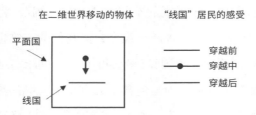

图 8.11 一位"线国"居民无法看到在二维空间内移动的生物。只有当二维生物穿越一维生物的世界时，前者才会被后者感知。

的"线国"中，有一位居民，当一个来自二维空间的生物通过上下移动而穿过一维的"线国"的时候，这位居民会感知到这个生物出现然后消失。因为线国的居民无法感知一维世界之外的任何事物，因此无法看到来自二维空间的粒子越来越近。受限于维度，他只能在物体出现在自己的维度中时看到它，如图 8.11 所示。

正如读者们可以想象的那样，从二维空间进入三维空间又增加了一个被允许的运动方向，这次是离开或者进入面。同样，可以通过堆叠无限数量的二维平面来构建三维空间。这种用无数个较低维度的空间来构建特定维度的空间的情况，如图 8.10 所示。

ADD 模型提出，也许除了我们熟悉的三个空间维度，还有更多的维度。延续前面的讨论，这个新的空间可以由无数个我们所在的三维世界组成。类似地，在这个新空间中，我们不但能够在三个熟悉的方向（左右、上下、内外）上移动，我们还应该能够在第四维度上沿着两个新的方向移动，比如说"噼里"和"啪啦"，这两个名词是我刚刚随便起的。但问题是，在我们的经验中，并没有"噼里"和"啪啦"的存在。所以，要么更高维度的设想彻底失败，要么 ADD 模型得想办法做一些解释和说明。

在世界各地科幻小说迷中有一种广为流传的解释，那就是各个三维宇宙之间存在某种障碍。每个三维宇宙在基本物理定律方面都是相似的，但是出于某种原因，人们不能轻易地沿着"噼里 – 啪啦"这个方向进行移动。这种障碍的例子包括《星际迷航》第二季的第四集《镜子，镜子》（也就是史波克长胡子的那一集），以及罗伯特·海因莱因晚年出的最后几本书。以《镜子，镜子》为例，在这个故事中，我们的宇宙中存在着一个政治实体，名为"星际联邦"，它体现了西方文明的理想，每个行星都可以按照自己的选择生活。和这一情况形成鲜明对比的是，有一个一般情况下无法从星际联邦维度进入的平行维度，它在物理上和前者相同，但政治环境却大不相同，这个维度中有一个"人族帝国"，它通过军事征服和暗杀来进行扩张。来自"正常的"《星际迷航》宇宙的主要人物们（为那些不是《星际迷航》迷的"不开化"读者们解释一下：他们是联邦星舰"企业号"的柯克、乌乎拉、斯科特和麦科伊），穿透了这两个宇宙之间的屏障，故事就此展开。

然而，存在于四维空间中的、各个三维宇宙之间的障碍，并不是我们为什么不能在"噼里－啪啦"方向上移动的唯一解释。在我们解释如何从较低维度的宇宙出发、建立具有更高维度的空间时，一个默认的假设是，后续的每一个维度都与之前的维度具有相同的属性。但真实情况不一定是这样。想象一下，第四个维度可能比我们熟悉的三个维度小得多。因此，沿着"噼里－啪啦"方向的移动可能是很微小的，以至于我们无法察觉。

这样的想法似乎很抽象，但我们可以通过考虑一个低维度的例子来使其更加具体。让我们想象一下如何从一堆一维空间出发，创造一个二维空间。在图 8.10 中，我们展示了如何通过线来创造一个平面。然而，如果我们把许多线条排列成圆形，可以创造出一个圆柱体，如图 8.12 所示。

如果只能沿着圆柱体的外表面行走，那么这个圆柱体就是一个二维的世界。想象一只在花园水管上爬行的蚂蚁。这只蚂蚁可以沿着水管的长度和圆周两个方向爬行。这两种维度的属性是不同的，但我们不能否认这两种维度都是存在的。

现在让我们考虑一下如果缩小圆周的尺寸，会发生什么。我们先取一段 10 英尺长的水管，然后再取一条 10 英尺长的意大利面，接着是一条 10 英尺长的钢琴弦，最后再取一条 10 英尺长的、由单个原子组成的原子串。这个圆柱体仍然是一个二维的宇宙，但其中一个维度已经缩小到难以察觉的程度。因此，二维空间看起来可能像图 8.13 所示的一维空间。

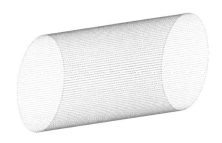

图 8.12 二维圆柱空间可以由无限数量的平行线组成。这个二维空间的属性与我们熟悉的宇宙有着很大的不同，因为圆周的维度是有限的，而长度的维度是无限的

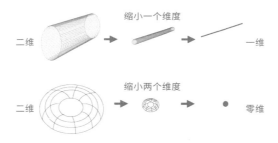

图 8.13 图中展示了一个二维空间，在其中一维被充分压缩的情况下，看起来就像变成了一维空间。类似地，同时压缩两个维度会让结果看起来像是一个零维的空间。

　　我们是否可以同时缩小多个维度呢？当然也可以。现在让我们先想象一个游泳圈。一只蚂蚁在这个游泳圈上爬行，这依然只是一个二维的世界。现在，让我们把这个游泳圈缩小到一个甜甜圈的大小，再缩小到一个鸡味圈的大小，最后缩小到原子的大小。现在，这个二维的游泳圈看起来很像图 8.13 中的零维点。

　　1998 年，阿尔卡尼 – 哈米德、季莫普洛斯和德瓦利在他们的论文中提出了一个有意思的可能性，即可能会存在"大"的额外维度。当然，我们需要对这里的"大"做一个定义。在 ADD 模型之前，也有人考虑过需要额外维度存在的理论，但是这些额外维度都非常小，差不多和普朗克长度那么小。相反，"大额外维度"可以"长达"大约 1 毫米左右，当然它们也有可能比这个数值小得多。

回想一下，ADD 的目的是降低让四种不同的力实现统一的能量层级。引力是在量子层面上迄今为止最神秘、最不为人所了解的一种力，但正是引力为我们提供了验证或反驳 ADD 假说的最佳方法。让我们讨论一下这是为什么。我们将至少讨论两种实验方法。

首先，我们来思考一下传统意义上的引力（万有引力），它最早是由牛顿在 17 世纪提出的。万有引力最醒目的特征或许是，牛顿发现，随着两个物体的分离，它们彼此之间的引力会变得越来越弱。具体来说，引力会随着二者距离的平方而减小，或者用数学语言表示为 $1/r^2$。我们在第 1 章和第 4 章中已经提到过了，如果两个物体相隔一定的距离，然后这个距离增加一倍，那么它们之间的引力就会减少为原来的四分之一（$1/2^2 = 1/4$）。类似地，如果距离增加到原来的三倍，它们之间的引力则减少为原来的九分之一（$1/3^2 = 1/9$）。大多数学生并没有体会到那个 $1/r^2$ 的系数到底是怎么来的，但实际上，它是空间的一个基本属性，或者说是相关维度的数量和特征。在引力计算中，相关的是一个质量集中在中心的球体的表面积。球面的面积随着半径的平方而增加。我们的生活空间是三维的，但书页仅仅是二维的，于是为了清楚起见，我们将在二维的背景下继续我们的讨论。

基本上，每个物体都能产生一定量的引力"通量"，这是衡量它具有多少质量的一个量度（因此也是它能产生多少引力的量度）。这种通量在各个方向上的辐射量是相等的。由于通量的总数是恒定的，所以通量的浓度会随着距离的增加而减少，因为等量的通量必须通过周长逐渐增加的一个个同心圆。如图 8.14 所示，当一个物体从产生引力的质量点出发移动，在径向上距离越来越远时，它所对应的圆心角越来越小（这是由于它正在远离质量点），因此它感受到的引力越来越小（因为它感受到的通量占总通量的比重越来越小）。在二维空间中，相关的区域是圆的周长，它与半径成正比。由于引力等于通量除以面积，因此当面积增大的时候，引力会变小。在二维宇宙中，牛顿的万有引力定律就变成了，引力与物体间的距离成反比。

在一个假设的四维世界中，球体的面积会随着半径的立方而增大。由于引力的基本概念是不变的（力 = 通量 / 面积），因此在四维空间里，引力会随着距离的立方（$1/r^3$）而下降。由于我们已经非常精确地测量出了万有引力，并且发现，这个力的数值随着距离的平方（$1/r^2$）而减小，所以我们至少已经证明了，引力只存在于三维空间。但是等一下，我们真的证明了吗？

只有当四维空间第四个维度与我们更熟悉的其他三个维度以同样的方式扩展时，上述讨论才是有效的。如果第四维度和更高维度更小，那么情况就会发生变化。由于我们只测量了在距离大于一毫米时

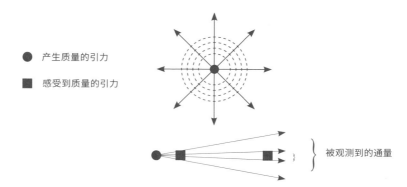

图 8.14 引力通量的概念表明，引力的行为表现为一个与质量源头距离相关的函数。由于特定的质量值有相应的引力通量总数，随着半径的增大，通量通过的表面积越来越大。因此，n 维球体的表面积随半径的增大而增大。引力的大小，与球体表面积成反比。因此随着距离的增加，这个物体感受到的、来自原始质量点的通量越来越小。

的万有引力，那么很有可能，在距离小于一毫米的情况下，牛顿提出的系数 $1/r^2$ 或许会变成别的什么东西（比如 $1/r^3$ 之类的）。所以这个问题只能通过实验来回答。

为了说明万有引力的行为在一个较小尺度和一个较大尺度上可能会有所区别，我们现在考虑一个二维世界中的引力，但这个二维世界并不是像图 8.14 中的平面，而是像图 8.15 中的圆柱体表面。在这种情况下，这种二维的曲面由两个方向构成，其一是长度无限的、平行于圆柱体轴线的方向，其二是尺寸有限的、沿着圆周的方向。

从图 8.15 中，我们可以看到，在质量点附近的区域，引力通量的模式与在普通二维平面上是一样的，通量线从质量点出发，辐射地指向外部。然而，通量线会迅速地"填满"有限的维度，然后在无限维度的方向上向两侧延伸。之后，通量线的延展只能沿着无限维度进行。这种从一种行为（二维的行为）转向另一种行为（一维的行为）的变化，发生在与有限维度的半径大小相近的空间内。因此，我们发

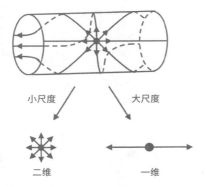

图 8.15 图中展示了引力通量将如何填满由一个无限长度的维度和一个有限长度的维度构成的二维空间。有限空间很快被填满。如果我们的观察距离相对于有限维度的长度来说是很小的，就会发现引力的行为方式与我们所熟悉的相同。而一旦这个有限维度被引力通量填充满之后，接下来引力的行为看上去就像是在更低维度的一维空间中展开。

现，如果不断减小的尺度上测量万有引力，当实验精度达到额外维度
的大小时，可能会发现不符牛顿的万有引力定律的情况，因此支持了
ADD 的假说。

在我们继续下一步的讨论之前，我们应该提醒自己，ADD 的理论
究竟是为了解决什么问题。它是为了解决所谓的"层级问题"，也就
是为什么大一统能量尺度和普朗克能量尺度比电弱对称性破缺所需要
的能量高出很多。ADD 理论中的两个重要参数在解决层级问题时可以
起到一定的作用。这两个参数就是额外维度的数量及其大小。额外维
度的数量越少，那么它们的尺度必须越大。

我们能够排除只存在一个额外维度的可能性，因为为了让这个唯
一的额外维度解决层级问题，那么它的大小必须和太阳系差不多。由
于牛顿提出的万有引力公式中的 $1/r^2$ 很好地解释了行星的运动，所以
这个假设被排除了。那么，假如存在两个额外维度呢？在这种情况
下，它们每个都差不多应为 1 毫米大小，刚好超出现代物理学实验的
限制。如果存在更多的额外维度，它们一定是更小的，为了了解这种
缩小（其实仍然是比较大）的维度，我们必须借助粒子物理实验技
术。如果存在三个额外维度，它们的大小至多为 3×10^{-9} 米，如果存
在四个额外维度，它们的大小大约是 6×10^{-12} 米。

现在，我们需要的是能够在 1 毫米的尺度上测量引力行为的实验。
与粒子物理学实验所需要的大型探测器相比，能够做到这一点的实验
规模相对较小，被称为"桌面"实验。在这些小型实验中，敏感度最
高的一项实验叫作"扭秤实验"，它的前身是洛兰·厄特沃什在 1890
年前后所做的实验。虽然有许多小组都在测量小距离范围内引力的行
为，但取得最优结果的小组（截止到 2002 年 12 月）是西雅图华盛顿
大学的实验小组。通过仔细分析，他们已经测量出了距离范围为 0.2

毫米时引力的行为，并且发现实验中引力的行为与牛顿提出的以 $1/r^2$ 为规律的行为没有偏差。我们记得，这种类型的实验只对有两个额外维度的情况敏感。然而，对于两个额外维度的具体情况，他们能够为让四种力统一的能量值设定一个下限，这个下限大约是 3.5TeV，大约是目前为止能量最高的加速器上限的 3~4 倍（我们很快就会讨论这件事）。幸运的是，对于粒子物理学界而言，基于加速器的搜索可以探测两个以上额外维度的情况。为了让大家对这个尺度有一个更直观的概念，3.5TeV 比电弱统一的尺度大 35 倍（并且是质子质量的 3500 倍），因此这是一个了不得的结果。它并没有排除大额外维度的假说（既因为探测的额外维度数量有限，也是因为探测的最大维度数量是在大额外维度理论允许的可能性范畴内），但它给出了一个重要的信息，因为它直接测量了小距离范围内的引力。华盛顿大学小组正在努力改善其实验仪器，最终目标是测量在约 0.05 毫米内的引力行为。正如对所有的前沿研究一样，我们对下一个结果充满期待。另外，我们等待着下一个绝妙主意的出现，能够使我们进一步减小实验中距离的极限值。

虽然到目前为止我们所描述的直接方法是最容易理解的，但当额外维度的数量变多时，它们的尺寸就会进一步缩小，这些方法就不再适用了。为了继续研究，我们必须使用不同的技术，例如粒子物理学的技术。这类方法的主要特征是，科学家已经在小距离尺度（约 10^{-18} 米）上研究了强力、弱力和电磁力三种力。而另一方面，人们测量引力的尺度依然还是在毫米级的范围内，因此引力能延伸到额外的维度，而其他的力只沿着我们熟悉的三个维度运动的情况仍然是可能的。这种行为具有奇怪但可观察的后果。

在我们继续讨论粒子物理学和大额外维度之前，让我们先试着了解一下，为什么有些现象被限制在一定的维度内，而另一些现象却可以扩展到更多的维度。让我们想象一个台球桌。桌上的台球受到束缚，只能在二维的平面上移动。然而，声音却不受这个平面限制。声音可以辐射到三个维度。假设你是一位老鼠物理学家，试着了解这张台球桌上的物理学规律。老鼠博士只能在桌子的表面上工作。另外，它的所有实验器材也都只能被放置在台球桌上。老鼠博士提出了一个假设：能量是守恒的。为了验证它的假设，它拿了两个台球，然后让它们发生碰撞。它仔细测量了碰撞前后两个球的能量总和。它们应该是相同的。但是，它却发现碰撞后两个球的能量之合比碰撞之前低。平庸的物理学家此时应该会放弃这个假设，但幸运的是，老鼠博士非常聪明（它可是毕业于富有声望的瑞士奶酪与物理研究学院）。它想起来撞击的时候产生了碰撞声，而这个声音也是一种能量。于是它又把碰撞声的能量加入计算中，发现碰撞前后的能量差变小了，但是碰撞后的能量总和依然小于碰撞前的。最终，老鼠博士不得不得出以下结论：要么碰撞前后的能量是不守恒的，要么，有些能量流向了它无法进行测量的地方。

这个时候，轮到我们出场了。老鼠博士只能将测量声音的麦克风放在桌面上，因此它只能测量到部分声音。而我们的工作范围并不受限于二维的空间，因此可以利用我们身处三维空间的优势，将测量声音的若干麦克风放置在碰撞点周围的空间，呈球形排列。结合我们的测量数据，以及老鼠博士原有的测量数据，我们发现碰撞前后系统的能量是守恒的。我们之所以能够得出正确的答案而老鼠博士不能，是因为我们能够在一个老鼠博士无法访问的维度上测量能量流（也就是声音）。

在粒子物理实验中，我们使用相同的方法。强力、弱力和电磁力都只能在三维空间中起作用，就像我们所有的测量仪器一样。由于原则上，引力可以在四个或更多个维度上运动，我们将无法观测到那些进入"额外"维度的引力能量。因此，经过测量发现，碰撞后的能量比碰撞前少，符合额外维度存在的观点。需要注意的是，在对碰撞的测量中发现碰撞过程中有部分能量不知去向这一点并不能一锤定音地证实额外维度的猜想（毕竟，有时候能量的消失是由中微子逃逸造成的），所以我们必须要谨慎一些。我们必须找到具有正确特征的、特定类型的碰撞。这是件各方面都比较棘手的事。

在很多寻找大额外维度的粒子物理学研究中，位于核心地位的想法是，引力可以进入更高的维度。引力能量是由一种假想的粒子——引力子携带的，它类似于我们更熟悉的光子、胶子、W玻色子和Z玻色子。目前为止，我们还没有观测到引力子，它可能存在，也可能不存在。原则上讲，它是一种携带引力的玻色子。由于它是唯一的纯引力粒子，因此只有它可以自由地进入更高的维度。就像老鼠博士的三维声音能量一样，引力子可以完全彻底地离开我们熟悉的三维世界，并且带走相应的能量。产生引力子的事件的标志之一是能量消失。另一个特征则是观察到引力子的衰变。

ADD三人组的论文发表于1998年2月——尽管内部人士提前六个月就知道了（这是业内的普遍做法）——并且引起了人们的极大兴趣。欧洲核子研究中心的大型正负电子对撞机的四个实验组（Aleph、Delphi、L3和Opal），费米实验室的兆电子伏特加速器的两个实验组（DØ和CDF），以及德国电子加速器的强子电子环加速器的两个主要实验组（H1和Zeus）马上开始试图通过实验来考察这一假设。到了1999年，他们开始在学术会议上讨论初步的实验结果。宣布科研成果的通常顺序是，先对着镜子跟自己讲，然后和从事类似项目的亲密同事们再讲（大约 10~20 人）。当你获得了足够的信心时，就可以将自己的结果展现给整个实验室的成员（大约 500 人）。如果你的结果足够坚实，能够经受住这些人的任何批评和质疑，那么恭喜你，你终于可以在学术会议上发表自己的成果了。最后，当你把研究成果完善到尽可能无懈可击的时候，你就可以提交成果以供发表。最后，如果成果足够轰动，你可以通知媒体你的"大发现"。因此，到了 1999 年，这些实验都选择公开谈论他们所做的努力，这一事实表明了 ADD 模型的想法引起了人们极大的兴趣，人们开始分析工作的速度是多么快，以及他们的工作有多么努力。最初一批实验结果分别发表于 1999 年（L3 和 Opal 实验组），2000 年（Dephi 实验组和 DØ 实验组）和 2001 年（CDF 实验组）。

基本上来说，实验小组们寻找的是两类实验特征。第一种是产生一个引力子（G），然后它衰变成两个对象，不同的实验小组会追踪不同的衰变链。典型的对于引力子的搜索试图观测的是衰变后的成对 μ 子、τ 子、电子、光子或 Z 玻色子。此外，人们也考虑到了"协同产生"的情况，也就是一个引力子和另一个粒子"协同"产生（也就是同时产生），比如在兆电子伏特加速器中，一个夸克 - 反夸克对发生相互作用，结果会产生一个引力子和一个光子，或者一个引力子和一个胶子（即，$q\bar{q} \to G\gamma$ 或 $q\bar{q} \to Gg$）。此过程如图 8.16 所示。由于引力子可以在不被察觉的情况下逃逸到更高的维度中，我们所看到的事件由一个光子的产生和能量不知去向所组成，或者是由一个的粒子喷射（比如来自胶子）和能量不知去向所组成。

实验小组们已经进行了搜索，并观察到了具有上述特征的事件。但不幸的是，当人们提出如下问题"从普通的标准模型预测出发，我们能期待发生多少次这种性质的事件？"并试图回答的时候，会发现

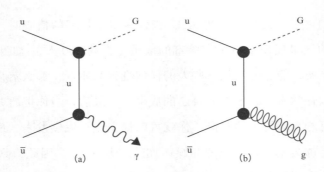

图 8.16 两种生成引力子的情况。在左图中，引力子和一个光子协同产生；在右图中，引力子和一个胶子协同产生。

我们所预测的事件发生次数和我们观测到的次数一致。因此，所有的实验都被迫得出这样的结论：没有观测到存在大额外维度的证据。

但是这是否意味着，大额外维度的假说被否定了呢？完全没有，因为证伪一个假说是很难的。正如我们在超对称的那一节中所讨论的那样，我们能做的是设定一个极限，这至少排除了一些可能的答案。这些实验选择引用他们的结果来说明新的统一能量尺度可能会是多大。回想一下，传统理论认为，大一统能量尺度为 $10^{15} \sim 10^{16}$GeV，而普朗克尺度大约为 10^{19}GeV，电弱统一尺度为 100（10^2）GeV。ADD 模型的想法旨在解决层级问题，并将大一统能量尺度和普朗克能量尺度缩小到大约 1TeV（或 1000GeV，或 10^3GeV，这些都是一个意思）。每个实验小组都可以根据自身设备的优势和劣势，也可以根据自己所选择探测的实验特征，来设置不同的极限。此外，每个实验所给出的答案都在一定程度上取决于他们所考虑的额外维度的数量，但是当把所有因素纳入分析后，他们发现低能量的统一尺度可能不存在，但如果它确实存在，则必定高于大约 1000GeV。因此，当前的这个极限依然是值得关注的。因此，DØ 实验组和 CDF 实验组都在继续收集数据，CMS 实验组和 ATLAS 实验组也是一样。科学家们认为，如果低能量的统一尺度小于 2000GeV，我们就有望发现大额外维度。未来，大型强子对撞机上的探测器可以将这个极限推高到 8~10TeV（8000~10000 GeV）。如果我们不能在这个极限下找到大额外维度，那么整个想法将会受到人们的怀疑。通过上述实验有可能发现大额外尺度的确存在，这一结果着实诱人，另外通过上述实验做到证实或者证伪"大额外尺度存在"这一观点也相对容易，因此，理论物理学家和实验物理学家都肯定将在这个方向上继续努力下去。

最后，我们还要提到若是大额外维度真的存在，则可能会导致的一个后果。现在，想象一下，假如大额外维度的设想是正确的，统一能量的尺度，就在大型强子对撞机的能量范围之内。人们可能会自然而然地问一个问题："当我们超过这个阈值的时候，物理定律将会如何变化？"本质上，让我们感到好奇的是，越过这个能量阈值是否预示着新的物理现象的出现。答案可能是一个非常明确的"是的"。当我们跨越这个阈值的时候，我们会将相当于（新的）普朗克质量的能量集中到一个以（新的）普朗克长度为特征的体积中，读者们可能还记得，这就是黑洞形成必须的标准。

黑洞通常被认为是死亡恒星的残骸……在如此小的空间里聚集了如此多的质量，以至于引力的强度如此之大，没有任何东西能逃脱它致命的控制，甚至连光也不能。黑洞吞噬了所有不幸靠近它并被它牢牢抓住的物质和能量，变得越来越大，越来越危险，直到它的附近没有任何物质存在为止。

现在，让我们再更大胆地想象一下，假设像大型强子对撞机这样的大型加速器越过了能量边界，导致大额外维度开始发挥作用，引力会迅速增加到近似强核力的强度（回想一下，引入大额外维度的概念就是为了在低能量尺度上统一四种力）。随着引力急剧增强，一个亚原子黑洞将会形成。与恒星黑洞类似，它会开始吞噬周围的物质，首先是探测器（还有正在探测器边上工作的我），然后是费米实验室，整个伊利诺伊州，美国，最后是整个地球，眨眼间就能形成一个中等大小的黑洞。而这，就像我家十几岁的孩子们所说的那样：可太糟了！（尽管他们恐怕不会意识到自己说了个好笑的双关语。）

如果有可能发生这样的事，我们必须立即停止所有这样的实验。然后，实验室主任肯定会暴走……你们能想象这种事情将会带来多少后续的文书工作吗？幸运的是，我们可以证明这种情况不会发生。与一些不知情的批评者的反驳相反，我们对这件事百分之百地肯定。我们之所以肯定，原因与抽象难解的粒子物理理论之争无关，而是与我们此刻还存在的事实有关。

正如我们在第 2 章和第 7 章中讨论的那样，地球以及太阳系中的所有行星实际上不断受到宇宙射线的"狂轰滥炸"。宇宙射线由亚原子粒子构成，它们带有一定范围的能量，在宇宙空间中飞速穿梭，其中一些粒子所携带的能量比现代加速器中产生的能量大得多，以至于让粒子物理学家羡慕不已。数十亿年来，这些宇宙射线一直在"轰炸"太阳系的所有物体，以远高于我们在加速器中所能创造的任何物质的能量进行着无数次的相互作用。地球并没有毁灭，所以我们很安全。

不过，如果我们真的能制造出亚原子黑洞，它们将为研究强引力行为提供一个很棒的实验环境。能够研究宇宙中一些最令人叹为观止的力量——比如银河系中心的超大质量黑洞，甚至可能是孕育了宇宙本身的原始黑洞——周围的物理规律，对每个人来说都是非常令人兴奋的事情。但是，当然，这只有在大额外维度被证明是正确的情况下才行得通……它到目前为止还没有被证实。

　　虽然我们刚刚所讨论的两个想法（超对称性和大额外维度）是为了解决标准模型没有解决的谜团，但这两种观点都不自称拥有所有问题的答案。例如，是什么打破了超对称，或者为什么会有那么多的额外维度，这些问题并没有被它们相应的理论解决。要想回答所有的问题，就需要尝试不同的方法。下面，我们将讨论几个可能回答一切问题的思路之一：这个思路抛弃了亚原子粒子的概念。

　　在本书中，我们讨论了各种不同的力，以及为了更好地理解它们而发展起来的理论机制。强力、弱力和电磁力在量子层面被理解为携带力的玻色子的交换，但引力并不在此列，因为它太弱了，并且到目前为止，没有任何的量子力学理论能够处理引力的问题。爱因斯坦的广义相对论在天文学层面上描述了引力。然而，随着我们在粒子实验中逐渐增加碰撞能量，我们开始逐步接近引力的强度与其他三种力相当的情况。虽然这种统一发生在普朗克尺度上，其能量值可能比我们目前在任何实际加速器中所实现的最高能量都还要高得多，但出于科学研究对规律与和谐的追求，我们想要努力提供一个理论框架，在这个框架中，我们能够将引力与其他三种力同等看待。我们需要理解非常小的距离范围内和非常高的能量尺度上的引力。本质上，我们需要以某种方式将广义相对论和量子力学相结合。大多数的尝试，包括爱因斯坦几十年的努力，都以失败告终。然而，有一个相对新的想法正在显示出一些希望。下面，我们将要讨论这个新理论，它认为所有的粒子实际上都是亚原子弦，在悠扬的宇宙交响乐中发生振动。

超人的吉他上有超弦吗？

　　1916 年，阿尔伯特·爱因斯坦以一个大胆的新想法震惊了全世界

（好吧，其实只是能理解他的作品的个别物理学家）。他提出了一种新的引力理论。虽然牛顿的万有引力理论自 1687 年问世以来一直极其好用，但爱因斯坦并不喜欢它。爱因斯坦早些时候（1905 年）提出了狭义相对论，在这个理论中，他推断了人们对于空间以及时间本身的感知是如何依赖于观察者的运动的。爱因斯坦意识到，他的新理论和牛顿的经典理论根本不相容，于是着手统合二者。他从一个本质上属于哲学范畴（但需要实验来证实）的前提出发，推论出一个人由于重力而受到的加速度与任何其他类型的加速度没有区别。基于这个质朴的想法，爱因斯坦又提出了他的广义相对论（"狭义"相对论仅适用于观察者没有加速度的特殊情况，而"广义"相对论也适用于加速度非零的情况）。

爱因斯坦的广义相对论的核心，是将引力理解成空间本身的弯曲。此前，人们已经对空间的属性进行了研究，却基本没有考虑到其他的可能性。学过高中几何的读者们应该知道，你们所学习到的全部方程式（比如圆周与半径之间的关系，即 $C=2\pi r$；还有勾股定理，$c^2=a^2+b^2$；以及三角形内角和等于 180°），都是基于"空间是平坦的"这一假设之上的。平面空间上的几何学被称为"欧式几何"，以古希腊数学家欧几里得命名，我们高中几何所学到的知识，有不少就是由他奠基的。

平面空间的例子很常见，比如你家厨房里的餐桌，你此刻正在行走的地面（尤其是北伊利诺伊州的费米实验室附近的地面）。然而，虽然地面看起来足够平坦，但我们知道地球表面是一个球体。因此，如果我们在地球表面画一个大三角形，我们可以说它不是存在于平面空间之上，而是一个球形空间之上。在球面上，三角形的三个内角之和不再等于 180°。图 8.17 说明了这一点。

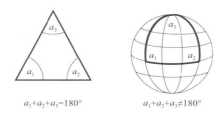

$a_1+a_2+a_3=180°$ $a_1+a_2+a_3\neq180°$

图 8.17 在平面上，三角形的内角之和为 180°。在球面上，三角形的内角之和大于 180°。

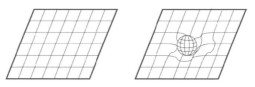

图 8.18 一个平面空间和由于质量的存在而产生变形的相同空间。人们经常用一张蹦床和上面的保龄球作类比。

引力可以被看作是对我们生活的空间的扭曲，这一观察的最终结果意味着我们需要学习许多复杂的几何知识，而这远远超出了本书的内容范围。但是几何运算只是理解其所反映出的物理学知识的一种工具，所以让我们离开纯数学，回到科学上来。基本上，我们可以把空间想象成一张蹦床，它可以被视为是平坦的。我们把一个物体放在蹦床上，比如说一个保龄球，蹦床的表面就会扭曲变形。爱因斯坦的广义相对论展示了质量如何像保龄球会扭曲蹦床表面一样扭曲空间。

正如我们在图 8.18 中所看到的，空间的扭曲是渐进的，这种扭曲可以通过数学上的微分方程和复杂但直观的几何语言描述。广义相对论所描述的空间扭曲具有平滑性，这点是很重要的，我们之后很快会说回到这点。

广义相对论旨在描述大尺寸尺度上的引力行为，例如围绕黑洞的高强度引力场，而粒子物理学关注的是最小尺寸尺度上的物质行为。

描述物质在原子大小或更小范围内的行为需要量子力学。量子力学，和相对论一样，是一个内涵丰富的领域，关于它的具体内容，又可以专门写一本书（或者甚至是好几本！）来讲述，所以我们这里将主要讨论其中最关键的相关内容。如果读者们对下面的讨论感兴趣，想要了解更多细节，可以查看附录 D。

在量子力学中有许多违反直觉的元素，其中之一就是海森堡不确定性原理，它指出我们经常提到的能量守恒原理并不严格适用于量子层面。不守恒的情况是可以发生的，只要它持续的时间很短。这有点像患有强迫症的借款人和放贷人，他们不是为了赚钱，而是为了纯粹的消遣而放贷和借款。

想象一下，如图 8.19 所示，有这么一个人，我们就叫他"强迫症先生"吧。强迫症先生有 4 位邻居，他们都知道这位先生有"借贷强迫症"，但是都愿意配合他。强迫症先生借给 1 号邻居 1 美元，这样强迫症先生的存款少了 1 美元。因为这笔钱不是很多，所以这笔贷款持续了很长时间。同时，强迫症先生跟 2 号邻居借了 500 美元。现在，强迫症先生的存款增加了 499 美元，但是由于 500 美元是一笔相对较大的数目，因此强迫症先生必须迅速偿还这笔贷款。他很快还清了这笔钱，然后又借给 3 号邻居 100 美元，借给 4 号邻居 5 美元。现在强迫症先生的存款一共减少了 106 美元。他很快收到了 3 号邻居还给他的 100 美元，但是并没有急着收回借给 1 号邻居和 4 号邻居的钱。这位强迫症先生来来回回借钱、还钱、但他从来也没有长期的盈余或者赤字。事实上，最终，他的钱还是和开始时一样多，但由于他的借贷活动很频繁，所以在任何特定时间，他的钱可能比开始时更多或者更少。

另外一个值得注意的要点是，当强迫症先生借出和借入钱时，无

图 8.19 一位患有强迫症的借款人，和他的四位美国好邻居。

论是他还是他的邻居们都愿意让小额借款维持很长一段时间，但希望更大的借款能很快还清。事实上，贷款的规模和贷款期限之间存在着一种反比关系，贷款数量越大，贷款期限越短。

当然了，亚原子粒子交换的并不是钱，毕竟，没有人愿意开车带它们去银行。读者们应该还记得质能方程（$E=mc^2$），质量和能量是等价的，所以一个暂时获得能量的粒子可以在其内部产生新的粒子。如果这个想法看起来有点让人困惑，那么你应该回顾一下我们围绕着图 4.20 和 4.21 的讨论。除了上述讨论之外，最违反直觉的是，粒子的产生和湮灭发生都在真空中的事实。在一个特定的地点，平均来说，可以是没有能量的。但是，海森堡不确定性原理（即，只要"借用"的时间足够短，能量就不必守恒）的神奇之处使得，在真空中的某个地点，一对粒子（比如电子－正电子或者夸克－反夸克）可以短暂地凭空出现，再快速地湮灭，实现能量的平衡。这导致的结果是，量子领域是一个非常活跃的地方，粒子们疯狂地凭空出现又马上消失。约翰·惠勒创造了"量子泡沫"这一绝妙的说法来描述这种情况。这个词语很贴切，任何曾经盯着啤酒看的人都可以证明这一点。啤酒中的泡沫出现又消失，没有规律，一片混乱。（哎呀，甚至还有人以"研究啤酒泡沫的物理学性质"为题撰写了博士论文……有些人运气就是好呀。）

现在我们对量子力学的思想所预测的现象有了一个概念，我们就可以回到我们最初的问题上来。如何将广义相对论和量子力学的思想融合在一起，从而产生一种量子引力理论呢？回想一下，广义相对论预言，空间的形状是平滑的，并且变化相对缓慢。相反，量子力学则预测，虽然广义相对论的图景在大尺度的情况下是没问题的，但在量子领域，空间是混沌的，变化莫测……与"平稳缓慢的变化"截然相反。

为了说明这样的想法，即在大尺度层面上看起来平滑的东西可能会显露出更粗糙的本质，我们应该看看仔细抛光过的黄金表面。黄金表面可能被抛光得很平滑，但是在巨大的放大倍率下，其表面会呈现出如图 8.20 的"崎岖风光"。

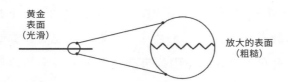

图 8.20 隔着一定的距离，黄金的表面看上去很平滑，但是在更大的放大倍率下看起来会粗糙得多。

把广义相对论和量子力学结合起来的想法很早就有了，爱因斯坦这样一位杰出的科学家就曾经尝试过。爱因斯坦并不是唯一一位尝试这样做的科学家，但是所有人的努力都失败了。混乱的量子领域令广义相对论的方程式丧失功用。所有的预测，都没有得出 6 或 3.9 这样的看上去比较靠谱的数字，而是最终变成了无穷大。在量子计算中，"无限大"是大自然表示"再试一次"时的委婉说法。改一下鲁德亚德·吉卜林的一句话：似乎量子力学就是量子力学，广义相对论就是广义相对论，两者永不会相遇[1]。这种令人不愉快的状态基本上一直持续到今天，尽管存在一个有竞争力的思路，希望能跨越这个巨大的鸿沟。

1968 年，加布里埃尔·威尼采亚诺有了一个惊人的发现。他意识到，一个被称为欧拉贝塔函数的不为大众所知的数学公式，正确地描述了强力的几个方面。威尼采亚诺并不知道为什么这两者的一致性如此之高，但是他认为，这种一致性或许内含伟大的真理。自然而然地，其他人也遵循这一思路，探索欧拉贝塔函数的"亲戚函数们"，并取得了不同程度的成功。这一成功令人鼓舞，但有一个巨大的问题……没有人知道为什么这些不出名的函数能如此到位地描述强力。

这种令人不爽的状态一直持续到 1970 年，彼时南部阳一郎、霍尔格·贝克·尼尔森和伦纳德·萨斯坎德提出了一个独立于以上问题但被认为有可能与其相关的发现。他们发现，如果在他们的理论中用一个短的一维"弦"来代替一个点状粒子，那么这个新方程的解就变成了欧拉贝塔函数。或许，函数方程们和世界之间的联系就这样被揭示了？我们稍后会更详细地讨论这些"弦"的性质，但现在让我们继续讲一下历史。

"弦"的想法是伟大的，因为它至少提供了一个直观的图景来描述在量子水平上发生的事情，但人们很快发现，它所做出的预测与实验直接冲突。我们在第 3 章和第 4 章中就已经提到过，在 1970 年之后的一段时间内，夸克和胶子相继被证明是真实存在的，而不再是单纯由数学计算出的对象。随着夸克模型和量子色动力学的成功，以及弦模型的失败，弦的研究一度被搁置。

---

1 吉卜林的原话是：东方就是东方，西方就是西方，两者是不会相遇的。——译注

　　弦模型的问题之一是，每根弦都可以被看作是一根很短的钢琴弦，它可以以多种方式振动，实际上它振动方式的数量比粒子的种类还多。弦理论的设想是，可以用一根根弦对应每一个携带力的玻色子。胶子就是以某种方式振动的弦，而光子则是以另一种不同的方式振动的弦。虽然人们已经比较轻松地证明了，某一种振动模式的特性与胶子的典型特性相符，但其他振动模式却并不对应于任何已知或预期存在的粒子。

　　1974 年，加州理工学院的约翰·施瓦茨教授和巴黎高师的乔尔·谢克教授发现了一个至关重要的关联。引力子，一种假想的、携带着引力的玻色子，或许存在于弦计算中。虽然我们从来没有观测到引力子，但是从引力的特性（系数为 $1/r^2$，范围无限大，只有吸引的性质）出发，可以推断出引力子的某些特性。施瓦茨和谢克发现，有一种神秘的振动模式具有与引力子必须具有的性质相同的特性。于是，一个至少有可能做到成功纳入引力的量子力学理论得到提出。

　　施瓦茨和谢克的论文可以说没有受到物理学界的重视。随后，进一步探索弦的概念的尝试开始发现理论与现实不一致之处。人们常说，通往坏事的路上可能到处都是好心，我们也可以说，通往量子引力的路上到处都是大量失败理论的遗骸，而弦理论现在染上了重病。

　　直到 1984 年，当迈克尔·格林和约翰·施瓦茨能够非常谨慎地论证困扰弦理论的明显问题可以得到解决时，弦理论才开始显示出"健康状况"得到改善的迹象。更令人兴奋的是，由此产生的理论有足够的多样性，足以涵盖所有的四种力。在对"终极"理论的探索中，情况终于开始好转。

　　这个新想法的名称是"超弦"理论。从上文的讨论中，读者们应该已经理解了"弦"是什么意思，但是这个"超"字又是从哪里来的呢？事实证明，这个名字来自我们的老朋友超对称性。所谓"超弦"，只是"超对称弦理论"的一种简称。

　　威尼采亚诺的原始理论实际上仅旨在描述玻色子（即携带力的粒子）。这本身就是一个问题，因为一个"无所不包"的理论需要考虑到承载质量的费米子。1971 年，彼时费米实验室的第一位理论物理学的博士后皮埃尔·拉蒙接受了将费米子纳入弦理论的挑战。通过他和其他许多人的工作，这一成果最终得以实现，而且，令所有人惊讶的是，他们发现费米子和玻色子往往成对出现振荡（听起来很熟悉，不是吗？）。到了 1977 年，这种配对被认为是超对称的，"超弦"诞生了。拉蒙的聪明才智通过他在理论物理学上的成功中得到了证明，他后来去了佛罗里达大学更证明了这一点。每年一月，当我在伊利诺伊州北部冬天的寒风中冻得哆哆嗦嗦的时候，我总是能想到这位老兄正在佛罗里达沐浴着阳光——他可真是太聪明了！

　　一个理论可能非常复杂，以至于人们使用近似值来找到一个"足够接近"的解，这在数学中并不少见。比如，如果一位伊利诺伊州的农民知道他的一块方形土地的周长，并想知道这块土地的面积，他会通过平面几何学的计算来求得这个数值，而不是使用可以精确描述地球球形表面的、更复杂的几何知识。但是，在超弦理论中，情况更加复杂。不仅"解"是近似的，方程本身也是未知的。超弦理论家只能计算近似方程的近似解。要理解这一领域，需要花费大量努力来学懂高难度数学。在这里，我们将略过这些高度专门化的细节，并尝试在基本性质的层面上理解超弦。

　　在我们开始介绍超弦和粒子物理学之前，让我们先来看看日常生活中我们更常见的那些"弦"。如图 8.21 所示，如果你拿起一根弦并将其拉伸，它可以发生振动。想象一下吉他的弦。吉他上的弦绷得很紧，并且两端固定。如果你轻轻地拨动琴弦，它会轻轻地振动，琴弦的两端并不会移动，但是中间部位的位移会很大。我们可以说，在这种情况下，琴弦只有一个振动部分。我们也可以制造另一种振动模式，即这根弦的两端和中点不动，而"四分点"的位置发生了位移。在这种情况下，我们有两个振动部分。其他的振动模式也是可能的，每个振动模式的振动部分数量不断递增。随着振动部分的增加，音高也随之增加。图 8.21 刷新了我们对吉他琴弦物理特性的记忆。

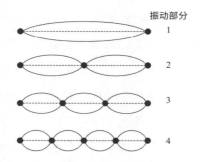

图 8.21 吉他弦的振动部分的数量只能是整数。这是由于吉他弦的两端不能移动而导致的限制。

　　在粒子物理学中，弦被认为是非常微小的振动环。一个熟悉的例子就是我们经常在西部片中看到的"三角铁"[1]，厨师敲击三角铁，表示用餐的时间到了。牛仔们听到的声音是振动的反映。粒子物理弦是可以以不断增加的频率振动的环。在最低频率的情况下，仅仅是弦的半径变化……先是小于平均值，然后大于平均值。在第二高的频率上，这个环开始有节奏的发生扭曲，变成椭圆形，先是水平椭圆，然后是

1 "三角铁"原本是一种乐器。但是在西部片中，经常可以看到一个三角铁挂在农舍外面。到了晚饭时间，厨师敲响三角铁，这样工人们就可以进来吃饭了。——译注

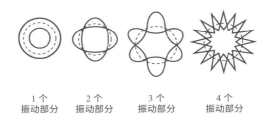

1 个
振动部分　　2 个
振动部分　　3 个
振动部分　　4 个
振动部分

图 8.22 环形弦的振动有许多可能的选择。最简单的振动是"呼吸"模式，在这种模式下，弦的半径会发生变化。随后的每种模式都变得更加复杂。在图中，虚线表示"中立位置"，而实线描述了特定的弦线的运动范围。

竖直的椭圆。更高频率的振动模式呈现出更像星星的外观，如图 8.22 所示。

激发更多的"摆动"振动需要更多的能量。通过爱因斯坦著名的质能方程 $E=mc^2$，我们意识到，随着能量的增加，更大的质量得以生成。因此，对于如何产生一系列质量不断增加的粒子（例如夸克），我们有了一种可能的解释。单一种类的弦（这是"终极"理论的目标之一），随着振动的不断增加，对应着质量越发大的粒子。这个想法真的很简单。

经过更深入的思考，人们意识到还存在着一些未解决的问题。弦有多大？它们的张力是多少？鉴于我们只知道 6 种不同类型的夸克，那么可能存在有多少种弦振动模式？夸克间和轻子间巨大的质量差是合理的吗？

我们可以计算其中一根弦包含的张力（张力本身也是一种力）。得出的结果是令人震惊的巨大，相当于 10^{39} 吨力……也就是一千万亿亿亿亿吨力。在如此难以置信的巨大张力下，小圈状的弦被压缩到微小的普朗克长度。这是一个对我们有利的特性，因为目前人们所做的、所有测量夸克或轻子大小的尝试，其极限也就是 $10^{-19} \sim 10^{-18}$ 米，无法更小了。虽然弦理论预测弦的环确实有一个有限的尺寸（因此与粒子是一个点的观点相背离），但 10^{-35} 米的普朗克长度远远低于目前的实验极限。

然而，这种巨大的张力值带来了一些令人不安的后果。因为弦振动所携带的能量与弦的张力有关，而这个张力如此之大，导致人们预期弦本身会有巨大的质量……甚至达到普朗克质量的量级。这个质量与拥有我们所熟悉的电子和无质量光子的普通世界格格不入。所以要么否定了超弦的概念，要么就还有其他的解释。

量子力学的神奇魔法拯救了我们。虽然上面所说的振动显而易见地会产生巨大质量，但除此之外，别忘了还有量子泡沫所产生的振动。巧合的是，这些振动会产生很大的负能量。正负两种能量完全抵消，导致粒子的质量为零。然而，这样的粒子还是有问题，因为我们知道被观察到的粒子质量并不是零。那么，我们到底有没有离真相更近一步呢？答案可能是肯定的。在对希格斯机制的讨论中，我们曾经提到过，在某个"魔法"能量值之上，粒子是无质量的。于是，关于弦理论的想法变成了这样：在很高的能量层级之上，粒子的"弦属性"得以展现。从大约普朗克尺度到电弱对称破缺的尺度（就是希格斯机制开始起作用的尺度），"弦"与我们传统理论中的无质量粒子基本上没有区别。在"魔法"能量值之下，希格斯机制开始发挥作用，我们又回到了我们熟悉的世界。弦理论的精妙之处并不在于它与我们目前对宇宙的理解有多么不同。它的精妙之处在于它对我们所观察到的世界做出了定性描述，同时提供了一个潜在的统一原则。

让我们回忆一下我们这段旅程的起点，最初，我们想要尝试创建一个成功的引力理论，这个理论包含了标准模型的其他部分所展示的所有量子力学特性。之前的种种尝试，最后都不免推导出"无穷大"

的结果。这个问题的核心是，随着探测的尺度越来越小，量子泡沫变得越来越混乱。当人们把无限范围内越来越紊乱的量子力学能量效果叠加在一起时，就会发现得出了一个无限的总和。如果超弦理论想要取得成功，它必须成功地解决这个反复出现的问题。

1988 年，普林斯顿大学的戴维·格罗斯和他的学生保罗·蒙德证明了，当弦的能量增加时，它受到量子泡沫的影响也会更大。然而，在能量提高到超过普朗克能量这个阈值时，这一趋势就会发生逆转。在普朗克能量之上，弦的大小会增加，从而降低了其受到"亚普朗克"量子泡沫影响的能力。与点状的粒子（也就是标准模型中的粒子）不同，弦具有有限的长度。一个点状的粒子是没有体积的，理论上它能够受到体积小至为零的物体的影响，在尺寸为零时，量子泡沫是最动荡多变的。而弦则不同，虽然它很小，但依然有一些小到一定程度以至于无法影响到它的量子泡沫。因此，包含点状粒子的量子引力理论中不可避免的"无穷大"结果并不会出现在超弦理论中。这是超弦理论最重要的成功之处。

超弦理论有一个方面听起来很熟悉。最初的弦理论，当被用来计算概率（人们用量子力学计算的就是概率）时，偶尔会得到一个负数，这是说不通的，因为概率的数值必须在 0 到 1 之间。于是人们开始思考这会不会和弦的形状有关。它们是只能在左右方向上振动的一维结构吗？还是它们是二维的、并且能够像图 8.22 中所示的那样振动呢？又或者它们和我们的现实世界一样，是三维的呢？当物理学家对弦可以振动的维度数量进行猜测时，他们意识到负概率的"讨厌程度"在维度数量更少时会更糟糕。他们灵光一现，开始考虑额外维度的可能性。早期的计算间接表明，如果存在十个维度——九个空间维度和一个时间维度，那么负概率的问题就可以解决。经过改进的计算表明，我们需要的是 11 个维度……10 个空间维度和 1 个时间维度。因为我们感受到的世界里只有三个空间维度，所以剩下的空间维度必须得是"卷曲"成一个非常小的尺寸。与我们讨论过的大额外维度相反，在这种情况下，七个空间维度被卷曲成微小的普朗克尺寸。虽然这一想法可能是正确的，但这些额外维度是如此的微小，以至于在可预见的未来，它们将无法通过实验被我们观测到。

我们已经简要地讨论了超弦的本质（对此感兴趣的读者可以仔细阅读本书最后的建议读物名单），但是我们对弦理论的讨论还没有像在第 3 章和第 4 章中的讨论那样深入细致。现在让我们想象一下，利用超弦理论的世界观，我们可以如何理解当今的现代散射实验。每一个点状粒子，比如一个电子或光子，都被一个小小的弦所取代，为了令概念简洁易懂，我们把它画成一个小环。让我们考虑一个电子和正电子湮灭成一个光子，然后再重新生成一个电子和一个正电子的简单情况（$e^+e^- \rightarrow \gamma \rightarrow e^+e^-$）。为了清晰起见，我们暂时忽略各个粒子的环振动的细节，在图 8.23 中我们可以看到两个弦之间将可能发生怎样的碰撞。

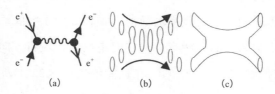

图 8.23 从弦理论的视角看待一对电子 / 正电子发生湮灭，形成一个光子，再发射出另一对电子 / 正电子。两根弦相互靠近，合并，然后再次分开。

我们看到，"电子和正电子"的弦合并成一个单一的"光子"弦，然后又分裂成两个。第 4 章中所有的各种费曼图都可以类似地绘制，不过，为了完整起见，它们应该也画出了每个粒子独特的振动模式。考虑到绘制 11 维振动的难度，我就不在此举例子了，我相信读者们会原谅我的。

让我们回归本书的"实验派"风格，我（还有其他的实验物理学家！）在听到超弦理论的第一反应都是："这个太棒了！快说说上哪儿找超弦去啊？"不幸的是，在面对这个问题的时候，超弦理论学家往往就变哑巴了。之所以如此，是因为超弦理论预测的现象往往发生在未来任何现实的加速器或宇宙射线实验都无法达到的能量层级之上。尽管如此，无法做出可通过实验验证的预测并不意味着该理论是错误的（除非是它做出了错误的预测）……超弦理论也许确实可以正确地描述世界。

超弦理论家可以继续解释为什么夸克和轻子具有它们所具有的质量。另外，请记住超弦中的"超"字。它明确地假设了超对称粒子（弦）应该是可以被发现的。正确计算出已知粒子和它们对应的超对称粒子之间的关系将是一件了不起的事情。尽管如此，由于超弦理论无法做出可通过实验验证的预测，因此在可预见的未来，它只能屈居于"有意思的想法"这一行列。

在我们对超弦理论的讨论中，我们提出了许多问题，所有问题都与它是否有资格成为"终极"理论有关。它满足了"统一四种力"的要求，因为携带力的玻色子是同一种弦的不同振动模式。种类繁多的夸克和轻子基本上可以以同样的方式被弦取代。事实上，所有的现象都可以用相同类型的弦以无限种方式的振动、合并和分裂来解释。同样，可以用超弦理论来解释粒子的代际问题，并且可以给观测到的世代数量提供一个合理的存在原因。这个理论跨越了很大的能量范围，并且似乎确实满足了有资格称为"终极"的理论应具有的标准。敏锐的读者可能会思考是什么赋予了弦张力。只有进一步的研究工作才能揭示这种张力究竟是可以从理论中推导出来的，还是必须由实验来提供证明。超弦理论很有意思，我预计它能在未来很多年里继续激发理论物理学家的想象力。

在本章中，我们讨论了三个没有实验数据支持的观点，它们都有希望扩展我们对所生活的宇宙的理解。然而，即使是盛名在外并分享了 1999 年的诺贝尔物理学奖的马丁纽斯·韦尔特曼，也在他的《基本粒子物理学的事实和奥秘》一书中说道：

> 读者可能会问为什么在本书（即他的这本书）中我们还没有讨论弦理论和超对称性。弦理论推测基本粒子都是非常小的弦，而超对称指的是对应于任何粒子都有另一个自旋相差 1/2 的粒子，同时这两种粒子之间存在着巨大的对称性。
>
> 事实上，本书是关于物理学的，这就意味着所讨论的理论思想必须有实验事实的支持。超对称理论和弦理论都不满足这个标准。它们是理论物理学家想象的产物。用泡利的话说：它们甚至都算不上是"错"的。它们不在本书的讨论范围之内。

我不确定我是否完全同意韦尔特曼的观点，因为推测往往会带来新的想法，但当我读到上面这段话的时候，我不禁点头认可。除了尊重他的聪明才智（这是毫无疑问的）之外，我还必须对他的智慧表示敬意。所以，亲爱的读者，你应该以足够怀疑的态度来看待所有这些观点。所有这些想法可能被证明是彻底地白费力气。或者，它们中的一些或全部可能包含有更大的真相的一部分。我的粒子物理学领域的同事们，无论是实验家还是理论家，都将继续探索这些以及许多其他的想法，希望能洞悉现实的终极本质；因为正如我们将在下一章中看到的那样，本章和前几章中讨论的想法涉及了或许是最为重大的一个问题……"我们究竟是怎么成为如今的状态的？"

第 9 章 每秒重建宇宙 10000000 次

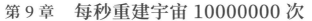
Recreating the Universe 10000000 Times a Second

> 我想知道上帝是如何创造这个世界的。我对具体某个现象，
> 或者具体某种元素的光谱不感兴趣。我想知道上帝的想法；剩下
> 的不过是一些细节。
>
> ——阿尔伯特·爱因斯坦

目前市面上有不少很棒的书，里面充满了各种关于宇宙的最新思考与发现的讨论。本书并不属于这一类。本书的主题是粒子物理，但是粒子物理学与宇宙学这两个领域密不可分。宇宙学的研究领域囊括了整个宇宙，跨越了数十亿光年的空间和宇宙诞生以来 100 亿～150 亿年的时间，它与粒子物理学紧密相关，粒子物理学关注的是那些转瞬即逝的不稳定粒子的行为，其中许多粒子在宇宙大爆炸之后的最初瞬间过后，就几乎再也没有出现在宇宙中了。

这两个领域看上去是如此不同，那么为什么说粒子物理学的研究能够揭示关于宇宙的诞生及其"终极命运"的诸多奥秘呢？首先，我们要回忆起，在宇宙大爆炸之后的极短极短的时间内，宇宙处于一种我们难以想象的炙热状态。当物质（比如粒子）非常热的时候，它的移动速度就会非常快；也就是说，物质（粒子）具有很高的能量。而对高能亚原子粒子的研究正是基本粒子物理学家探索的主题。在读者们已经很熟悉的、当代超大规模的粒子对撞实验中，物理学家每秒钟造成数百万次的粒子碰撞，反复试图重现早期宇宙的环境条件。宇宙学从根本上说是一门观察性科学，因为我们只能"观察"并"看到"宇宙，但我们却无法真正地"做实验"（毕竟，创造和摧毁宇宙是一件很累人的工作……按照《圣经》的说法，创造和毁灭都需要一周的时间）。我们只有一个宇宙，我们用越来越精密的仪器来观测它，试图揭开它的秘密，从而了解它。相反，在粒子物理学中，我们可以做实验。我们可以改变粒子的能量。我们碰撞重子、介子和轻子。我们可以控制实验条件，并直接观察实验行为。宇宙学家只能通过在宇宙诞生数十亿年之后的观测来推断宇宙的初始状态。粒子物理实验则可以直接观察到物质在原初极端条件下的行为，因此从粒子物理实验中获得的知识可直接用于宇宙学的研究。

除了"创造宇宙"之外，宇宙学家还会使用已知的物理学定律来描述天体的行为。通常情况下，他们的描述都是正确的，但偶尔也会遭遇失败。比如，星系外旋臂的旋转速度太快，以至于无法用我们所能看到的物质（恒星、行星、气体等）来解释。所以，要么我们用来描述世界的万有引力定律是错误的，要么就是有新的现象有待被发现。我们将讨论宇宙学家为什么会假设存在所谓的"暗物质"（这种物质仅通过引力效应让人们知道它们存在，但出于某些原因人们无法通过传统的观测方式"看"到它们）。粒子物理学家对此也可能提出一些看法。粒子物理学为什么能对关于星系旋转的讨论做出贡献呢？

这是因为我们可能会发现不是通过强力或电磁力，而是仅通过弱力相互作用，甚至可能连弱力相互作用都不发生的大质量粒子。回想一下，在原初大爆炸结束后（从头到尾花了可有整整一秒钟那么长），物理定律和亚原子粒子的"人口构成"都被固定了。正如我们在第 7 章中所讨论的那样，那时，宇宙中基本上没有反物质粒子，而对于每一个夸克或轻子，对应着大约 10 亿（10^9）个中微子和光子。如果每个中微子都有一个微小质量，那么它也将有助于增加宇宙的总质量，也许可以解释"暗物质"的谜团。在第 7 章中我们还讨论了"中微子振荡"的发现，这一发现表明了中微子确实具有质量，因此也许这个难题已经得到解决。在下文中，我们很快就会进一步讨论这个问题，但是物理学家相信，仅凭中微子的质量，并不能解释星系自转的问题。所以，我们再一次转向了粒子物理学，这次我们的目光落在了一些探索性的理论之上。比如，如果超对称性是存在的，那么就存在着最轻超对称粒子（即 LSP）。我们在第 8 章中已经分析过，最轻超对称粒子被认为是具有质量的、稳定的、并且除了引力之外，它不会通过任何已知的力与物质发生相互作用。因此，超对称性的发现可以直接对宇宙大型结构——包括星系、星系团甚至更大结构——的研究做出贡献。

在短短一章的篇幅中，我们不可能谈到现代宇宙学家们的全部研究方向和所有激动人心的研究进展。如果读者对此感兴趣，可以去翻看本书最后的参考书目，有很多这方面的专著。在这一章里，我们要做的是，逆时间之流而上，讨论与粒子物理学相关的各种观测结论，我们的注意力将从对宇宙的观测出发、行进到粒子物理实验室进行的实验，甚至还将超越实验领域的边界，再回到上一章讨论的一些观点之上。最后，我希望能让读者们相信，对极小尺度的、高能粒子的研究，对于诸如哈勃望远镜之类的令人叹为观止的天文观测仪器所观测到的壮丽图景来说，是一种必要的补充。

　　为了充分地理解宇宙，你需要了解前面几章中描述的各种粒子和基本作用力，但要从宇宙学或天文学的意义上来理解宇宙，万有引力才是最重要的。尽管在粒子物理学的领域，人们对神秘又"弱小"的引力的了解，远远不如其他几种基本作用力，但是在天体物理学的领域，引力由于具有无限的作用范围以及只具有"吸引性"的特征，使其具有成为主导之力的优势。在质子或者更小的尺度上，强力和弱力都比引力要强得多，但是，当两个粒子之间的距离超过一个原子的大小时，这两种力就完全消失了。而电磁力虽然作用范围也是无限的，但它却包含了"吸引"和"排斥"两个方面。对构成恒星、行星或小行星的大量亚原子粒子求电磁力平均值，其吸引力和排斥力就会相互抵消，从而完全不产生净电磁力。我们的日常经验令我们认为重力值得引点关注，而引力在此处终于真的成了重点关注对象。

　　几个世纪以来，人们都用牛顿的万有引力定律来描述天体的运动。直到1916年，万有引力定律才被另一位伟人阿尔伯特·爱因斯坦的观点推翻。爱因斯坦提出了广义相对论，将引力描述为空间本身的扭曲。但不管是万有引力定律还是相对论，我们都必须注意到"重力是一种吸引力"这一事实。吸引力使得物体趋向于彼此更加靠近。因此，人们会自然而然地设想，在很长一段时间之后，构成宇宙的各种物质（比如星系）将会合并成一大块。鉴于我们观察到的情况并非如此，如果我们了解了20世纪20年代初的天文学家的想法（当时这场争论很是激烈），我们只能得出一个结论。尽管关于这个问题出现了一些讨论，但普遍的看法是，宇宙既没有膨胀，也没有收缩，而是处于一种"稳定状态"。因此，爱因斯坦修改了他的方程式，加入了他称之为"宇宙学常数"的一项内容。

宇宙的形状

　　爱因斯坦提出"宇宙学常数"的目的只有一个……抵消引力的吸引力，使宇宙保持在静态的、不变的状态——这在当时是一个被普遍接受的观点。基本上，"宇宙学常数"是爱因斯坦为一个假设的、具有排斥性的能量场取的名字。由于它具有排斥性，因此它能在宇宙中扩散开来，直到把宇宙完全填满。〔想想看，如果所有物体之间都彼此相互排斥，它们（在一个有限大小的宇宙中）彼此之间能够达到最大距离的唯一方法就是均匀地扩散在宇宙中。〕从本质上说，"宇宙学常数"可以被看作是一个均匀的场，由"自斥"的能量组成。在一个稳态的宇宙中，具有排斥性的宇宙学常数的强度是经过精心调整的，以抵消万有引力对宇宙造成的坍缩趋势，如图 9.1 所示。

　　1929 年，埃德温·哈勃提出了初步的证据，间接表明宇宙并不是静止的，而是在迅速的膨胀中，1931 年，他又提出了改进后的结果。经过一番争论，人们终于提出了一个解释。在被称为"宇宙大爆炸"的巨大爆炸中，宇宙，从一个单点和一个孤立的时间点中诞生了。从

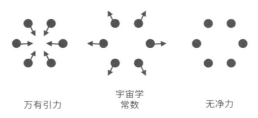

万有引力　　　宇宙学常数　　　无净力

图 9.1　引力是宇宙中的吸引力。宇宙学常数提供了向外的斥力。在爱因斯坦的早期宇宙观中，这两种力是平衡的，共同维持了一个静态的、不变的宇宙。

一个严格意义上都不算是空间的单点空间出发，构成宇宙的物质被大爆炸以巨大的速度向外抛出。就像你在战争电影中看到的房屋被炸毁的情况一样，屋顶被炸飞，然后以很高的速度被向外抛出。随着爆炸的火球向外膨胀，它逐渐冷却下来，不再推着屋顶往天上飞。最终，引力的作用成为了主导，于是屋顶的碎片又落回到地面上。同样，宇宙大爆炸的作用是将构成晴朗夜空中可见的那些美丽的恒星和星系的物质抛向宇宙的各个角落。（实际上，现实情况要更复杂一些，因为物质的不断扩张事实上创造出了宇宙。另外，严格来说，"宇宙大爆炸"目前还是进行时，因为宇宙还是在不断地膨胀之中……本质上，我们正处于大爆炸的后期阶段。不过，现在我们先不要详细讨论这些，就用"大爆炸"这个词来指代原初的那次大爆炸，即便这样称呼并不完全准确。）由于"大爆炸"早就已经结束了，人们预计，宇宙各组成部分之间的引力会使宇宙的初始膨胀速度减慢，甚至可能停止膨胀，而且使宇宙的物质重新凝聚并撞在一起，就像屋顶的碎片落下并撞上地面一样。宇宙不是静态的这一事实让爱因斯坦从他的方程中去掉了宇宙学常数，并称之为他"一生中最大的错误"。具有讽刺意味的是，近 80 年后，宇宙学常数又"卷土重来"了。关于这件事儿，我稍后再详细介绍。

当天文学家理解了大爆炸现象和由于宇宙自身的引力而引发的减速效应时，一系列问题就自然而然地出现了。最初的大爆炸之后，宇宙中的物质发生了什么变化？宇宙会永远处于减速膨胀的状态吗？宇宙的膨胀会在某一刻停止吗？宇宙的引力现象会导致它最终坍缩，将宇宙中的所有物质压在一起并形成"大坍缩"吗？我们要如何解决这些问题呢？

在我们以宇宙本身的命运为背景来讨论这些问题之前，让我们先来讨论一个更简单一些的例子。假设你有一个巨大的弹弓，而且你想要将一个物体发射到环绕地球的特定轨道上。这是一个非常高科技的弹弓，可以按照任何你想要的速度发射物体。当你选择发射速度的时候，你意识到可能会有三种情况发生。如果物体的发射速度太慢，那么它将坠回地球。如果用来发射物体的能量过大，那么它将被甩到茫茫宇宙深处，一去不回头。然而，如果我们以一个称为"临界速度"的特定值来发射这个物体，可以将它成功地送入轨道。在所有可能性中，有一个速度值是特殊的。

于是，在确定宇宙膨胀终会如何发展之时，它是否会永远膨胀这一问题的关键参数是宇宙中物质的密度。如果宇宙中的物质过多，那么它最终将会坍缩，如果宇宙中物质太少，那么它将一直膨胀，永不停止。如果宇宙中的物质数量"恰到好处"，那宇宙将永远膨胀，且速度越来越慢，直到在无限的未来最终停止膨胀。所以整件事就很有点儿童话《金发姑娘和三只熊》[1]的意思……有"太多""太少"或者"恰到好处"三个可能性。

我们把在遥远的未来能够阻止宇宙膨胀所需的"神奇"质量称为"临界密度"。在这种情况下，所谓的"密度"就是我们平时所理解的那样，即宇宙的质量（或者说等量的能量）与它的体积之比。为了方便表述，宇宙学家定义了一个变量 Ω，它是我们宇宙的质量密度（表示为 ρ）与宇宙临界密度（表示为 ρ_c）之比。用数学表达式来看，我们说 $\Omega = \rho/\rho_c$。如果我们宇宙的质量密度等于临界密度，那么 $\Omega = 1$。

1《金发姑娘和三只熊》是英国著名的童话。故事情节大致是这样的：有个小姑娘（金凤花姑娘）离家到树林去玩，在森林里迷了路，无意间闯到林中的一座小房子里。小房子里住着熊爸爸、熊妈妈和小熊一家，此时它们都出门了。小姑娘挨个尝试了三只熊的粥、椅子和床，最终选择了一个最合适的。——译注

如果宇宙的质量密度大于临界密度，那么 Ω 的值则大于 1（$\Omega>1$），同理，如果宇宙质量密度小于临界密度，那么 Ω 的值则小于 1（$\Omega<1$）。因此，Ω 的数值将揭示宇宙的最终命运。

虽然到目前为止我们的讨论都是比较直观的，但当我们把整个问题放在爱因斯坦的理论框架里时，讨论的内容就开始变得有点难以理解了。由于读者们可能在报纸和其他来源上看到过的许多记述都是用爱因斯坦的语言来解释的，我们在这里也稍微地讨论一下"爱因斯坦的宇宙观"。回想一下，爱因斯坦的广义相对论将万有引力放置在几何学的框架中展开，将引力描述为空间本身的曲率。那么，可以用几何类比来解释说明宇宙的临界质量的问题也不足为奇了。由于我们讨论的是弥漫在宇宙中的质量，正是这质量赋予了宇宙其形状。"弯曲的空间"是一个相当复杂的概念，它需要我们理解我们所熟悉的三维空间的扭曲。像往常一样，直觉（以及艺术天分）并不会帮上我们什么忙，所以让我们用二维空间来说明问题。如果 $\Omega=1$，我们可以说，平均而言，宇宙像个平面一样"平坦"。如果宇宙的质量密度过高（$\Omega>1$），则它将呈现球形，而如果宇宙的质量密度太低（$\Omega<1$），那么它则会呈现"马鞍形"或者"双曲线形"。

在图 9.2 中，我们可以看到，空间可以呈现三种形状。想象一下，在每一种类型的空间中，都有两只蚂蚁沿着网格中的两条相互垂直的线行走。在所有情况下，每只蚂蚁都以恒定的"局部"速度移动。"局部速度"是指蚂蚁相对于它的脚所接触的地方移动的速度。读者们需要意识到一件很违反直觉的事情，那就是：由于空间的曲率，三个形状不同的空间中的蚂蚁对将以不同的速度远离对方。从根本上说，正是空间的形状决定了宇宙的命运。

亲爱的读者，鉴于你已经读到了这里，说明你有着足够的好奇

图 9.2　三类空间形状：平面、球形和双曲线形（又称马鞍形）。直到最近，人们才知道构成宇宙的确切空间类型。最近的研究表明，我们的宇宙是平坦的。

心，对宇宙的结构有着浓厚的兴趣。我想你已经开始有点儿忍耐不住了。我可以想象你在想什么。你一定在想："所以呢？宇宙到底是什么形状的啊？是弯曲的还是平面的啊？"最近，宇宙学家终于能够进行相关的测量，他们发现……此刻应该有鼓点声响起……宇宙是平的！我们之所以能确定这一点，是因为太空本身发出的无线电波存在着微妙的变化。这种测量方法多少超出了本书的讨论范围，不过书末的建议阅读书单中的一些书里描述了这种测量方法。在下文中，我们将会稍微回顾一下来自太空的无线电波，但我们并不会讨论过多的技术细节，所以可能不足以让你们完全相信宇宙空间是平坦的。在这事上你们得相信我所言属实。

宇宙的"黑暗面"

　　既然我们已经知道了空间是平坦的（并且 $\Omega=1$），我们也就知道了宇宙的质量密度（更准确地说是能量密度）必须是多少……它一定等于我们在上一节中所讨论过的临界密度。为了交叉验证这个推论，天文学家可以观测宇宙并且将他们观察到的物质进行分类。具体而言，他们观察宇宙然后对恒星进行编目。根据已知的恒星演化过程，他们可以将观测到的每颗恒星的亮度和颜色换算成恒星的质量。星系的可见质量可以通过类似的研究和统计学技术来确定。天文学家发现，宇宙中发光物质的数量只有形成平坦空间所必需的物质数量的0.5%。那么，剩下的物质在哪里呢？

这个问题倒是并不新鲜。天文学家早就意识到，将观测到的发光物质的分布和爱因斯坦的引力定律结合起来，不能解释星系的旋转速率。一颗恒星围绕一个向外扩展的对象（比如星系）之中心的运行速率由两个因素决定。第一个因素是以该恒星轨道为周长的球形体积内物质（包括其他恒星和气体等）的数量。第二个参数是恒星到星系中心的距离。银河系这样的星系有一个巨大的中央凸起和优雅舒展而又相对稀疏的长旋臂，在它们内部以上两种因素实际上是相互竞争的关系。对于轨道半径大于中心凸起范围的恒星来说，它的轨道大小占主导地位。

当天文学家测量我们的银河系（以及其他附近的星系）中的不同轨道半径的恒星速度时，他们发现这些星系的旋转方式与爱因斯坦的理论所预测的不同。银河系的旋转方式很复杂，但从本质上来说，人们推测，随着轨道半径的增加，旋臂上恒星的旋转速度会更慢（就像冥王星的运动速度要比水星慢得多一样）。然而，如图9.3所示，人们发现，旋臂中恒星的旋转速度与其轨道半径无关。

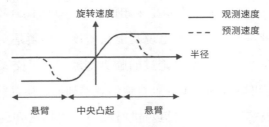

图 9.3 星系的旋转速率与通过传统引力理论以及观测到的星系中物质的分布所预测的完全不同。对于银河系来说，人们预测距离中心越远的恒星旋转得越慢，然而现实却是，星系的公转速度似乎与半径无关。对这一事实的观察让人们提出了暗物质的概念。

　　对上文中预测和观测情况的差异的解释中受众最广（但不是唯一）的是，也许在整个星系中普遍存在着不发光的物质。此处所指的"发光"，指的是释放出电磁能。一个能被我们探测到的物体，无论是它发出可见光、红外线、紫外线、微波、无线电、X射线或其他电磁能量，都可以被认为是"发光"的。

　　这样的假设虽然不是全新的，但也相当引人注目了。20世纪30年代中，加州理工学院的天文学家弗里茨·兹威基（Fritz Zwicky）提出了"不发光的物质"或者"暗物质"的猜想，用来解释星系团内部的星系运动。然而，如果暗物质真的存在，它的本质是什么，我们又该如何发现它？人们提出了很多可能的猜想，下面我们将按照其"奇怪"的程度由小到大依次进行介绍。星系内不被恒星所束缚的氢气能够发出无线电波，因此是"发光"的，所以可以被排除在外。下一个看上去最合理的解释是所谓的"褐矮星"。褐矮星本质上是一种很小的次恒星，小到它既无法点燃，也无法燃烧。它们的个头比我们的木星稍微大一点点，似乎它们自己也不清楚自己算是"很大的行星"还是"失败的小恒星"。褐矮星的形成并不会受到什么阻碍，事实上，最近，在寻找附近恒星周围行星的尝试中，天文学家已经发现了一些符合小型褐矮星标准的天体。然而，以恒星的标准看，这些褐矮星太小了，如果弥漫在银河系中的"看不见的质量"是由它们构成的，那它们的数量一定很多很多。

　　那么，我们是怎么找到看不见的褐矮星的呢？本质上说，我们是通过观测它们所产生的"阴影"来发现它们的。如果褐矮星是无处不在的，那么你在观测一颗遥远的恒星的时候，早晚会发现有一颗褐矮星穿越你的视线，从那颗恒星前方掠过，导致被观测的恒星的光变暗。由于宇宙空间浩瀚，恒星相对来说很小，所以在固定的时间内，任何单个恒星变暗淡的概率非常小，因此，天文学家往往会同时观测很多恒星。他们通常的做法是观察恒星密度最大的银河系中心，看看这些恒星中有没有哪颗的光变得暗淡。长期的研究只观测到了很少量的这种现象，结论性地证明了褐矮星并不是构成暗物质的主要物质——虽然褐矮星和其他类似星体的物质总量超过了发光物质的总量。

在天文学上，对暗物质问题的另一种解释是黑洞。但是我们可以很容易地排除这种解释。虽然根据定义，黑洞是"黑的"（即不发光的），但它们会对其周围的物质造成破坏。当物质遇到黑洞时，它会向朝着黑洞的方向加速。加速的物质通常会辐射电磁能。因此，虽然黑洞是不可见的，但我们并没有观测到星际介质中存在大量的扰动的事实排除了大量黑洞的存在。

读者们可能听说过，在我们银河系的中心，存在着一个巨大的黑洞。虽然人们似乎已经达成了一个共识，即一个质量比我们的太阳大成百上千万倍的黑洞可能在银河系中心，控制着整个星系的旋转动态，但要解释在银河系旋臂中观察到的均匀的旋转速度，则意味着暗物质的分布必须是球状且分散扩展的。因此，银河系中心的超大黑洞虽然是个很有意思的话题，但它并没有提供真正的解释。

这些相对普通的暗物质"候选者"被统称为"晕族大质量致密天体"（缩写为MACHO's），或者大质量致密晕天体。这个名字的来源是这样的：这些天体具有很大的质量，结构非常紧凑（它们更像是褐矮星而不是气体云），而且它们似乎更普遍地存在于银河系的"银晕"（即外围部分）之中，而不是中心区域。到目前为止，我们提到的所有物质都被称为重子物质，因为它们是由普通重子（质子和中子）组成的。由于属于轻子的电子对原子质量的贡献很小，晕族大质量致密天体名称中就没有涵盖它。

关于暗物质的传统解释，就是以上这些，现在我们来看看粒子物理学是怎么说的。如果宇宙大爆炸的假说是正确的，那么有大量的中微子在原初极端环境中产生。我们可以计算出宇宙中目前应该存在的中微子的数量。事实证明，对于宇宙中每一个稳定的重子（即质子或中子）来说，应该对应着大约 10^9（10 亿）个中微子。虽然我们还不知道中微子的确切质量，但我们在第 7 章中的讨论间接表明我们有足够的信息对它们的质量做出合理的猜测。如果我们把目前对各种中微子质量最合理的猜测与从大爆炸模型推断出的中微子数量相结合，就会发现，中微子只贡献了形成平面宇宙所需的 1%~4% 的物质质量，而对于我们观测到的星系旋转速度而言，中微子也只贡献了达到其所需质量的 10% 而已。

所以，我们已知存在的粒子和天体的物质总量只是形成平面宇宙所需物质的 5%，以及使得银河系拥有其目前转速所需物质的 15%。那么现在该怎么办呢？我们首先需要找到足够多的物质，来解释星系的旋转速度问题（所需的物质质量大约是所有可能的可见物质——这意味着所有的重子物质，甚至是那些虽然看上去是黑的但是如果充分加热就会开始发光的物质——的 5 倍），然后找到另一个物质来源，来解释宇宙的"平坦性"。

让我们首先来看看为了能够解释星系的旋转所必需的物质。我们需要找到不受电磁力（否则我们就可以看到它）或强力（否则我们就可以看到它与普通物质发生相互作用）影响的物质。这种形式的物质可能会受到弱力的影响，并且根据定义，它必须能受到引力的作用。虽然我们没有真正的实验证据来证明暗物质是由什么物质构成的，但我们在第 8 章中提到了一种假想粒子，它可能符合要求。当我们在讨论"超对称性"的时候，我们提到了一种"最轻超对称粒子"，简称

LSP。因为 LSP 是同类粒子中最轻的，所以它不可能会衰变成更轻的超对称粒子。另外，由于超对称性是"守恒的"，所以这些粒子不可能衰变为普通（且发光的）物质的粒子，因此它们是稳定的。还有，由于我们尚未检测到这种粒子，因此如果它真的存在，则它必须是电中性的，具有质量，而且不受强力的影响。所以，虽然 LSP 是纯理论上的假想粒子，但它可能就是支配着星系旋转的暗物质。

当然了，由于 LSP 也有可能根本不存在，物理学家也提出了其他一些可能构成暗物质的粒子。所有这些粒子都是很"奇怪"的，完全是理论上设想出来的，甚至很可能不存在。然而，即将到来的新一代粒子物理实验将重点寻找稳定的重粒子。宇宙学家会密切关注这些实验，因为它们或许能提供与宇宙学相关的信息。

但是，到目前为止我们讨论过的所有物质：发光的重子和"正常的"暗物质（重子构成的褐矮星之类的），以及由非重子构成的"奇怪的"暗物质（LSP 之类的），虽然成功地帮助我们解释了测得的银河系旋转的速率，但它们仅仅构成致使宇宙空间呈平面型（也就是 $\Omega=1$）所需质量的约 30%。那现在该怎么办呢？宇宙学家又提出了一种新的想法……暗能量。暗能量可能具有很多种形式，其中一种基于"死灰复燃"的爱因斯坦的宇宙学常数以及与其相关的称为"精质"的概念。最关键的一点是，暗能量提供了一种斥力。而宇宙学常数则是一种"真空能量"……有点类似与我们在第 5 章中提到的希格斯场。基本上，真空本身被一个具有排斥性的能量场所填充。"精质"在某种程度上更类似于被证实不存在的"以太"，物理学家曾经认为，光需要在这种物质中传播。如果"精质"真的存在，那么它也是一种遍布宇宙的能量场。它可能会受到干扰并与其自身发生相互作用。正是这一点让"精质"与宇宙学常数区分开来，因为宇宙学常数……呃，是恒常的。这两种观点都做出了相似的预测，我们需要相当精确的测量来判断二者中哪一个是正确的——如果这两者并非都是错误的话。假如以上所有这些听上去都很不清楚，那是因为它真的就很不清楚。这是目前正在进行的研究课题。在研究中，不清楚的情况是好事。这意味着有些东西互相"不搭调"，意味着我们将会学到一些新的东西。诸如位于智利的"暗能量巡天"之类的新设备，再加上计划中将要在未来实现的轨道飞行任务，将为我们对宇宙的理解提供重要的新数据。在宇宙学领域，眼下是令人兴奋的时刻。

关于"构成宇宙的物质"是什么，整个概念是相当复杂的。我们能在夜空中看见的、那些美丽的、闪闪发光的物质仅占宇宙能量的 0.5%～1.0%。在宇宙中，发光的物质好比"冰山一角"。表 9.1 中呈现了构成宇宙的各种不同的成分。

持怀疑态度的读者可能会觉得我们的整个讨论都可疑，因为它看

表 9.1　宇宙的各个组成部分

物质	可能的成分	信息来源	所占宇宙物质的百分比
可见的重子物质	发光的物质、星云，等等	天文望远镜等	~0.5%
黑暗的重子物质	"正常"且黑暗的物质（褐矮星、行星等）	宇宙中数量丰富的氢元素和氦元素，"食"实验	~5%
"奇怪的"暗物质	非重子物质（即并非由质子和中子构成的物质），比如 LSP 和其他有待粒子物理学家发现的"奇怪"物质	星系运转的速度，星系团中星系的移动速度	~25%
暗能量	宇宙学常数、"精质"等	观测到的平坦宇宙	~70%

起来非常复杂。很有可能的情况是，为了完整地描述宇宙，需要所有这些不同类型的物质和能量。另一方面，也有可能存在一个简单得多的新解释……只不过还没有被我们提出来。我们在本书里提到的解释并非是唯一的。比如，大约 20 年前，以色列魏茨曼科学研究所的莫德采·米尔格若姆（Mordehai Milgrom）就曾经提出过一种解释星系自转问题的猜想，其中并不涉及暗物质。他对物理定律提出了一个相当小的修改。而他的修改只有在加速度很小的情况下——比如在银河系的外旋臂中——才具有效果。所以，两种解释中哪一种是正确的？我不知道。没人知道——虽然 2006 年发表的关于子弹星系团的研究，强烈支持了暗物质的假说。确实，一些研究人员声称，这项研究证据确凿地证明暗物质说为真，但是米尔格若姆最初假说的修改版也很快被发表了出来，这就让两者之间的辩论又得以持续一段时间。正是这些辩论让整个问题变得非常有趣。幸运的是，现在已经发展出可能会解决整个问题的实验。对这些概念的全面讨论超出了本书的范围，但感兴趣的读者可以仔细阅读我在书末建议的阅读材料，其中更详细地讨论了宇宙学研究的这些方面。

"构成宇宙的物质究竟是什么"这个问题已经够迫人深思的了，可还有一个更有意思的问题与宇宙的构成错综复杂地交织在一起，那就是宇宙的诞生和演化的问题。实际上，关于宇宙的诞生，有一个显然最受欢迎的解释。

宇宙学中的"大爆炸假说"，最初由彼得格勒大学的亚历山大·弗里德曼（Aleksandr Friedmann）在 1922 年提出，大约 5 年之后，从天主教神父转行成为天文学家的乔治·亨利·勒梅特（Georges Henri LeMaitre）也独立地提出了大爆炸的理论。勒梅特后来说，他与爱因斯坦相比有着一个优势，他所接受的神学教育使他对"宇宙有一个明确的开始"这一观点持偏爱的态度。勒梅特称他假设的"宇宙始祖"
为"原初原子"。这一宇宙学假说的提出是为了对当时已经观测到的
各种现象做出解释，其中包括埃德温·哈勃在 1929 年首次发现的宇
宙膨胀现象。不过"大爆炸"这个名字并不是该理论的发现者们提
出的，最开始这个词是由反对者一方提出的，带有一些贬损的意味。
弗雷德·霍伊尔（Fred Hoyle）是大爆炸理论的竞争理论，即所谓的
"稳态理论"（它最初也是爱因斯坦的心头好）的提出者之一。稳态理
论假设宇宙处于一种……怎么形容呢……稳定的状态，也就是说，物
质的产生和消耗是等量的，因此平均而言没有任何变化。在一次对同
稳态理论处于竞争关系的理论的批评中，霍伊尔对"宇宙需要一个
特殊事件来启动"这种想法不以为然，并且提出了"大爆炸"这个带
有贬义的表述，来表示这个理论是多么愚蠢。然而，让他十分不爽的
是，"大爆炸"的支持者们很喜欢这个术语，于是"大爆炸宇宙学"
就这样得到了命名。

　　"大爆炸宇宙学"是唯一与观测证据明确一致的宇宙学，我们将
在下文中详细讨论这一点。曾经与"大爆炸"竞争的科学理论和所有
古代神话，包括《圣经》的神话，都已被推翻。但这并不是说大爆
炸宇宙学没有它自己的神秘之处。宇宙早期是什么样子，以及它是如
何变得如此平滑和均匀的，这些问题仍然是天文学家研究和争论的主
题。不幸的是，大众媒体有时会利用这些争论来吸引眼球，"大爆炸
理论已死"是我的最爱。与大爆炸处于竞争关系的理论的拥护者们试
图利用这些报道来说服其他人，科学界内部的动荡要比实际上更加严
重。坚持按字面意义理解《圣经》内容的人们坚持认为，大爆炸宇宙
学充其量只能作为一种理论来被教授，可以和他们自己支持的基于
《创世记》的理论相提并论，但不如它真实可信。这种说法简直是胡

说八道。虽然在大爆炸宇宙学内部并非是没有争论的，但没有一个声誉良好的科学家能够对"宇宙曾经更小、更热，现在正在高速膨胀"的证据提出异议。这方面的证据是压倒性的。基于神学的各种反驳现在必须与科学家一样加入辩论中来：为什么物理定律是这样的？虽然这是一个不太可能的解释，但自然神论[1]对这个问题的回答仍然站得住脚。

当人们开始思考，如何确定大爆炸后的宇宙性质之时，很快就会发现这项任务是非常艰巨的。大爆炸发生在 150 亿到 100 亿年前，在一个未知的地点，这地点可能距离我们数十亿光年（而且相当有可能是在一个目前人类无法进入的维度）。由于原始大爆炸发生在很久以前，所以很难推断出任何细节。就好比我们测量一下今天的气压，完全不可能从中推断出新墨西哥州"三位一体"核试验第一次核爆炸的细节。

星系们都在哪儿呢？

尽管任务看上去很艰巨，但天文学家的成功率却令人印象深刻。埃德温·哈勃发现，宇宙中的其他星系倾向于远离我们。更有趣的是，我们观察到，一个星系离我们的距离越远，它远离我们的速度就越快。随后的研究证实了哈勃的最初结论，并且大大地提高了他的测量精度。科学家可以使用精密的天文望远镜——其中最著名的是哈勃太空望远镜——来测量星系的速度。因为知道了速度和距离之间的关

---

1 自然神论是 17 到 18 世纪的英国和 18 世纪的法国出现的一个哲学观点，主要是回应牛顿力学对传统神学世界观的冲击。这个思想认为虽然上帝创造了宇宙和它存在的规则，但是在此之后上帝并不再对这个世界的发展产生影响。自然神论者推崇理性原则，又称理性神论。——译注

系，他们就可以确定星系与我们的距离。虽然距离上的精确数字还存在一些实验上的和理论上的不确定性，但目前我们已经可以观测到100 亿光年以外的星系。

所谓的"光年"，指的是光这"最快的使者"在一年的时间内能够前进的距离。光的速度可以达到每秒 186000 英里。在一年的时间里，光可以前进 6×10^{12}（6 万亿）英里，在 100 亿年间，它可以前进多至 6×10^{22} 英里。这些距离的数据虽然大得令人瞠目，但并不是最有用的事实。最重要的是，不管光速有多快，宇宙空间膨胀的速度总是更快。地球绕太阳公转的圆周轨道半径为 9300 万英里。光从太阳出发，进入我们的眼中，需要 8 分钟多一点的时间。所以，我们看到的太阳并不是此时此刻的太阳，而是 8 分钟之前的太阳。距离我们最近的恒星——比邻星——在 4.3 光年之外。如果读者们读到此处的时候，比邻星恰好经历爆发（当然这件事极其不可能发生），那么如果有智慧生物生活在那里，他们在 4.3 年前就已经灭亡了，因为这正是这一"信息"从那里传递到地球所需要的时间。从这一观察中，我们得到的最重要的推论如下。一个物体离地球越远，来自它的光线到达地球需要的时间就越长。所以当光到达地球的时候，你看到的不是这个物体现在的样子，而是它过去呈现的样子。所以如果我们在地球上安装三台摄像机，同时记录太阳、比邻星和距离银河系最近的"真实"星系（M31，即仙女座星系），我们拍摄下的照片将分别记录下 8 分钟前、4.3 年前和 220 万年前的场景。

在认识到上述事实之后，我们该如何研究宇宙的演化就变得显而易见了。我们将拿出最先进的天文望远镜，然后将它们的镜头对准我们目力所及的最远物体。我们看得越远，看到的物体就越早。如果你想知道星系随着时间推移的演化进程，只需要观察我们附近的星系，研究它们的属性。想要看到 220 万年前的星系（对宇宙来说只是一眨眼的时间），我们只需要看看我们的邻居——仙女座星系。我们观察距离越来越远的各个星系，就像是在观看拍摄年代越来越久远的老照片一样。每一张照片都揭示了更古老的宇宙。使用诸如哈勃太空望远镜（HST）和斯隆数字化巡天（SDSS）之类的天文仪器，科学家已经能对大爆炸之后仅十亿年左右时的星系进行成像。彼时，第一批恒星才形成不久，刚开始燃烧起明亮的核火焰。当我们回顾过去，星系开始呈现出不同的形态……一种更原始的形态。对星系形成的物理学感兴趣的宇宙学家可以借此观察到星系在所有发展阶段的范例。从这个意义上说，他们比古生物学家们幸运。因为宇宙学家可以亲眼看到"活生生的"古老星系，而那些寻找恐龙的古生物学家只能满足于研究骨头化石了。

虽然星系演化的研究很有意思，而且对于想要了解宇宙命运的人来说，这是至关重要的一项研究，但从某种意义上说，它并没有解决"宇宙为什么是现在这个样子"这一问题。大爆炸发生十亿年后，物理学定律早就被确定了。人们已经对其有了详细了解的核过程和引力过程塑造了恒星和星系，但是，为什么核火焰会这样燃烧起来仍然是个谜。要回答这个问题，我们需要继续沿时间之河上溯。我们一会儿再继续这段旅程。

但是，在我们开始之前，我想花一点时间来讲述一个哈勃太空望远镜和斯隆数字化巡天的观察结果带来的问题。这个问题涉及物质在整个宇宙中的分布。我们可以想象很多宇宙中物质分布场景，比如，物质聚集在一起，且被一个难以想象的巨大空旷空间包围着。或者，物质可以遍布整个宇宙，又或者像巨型蜂巢一样，彼此存在着规律性的间隔。那么，真相到底是怎样的呢？

　　近 100 年以来，天文学家一直在绘制宇宙的三维地图。即使是早期的天文学家，也能绘制出天体在天球表面的位置。在哈勃望远镜的帮助下，天文学家还可以确定一个天体与地球的距离，从而在太空中确定该天体的特定位置。单纯从恒星的层面上来看，物质显然不是均匀分布的。每颗恒星都含有大量聚集的物质，且它被广阔的、几乎是空无一物的星际空间包围着。我们可以进一步扩展这个问题，看看恒星是否在宇宙空间中均匀分布。在几百光年或几千光年的距离范围内，恒星相对均匀地分布着。但当我们考察整个星系时，情况会发生变化。我们的银河系就是一个螺旋星系或棒旋星系，恒星聚集在从稠密的核心旋出的、形状优雅的修长旋臂之中。而其他的一些星系则呈现了另外的结构。

　　如果我们只是简单地将星系视为物质团块，而不必过多考虑其结构细节，那么我们就可以开始提出与宇宙结构联系更密切的一些问题。星系在宇宙中是如何排列的？事实证明，在几百万光年大小的尺度上，星系们是聚集在一起的（译注：即星系团）。虽然这样的距离是非常巨大的，但它也只是整个可见宇宙大小的万分之一而已。1989 年，玛格利特·盖勒（Margaret Geller）和约翰·修兹劳（John Huchra）发表了一项研究，揭示了最为绝妙的天图。他们定位了远至 5 亿光年之外的星系，并发现了最为精致的宇宙结构。这张宇宙地图显示，星系在天空中排列成长丝状，周围环绕着巨大的空旷空间，其中仅被探测出极少物质。在他们探索的距离尺度上，宇宙看起来像一团肥皂泡，星系沿着肥皂泡的薄膜排列着。

　　20 世纪 90 年代中期，一些实验重复了盖勒和修兹劳的测量过程，而且将研究距离扩大了十倍。在这个大得多的距离尺度上，"宇宙肥皂泡"看起来非常小，而且宇宙看上去更加均匀了。如果我们仔细观察图像，会发现盖勒和修兹劳的测量中的空隙大小是其能得到的最大尺寸。宇宙中似乎没有更大的结构了。由此，我们必须得出的结论如下。在最大的距离尺度上——大致相当于可见宇宙本身的大小——物质均匀地分布在整个宇宙中。在较小尺度的星系团的带状结构和泡状结构中，甚至更小的星系和恒星环境中，引力的相互作用使宇宙中存在聚集的物质。这种物质聚集的情况，虽然很有意思，而且对生命的起源至关重要，却并不能反映宇宙的起源。想要谈论宇宙的起源，我们必须要解释物质在宇宙中的均匀分布。一种新的想法被提了出来，这就是"宇宙膨胀说"，它被用来解释为什么宇宙在如此大的尺度上是如此地均匀。膨胀理论表明，在大爆炸后比一秒钟短得多得多时间里，宇宙膨胀得非常迅速。稍后，当我们讨论大爆炸发生之后比一秒钟短得多得多的瞬间之内宇宙的情况时，我们会再回到这个理论上来。

宇宙的呢喃

虽然早先，天文学观测就利用电磁光谱（光、红外线、紫外线、X 射线、无线电波等）来考察天体，并且极大地丰富了我们对宇宙的理解，但是到目前为止，此类天文学观测只能帮助我们理解大爆炸结束十亿年之后宇宙的情况。为了理解在那之前的情况，我们需要采取不同的方法。1945 年，自乌克兰移民美国的物理学家乔治·伽莫夫（George Gamow）招了一名学生拉尔夫·阿尔菲（Ralph Alpher），后者试图确定大爆炸发生之后的一瞬间宇宙到底处于什么样的情况。不久之后，另一位名叫罗伯特·赫尔曼（Robert Herman）的学生也加入了他们，阿尔菲和赫尔曼开始计算宇宙早期产生的元素的相对比例。和绝大部分其他学生一样，他们二人也跟随着导师的步伐。伽莫夫已经意识到，为了让氢元素发生核聚变，从而产生其他的元素，早期宇宙必须是非常热的。而伽莫夫的学生们恰好意识到了被他忽略的一点：如果宇宙曾经是一个炽热而致密的火球，那么在那时和如今之间的茫茫数载中，它应该已经冷却了很多，而通过观察宇宙，应该可以看到原始能量的残余。虽然关于"这种能量的特征是什么样的"这一问题，还存在着一些疑问，但人们已经达成了一定共识，那就是或许我们可以观察到作为背景的均匀无线电波或者微波。

1964 年，阿诺·彭齐亚斯（Arno Penziasas）和罗伯特·威尔逊（Robert Wilson）（这个罗伯特·威尔逊并不是同名的费米实验室的首位主任）在新泽西的贝尔实验室工作。他们试图对一处叫作仙后座 A（Cas A）的超新星遗骸所发出的射电辐射进行绝对测量。仙后座 A 位于仙后座，而且主要由于它与地球的距离比较近，它几乎是天空中最亮的无线电源。进行"绝对测量"可以算得上是难度最高的操作之一。而进行"相对测量"则要容易得多。在相对测量中，人们对两个对象进行比较。比如，假设我们观察两个灯泡，一个 40 瓦的灯泡和一个 150 瓦的灯泡，我们很容易得出结论，150 瓦的灯泡要更亮一些。但是要确切地说出多少流明（流明是光的单位，就像磅是质量的单位一样）的光被发射出来则要难得多。

其他人此前已经测量了天空中各种各样的射电源，最后得出的结论是仙后座 A 是天空中最亮的射电源。他们甚至能说出它比亮度仅次于它的射电源要亮多少。然而，为了能够将他们的测量结果与对于超新星的计算结果进行比较，他们需要一个绝对数值。他们必须能够明确地说出仙后座 A 能发出多少单位的射电能量。所以这个想法看上去倒是很简单。他们似乎只需要将天线对准仙后座 A，然后记录接收到的无线电能量就可以了。但是有一个问题。事实上，一切物体都会发出无线电波。对于彭齐亚斯和威尔逊来说，他们不但能收到来自仙后座 A 的无线电波，还会收到其他的无线电波，包括来自天线本身的、来自大气层的，还有从 51 区那些神秘的政府实验室逸出的，让我的艾迪叔叔用铝箔包裹他的棒球帽的电波，等等。为了精确地分离出来自仙后座 A 的电波，彭齐亚斯和威尔逊面对的是一个艰巨的任务。他们能够计算出所有已知来源的无线电波的数量，然后在测量结果中减去这些影响，随后再次将射电望远镜对准天空。而这次他们瞄准的不是仙后座 A，而是看似"空无一物"的太空。他们原本以为什么也不会接收到，然而，意想不到的是无线电嘶嘶声一直存在。为了得到他们想要的"绝对测量"，他们需要弄清楚这个神秘的无线电波是从哪里来的。他们一遍又一遍校准了他们的仪器。他们爬上射电望远镜的天线，驱逐了两只鸽子，清理了成堆的鸽子便便。〔怎么样，物理研究者们的生活是不是比你们想的还要刺激？我们不但有飞车和美女（女同事们则有高富帅），有时候我们还得和鸟粪打交道呢！〕总之，彭齐亚斯和威尔逊的努力得到了后勤保洁人员的赞许，但是他们依然没有摆脱神秘的嘶嘶声。

彭齐亚斯和威尔逊感到有些沮丧，因为这种无法解释的无线电噪声意味着他们的测量失败了。按照通常的惯例，当实验进入了这种困境，通常做法是开始询问其他人的看法，彭齐亚斯和威尔逊也不例外。他们到底遗漏了什么呢？ 1965 年 1 月，彭齐亚斯曾和无线电天文学家伯纳德·伯克（Bernard Burke）谈话。伯克想了起来，普林斯顿大学的吉姆·皮布尔斯（Jim Peebles）曾经试图从宇宙大爆炸中寻找伽莫夫、阿尔菲和赫尔曼所预测的无线电信号。最后一块拼图终于到位了。1965 年，彭齐亚斯和威尔逊在《天文物理期刊》上发表了一篇文章，详细介绍了他们的实验结果。伴随发表的还有皮布尔斯的普林斯顿小组所撰写的另一篇论文，用来解释彭齐亚斯和威尔逊的实验结果。由于发现了宇宙大爆炸之后残余的无线电信号，彭齐亚斯和威尔逊获得了 1978 年的诺贝尔奖。顺便说一句，他们也最终发布了关于仙后座 A 的无线电发射的"绝对测量"的结果，只不过这个结果没有像他们"偶然间"发现的大爆炸残余那样获得更普遍的赞誉。

　　事实证明，将大爆炸的背景信号转化为温度是可能的。外太空的温度为 2.7 开氏度或者 −455 华氏度。一个重要的问题出现了："这个温度在太空中的分布有多均匀？"彭齐亚斯和威尔逊扫描了整个天空，他们发现无线电的发射信号非常地均匀；在均值的基础上，任何的波动程度都小于 0.1%。实际上，他们的设备的测量精度就是 0.1%，所以他们虽然并不能说"背景辐射"的不均匀程度是 0.01%，但可以说"背景辐射"的均匀程度要超过 99.9%。所以，无论在哪里，宇宙的温度都是 2.7 开氏度（K）。将这个温度向上取整之后，我们将这种残余射电辐射称为"3K 背景辐射"。和通常的情况一样，在此之前一些科学家研究了星际环境中的氰分子，并注意到它似乎被温度在 2 到 3 开氏度之间的辐射浴所包围。可惜他们没有意识到自己发现了什么，于是有更多的物理学家加入了"如果当初……"俱乐部。

　　那么，这种测量具有何种意义呢？根据大爆炸的理论，宇宙曾经处于非常炽热的状态，高能光子无处不在。大约在大爆炸发生 30 万年后，宇宙已经降温至相对凉爽的 3000 开氏度（大约 5000 华氏度）。所有残留的夸克都消失了，此时的宇宙是由不发生相互作用的中微子，以及更有意思的质子、电子、光子和稀有的 α 粒子（氦核）组成的。由于质子和电子携带相反的电荷，所以它们具有对彼此的吸引力。一个质子和一个电子碰到一起，非常主动地结合成一个氢原子。类似地，一个 α 粒子想要捕获两个电子，从而成为一个氦原子。然而，高能光子可以把电子从质子附近撞走，因此不会形成电中性的原子。光子从一个电子跃迁到另一个电子，然后再跳回来，就像一个过度活跃的 7 岁小男孩试图搅黄他姐姐和爱人的约会一般。

但是，当温度降至 3000 开氏度以下时，一切都突然改变了。光子携带的能量不再足以分离电子和质子。此时的宇宙不再是一个电荷相互分离的宇宙，而是充满了中性的氢原子和氦原子。由于光子只与带电粒子相互作用，所以它们不再与这些粒子发生相互作用，而是在宇宙中"心无旁骛"地向前行进，就像它们的远亲中微子一样。所以，重要的信息来了：这些光子最后一次与物质相互作用是在宇宙诞生的 30 万年后。于是，这些光子可以被看作是宇宙大爆炸 30 万年之后的"快照"。与前面讨论的星系研究相比，这将我们对宇宙起源的理解从时间维度上向前推进了不少。

从某种意义上说，最初的观点——"3K 背景辐射是一个高度均匀的辐射浴，记录了宇宙早期的情况"——从被提出之时至今并没有发生太大变化，虽然这并不意味着人们没有进行其他的同类测量。实际上，1990 年，宇宙背景探测器（COBE）卫星以极高的精度重新测量了 3K 背景辐射。有关这一测量结果的重要性的整个故事超出了本书的范围，但是感兴趣的读者可以去看看乔治·司穆特（George Smoot）和基·戴维森（Keay Davidson）所著的《时间的皱褶》（Wrinkles in Time）。司穆特是测量 3K 背景辐射小组的主要成员，而戴维森则是一位出色的科普作家，这本书非常值得一看。用最简洁的话说，"宇宙背景探测器"项目确定了 3K 背景辐射在 0.001％ 的数量级上确实有着轻微的不均匀性。为了让读者们对这个了不起的精度有更直观的认识，请想象一下，他们需要以十万分之一度的精度来测量温度。举一个更具体的例子，就好比他们精确地测量了一个足球场的长度，而误差仅有 1 毫米。这些微小的温度变化反映了宇宙早期的密度变化。这些密度上的微小变化在随后的岁月里被放大，最终形成了物质的分布；比如我们现在看到的星系、星系团等等。2003 年，威尔金森微波各向异性探测（WMAP）实验给出了更精确的测量结果，证实了宇宙背景探测器的结果正确，并且增进了我们对宇宙早期时代的理解。WMAP 很快就会被新的普朗克任务取代，普朗克巡天者是另一架已经发射的轨道望远镜，它将在 2012 年开始发布其观测结果。稍后我们还将继续讨论关于这些微小的密度变化。

"宇宙最初三分钟"[1]

通过 3K 背景辐射，我们将对宇宙起源的理解又往过去推进了一大步，但我们仍然有长达 30 万年的历史没有搞清楚。事实上，观测宇宙学还有一招。随着宇宙的冷却，它经历了好几个阶段：从夸克和轻子物理学占主导的阶段到温度更低的质子和电子主导的阶段，最后到氢原子和氦原子形成的阶段。随着宇宙的冷却，夸克聚集在一起，形成了质子和中子。核聚变将质子和中子结合起来，形成了 α 粒子（即氦核），以及一些小质量的元素和其同位素（氘、氚、锂等）。这个过程为被称为"原初核合成"（因为是原子核层面的合成）。根据大爆炸理论的预测，此时氢元素含量为 76%，氦元素含量为 24%，其他所有物质只占微量。而当我们此刻仰望夜空时，我们所测得的比例略有不同（73% 的氢，26% 的氦，还有 1% 的其他物质）。之所以会产

---

1 这个标题来自史蒂文・温伯格（Steven Weinberg）所著：《宇宙的起源：最初三分钟》，1977 年首次出版。——译注

生这样的差异，是因为在随后的时间中，恒星中的核聚变将原初混合物转化为了更重的化学元素。实际上，如果不是那些在宇宙更早先阶段诞生的恒星，我们就不会存在。碳元素、氧元素和氮元素构成了生物组织，而硅元素、铁元素和其他金属元素则构成了我们赖以生存的这颗星球。正是在宇宙早期的恒星那窑炉般的环境中，我们生存所必需的元素得以被锻造出来。无怪乎卡尔·萨根（Carl Sagan）说：我们都是恒星的产物。

大爆炸理论所预测的氢氦比与我们实际观测到的比例之间的微小差异或许让人有些不安，有它的存在，我们感到自己在认定恒星核聚变的解释为真时，刻意无视了尚不能解释的事实。然而，我们应该记得，哈勃太空望远镜能够看到很远地方的星系，相当于能够看到很遥远的过去。通过仔细研究更早的时期宇宙中的氢氦比例，我们发现，在早期的宇宙中，这个比例更接近大爆炸理论的预测。这可真是让人松了口气。

均匀性与膨胀

在我们开始"从大爆炸到当下"的最终旅程之前，我们还需离一下题。宇宙的均匀性是相当惊人的。无论你从哪个方向往外太空看去，物质的分布都几乎是一样的。更引人注目的是射电背景辐射的惊人均匀性（大约为99.999%）。因为一方面，宇宙大约有150亿年的历史，另一方面，射电背景辐射是宇宙大爆炸后仅仅不到30万年时的一张"快照"，所以观察射电背景辐射就相当于观察非常古老的过去。当我们抬头凝望深空的时候，我们实际上是在回溯150亿年的过去。如果我们来个一百八十度转身，我们看到的，还是150亿年的过

去。然而，由于这两个单点相距 300 亿光年，从宇宙一端发出的光还
不可能到达另一端。图 9.4 说明了宇宙的两个相反方向的边缘是如何
彼此分离的。

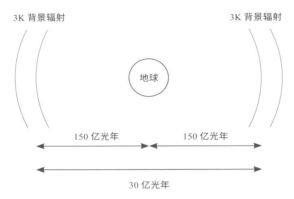

图 9.4 如图所示，如果宇宙已经有 150 亿年的历史，那么我们所观测到的、来自宇宙一端的光
还没有到达相反方向的另一端。那么，3k 背景辐射怎么可能如此均匀呢？

　　那么，既然来自宇宙一端的光还没有抵达另一端，为什么宇宙在
各个方向上看起来都如此均匀呢？通常情况下，如果要使两个物体的
温度相同（3 开氏度，还记得吗？），这两个物体需要相互接触，传
递热量，才能保证各处的能量是均匀的。由于宇宙的两端从未相互接
触，所以我们遇到了一个谜团。

　　从 1979 年起到 20 世纪 80 年代初，彼时在斯坦福线性加速器中心
工作的阿兰·古斯（Alan Guth），列别捷夫物理研究所的安德烈·林
德（A.D. Linde），以及彼时在宾夕法尼亚大学的安德烈亚斯·阿尔布
雷克特（Andreas Albrecht）和保罗·斯泰恩哈特（Paul Steinhardt）发
表了一系列论文，他们在这些论文中提出了一个可以解释宇宙均匀性
的新观点，并且论述了其中的细节。这一设想被称为"宇宙膨胀"，

命名的灵感来源于 20 世纪 70 年代后期美国的经济通货膨胀的状况。

基本上来说，所谓的"宇宙膨胀"是指宇宙在其早期经历的一个爆炸式增长的时期，宇宙膨胀是一种现象的后果，这种现象我们之后会详细讨论。大约在 10^{-34} 秒内的时间里，宇宙开始迅速膨胀，大概每 10^{-34} 秒扩大一倍。所以，在 2×10^{-34} 秒的时间内，宇宙已经是之前的两倍大。在 3×10^{-34} 秒的时间内，宇宙成了之前的四倍大。由此类推，在 10^{-33} 秒的时间内，宇宙膨胀了 $2^{10} = 1024$ 倍。又过了 10^{-33} 秒之后，宇宙膨胀了 2^{20} 倍，也就是差不多 100 万倍。因此，如果"宇宙膨胀"假说是真的，那么在比一秒短得多的极短时间内，宇宙发生了极速的巨大膨胀。虽然没有人能确定"宇宙膨胀期"持续了多长的时间，但有根据的推测表明，也许宇宙膨胀期持续了几百个翻倍期。

让我们再说得更具体一点。如果宇宙最开始是一个单点，并如大爆炸理论所指出的那样发生爆炸，那么，在 10^{-34} 秒后，宇宙的直径将达到 6×10^{-26} 之巨，或者大约是质子直径的 3×10^{-11} 倍（不过这个数字完全是推测）。此时，宇宙的所有部分之间都保持着良好的热接触。大爆炸后大约 10^{-32} 秒，宇宙在几百次的倍增期之后，结束了"膨胀期"。为了便于说明，让我们假设宇宙经历了 200 次倍增期。在这段时间内，宇宙膨胀了 $2^{200} \approx 2 \times 10^{60}$ 倍，于是，宇宙的大小变成了约 10^{35} 米，这远远大于可观测宇宙的大小。

"宇宙膨胀"的基本想法如图 9.5 所示。最初，宇宙非常小，因此所有的部分都保持着良好的热接触。而膨胀导致这些点彼此远离。由于"宇宙膨胀"导致宇宙扩张的速度超过了光速，因此，宇宙中这些曾经彼此相连的点现在被拉开了巨大的距离，事实上，它们彼此之间的距离是如此之大，以至于在宇宙膨胀期之后立刻从其中的一个点出发的光——它可是最快的信使——还没有能够到达其他的点。这个想法表明，虽然我们经常说可见宇宙的半径是 150 亿光年，但这是因为这是我们能"看到"的最远范围了。来自 200 亿光年之外的恒星的光在 50 亿年后才会到达我们的星球。事实上，这提醒了我们，整个宇宙很可能比我们看到的那一小部分要大得多。

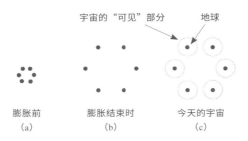

图 9.5 "宇宙膨胀"可能的发生情况的简单示意图。(a) 在宇宙早期的历史中，组成宇宙的点彼此之间非常接近。(b) 然后，宇宙以极快的速度膨胀，将这些曾经彼此接触的点分开。(c) 在当今的宇宙中，来自各个点的光，还没有传播到其他的点。因此，虽然我们只能"看到" 150 亿光年的宇宙（也就是能追溯到过去 150 亿年的宇宙历史），但是宇宙本身很可能会更大得多。

所以，我们知道了"宇宙膨胀"是如何在几乎是一瞬间，将一个原本处于亚原子尺寸且高度统一和均匀的宇宙扩大到比原先大得多的规模。更重要的是，在整个膨胀的过程中，初始的亚原子的均匀性也被保持了下来。一个很吸引人的推测是，人们在 3K 射电背景辐射中看到轻微的不均匀性，可能是我们在第 8 章中讨论过的"量子泡沫"的残余，因膨胀现象而膨胀到宇宙的大小。

虽然还有其他的假说被提出，以解释宇宙的均匀性，但"膨胀理论"的优势在于它还解释了另一个谜团。在上文中，我们说到，测量表明宇宙整体的几何形状是平坦的（或者说 $\Omega=1$）。那时我们并没有说明具体的原因。而膨胀假说提供了一个答案。比如，如图 9.6 所示，即使是一个球形的宇宙，在被极大地扩展时也会显得平坦。

图 9.6 示意图：宇宙膨胀的极度扩张如何将一个球形的宇宙变成一个看起来相当平坦的宇宙。

很多人对"宇宙膨胀"假说持否定的态度，其原因恰好是物理学家经常向大众强调的一句话。它就是现代物理学最坚实和最基本的原则之一："没有什么能比光速更快。"光需要花费至少 300 亿年才能跨越我们的可见宇宙。然而，在这里我要说的是，宇宙可能已经从亚原子大小膨胀到比可见宇宙还要大得多的范围，而这仅仅发生在比一秒短得多得多的时间内。到底发生了什么事？答案如下。爱因斯坦的相对论表明，没有任何物体的运动速度能超过与其在同一宇宙中的光的速度。然而，爱因斯坦的理论并没有限制宇宙本身的膨胀速度。所以，事实证明，看似是膨胀理论的"致命缺陷"的事实实际上根本不是问题。

在我们结束宇宙膨胀这个话题之前，我还要回答一个问题，我相信这个问题此刻一定让你们感到很困扰。"宇宙突然开始膨胀，然后又在恰到好处的时候停止了急速膨胀，所以均匀性的问题就得到了解释"——总觉得像是有某种"魔法"作祟。要求"宇宙膨胀"说的支持者们对膨胀的原因给出一个详细的解释，这对他们来说有些力所不能及，因为这是一个相对较新的理论，进一步的进展还需要大量实验的佐证，不过，他们至少应该能够提供一个目前看来合理的论证。

为了让膨胀发生，需要存在一种能量的来源，它突然出现，然后又消失不见。这种能量是导致宇宙膨胀的原因。幸运的是，我们恰好知道这样一种物理机制，满足这种条件。它被称为"相变"。最常见的相变是蒸汽变成水或水变成冰。对于我们的讨论来说，让我们仔细看看水变冰的过程。随着水变得越来越冷，它失去了能量，温度也相应程度地下降。但是，当水温达到零摄氏度时，物理规则发生了变化。水必须要变成冰。将水从固态转化为液态需要大量的能量，而在形成冰之前，液态水中的这些能量也必须被释放出来。一旦能量被释放，水被冻结成冰，之后冰也会继续释放能量，温度相应地下降，就像水的情况一样。但是，在冰点，水释放了大量的能量，而温度并没有发生变化。正是这种"相变"的过程，可能为宇宙膨胀提供了能量。

　　用水和冰的相变来类比极其难以想象的宇宙膨胀，这种联想很是不错，但是，要使得这个想法看起来真正可信，我们需要考虑粒子物理学中的相变。幸运的是，我们已经对一些粒子物理学相变的情况有了认识，我们对它们的把握程度不等，有些是无可争议的，有些是高度可能的，而有些则是纯理论的。我们很熟悉的一次"相变"（好吧，至少是比较熟悉）发生在大爆炸之后的 38 万年。在此之前，质子、电子和 α 粒子（氦核）在持续不断的、光子的冲击下在宇宙中自由地游荡。一旦温度充分下降，电子能量也变得足够低，使得它们可以被氢核与氦核捕获，原子就这样形成了。在电子被紧密地束缚在中性的原子内部后，突然间，光子便可以长距离移动了。因为光子会与带电粒子发生相互作用，所以当电子、质子和 α 粒子从自由移动的带电粒子变成了中性的原子之后，光子就可以自由移动了。从本质上讲，宇宙经历了从不透明到透明的转变。最终，这些光子成为了彭齐亚斯和威尔逊所发现的射电背景辐射。

　　另一个更具有推测性的"相变"过程，是由我们在第 5 章中讨论过的、尚未发现的希格斯机制控制的。在临界温度（或其等效能量）之上，电弱力的携带力玻色子都是无质量的。一旦宇宙降温到足够的程度，情况就发生了变化，出现了无质量的光子和有质量的 W 玻色子和 Z 玻色子，以及两种似乎不同的力。有可能推动了宇宙膨胀的正是这样的相变（如果膨胀理论被证明是正确的话）。究竟是哪种相变引起了宇宙膨胀，其细节我们仍不得而知，不过出于讨论的目的，我们稍后将作一个合理的假设，即认定"强力和电弱力的统一性被打破"的相变是其原因。目前最好的思路认为，宇宙膨胀是由一个"标量场"的相变所驱动的，各标量场中我们最为了解的一种是希格斯场。基于超对称性理论，我们可以假设出许多能解释宇宙膨胀成因的标量场。

我们已经沿着时间的路径回溯，考察了观测宇宙学家获得的所有主要类型的数据。从使用哈勃太空望远镜这一非凡的天文仪器观测 10 亿年时的宇宙，到 3K 背景辐射所携带的、宇宙更古老时期的信息，我们了解了宇宙所经历的一段漫长的岁月。在宇宙大爆炸发生 38 万年后，原子才最终形成，然后我们又自此时退回到宇宙大爆发之后仅仅三分钟，也就是原子核聚集而成的时刻。观测宇宙学家可以带着当之无愧的自豪感直指宇宙之始，说他们理解了那一远古时刻的物理性状，并能用它来解释宇宙是如何发展到今天的。对于宇宙的生命周期来说，尚未得以解密的那三分钟只占非常小的一部分。然而，当宇宙学家向他们的粒子物理学家兄弟提到他们的"成就"时，粒子物理学家往往是这个反应：

"呵呵，挺好。"

当然，粒子物理学家能够预料到，可能会在我们的同事脸上看到丧气的表情，而且我们也不是很想看上去太过粗鲁和不近人情，总之我们会仔细地再思考一下，然后选择一个更谨慎的措辞，说：

"不是，内什么，真的挺好。"

我们意识到，这听上去还是挺刺耳的，所以我们会解释一下。尽管宇宙学的理论和观测已经取得了非凡的成功，但是，在那极其漫长的三分钟之后，所有的物理学定律都被固定了下来，稳如磐石，在那之后，宇宙的演化只是简单的四种力的作用：引力作用（将物质拉到一起），强力作用（保持原子核的稳定），电磁力的作用（将原子和分子聚集在一起，并保证化学反应的发生），以及弱力的作用（使得恒星燃烧）。因此，要想完全理解宇宙的诞生和演化，我们需要把目光投向更远的过去，回溯不断增加的能量浓度。我们在上一章中所讨论的问题是：为什么我们会有现在的这四种力？为什么会有三代粒子？我们所观察到的无数现象是否只是某种更深层次的真理的不同侧面？这些问题都和宇宙起源极为相关。为了回答这些问题，我们需要通过更好地探索微观世界以了解宇宙。现代粒子物理学真的可以是说探索的是大爆炸之后的那一瞬间的宇宙。通过粒子物理和宇宙学这两门兄弟学科，在未来的某一天，我们真的将有机会了解一切……我们从哪里来，又将向哪里去。

回到太初

关于宇宙起源的这场讨论，粒子物理学能做出什么贡献呢？让我们换一种角度来思考这个问题。我们不是从现在出发，逆着时间的方向向后回溯，而是从大爆炸的那一刻开始，沿着时间的方向前进。由于我们对真实的情况并不全都了解，因此我们必须从推测开始，此刻，亲爱的读者们，随着我们这场时空旅行，你会看到旅途中一个个你熟悉的路标。我们在上文中花了大量篇幅介绍的夸克、轻子、中微子、希格斯玻色子、超对称性和基本作用力，在宇宙起源的过程中起着至关重要的作用。

大爆炸理论事实上解释的是宇宙如何从极小、极热、难以想象的极致密的状态膨胀到了我们现在所看到的宇宙的状态。但是它并没有真正地解释创造的那一瞬间，也就是宇宙从非存在变成存在的那一刻。尽管如此，由于我们已经足够理解空间和时间的本质、掌握了量子力学和广义相对论的丰富知识，并且弄清楚了物质在高温和高密度条件下的行为方式，所以物理学家可以推测宇宙在诞生之时的性质。环顾四周，你周围所有的物质和能量，浩瀚宇宙中的一切，都曾经集中在一个点上。请注意，这个不是一个普普通通的点，这是一个量子奇点。这个点本身没有大小。不仅宇宙中所有的物质和能量都被压缩在这一个点上，空间本身也被压缩在同一个点上。当大爆炸发生的时候，炽热又稠密的物质并不是像鞭炮爆炸时所产生的热气那样、扩散到周围的空间之中……而是宇宙中物质的扩散实际上也同时创造出了空间本身（或者是空间创造了物质……这是一个先有蛋还是先有鸡的问题）。这一切听起来有些模糊，也许确实如此，但有一件事似乎是清楚的。在创造发生的那一刻，没有空间，没有时间，宇宙中所有的物质都集中在一个单点上。你或许会想，在大爆炸之前，宇宙是什么样子的？你或许还会思考另一个问题。"如果没有空间，那么量子奇点存在于哪里？"是否存在着某种我们对其一无所知"其他"空间？我对这些问题的回答很简单。我不知道。确实有物理学家思考过这样的问题，但是正如我的一位苏格兰同事所说，他们普遍被认为是"大胆潇洒但草率的"（在这里你得脑补一下苏格兰口音才能让效果到位）。虽然思考这些问题是有意义的，但在大爆炸发生之后的最微小时刻内，关于宇宙的状态，还有足够多的神秘之处不为我们所知，因此我认为，试图确定宇宙在膨胀之前的性质基本上是没有意义的。而随着我们对大爆炸早期时刻的理解不断加深，提出"之前发生了什么"的问题也将会变得越来越有意义。

究竟是什么引发了宇宙膨胀，这件事至今仍是个谜。在这一点上，甚至我的一些颇有科学精神的同事们也选择将"某种形式的神"视作答案。虽然他们可能是对的，但从更科学的角度来看，更多的物理学家认为，宇宙的"始作俑者"可能是量子力学的作用。围绕着宇宙这个量子奇点的，是一片量子泡沫，物体在其中飞速地闪现又消失。量子力学只决定了泡沫发生某些特定波动的概率。最终，出现了一种极为罕见的波动，或许正是这种波动激发了一连串事件，导致了我们现在生活于其中的这个膨胀中的宇宙。再一次地，我把这个问题看作是类似"一个针尖上能有多少天使在跳舞"[1]之类的争论（尽管我承认我更倾向于量子力学的答案）。事实是，在能量如此集中的情况下，支配物质和能量行为的物理定律可能与我们现在所能想象出的任何形式完全不同。所以我宁愿等到有更多的实验投入其中之后再问这个问题。如果你想得到一个更明确的答案，我建议你去和你的拉比、神父、街坊中的宇宙学家或者你最欣赏的酒保去聊聊，听听他们的看法。

虽然关于大爆炸前发生的事情的确切细节，甚至引发这场巨大爆炸的最终导火索是什么，我们都还完全不清楚，但是，一旦我们过渡到物质和能量（它们处在难以想象的高温和高密度下，这千真万确）统治宇宙的状态，我们会就会感到更加自如。在故事的开头，我们将

---

1 "一个针尖上能有多少天使在跳舞"（另一种说法是"一个针尖上能站多少个天使"）是对中世纪经院哲学，尤其是天使论的归谬法挑战。据说这个问题是由欧洲中世纪经院派哲学家和神学家圣托马斯·阿奎那（St. Thomas Aquinas）最先提出的，随后演化出了多个版本。——译注

以在第 8 章中介绍过的推测为指导，但随着宇宙温度的冷却，我们将开始看到现在已经相当熟悉和了解的现象。当宇宙达到大约一秒钟的"高龄"时，所有有意思的都结束了，在剩下的岁月中，宇宙逐渐进化成了我们现在观察到的，令人眼花缭乱的复杂状态。

　　我们这个基于合理推测的故事开始于——就像你能猜到的那样——一开始。在诞生之时，宇宙的大小和性质都是未知的。或许宇宙中所有的物质都集中在一个数学意义的点上。如果弦理论是正确的，那么也许宇宙只是非常小，但具有体积，而弦的大小和一些未知的相互作用决定了它的大小。我们推测，当时只有一种粒子和一种力。如果弦理论是正确的，那么当时所有的存在都由单独一种弦构成，它以难以想象的方式振动着。

　　宇宙大爆炸开始 10^{-43} 秒后，它达到了普朗克尺度。此时宇宙的具体大小并不确定，但总之很小。我本人就见过各种各样的估值，从普朗克长度到大至百分之一厘米都有。由于这一时期的宇宙只能通过推测来理解，你完全可以在合理的数值范围之内选个你自己喜欢的数字作为宇宙的尺寸。此时宇宙的温度大约在 10^{32} 摄氏度，密度为每立方厘米 10^{90} 千克（作为对照，铅的密度为每立方厘米 0.01 千克）。在大约 10^{-43} 秒的时候，一件至关重要的事情发生了，由于某种未知的机制，引力开始与其他三种力产生区别（并且变得更弱了）。于是，从原始的统一性到如今惊人的多样性的大分化开始了。

　　现在，宇宙的样子已经让我们看上去稍微有那么一点点眼熟了。粒子和反粒子（或者是以与它们等效的方式振动的弦）同时存在。由于我们不了解为什么夸克和轻子会是不同的，我们也不知道它们之间的分化是什么时候发生的，但一些理论认为它可能发生在普朗克时间之后。尽管如此，据我们所知，在没有任何算得上剧烈的事件发生的情况下，宇宙就得以扩张和冷却。

　　即使弦理论的假说被证明是正确的，在大爆炸 10^{-34} 秒之后，宇宙已经膨胀到足够大的程度，以至于理论中弦的性质不再明显，因此我们现在要转而仅谈论粒子。我们的下一个关键时刻大概就在此时来临。在宇宙早期，强力、电磁力和弱力曾经是一种统一的力，而在大爆炸 10^{-34} 秒之后，强力分化了出来，成为一种独特的力。因为强力很……怎么说呢……很强，因此它从"大一统的力"中的分离比早先发生的引力的分离更剧烈一点。一些（尽管绝对不是全部）宇宙膨胀假说的支持者认为，这种"相变"（即物理学定律改变的那一刻）释放了推动宇宙膨胀的能量。也正是在这个时刻，物质与反物质之间的不对称性也被固定了下来。对于每 10 亿个反粒子，存在着 10 亿零一个正粒子。物质粒子和反物质粒子仍然都存在着，只是数量略有不同。

　　随着强力的"独立"而带来的巨大的能量释放（或许是这样！），宇宙膨胀开始了。原初宇宙的大小是一个有争议的问题，从亚原子大小到篮球的大小，各种各样的估计都有。回忆一下，宇宙膨胀的速度应该是每 10^{-34} 秒比之前翻一番。经历了几百次的倍增周期之后，宇宙的大小膨胀到了比可见宇宙大得多的程度。在宇宙扩张的过程中，量子泡沫的密度不均匀的分布会随之膨胀到宇宙学的尺寸，并最终为星系的形成提供了基础（另外它也在宇宙背景探测器和威尔金森微波各向异性探测实验的出色测量结果中向我们展露了自身面目）。

　　从大约 10^{-32} 秒的"膨胀期"末尾，到大约 10^{-10} 秒左右这段时间内，宇宙没有什么明显的变化。事实上，这个能量和温度的领域有时被称为"沙漠"。正如我们稍后将看到的那样，我们可能很快就会在这个能量范围内发现新的现象。但就我们现在所了解的程度而言，宇宙是在大爆炸最初的推动下膨胀的，而引力试图减缓这一过程（尽管在这么短的时间内，引力的效果可以忽略不计）。如果超对称是真实的，在这一阶段结束时，超对称粒子将不再被创造出来。夸克和轻子存在，与它们对应的反物质粒子也存在。物质和反物质的湮灭在这段时间进行，并且几乎在宇宙寿命达到 10^{-10} 秒之时完成。当温度（或者等效能量）高于希格斯机制产生质量的阈值时，所有夸克和轻子都没有质量，因此三代粒子存在的概率是相等的。而在这一能量阈值之下，我们对宇宙物理的了解相当有凭有据。费米实验室的兆电子伏特加速器的最高能量碰撞的探测用时约为 4×10^{-12} 秒。（大型强子对撞机于 2009 年开始运行，原则上的探测用时可以短至 10^{-13} 秒。）但我们应该记得，质子和反质子是扩展物体[1]，值得关注的碰撞发生在它们内部携带的夸克和胶子之间，每一个夸克或胶子所携带的能量都比它们的母体质子或反质子少。因此，费米实验室和欧洲核子研究中心的大部分碰撞实验，其探测用时都在 10^{-10} 秒。

在宇宙年龄达到 10^{-10} 秒的时候，发生了很多事。物质和反物质粒子彼此湮灭了，每十亿个物质粒子 / 反物质粒子对湮灭后留下了一个额外的物质粒子，这些额外的粒子在后来形成了宇宙中的一切。宇宙已经冷却到希格斯跃迁能量的阈值以下，所以夸克和轻子具有了各自的质量。三个世代的粒子被牢固地确立。这是宇宙历史上的里程碑，标志着夸克冷却到足以结合成重子和介子的时刻。虽然介子和大部分重子最终会衰变，但质子和中子会保留下来，尽管它们此时携带的能量太高，还无法结合形成化学元素。此时的宇宙由质子、中子和中微子组成。电子和正电子仍然同时存在，但还没有彼此湮灭而形成我们现在所观察到的剩余电子。

---

1 在物理学中，任何行为不像点粒子的物体都被称为"扩展物体"。——译注

　　在宇宙诞生达到 1 秒钟之久的时候，上述一切都改变了。宇宙终于冷却到足以让电子和正电子湮灭的程度。这就产生了许多剩余的光子（宇宙中每个质子大约对应 10 亿个光子），这些光子最终就演变成了由彭齐亚斯和威尔逊首次观测到的 3k 背景辐射。宇宙的密度已经下降到足以让中微子停止发生相互作用。实际上，从总体上讲宇宙大爆炸中产生的绝大多数中微子从开始发生相互作用到不再发生相互作用，其间仅仅只有一秒钟。物理学家在思考如何测量这些残留的中微子，因为自宇宙大爆炸以来它们基本上没有发生变化。不幸的是，一个众所周知的现象（即宇宙的膨胀）对它们产生了影响。在彭齐亚斯和威尔逊观测到的 3K 背景辐射中，来自早期宇宙的、最初的高能光子已经因为宇宙的膨胀而降低了能量，从而变成了无线电波，而早期的中微子也是如此，因为宇宙膨胀降低了它们的能量，让它们很难被我们观测到。然而，如果有人能找到一种方法来探测这些中微子，我们就能看到在大爆炸发生后仅仅一秒钟的宇宙的模样。

　　现在，宇宙的年龄在人类熟悉的时间尺度中向前推进。从大爆炸后的 1 秒到 3 分钟，宇宙已经冷却到足以让质子和中子结合在一起。当两个质子和两个中子结合在一起时，它们就形成了氦原子的原子核（也被称为 α 粒子）。宇宙年龄达到一秒钟之时，宇宙的历史已经超出了粒子物理学家的专业范畴，进入了研究质子和中子的动力学以及它们是如何结合的核物理学家的专业范畴。物理学家计算得出，76% 的重子成为了氢原子核中的质子，24% 成为了氦核中的质子和中子。所有其他元素只组成了宇宙中极小的一部分物质。由于最初质子和中子的数量是相等的，多余的中子就会衰变（其寿命为 15 分钟）并形成质子，最终形成氢。这一点是氢氦比例最终呈 76：24 的决定因素之一。

　　大爆炸三分钟后，宇宙已经冷却到不会再发生进一步的核聚变以形成氦和更重的元素的程度。"理解宇宙"的火炬，现在传递到了原子物理学家的手中。从大爆炸后 3 分钟到 38 万年，宇宙是由氢核（质子）、氦核（α 粒子）和电子组成的，它们携带的能量都非常高。大爆炸遗留下来的光子会撞击这些粒子，使它们无法结合。而中微子，就像它们惯常的那样，会自顾自地穿越整个宇宙，不管其他粒子。自诞生一直到 38 万岁，宇宙始终处于"高温等离子体"时期。然而，在这一时期，一件重要的事情发生了。宇宙已经冷却到足够的程度，令光子不再具有足够的能量把电子从暂时俘获了该电子并让它围绕自己运转的质子附近撞开。此时，不管光子怎么去"撞"，每次电子经过氢核或氦核附近时，它都会被捕获，最终形成了氦原子或氢原子。由于现在原子已经变成电中性的，光子就不会再去理会它们了。这些古老的光子们最终停止了相互作用，不受干扰地在宇宙中穿行，最终被新泽西州霍尔姆德尔的一根无线电天线捕获，成为貌似寻常却值得关注的嘶嘶声。

　　大爆炸 38 万年之后，火炬传递到了天文学家手中。构成宇宙的氢气和氦气自由流动着，在万有引力的牵引下，形成了巨大的云团，凝聚成恒星和星系，最终演变成美丽的宇宙，也包括我们。

　　我们还没有谈到可能构成非重子暗物质的奇异粒子。如果超对称理论属实，那么最轻超对称粒子或许要在大爆炸之后大约 10^{-12} 秒的时间才形成。这种物质存在，且分布在整个宇宙中，并受万有引力的影响。鉴于我们不知道暗物质的本质是什么，我只想提醒读者，现在它还是一个谜，让我们别忘记这一点。我希望一些年轻的读者能够意识到，宇宙中存在着许多这样的谜团，希望他们能受到启发，加入我们，一起解决它们。当然啦，他们最好动作快一点，因为我可是想成为解决谜团的第一人！

　　在结束本章时，我想提醒读者们记住一些事情。宇宙是一个神奇的所在，对它的研究让一代又一代的求知者沉醉其中。宇宙是如何诞生的，这仍然是一个需要解决的问题，但我们现在已经开始解开那些让过去的探索者们感到困惑的谜团。现在，天体物理学家正准备把先进的设备发送到太空中，以考察宇宙在其历史上较为靠后的阶段中的演化过程。而我们粒子物理学家则可以在粒子物理实验室里做复杂的实验，重现早期宇宙在大爆炸之后仅仅万亿分之一秒时的状况。物理学家总是在思考，试图设计出新的技术来重现宇宙更早期的环境。人类有史以来最崇高的努力之一正在慢慢取得成功。也许有一天我们会了解关于宇宙的一切。

　　在本书中，我们讨论了对于我们的祖先来说根本无法想象的现象。虽然早先的文化对宇宙是如何形成的也往往有不同的看法，但我们的看法与先人们的看法大相径庭——不仅在细节上不同，而且在原则上也不同。我们的观点是基于对数据的观察。另外，如果我们对于宇宙学的认知和人一样有思维和情感的话，那它应该感觉到很紧张。因为它会意识到，自己并不是一个昭示于众的真理，永远不会受到质疑，恰恰相反，任何一个新的观察结果（当然是经过反复确认和交叉比对过的）都可能推翻它的整个体系。物理学理论就像棒球投手，他的水平好坏只能根据他最新的一次投掷来观察判断。（好吧，其实对于棒球投手来说，不是最后一掷，而是最后一场比赛，但我相信读者们应该领会了我这不太恰当的类比。）正是这种持续的警惕将现代宇宙论与先前的宇宙论区分开来。科学家正在积极尝试获取新的数据，以探究如何将它们纳入现有知识体系。无法描述数据的理论要么被修正，要么被完全抛弃。现代以来，我们改变了自身最根深蒂固的观念的例子之一是我们意识到宇宙不是静止不变的，而是动态的、不断膨胀的（这也导致伟大的思想家阿尔伯特·爱因斯坦修改了他的理论）。另外一个理论得到大幅修正的例子，是通过实验测定后我们发现，宇宙空间是平坦的，导致阿兰·古斯（Alan Guth）将膨胀理论加入了传统的大爆炸宇宙学。我们希望，每一个新的想法都能让我们逐渐接近真理。

尽管上文中讨论了现代物理学家是否愿意改变自己的想法的问题，但事实是，大爆炸理论经受住了一切试图推翻它的空前努力。大爆炸模型结合了现代化学和核物理实验的数据，以及越发精确的天文测量，还有我穷尽一生致力于其中的、看似和宇宙起源关系不大的粒子物理实验。大爆炸理论受到了来自四面八方的挑战，不仅有来自基督教基要主义者的挑战，甚至还有它最坚定的支持者的挑战。然而，它依然没有被打倒。在一片批评的海洋中，它像坚韧的磐石一样，屹立不倒。

但这并不是说所有的问题都得到了解答。暗物质的真实身份，甚至暗物质本身的存在都没有得到确定。宇宙膨胀的概念还需要进一步的研究。超弦或超对称的想法还没有被确立或推翻。我们宇宙在大爆炸后到 10^{-11} 秒之前的具体情况的了解还没有到令我们满意的程度。然而，这些都不是大爆炸理论的缺陷，而是提供给我们研究的机会。如果将来在上述领域中有了新发现和新进展，而新的数据表明大爆炸理论是彻头彻尾的错误，我们会接受现实。任何取代它的新理论都会越来越接近真理，而发现真理是每一个有思想的人的目标。

我希望我已经使你相信了粒子物理学和宇宙学之间存在根本性的联系。虽然我已经强调了粒子物理学在理解早期宇宙中扮演的重要角色，但是，首先意识到暗能量、暗物质、宇宙均匀性和膨胀理论的存在的必要性的，是宇宙学家和天体物理学家。我们需要这两类物理学家来真正解决那些困扰了好奇的人们数千年的终极问题。只有他们协同合作，才能揭示真相。

第 10 章　结语：为什么要理解宇宙？
Epilogue: Why Do We Do It?

理解就像是性。它其实有一个非常实际的目的，但是人们通常并不是为了这个目的才实践它。

——弗兰克·奥本海默

所以我们到底为什么要理解宇宙呢？

我们一路来到了本书的尾声，该回顾一下我们的来时路。在遥远而模糊的远古时代，我们的祖先仰望天空，沉思着："为什么呢？"在这一点上，我们与那些早期的真理探索者并没有什么区别。沿着这条始于 2500 多年前的道路，我们探索了宇宙的"为什么"，在这过程中不仅加深了我们对宇宙的理解，也完善了我们提出和回答问题的方式。事实证明，我们的现代科学方法是迄今为止让我们获取真相的最有效的方法。在这方面，我们已经走过了一条漫漫长路。

然而，仍然还存在着很多不确定性。只有通过不断努力，我们才能继续探索未知领域。并非仅仅对于粒子物理学和宇宙学领域是如此

（虽然，正如我在前言中所说的，我觉得它们是最有趣的科学领域），对于其他所有的科学领域也是一样。

当我进行公开讲座的时候，我仍然会时不时地遇到某些怀有敌意的诘问者，对我们的工作充满质疑。他（也不知道为什么，这种人总是男的）总是想要在我的讲座上跟我辩论公共经费是否应该被投入到科学研究中，他认为这完全是浪费了一笔巨款。虽然解释清楚我们有必要进行更多研究的原因所需要的篇幅远大于本章能提供的篇幅，但在此我还是想概述一些主要的观点。

我坚持认为，科学研究是重要的，而且对于人类的进步来说，也确实是必要的。医学领域的研究可以改善健康，延长寿命。遗传学研究可以提高农作物的产量，并减少对农药的需求。以目的为导向的研究的例子很多，它们会带来的好处是显而易见的。

然而，并不是所有的研究都有如此明显的结果。对电火花的物理学研究，最初看起来似乎没有什么有用的结果。但是，通过无线电报、广播、电视、手机和现代互联世界的发展已经证明了电火花的研究者们的努力是值得的（当然了，音乐电视网和音乐会上的手机铃声又让人觉得这种进步可能还真不怎么值得……）。起初，当物理学家在研究半导体的电学特性时，没有人能预见到第一批晶体管和现代计算机的出现。当亚历山大·弗莱明（Alexander Fleming）研究发霉的面包时，人们还不知道面包中的霉能够杀死细菌。然而，在知道了这项信息之后，我们已经能够创造出抗生素，从而拯救了无数的生命。

但这并不是说所有的研究都是成功的。我们都在老电影里看过无数稀奇古怪的飞行尝试，其中很多都失败得滑稽又可笑。然而，即使我们失败了无数次，飞机还是出现了。只需要短短的八小时，我们可以从伦敦飞到纽约。虽然发明飞机的莱特兄弟实至名归，但那些失败的人也很重要，因为他们发现了行不通的地方。

　　有生态意识的人们谴责热带雨林生物多样性的丧失。在他们对物种灭绝这场悲剧本身而感到担忧的同时，他们经常利用的补充论据是：许多已灭绝的物种本来可以为人类提供新的药物。虽然不是每一个新物种都能提供治愈癌症或艾滋病的物质，但其中一个物种可能会，为了找到它，我们必须研究所有的物种。科学研究的失败和成功同样重要，即使它相对不那么令人满意。

　　在我自己所在的粒子与核物理领域，我们也为全人类的福祉做出了贡献。分裂原子的技术给人类带来了巨大的好处。尽管人们在 20 世纪 50 年代提出的、免费用电的乌托邦愿景尚未实现，但随着化石燃料的枯竭，核能将不可避免地在能源预算中占更大的比例。核动力的问题更多是心理上的，而不是技术上的。那些考察铀原子分裂的早期实验，会让你和你的子孙后代们避免受冻。更不用说那些因为放射治疗而获救的人们。

　　粒子物理学至少给人们带来了两次意想不到的"意外收获"。20 世纪初，海克·卡末林－昂内斯（Heike Kamerlingh-Onnes）发现了超导性，很显然，人们可以利用超导性来制造强磁场。人们很早就已经能建造规模较小的强磁场区域。然而，当费米实验室决定建造一座直径四英里长的超导磁体环，以改进我们的研究时，这样规模的超导体结构是前所未有的。无论如何，研究还是开始了，从 1987 年起，兆电子伏特加速器开始了数据采集的工作。虽然费米实验室有着一个明确的目标，但是后来，超导技术也被开放应用在多个领域之中。对医学感兴趣的工程师们重新改造了这项技术，并制造出在当今的医院中非常普遍的大型核磁共振成像技术（MRI）。

　　粒子物理学研究的另一项获得了巨大成功的意外收获，与其说是缘于对物质在高温和高密度下行为的研究，不如说是源于对信息有效交流的需求。现代粒子物理实验往往需要五百名甚至更多的物理学家，他们遍布在世界各地。科学合作，就是工作之和。物理学家的工作日常就是相互交流，相互碰撞想法，淘汰掉不太好的想法，而保留那些好的。因为他们生活在全球各个角落，所以需要一种廉价的全球通信方法。

这种方法需要能够交换图表、图形、文本和大型数据文件。欧洲核子研究中心的科学家意识到了这一需求，并且他们拥有足够的技术能力和资金来解决该问题。最后，他们的解决方案演变成了如今的万维网。这真的是一个无心插柳的例子。下一次你在浏览器中输入某网站的网址的时候，请不要忘记，你正在使用的，是粒子物理学高度发达的衍生品。顺便说一句，互联网带来的经济收益，早已超过所有粒子物理学实验的成本总和。

并非所有公共资助的研究都能收获如此丰硕的成果。有一些研究工作彻底失败了，而另一些虽然取得了成功，但并没有获得显著的、技术上的回报。真正的幸运儿只是少数。还有少数人，就像探险者哥伦布一样，发现了一些非常有用的东西，只是那并不是他们所期望的对象。据我所见过的最保守的估计，公共资助研究的经济回报与投入的资金之比为十比一。在这个以技术为导向的世界里，我们有责任为人类的进步而追求新知。

但是，尽管科学研究有着无可争议的好处，上述的讨论却完全没有抓住要点。我们做研究的原因和我们撰写优美的诗歌、创造伟大的艺术、建造巨大的纪念碑和把人类送上月球的原因是一样的。我们这样做是因为我们是人类。探索、创造、发现是我们的天性。我们做这些事情，不是因为我们能够这样做，而是因为我们必须这样做。

费米实验室的第一任主任鲍勃·威尔逊曾被要求前往国会作证，说明需要额外的资金来建造一台新的粒子加速器。他被要求证明这一公共资金的支出一事是合理的。在与参议员约翰·帕斯托交换意见时，帕斯托问鲍勃："与这个加速器的建造目的有关的事物中，是否有任何一件能够以任何方式来保护这个国家的安全？"鲍勃是个诚实的人，他说他想不到会有这种东西。然后，帕斯托议员进一步向他施压，试图明确他的答案的含义："在这一方面来看，这个加速器完全没有任何价值，对吗？"鲍勃的回答则表明，他确实非常明白基于好奇心的科学研究的真正意义。鲍勃的经典回答是这样的：

> 这一研究，只与我们对彼此的尊重、人类的尊严和对文化的热爱有关。它与我们是否是优秀的画家、优秀的雕塑家、伟大的诗人有关。我指的是，在我们这个国家，所有我们真正尊奉和崇敬，并且因其而产生爱国情怀的东西。它与保卫我们的国家没有直接的关系，它只是让我们的国家值得被保卫。

鲍勃总是一个机智敏捷又雄辩的人。

粒子物理学和宇宙学的研究体现了人类最崇高的奋斗之一（好吧好吧，为世界和平而奋斗也是很崇高的）。没有任何其他科学研究——包括生命起源，能够解决如此重大的问题。时空的本质是什么？我们从哪里来，又要往哪里去？为什么我们能存在呢？这些问题困扰着我们的头脑，甚至靠近灵魂层面。科学的魅力在于，我们不仅可以思考这些问题，而且还可以找到答案。

亨利·庞加莱曾经说过：

　　科学家研究自然不是因为这样做有用；而是因为他能从中感到愉悦，而他之所以能够感到愉悦，是因为自然是如此美丽。如果大自然不是美丽的，就不值得人们去了解；而如果大自然不值得人们去了解，我们的生活就不值得过。

　　庞加莱和威尔逊比我更擅长富有表现力地说出自己的想法。我想对他们的振奋人心的话语做一点微不足道的补充，这补充就是在本书开篇的时候我对你们说的那些话。

　　我希望你在阅读本书的时候和我在写它的时候一样开心。科学是一种激情。放纵你的激情。不断去学习。不断去理解。不断去提问。否则，你的内心将会一点点地死去。

　　但与此同时，我还有很多工作要做。所以如果你不介意的话，我得回实验室做实验了。实验工作真是太有意思了，我可不想离开它太久……

附录 A 希腊符号

表 A.1 希腊字母发音

大写	小写	英文	中文
A	α	alpha	阿尔法
B	β	beta	贝塔
Γ	γ	gamma	伽马
Δ	Δ	delta	德尔塔
E	ε	epsilon	伊普西龙
Z	ζ	zeta	截塔
H	η	eta	艾塔
Θ	θ	theta	西塔
I	ι	iota	约塔
K	κ	kappa	卡帕
Λ	Λ	lambda	兰布达
M	μ	mu	缪
N	ν	nu	纽
Ξ	Ξ	xi	克西

（续表）

大写	小写	英文	中文
O	o	omicron	奥密克戎
Π	π	pi	派
P	ρ	rho	肉
Σ	Σ	sigma	西格马
T	τ	tau	套
Υ	υ	upsilon	宇普西龙
Φ	φ	phi	佛爱
X	χ	chi	西
Ψ	ψ	psi	普西
Ω	ω	omega	欧米伽

附录 B　科学术语

和大多数科学领域一样，粒子物理学也有着自己的语言。不过，还是存在着一些不限于特定研究领域的共同主题。其中之一就是"科学计数法"，这是一种表达大小各异的数字的简洁方法。在本书中，我们讨论了可观测宇宙的大小以及质子的大小。考虑到两者之间如此巨大的尺寸差异，以及生活在地球上的我们习惯的日常尺寸，很显然，我们需要用一种简洁的方式来表达这些完全不在一个尺度上的尺寸。这就是为什么我们采用了"科学计数法"。基本上，科学计数法是一种"压缩"成串的零的快捷方法。比如，我们将一百万写作 1000000。但是我们也知道，一百万还有另外一种表达方式就是将数字 10 乘以它自身 6 次（$10 \times 10 \times 10 \times 10 \times 10 \times 10$），我们可以将其写成 10 的 6 次幂或者 10^6。而十亿可以被写成 10^9。同理，可观测的宇宙的大小（以米为单位）可以写为 10^{24}，而不是让数字显得更冗长的 1000000000000000000000000。不以"1"开头的数字也可以用科学计数法表示。比如，3,200 可以被写作 3.2×1000 或者 3.2×10^3。

小的数字也可以用类似的方式书写。比如数字 0.0001 可以写作 $1 \div 10 \div 10 \div 10 \div 10$ 或者 $1 \div 10^4$。当然，我们没有必要写那么多除号，可以将 0.0001 写作 10^{-4}。类似地，数字 0.045 可以写作 4.5×10^{-2}。虽

然对于日常中的数字，使用科学计数法需要多费一些笔墨，但是对于那些非常大或非常小的数字，用科学计数法会更简便。

科学记数法可以与公制相结合，提供一种非常有效的计数方式。我们给每一个"一千倍"都赋予了一个特定的名字（而对于单位来讲，每 10 倍都有自己特定的名字），这样就不需要在计数中出现 10 的幂。比如，如果我们想说某物的长度为百分之一米，我们可以说它的长度是"一厘米"，其中"厘"就是"百分之一"的意思。同理，一千米是 1000 米，正如"千"就是 1000 的意思。在粒子物理学中，最常用的长度单位是米，时间单位是秒，能量单位是电子伏特（eV）。为了将公制计数系统和任何单位结合起来，我们在单位（比如米）前面加上一个"前缀"，这个前缀则表示数量。比如一"千"米，也就是一千米。为了简化写法，我们用字母 m 代替米，s 代替秒，eV 代替电子伏特。表 B.1 中列出了常见的一些前缀，但是对于"千"来说，前缀是 k。因此，一千米可以写成 1km。这张表显示了如何用一种非常简洁的方式书写很大范围之内的能量值。我用能量单位作为例子。但是对于"米"和"秒"来说，我们的说明也是成立的。

请注意，在粒子物理学中，所涉及的能量尺度通常超过千电子伏特（或写作 keV）。（一电子伏特被定义为一个电子被一伏特电池加速后所获得的能量。）然而，粒子物理学中的尺寸往往都非常小，比如一个质子的大小约为 10^{-15} 米，也被称为 1 飞米（或者 1 费米，为了纪念伟大的恩里科·费米）。

表 B.1 书写大数字的重要方法。虽然最左边一列的大数字写法也是可行的，但科学的计数法让数字看上去更简洁。还有更简洁的方式，是使用前缀来表示特定的大数值。提醒一下，对于电子伏特的单位，我们会念出三个字母（比如千电子伏特 keV 读作 K-E-V）对于吉电子伏特，也可以把 GeV 当成一个单词"jev"来读，同理，兆电子伏特 TeV 也可以当作单词"tev"来发音。其他可以将单位当作一个词来发音的情况很少见。

电压（伏特）	科学计数法	文字表示	前缀	符号	能量
0.000000000000000001	10^{-18}	百万兆分之一	atto	a	1aeV
0.000000000000001	10^{-15}	千兆分之一	femto	f	1feV
0.000000000001	10^{-12}	兆分之一	pico	p	1peV
0.000000001	10^{-9}	十亿分之一	nano	n	1neV
0.000001	10^{-6}	百万分之一	micro	μ	1μeV
0.001	10^{-3}	千分之一	milli	m	1meV
0.01	10^{-2}	百分之一	centi	c	1ceV
0.1	10^{-1}	十分之一	deci	d	1deV
1	10^{0}	一	——	——	1eV
10	10^{1}	十	deka	da	1DeV
100	10^{2}	百	hecto	h	1heV
1000	10^{3}	千	kilo	k	1keV
1000000	10^{6}	百万	Mega	M	1MeV
1000000000	10^{9}	十亿	Giga	G	1GeV
1000000000000	10^{12}	兆	Tera	T	1TeV
1000000000000000	10^{15}	千兆	Peta	P	1PeV

附录 C 粒子命名规则

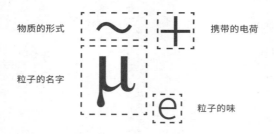

并不是所有的粒子都会使用上面显示的所有四个域。比如，上面给出的这个具体例子就是毫无意义的（这个粒子是不存在的）。这是因为，对于任何特定的粒子来说，使用到所有四个域是非常不寻常的情况。具有代表性的粒子名称将在本附录末尾列出。

粒子的命名

粒子的命名很像一种语言。它们遵循一定的规则，但并不严格。典型的粒子名称要么是罗马符号，要么是希腊符号。在上面的示例中，就是希腊字母 μ。它表示这是一个介子。

电荷数

　　粒子可以带正电荷、负电荷或者是电中性的。带正电的粒子用"+"表示，带负电的粒子用"−"，而电中性的粒子则写作"0"。我们说起粒子所携带的电荷的时候，可以说"带正电""带负电"或者"零电荷""不带电"。通常情况下，如果一个粒子是电中性的，那么"0"就被省略。如果一个粒子携带两个正电荷，可以用"++"表示，读作"双正电荷"。

　　如果一个粒子的写法中，带有"+"或者"−"符号，这就说明它所携带的电荷相当于一个质子或者一个电子所携带的电量。夸克携带的电荷则是分数，因此必须特意说明一下，比如，上夸克的电荷数写作"+2/3"，而下夸克的电荷写作"−1/3"。μ^+ 粒子读作"μ 正"，而 π^- 粒子读作"π 负"，π^0 粒子读作"π 零"，而 Δ^{++} 读作"Δ 双正"。

物质的形式

　　有三种形式的物质可以通过我们的命名法来表示。如果这一区域中，没有任何符号，就说明这是一种普通的物质。如果这个区域中有一条上划线（ ‾ ），意味着这是一种反物质，读作"拔"，比如粲夸克的反物质对应物被写作 $\bar{c}$，读作"c 拔"。如果这个区域中有一个波浪线（~），意味着这是一个超对称粒子。因此 $\tilde{W}$ 粒子就是 W 玻色子的超对称对应粒子。不过，玻色子的超对称性对应粒子的命名法是：将原物质玻色子单词的最后几个字母去掉，然后加上"ino"。〔即：graviton（引力子）→ gravitino（超引力子），photon（光子）→ photino（超光子），W（W 子）→ wino（超 W 子），Z（Z 子）→ zino

（超 Z 子），gluon（胶子）→ gluino（超胶子），以及 higgs → higgsino
（超希格斯粒子）。〕而对于费米子的超对称对应粒子，人们在原物质
费米子的单词前加上一个 s 表示超对称性。〔即：electron（电子）→
selectron（标量电子），muon（μ 子）→ smuon（超 μ 子），quark（夸
克）→ squark（超夸克），等等。〕

在物质的形式这方面，有一个特例情况。对于带电轻子（电子、
μ 子和 τ 子）来说，我们通常不会通过上划线的形式来表示其对应的
反物质粒子。虽然添加上划线的形式也是被允许的，而且物理学家可
以看明白你想表达的意思，但是传统的做法是通过电荷的正负性来表
示这是一个物质粒子还是一个反物质粒子。带电的物质轻子是带负电
的，而带电的反物质轻子是带正电的。

粒子的味

通常只有中微子才具有类型标注，当然也并非绝对。对于中微子
来说，人们通过添加相关的带电轻子（电子、μ 子或 τ 子）的符号，
来表示这是哪种类型的中微子。因此，电中微子被写作 v_e，μ 中微子
写作 v_μ，而 τ 中微子则写作 v_τ。

有的时候，介子和重子也会被添加上类型，用来表示其不同寻常
的夸克成分。不过，其中的规则有点晦涩难懂。比如，含有一个底夸
克和一个反下夸克的介子被称为"B 介子"。然而，具有完全相同电
荷的、含有一个底夸克和一个反奇夸克的介子则被写作"B_s"，读作
"奇 B 介子"。在这种情况下，介子的底夸克性质反映在粒子名称中，
而下夸克或奇夸克的含量则列在类型的命名域中。这种奇怪的类型的
命名法，最好还是留给专家们去头疼吧。

基本粒子

表 C.1 已知的和据推测可能存在的基本粒子，包括普通物质粒子、反物质粒子和超对称粒子。

带电轻子		
物质粒子	反物质粒子	超对称粒子
e^- 电子	e^+ 正电子	$\tilde{e}$ 超电子
μ^- μ子	μ^+ 反 μ 子	$\tilde{\mu}$ 超 μ 子
τ^- τ子	τ^+ 反 τ 子	$\tilde{\tau}$ 超 τ 子
中微子		
物质	反物质粒子	超对称粒子
ν_e 电中微子	$\overline{\nu}_e$ 反电中微子	$\tilde{\nu}_e$ 超电中微子
ν_μ μ中微子	$\overline{\nu}_\mu$ 反 μ 中微子	$\tilde{\nu}_\mu$ 超 μ 中微子
ν_τ τ中微子	$\overline{\nu}_\tau$ 反 τ 中微子	$\tilde{\nu}_\tau$ 超 τ 中微子
夸克		
u 上夸克	$\overline{u}$ 反上夸克，u 拔	$\tilde{u}$ 超上夸克
d 下夸克	$\overline{d}$ 反下夸克，d 拔	$\tilde{d}$ 超下夸克
c 粲夸克	$\overline{c}$ 反粲夸克，c 拔	$\tilde{c}$ 超粲夸克
s 奇夸克	$\overline{s}$ 反奇夸克，s 拔	$\tilde{s}$ 超奇夸克
t 顶夸克	$\overline{t}$ 反顶夸克，t 拔	$\tilde{t}$ 超顶夸克
b 底夸克	$\overline{b}$ 反底夸克，b 拔	$\tilde{b}$ 超底夸克
规范玻色子		
物质玻色子		超对称玻色子
γ 光子		$\tilde{\gamma}$ 超光子
g 胶子		$\tilde{g}$ 超胶子
W W 玻色子		$\tilde{W}$ 超 W 子
Z Z 玻色子		$\tilde{Z}$ 超 Z 子
G 引力子		$\tilde{G}$ 超引力子
h 希格斯玻色子		$\tilde{h}$ 超希格斯粒子

非基本粒子（重子和介子）

　　重子和介子不是基本粒子，因此它们比起上面所列的基本粒子来说，稍微不那么有意思。尽管如此，还是有一些出现频率很高的重子和介子。回忆一下我们在第 2 章和第 3 章中的讨论，可能存在有成百上千种重子和介子。我们在这里仅列出一些常见的。

表 C.2 若干典型的重子和介子。列表中的内容远非全部。

重子		介子	
p	质子	π	π 介子
n	中子	K	K 介子
Δ	Δ 粒子	ρ	ρ 介子
Λ	Λ 粒子	J/ψ	J/ψ 介子
Ξ	Ξ 粒子	Υ	Υ 介子
Ω	Ω 粒子	B	B 介子

附录 D　基本相对论与量子力学

　　一旦我们剥去数学的外衣和对计算物理量的需求，物理学，从根本上说，其实是一门简单的科学。在全美各地的大学中，始终都有开设诸如"概念物理学"（更通常被称为"诗人的物理学"）之类的课程。在这些课程中，老师主要教授物理学的思想，而并不教授让当今本科生中占比大到令人不安的一部分人感到困惑不解的数学。牛顿定律、电力的性质、摩擦的原理、飞机如何飞行、船只为何会漂浮在水面上……所有这些，都是用相对笨拙的文字语言来解释，而不是用更简洁优雅的数学语言来解释。尽管如此，即使是用一种不自然的语言来表达，"诗人的物理学"课程仍然是成功的。学生即使不知道如何计算精确的物理量，也能理解主导世界的物理学思想。

　　在涉及量子力学和爱因斯坦的相对论之前，概念物理学实际上是相对很容易的。而这两个领域通常被分为一组，统称为"现代物理学"。（其实这件事一直困扰着我，爱因斯坦的广义和狭义相对论分别于 1905 年和 1916 年发表，而量子力学的鼎盛时期是在 20 世纪 20 年代……这很难说是"现代"的。真正的"现代物理学"，应该是我们在本书当中讨论的这些内容，当然，有些事情太根深蒂固，很难改变了。）相对论和量子力学都更难教授，因为它们不仅描述的是大多数人从未观察到的现象，而且它们还告诉我们，世界的行为方式与我们的日常经验是直接冲突的。相对论认为，你的时间流逝的速度，取决于你的运动速度。它还说，在同样的时间、同样的路径上、参加同一场跑步比赛的两人，根据他们跑步速度的不同，他们跑过的长度也不同。

类似地，量子力学指出，人们无法预测任何特定原子实验的结果，还进一步说，我们不可能知道任何亚原子粒子的位置。即使你弄清楚了电子的确切位置，你也不知道它的运行速度。这种令人费解的、反直觉的行为，让一代又一代物理学学生（也包括我自己）对此着迷。

面对如此看似十分怪异的行为，你可能会想到，要理解这两个领域，需要付出相当多的努力——你完全没错。在此，我们既没有足够的时间、也没有足够的空间来详细介绍它们。所以，我们要做的，是彻底忽略"为什么"的问题，而只是告诉读者，"哪些"行为与理解粒子物理学是有关联的。而即使如此，我们也只会有选择性地介绍。

为了理解相对论，你需要知道"基于某个特定的参考系进行讨论"的意义。让我们先把粒子物理学放到一边，说一说棒球和虫子的事儿。假设某个大联盟的投手投掷出一个球，球的时速为 90 英里。这意味着什么呢？这意味着，如果有一只小虫，坐在本垒板上，手握一支雷达枪（我知道这场景很诡异，请忍耐一下），它测得的球速是 90 英里每时。另一方面，如果有另一只小虫，坐在棒球上，手中也握着一只类似的雷达测速仪，并且对准棒球，它测得的速度则是零，因为它的移动速度和棒球的移动速度是相同的。因此，我们发现，棒球的速度并不是唯一且确定的。根据小虫本身的速度不同，它所测到的棒球速度也是不同的。这就是爱因斯坦相对论中"相对"一词的来源：

每只小虫测得的棒球速度总是相对于小虫自身的运动速度而言的。

我们可以将这个讨论推广到其他小虫子身上，比如乘坐汽车的小虫、开战斗机的小虫，每个小虫测量出的棒球的速度都不一样。如果我们测量出的结果，总是相对于我们此刻的状态而言，那么，我们怎么能得到棒球速度的确定值呢？答案很简单……我们只需要选择一种特定的"特殊"情况（或参考系），在这种情况下，我们以与棒球完全相同的速度行进。这样做的话，我们将测得棒球并没有在移动（即处于静止状态）。我们称之为"静止参考系"。

在相对论中，还有一件与我们的日常经验完全相反的事情，即在对速度的测量依赖于你自身的运动情况的同时，对时间测量也是如此。当两个人正在观察同一事件（比如看着一只球下落），他们会说，他们观察到的球落地的时间是不同的。如果这两个人正在以不同的速度运动的话（这是最关键的部分），那么他们的说法就是完全正确的。说到底，一个人对时间的感知取决于他的速度有多快。至于为什么是这样的，解释起来很是要费一些篇幅，但这不是本书的重点，于是我们就简单地把它视作一个已经经过实验验证的事实好了。

对于基本粒子来说，真正重要的时间只有一个，那就是粒子的寿命。我们在本书的正文中，提到了很多种粒子的寿命（比如，π 介子的寿命通常为 2.6×10^{-8} 秒）。然而，根据物体感知到的时间长短取决于它移动的速度这一点，则可以推断出，以不同的速度运动的人所测得的粒子从诞生到衰变的这段时间的长度是不同的。那么，本书中所有表示粒子寿命的数字到底是什么意思呢？我们在书中提到的粒子寿命，实际上是静止参考系中的生命周期。这是可以测量出的最短时间。所有其他相对于这个粒子具有非零速度的人，测得的该粒子的寿命会更长。

　　这种效应具有实际后果。比如，如果一个 π 介子认为自身的寿命一般是 2.6×10^{-8} 秒（26 纳秒），那么它即使是以光速运动，也只会前进短短的 8 米（25 英尺）就衰变。可以想象，在需要使用 π 介子束的大型加速器内，π 介子认为实验室正在相对它做高速的运动。因此，站在地面上的人测量 π 介子的寿命则会比 26 纳秒这个标准值更长。如果一个粒子的寿命更长，它就能前进得更远，这就大大降低了必须将所有观测仪器塞进一个短小空间的技术挑战。对于大胆的人来说，他们还可以计算出由于这种效应，粒子的寿命到底会延长多少。爱因斯坦定义了一个量 γ（容易引起混淆的是，这个 γ 和 γ 辐射没有任何关系），用来表示费米实验室的人认为的 π 介子寿命和 π 介子自认为（π 介子还能思考？反正你知道我的意思……）的自身寿命的比值。γ 被定义为粒子束所携带的能量除以粒子的剩余质量（这个概念我们一会儿再说）的商。π 介子的静止质量为 0.140GeV，所以一束携带 140GeV（这个数字完全合理）的 π 介子的寿命会是静止寿命的 $140/0.140 = 1000$ 倍长。在这种情况下，这个 π 介子的行进距离将长达 5 英里，远远地超出了典型的粒子物理实验室的规模。

　　DØ 实验和 CDF 实验，以及几乎所有其他的对撞机实验也都利用了这种效应。DØ 小组和 CDF 小组有一个一致的目标：高效地识别出包含一个底夸克的粒子。由于顶夸克和希格斯玻色子都会衰变为底夸克，因此找到底夸克是识别这些有意思的碰撞的前提之一。一个携带有一个底夸克的强子的存活时间大约是 1.5×10^{-12} 秒。该粒子以光速传播，在衰变之前，平均的行进距离为 0.5 毫米。鉴于一个携带一个底夸克的强子会衰变成寥寥无几的粒子，而碰撞本身通常会产生大约一百个粒子，很难从众多粒子中辨识出相关的少数粒子。然而，由于我们想要关注的携带一个底夸克的目标强子能够携带 10~40GeV 的能量，而强子的自身质量大约为 5GeV，根据我们在上文中提到的效应，这就让粒子的可观测寿命增加了 2~8 倍。因此，实验室内的实验人员可以看到，携带底夸克的强子通常在衰变之前能够行进 0.9~3.6 毫米，这正好足以让他们完成观测实验。而即便如此，我们仍需要建造在第 6 章中提到的、高度复杂的硅顶点检测器。

相对论的另一个有用的方面是它告诉我们 $E=mc^2$，我不得不告诉读者们，这公式是错误的。实际上，更准确的说法是，它表示的是一种特例情况。用文字语言表述，这个方程说的是，能量等于质量（乘以一个系数），反之亦然。这是正确的。然而，除了质量能量之外，还有很多其他类型的能量。比如，正如我们在书中讨论过的，还存在着动能。对于那些上过高中物理课的人来说，有一种"动能"（这是不那么准确的说法）的形式是很熟悉的，那就是动量。（物理学家同僚们，我真的知道动量不是能量，别挑刺啦……）由于能量必须包括质量形式和运动形式的能量，因此方程必须反映这一事实。所以，爱因斯坦真正的等式是：

$$E^2 = [mc^2]^2 + [pc]^2$$

在这个等式中，E 是总能量，p 是粒子的动量，c 是光速，m 则是粒子的静止质量。我们看到，在没有动量（即 $p=0$）的情况下，就出现了我们熟悉的质能方程 $E=mc^2$。

粒子物理学家很懒惰（或者聪明，又或者这两者是一个意思）。为了让我们的计算更容易，我们仔细地选择进行计算的单位。（就像是选择用盎司、磅或者吨来计算质量一样。）于是，我们选择把所有速度表示为光速的若干分之一。因此，根据定义，光速（c）必须等于 1。这就大大地简化了上述方程式，可以将其写成 $E^2 = m^2 + p^2$。

下面，有趣的部分来了。正如时间一样，能量和动量都受到观察者自身的速度的影响。然而，质量（m）并不受影响。质量是一个特定的、不变的数字。你可能曾经听说过或者读到过，粒子的质量随着速度而变化。这，不是，真的。这样的断言主要来自于教授们向学生们介绍相对论时采取的教学方法。当教授们在课堂上介绍相对论的时候，他们希望与牛顿时代的早期物理学保持尽可能多的联系。由于相对论已经足够"匪夷所思"了，所以老师们尽可能地避免所有不必要的、可能引起困惑的额外信息。于是乎，有些人（错误地）发明了一个新的术语"相对质量"，这一质量随着观察者的相对速度的变化而变化。这种做法的好处是，我们可以继续使用一些牛顿方程，只是需要将在方程中出现的"质量"，替换成新的"相对质量"。但这只是为了方便学生理解罢了。实际上，爱因斯坦的方程不但是正确的，而且在细节上与牛顿的方程式不同。认识到粒子的质量不会随速度的变化而变化是非常重要的。

和我交谈过的许多人似乎都对"质量不会随着速度改变"的观点有所抵触。事实上，最大的阻力往往来自于那些对现代物理学有着最精深理解的非专业人士。所以，让我们暂时转移一下话题，提出一个（至少是在可能引人困惑这一方面）类似的问题，这个问题的答案会随着你对问题的理解程度的增加而变化：0/0 的值是多少？

当你第一次遇到这个问题的时候，你应该年纪还很小……假设是小学二三年级的时候吧。那个时候你刚开始学习简单除法。于是，老师可能会告诉你，0/0 = 0。这个表述虽然是错误的，但却给老师省了不少的麻烦，让老师可以更专注于眼下最重要的任务：教会你除法的基本概念。

几年之后，除法对于你来说已经不再陌生了，此时你需要掌握一些更细微的要点，你的老师可能会告诉你，0/0＝1，正如 1/1、2/2、3/3，以此类推。再一次地，0/0 的正确答案因为老师有更重要的知识要教而被牺牲。

而在你学到 0/0＝1 之后不久，又会有人告诉你，这是错误的，因为零不可能用来除任何数字。因此，0/0 是不可能的。如果你恰好有一位经验丰富且严谨的代数老师，他或她可能会告诉你，0/0＝x 可以被写成 0＝0·x。由于任何数乘以零都等于零，这意味着，x 可以是任何数字，因此"x 是未定义的"。显然，从 0/0＝1 开始，我们已经走了很远。最终，当你学习了微积分和极限的概念之后，你会发现，任何特定的 0/0 的实例都可以有一个正确的答案，且这一答案取决于问题是如何提出的。

综上，我们看到了，在每一个阶段，"0/0 的值是多少？"这个问题的答案总是在发生着变化。这是因为，对于一个试图理解"除法"概念的小孩来说，所有其他的概念（尽管它们更接近事实）都是干扰。

对于相对论和"可变的质量"的概念也是如此。对于刚接触相对论的人们来说，他们首先要掌握的一个最重要的概念是，存在着一个极限速度，任何速度都不可能超过这个速度。用与"速度相关联的质量"来表达这个想法，有助于学生理解这个反直觉的观点。一旦这个想法被自然（或者也许只是稍微不那么不自然）地接受，老师就会引入新的事实：真正增加的是惯性而不是质量。因为在低速度的条件下，质量和惯性是相同的，所以早前的近似值（可变的质量）看上去就很自然。但是你，我亲爱的读者，现在已经是一位渊博的科学门徒了。到了该面对事实的时候了……质量不会随着速度的增加而增加。

对于那些坚持使用"相对质量"这一概念的人，他们会说静止质量不随速度的变化而改变。

鉴于知道了这个至关重要的事实，我们可以继续讨论一个重要的问题。对于一个存在时间非常短暂，以至于你永远看不到它，只能看到它的衰变产物的粒子，我们将如何测量它的质量呢？这个问题还真的很棘手。我们需要两个工具。第一个是爱因斯坦关于能量、动量和质量的方程，第二个是"能量和动量是守恒的"这一事实。让我们用一个例子来说明。假设我们有一个粒子，它衰变成了两个子代的粒子（例如，希格斯玻色子衰变成了一个底夸克和一个反底夸克，H →
b$\bar{\text{b}}$）。为了让我们的讨论具有普适性，让我们将母粒子称为"A"，将两个子粒子分别称为"1"和"2"。衰变过程的要点如图 D.1 所示。

基本动力学   衰变之前   衰变之后

图 D.1 一个粒子衰减为两个子粒子的简单示意图。粒子 A 消失，与此同时，出现了粒子 1 和粒子 2。

在衰变之前，只有粒子 A，我们将它的能量写作 E_A，它的动量写作 p_A，它的质量写作 M_A。在衰变之后，我们只有粒子 1 和粒子 2，所以我们将它们的能量写作 $E_1 + E_2$，将它们的动量写作 $p_1 + p_2$，将它们的质量分别写作 m_1 和 m_2。（请注意，我并没有把这两个质量加在一起，因为这样做并没有什么意义。）由于能量和动量是守恒的（这意味着它们在衰变前后是相同的），我们可以写作 $E_A = E_1 + E_2$，和 $p_A = p_1 + p_2$。

现在我们准备就绪了。在衰变之前，我们有：

$$M^2_A \quad = \quad E^2_A \quad — \quad P^2_A$$

与速度无关　　与速度有关　与速度有关

与速度无关

　　这是第一件很酷的事情。尽管 E 和 p 都取决于观察者的速度，但是他们对速度的依赖可以相互抵消，所以质量是不变的。现在，我们可以进行下一步，将衰变之后的信息和衰变之前的信息加以联系。将 E_A 和 p_A 替换掉：

$$M^2_A \quad = \quad (E_1 + E_2) \quad — \quad (p_1 + p_2)$$

只有母粒子　　　只有子粒子

的质量　　　　　的变化

　　于是，我们看到，如果我们仔细地测量衰变产物的能量和动量，我们就能得到正确的母粒子的质量，每一次都是如此，即使母粒子和子粒子的能量和动能都随着速度的变化而变化。质量却始终不变。

　　虽然想要掌握相对论，还有很多的内容需要学习，不过，本书中涉及的相对论现象，只有上面提到的两种，于是下面我要开始讨论量子力学。量子力学甚至比相对论还要诡异。尼尔斯·玻尔曾经说过："任何没有被量子力学所震惊到的人，都没有真正地了解它。"尽管想要掌握量子力学，也需要学习很多的知识，但我们在这篇附录中将仅讨论两个方面，而且我们也不去深究到底是"为什么"。再一次地，我们将专注于"是什么"。

关于量子力学，最重要的一件事情或许是，即使是职业物理学家也不能真正理解它。量子力学在 20 世纪 20 年代被开创，由几位物理学家建构了它的最基本的框架，其中埃尔温·薛定谔确定了它的核心方程式。保罗·狄拉克加入了狭义相对论的内容（并意外地预测出了反物质的存在），理查德·费曼、朝永振一郎和朱利安·施温格则做了一些补完的工作。如今，量子力学已经演变成了现代的量子场论，但有一件事始终没有改变。没有一个方程能预测出任何单独实验的结果。虽然这听起来确实像是一个理论的致命缺陷，但事实上，这并没有那么糟糕。确实，如果我给你两个粒子，并且告诉你关于这两个粒子的全部可知的信息，即使是现代量子场论也无法详细地告诉你这两个粒子的碰撞会具体如何发展。量子场论只能预测概率。所以，它也只能预测各种碰撞结果的相对可能性。它不会告诉你在任何的特定碰撞中究竟会发生什么。因此，验证来自现代理论的预测的唯一一种方式，就是进行多次测量（也就是进行多次碰撞实验），然后查看粒子发生了哪些行为。根据各种情况出现的相对频率，我们可以得出实测概率，然后将结果与理论预测值进行比较。

尽管我们美丽的理论无法预测单次碰撞中粒子的具体行为一事让人不安，但是，能够知道概率也很不错了，因为只要我们进行多次测量，就能得出很好的结果。是量子力学的另一个方面，导致了比我们习惯于大尺度事物的直觉做出的预计要活跃得多的情况。

能量守恒定律是物理学最基本的原则之一。在一个不允许增加或减少能量的系统中，系统的能量总数是不变的（或者，用物理学家的话说，是"守恒"的）。然而，在量子力学的层面上，人们发现了这一物理核心原理中的微小漏洞。这个"微小的漏洞"，就是海森堡不确定性原理。这一由维尔纳·海森堡发现的原理，在数学中被优雅地表达为以下不等式：

$$\Delta E \, \Delta t \geqslant \hbar /2$$

在这个不等式中，ΔE 表示不守恒的能量的量，Δt 表示能量不守恒的时间长度，而 $\hbar /2$ 只是一个很小的数字，具体而言，等于 3.3×10^{-22}MeV·s。鉴于不确定性原理是一个挺违反直觉的想法，让我们用笨拙的文字语言来讨论它，并在我们的讨论中加入一些更自然的例子。基本上，不确定性原理说的是，只要能量不守恒的持续时间不长，能量就有可能不守恒。海森堡方程的基本形式是 $xy = 1$，也可以被写作 $y = 1/x$。随着 x 的增加，y 值减小。能量不守恒这事儿很了不得，而且，在某些情况下，是极其特别了不得。

让我们想象一个空白的空间，里面没有任何能量。因为没有能量存在，也就不存在变化，因为能量是变化的催化剂。然而，海森堡的方程却表明，能量可能会发生短暂的波动。如果真的如此，也许可能有足够的能量来产生粒子；毕竟我们知道，$E = mc^2$。然而，为了快速地恢复能量的守恒，这个粒子必须迅速地消失，从而释放能量，并且让这个特定的点返回"零能量"这一平均值。我们把这些在片刻中违反能量守恒定律的、短暂存在的粒子称为"虚粒子"。由于所有普适的规则都必须保持不变，所以这个粒子只能和它相关的反粒子同时被创造出来。因此，我们可以计算"虚粒子对"可以存在多长时间。

我们以表 D.1 所示的轻质量电子和重质量顶夸克为例。为了让读者对于大小尺度有大致的概念，请别忘了一个质子的直径大约是 1 飞米（或者 1fm，即 10^{-15} 米，都是一回事）。以及，一个小原子的直径大约是质子的 100000 倍。因此，我们看到，与原子相比，虚电子 / 正电子对可以行进的典型距离更小，但是与质子相比，这个距离却相当大。另一方面，由于顶夸克／反顶夸克对的质量要比电子大得多，它们能够存在的时间要更短，因此它们必须更紧密地挨在一起（大概是质子直径的 1/3500）。

表 D.1 根据海森堡的不确定性原理，虚电子／正电子对和虚顶夸克／反顶夸克对可以存在的时间与距离。与较轻的电子相比，较重的顶夸克能够存在的时间要短得多，行进的距离也小得多。

粒子	质量（m）	所需要的 ΔE（$2 \times m$）	存在的时间（秒）	行进的距离（飞米）
电子	0.511MeV	1.022MeV	3.3×10^{-22}	100
顶夸克	172GeV	344GeV	9.4×10^{-28}	0.0003

不确定性原理能够帮助我们理解在第 8 章和第 9 章中讨论的量子泡沫的概念。在非常小的尺度上，"空的"空间其实并不是那么"空"。虚粒子被成对地创造出来，它们会存在很短的时间，然后彼此湮灭，以恢复总能量的守恒。空间本身的面貌也是在不断变化着的，就像泡沫（也因此得名"量子泡沫"），其中泡泡不断出现然后又破裂并消失。此外，随着人们正在用功能越来越强大的显微镜观察空间（即可以分辨出更小的物体），可用能量（以及因此产生的粒子的质量）也随之增长。正是量子力学的这一方面，奠定了我们在本书中所陈述的、以下论断的基础：随着我们探测到的尺寸越来越小，观察到的量子泡沫会变得越来越不稳定。这也说明了，为什么探测更小的尺寸就意味着必须考虑到更大的瞬时能量的影响，也说明了为什么超弦的尺寸有下限一事是如此吸引人。

现代宇宙学理论和测量方法中最令人兴奋的可能性之一，是

COBE 和 WMAP 实验（我们在第 9 章中讨论过）中观测到的 3K 背景辐射中的轻微不均匀性可能正是原始量子泡沫的特征，被阿兰·古斯提出的"宇宙膨胀"永恒地锁定成了现在的样子。

　　写到此处，我意识到，这趟参观相对论和量子力学的旅途十分短暂，我们特意"漏掉"了一些内容，而又详述了其他方面。这是因为这不是一本关于量子力学或相对论的书。但是，由于一些想法在正文的论述中足够重要，因此值得在附录中特别提及它们。感兴趣的读者可以去看看后面列出的参考书目，其中列出了一些专著，可以帮助你们更详细地了解这些引人入胜的主题。

附录 E　创造希格斯玻色子

在第 5 章中，我和读者们撒了一个"小谎"。好吧，严格地说来也不算什么"小谎"，而是我决定暂时掩盖一个技术要点，因为解释这个技术要点会破坏整个行文的流畅性。而在本附录中，让我们花一些时间来了解更多的相关细节吧。

我"遗漏"的第一个细节是，我在正文中说：希格斯玻色子是在两个胶子结合之后产生的质子／反质子对的碰撞中产生的……然后，希格斯玻色子衰变成底夸克／反底夸克对。通过图解法，可以表示为 gg → H → b$\bar{\text{b}}$，或者也可以参考图 5.7 或者图 E.1a。仔细阅读本书的读者会意识到，这种说法纯粹是一派胡言。因为这是不可能的，或者说，上面说的这种简单的情况不可能是正确的。在正文中，我们已经提到了证明以上过程不可能发生的两个事实。第一个事实是，希格斯玻色子与大质量物体发生的相互作用更多，而与较小质量物体的相互作用则更少，与无质量物体的相互作用则根本不会发生（见第 5 章）。第二个事实是胶子是无质量的（见第 4 章）。综上所述，这些都表明了希格斯玻色子不可能直接与胶子发生相互作用，因此不能由它们直接产生。所以，这意味着什么呢？我们怎么能一本正经地说 gg → H 呢？因为它确实是正确的，只不过其中的细节有些复杂。

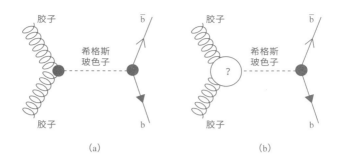

图 E.1 （a）希格斯玻色子产生过程的简化模型。（b）希格斯玻色子产生过程的模型，它强调
了这样一个事实：胶子合并形成希格斯玻色子的过程还是一个谜。

　　在第 5 章中，我们绘制了一张费曼图，描述了希格斯玻色子通过
胶子聚结产生的过程，而在图 E.1a 中，我们重现了这一过程。两个胶
子融合并产生一个希格斯粒子。尽管这确实是事实，但是真相并不仅
仅是如此。我想和读者说明的是，实际上的情况是，有两个胶子靠近
相互作用点，然后，一个希格斯玻色子就出现了。我们没有讨论过相
互作用发生时的具体细节。因此，我在图 E.1b 中，画了一个圆圈，"盖
住"了希格斯玻色子诞生时的那一瞬间。在这个圆圈中，可能会发生
的相互作用有很多种。唯一的限制是，所有的交互作用都必须在这个
圆内完成。这就满足了"两个胶子相互靠近，然后一个希格斯玻色子
从相互作用发生的地点逃逸"这一条件。

　　由于希格斯玻色子更倾向于与大质量的粒子发生相互作用，它
应该更"愿意"与大质量的顶夸克相互作用——顶夸克是已知粒子中
质量最大的。幸运的是，胶子可以与夸克，甚至与顶夸克发生相互作
用。因此，我们最好能够绘制出一张表现出胶子与顶夸克发生相互作
用，然后顶夸克又与希格斯玻色子发生相互作用的费曼图，图 E.2 就
给出了这样一个例子。

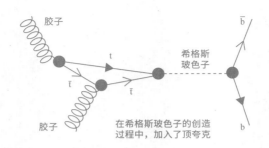

图 E.2 更为真实的希格斯玻色子产生过程，图中更详细地展示了中间阶段，即胶子首先转换成了顶夸克 / 反顶夸克对。

在这一相互作用中，上面的胶子短暂地分裂为顶夸克 / 反顶夸克对。然后，下面的胶子和反顶夸克发生相互作用，转向的反顶夸克重新靠近顶夸克，并与之相互湮灭，产生了希格斯玻色子。至于上下哪一个胶子先转换为顶夸克 / 反顶夸克对是完全随机的，而另一个胶子是否会与顶夸克或者反顶夸克发生相互作用也是随机的。因此，我们

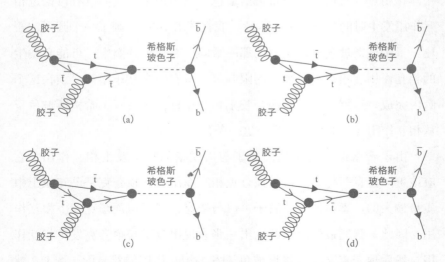

图 E.3 希格斯玻色子的产生过程的更复杂的示意图，展示了胶子可以产生顶夸克 / 反顶夸克对的多种方式。

得到了 4 种可能的情况，如图 E.3 所示。(注意，图 E.3a 与图 E.2 是一样的。)

　　量子力学的定律告诉我们，即使是在理论上，我们也无法知道图 E.3 中所示的四种情况中，是哪一种导致了相互作用发生，而为了计算，我们必须将这四种情况相加，但是最终的答案必须不取决于实际发生的过程为何。的确，量子力学指出，对于希格斯玻色子的每一次创造，以上四种情况都是有贡献的。

　　通常，我们会绘制图 E.4 中的单一费曼图，它涵盖了上面说的所有四种情况。由于第二个胶子究竟是否会与顶夸克或者反顶夸克发生相互作用这件事具有内在固有的不可确定性，我们去掉了代表反物质的"‾"，最终结果如图 E.4 所示。

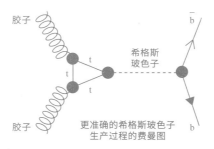

图 E.4 希格斯玻色子产生过程的通用费曼图。图中的"顶夸克环"表示的是全部可能出现的"顶夸克 / 反顶夸克环"的集合。

　　因此，我们看到了两个胶子短暂地转换为顶夸克 / 顶底夸克对，然后又创造了希格斯玻色子，最终希格斯玻色子又衰变成了底夸克 / 反底夸克对。所以，gg → H → b$\bar{\text{b}}$ 是正确的，只要我们意识到它包括了一个本质上不可被观察到的中间阶段即可。正如我们在第 4 章中所说，每个费曼图都是一种写出与之等效的数学方程式的简便方式。此处的数学公式我就请读者自行想象好了，不过就像你可能预见到的那样，它挺复杂的。

火眼金睛的读者可能还会问另外一个问题。为什么希格斯玻色子会和图左侧的顶夸克，以及图右侧的底夸克发生相互作用？我们在第5章中讨论过限制希格斯玻色子主要衰变成底夸克和反底夸克的条件。尽管希格斯玻色子会衰变成尽可能重的粒子，但人们认为，希格斯玻色子不大可能会重到能够衰变成顶夸克/反顶夸克对的程度（不过我的一些同事们专门寻找的就是这个现象）。

那么为什么图 E.4 的左侧包含顶夸克呢？根据第 4 章中的讨论，我们知道，一个顶夸克/反顶夸克对的质量大约为 344GeV，远远高于人们预测的希格斯玻色子的质量，即 115~190GeV。我们也知道，顶夸克对是非常难以制造的。所以到底是怎么回事呢？

回答这个问题需要一些复杂的物理学知识。在附录 D 中，我们介绍了海森堡不确定性原理，该原理指出，只要变化持续的时间足够短，系统中的能量就可以自发地发生变化。在图 E.4 中，"顶夸克环"的存在时间仅仅只有片刻，因此适用于海森堡不确定性原理。此外，由于质量和能量是等效的，海森堡不确定性原理允许"顶夸克环"中的顶夸克质量实际上不同于通过 DØ 和 CDF 实验测得的 172GeV。这些转瞬即逝的粒子所携带的质量与它们"应该具有的"质量不同，它们被称为"虚粒子"。但是，只要它们只存在很短的时间，它们的存在就不会违反任何物理定律。

当然了，顶夸克并不是唯一可以作为虚粒子的粒子。底夸克也可以是虚粒子，也就是拥有暂时超出标准测量值的质量。不过，当所有的因素都被考虑在内时，在希格斯玻色子的产生中起主导作用的还是"顶夸克环"。

　　最后，我还得强调一点。在考虑到所有已知粒子的情况下，"顶夸克环"被认为是促进希格斯玻色子产生的最重要因素。不过，物理学家希望还能发现其他的重粒子。如果我们考虑到在第 8 章中提到的超对称性，"顶夸克环"或许可以由包含超对称夸克的"环"来替代。事实上，如果希格斯玻色子得到发现，而其产生率的测量结果与科学家们先前根据已知粒子推断出的产生率预测值不同，这可能会为超对称性或其他一些未知现象带来第一个实验证据。

附录 F　中微子振荡

中微子振荡在数学上可能是一个很棘手的概念，所以我将要在这个附录中介绍一些概念。第一个是在太阳中正在发生的所有聚变过程。我的讨论仅限于将质子（即氢原子核）转化为氦核的过程。具体过程见表 F.1。从表中可以明显看出，产生中微子的主要过程就是所谓的"pp"过程，在该过程中，两个质子融合形成 ^{2}H 核（也称为氘核，它是一个包含一个质子和一个中子的原子核）。但是，人们研究的一个过程，是相对罕见的 ^{8}B 过程，它会产生非常活跃的中微子。

第二个有意思的（但却也是专门化的）话题是中微子振荡的概念。中微子振荡这件事儿非常酷，不仅因为它们揭示了有趣的物理原理，而且还因为它们在数学上比较容易处理。在这里我不会带着大家一起做数学推导；不过，我会给你推荐一些相关专著（比如唐纳德·珀金斯的书，请参阅后文——在第 3 章和第 4 章的相关阅读）。只要你能不被下面这句话吓住，那么此处的数学计算就称得上相当简单。它使用了量子力学中随时间变化的波函数演化。（相信我，真的有人能为这种事儿激动得尿裤子。这事确实非常有意思，因为对于物理学计算来说，这是少数几种可以在一张纸上完成整个计算的情况之一。）如果这看上去还是太烧脑了，那么我们就只考察最后一个方程表 F.1　两个质子融合成氦核的最常见机制。虽然以下细节对于我们的讨论而言并不重要，但我要说明一下：表中列出的名字表示进入反应的粒子，比如 pep 就表示两个质子和一个电子。

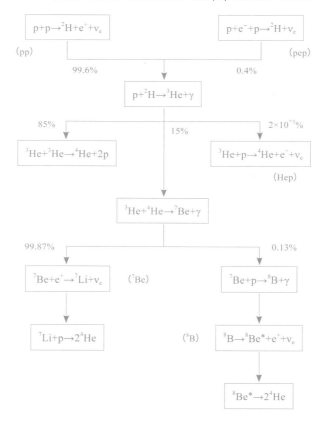

式，并且解释它的含义吧。

中微子振荡的理论涉及一种现象。假设我们有一个粒子束，且该粒子束仅仅由特定一种类型的中微子构成，可以是电中微子、μ 中微子或 τ 中微子。这一中微子束具有的能量是 E，我们让这个粒子束对准一个探测器，这个探测器与中微子原本产生的地方有一定距离。这个距离的数值我们标记为 L。

让我们考虑最简单的一种情况，即某一类型的中微子通过振荡，转变为另一类中微子。于是我们可能会面对以下情况：$\nu_e \leftrightarrow \nu_\mu$，$\nu_\mu \leftrightarrow \nu_\tau$，或者 $\nu_e \leftrightarrow \nu_\tau$，不过，为了方便说明，我们将振荡后出现的中微子称为"类型 2"，其质量为 m_2，于是我们将这个过程写作 $\nu_1 \leftrightarrow \nu_2$。现在，假设我们拥有大量的中微子，它们都是"类型 1"的中微子。它们从诞生的地方出发，前往粒子探测器，在这一过程中，它们发生了振荡，有一些粒子振荡成了类型 2 的粒子，然后它们又通过振荡变回了类型 1 的粒子。经过计算，我们发现，特定某一个类型 1 的中微子振荡成类型 2 的中微子的概率为：

$$P_r\,(\,\nu_1 \rightarrow \nu_2\,) = \sin^2 2\theta \sin\left[\frac{1.27\Delta m^2 L}{E}\right]$$

其中，L 是中微子产生到探测器之间的距离（以千米为单位），E 是中微子束的能量，单位为 GeV，$\Delta m^2 = m^2_2 - m^2_1$，单位是电子伏特的平方（$eV^2$），1.27 则是通过计算得到的常数，并且它具有恰当的单位以让等式成立。$\sin^2(2\theta)$ 只是表示中微子从一种类型震荡到另一种类型的速度的"高端"方式。L 和 E 是已知的。Δm^2 和 θ 是未知的，我们通过实验测得的正是这两个量。Δm^2 表示的是两种类型的中微子之间的质量差，并且反映了两种中微子的移动速度之间的细微差异。关于 $\sin^2(2\theta)$ 这一项，对它正确的理解能够揭示公式背后的物理学知识。从技术性上讲，θ 究竟是什么，解释起来相当复杂，复杂到超出了甚至是本附录的内容范畴。简而言之，它源于这样一个事实，即特定某一类型的中微子（即 ν_e、ν_μ 和 ν_τ）没有独特且被明确定义的质量，而具有可测量质量的中微子则没有明确的类型。如果读者们还想了解更多，请仔细阅读后面参考书目中的推荐阅读。

　　让我们再快速地看一眼上述方程式。如果我们想通过实验进行测量，我们只能改变 L 和 E 这两项。而当人们设计实验的时候，L 往往就被确定下来了，比如在 MINOS 实验中，中微子束从费米实验室出发，被发射到明尼苏达州的苏丹矿山，期间跨越了数百英里的距离。但是，由于中微子实验往往规模巨大（还记得"超级 K"实验中的 50000 吨水吗？），所以我们移动不了它。所以我们至多能做的，就是花钱在固定的位置上建造多个检测器。不过，通过改变 E 的数值（即粒子束携带的能量），我们可以探测到不同的振荡值。有些实验设计得非常细致，使得人们可以改变中微子束的能量，不过，正如你所想象的那样，制造中微子束的过程是相当复杂的。

　　因为在粒子加速器实验中，人们对 E 和 L 的数值是很清楚的，而且在宇宙射线实验中，人们对 E 和 L 也有着一定程度的了解，每个小组所做的，就是测量他们感兴趣的、两种不同类型的中微子的比率，并将测量结果与中微子束来源处的这两种中微子的比率进行比较。只通过一次测量，每个实验都不能确定 Δm^2 和 θ 的值，但是人们可以确定一些合理的 Δm^2 值和 θ 值的组合。打个比方，你可以测量一堆东西，然后把最终的结果写作：（未知 1）^{2}＋（未知 2）^{2}＝（测量结果）^{2}。如果测量结果 ＝1，那么（未知 1）＝1 和（未知 2）＝0 是成立的，而（未知 1）＝0 和（未知 2）＝1 也是成立的。可能的组合有很多种。也就是说，这个测量并不能告诉你这两个未知的值具体是多少，但是它揭示了可能的数值的范围。最后，你可以将许多实验的结果结合起来，以最终确定两个未知数的正确值。

　　在图 F.2 中，绘制了三个椭圆，每一个椭圆都表示了一个特定实验的结果。每个实验都得出结论说，他们并不知道每个未知数的值，但真实值就在他们各自的椭圆内部。我们看到，与任何单个实验相比，三个椭圆重合的区域可以让我们更准确地估计未知数。

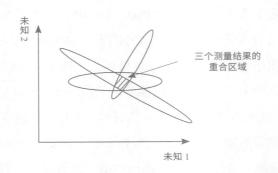

图 F.2 如果三个不同的实验都不能唯一地确定两个未知数，而只能确定可能的值的范围（由各自的椭圆所表示），那么，通过进行三次不同的测量，三个实验重合的区域要比任何单个实验的区域范围都小得多。因此，实验人员可以更精确地估计两个未知数的"真实"值。

实际上，在中微子振荡的情况下，描述 Δm^2 值和 θ 值的可能组合的曲线要比简单的椭圆复杂得多。到了 21 世纪第二个十年结束时，我们应该能够获得足够多的独立测量结果，以接近正确的答案。与此同时，各个实验将在不同的 E 值和 L 值的情况下，继续收集数据。此外，各种实验还对 Δm^2 值和 θ 值进行了一些控制（通过观察不同的振荡，比如 $\nu_e \leftrightarrow \nu_\mu$，$\nu_\mu \leftrightarrow \nu_\tau$，$\nu_e \leftrightarrow \nu_\tau$）。最终，真相将会被揭晓。

延伸阅读

　　有许多非常优秀的书籍，涵盖的内容与本书内容类似。我在下文中列举了其中一些。我将首先列出一些和本书整体相关的书籍，然后，再根据本书每一章的不同主题，列举一些具体和该章相关的作品。如果某本和本书整体相关的作品对进一步了解本书特定某一章的主题特别有帮助，我也会专门在该章节下提出来。

　　和本书整体相关的好书之一，是戈登·凯恩（Gordon Kane）所著的《粒子花园》（*The Particle Garden*, Perseus Books, 1996）。这本书的内容和本书相似，虽然没有这本书中写得这么详细。利昂·莱德曼（Leon Lederman）和迪克·特雷西（Dick Teres）共同著作了一本《上帝粒子》（*The God Particle*, Houghton-Mifflin, 1983），这本书虽然名义上是关于希格斯玻色子的，不过希格斯玻色子的内容只占这本书的一小部分篇幅。他们对于相关科学研究的早期历史的梳理和介绍是非常棒的。其他的书还包括：约翰·格里宾（John Gribbin）所著《量子论：粒子物理学的百科全书》（*Q is for Quantum: An Encyclopedia of Particle Physics*, Touchstone Books, 2000），辛迪·施瓦茨（Cindy Schwarz）所著《亚原子动物园之旅：粒子物理学指南》（*A Tour of the Subatomic Zoo: A Guide to Particle Physics*, Springer-Verlag, 1996），韩武荣所著《夸克和胶子：

粒子电荷的世纪》(*Quarks and Gluons: A Century of Particle Charges*, World Scientific, 1999)，以及 R. 迈克尔·巴尼特 (R. Michael Barnett)、亨利·穆里 (Henry Muehry)、海伦·H. 奎恩 (Helen R. Quinn) 与戈登·奥布雷希特 (Gordon Aubrecht) 合著的《奇夸克的魅力：粒子物理学的奥秘和革命》(*The Charm of Strange Quark: Mysteries and Revolutions of Particle Physics*, Springer Verlag, 2000)。请注意，后两本书更多地关注于物理学本身，而不是物理学发展的历史背景。

第 1 章：早期历史

有很多关于 1900 年之前的物理学早期发展史的专著。比如：I. 伯纳德·科恩 (I. Bernard Cohen) 所著《新物理学的诞生》(*The Birth of New Physics*, Norton, 1985)，杰拉德·霍顿 (Gerald Holton) 与斯蒂芬·布拉什 (Stephen Brush) 合著《物理学，人类的冒险：从哥白尼到爱因斯坦、以及其他》(*Physics, the Human Adventure: From Copernicus to Einstein and Beyond*, Rutgers University Press, 2001) 以及玛丽·乔·奈 (Mary Jo Nye) 所著《科学"大爆炸"之前：对现代化学和物理的追求，1800—1940》(*Before Big Science: The Pursuit of Modern Chemistry and Physics 1800–1940*, Twayne Publishers, 1996)。或许，你还能在图书馆里找到 16 卷本的《科学人名事典》(*Dictionary of Scientific Biography*, Scribner, 1970–198)。

第 2 章：认知之路（粒子物理历史）

详述 20 世纪粒子物理学历史的最好的专著之一可能要数罗伯

特·P. 克里斯（Robert P. Crease）和查尔斯·C. 曼恩（Charles C. Mann）合著的《第二次创造》（*The Second Creation*, Rutgers University Press, 1996）。我觉得，对这本书的赞美再怎么样也不为过。它写得非常好，非常有趣。

对参与证实"宇称不守恒"和发现 μ 中微子的科学家们的一手回忆感兴趣的读者可以参阅利昂·莱德曼和迪克·特雷西合著的《上帝粒子》。

关于 J. J. 汤姆孙（J.J. Thomson）爵士的传奇经历，我推荐读者们阅读 E. A. 戴维斯（E.A. Davis）和 I. J. 福尔克纳（I.J. Falconer）合著的《汤姆孙爵士与电子的发现》（*J.J. Thomson and the Discovery of the Electron*, Taylor and Francis, 1997）。关于反物质的发现，卡尔·戴维·安德森（Carl David Anderson）所著的《反物质的发现》（*The Discovery of Antimatter*, World Scientific, 1999）一书非常棒。

第 3 章和第 4 章：夸克和轻子 & 力：让一切聚合在一起

专门讨论粒子或者力的书籍很少，所以我把这两章的参考书单合并在一起。

在这一主题上，戈登·凯恩所著的《粒子花园》是一个不错的参考。我们在开头列举的所有参考阅读书目都涵盖了这两个主题。关于 W 玻色子和 Z 玻色子的发现，可以参考加里·陶布斯（Gary Taubes）所著《诺贝尔之梦》（*Nobel Dreams*, Random House, 1986）。陶布斯是一名记者，他的书刻画了追寻这一诺贝尔奖级别的科学发现的一些人物，以及他们之间的互动。

更专门化的作品包括大卫·格里菲斯（David Griffiths）的《粒子

物理导论》(*Introduction to Elementary Particles*, John Wiley & Sons, 1987)，这是一本写给高年级本科生的读物。对于那些极其勇敢，或者极其"自不量力"的读者，还有两本书值得一看。第一本是唐纳德·珀金斯(Donald Perkins)所著的《高能物理导论》(*Introduction to High Energy Physics*, Addison-Wesley, 1987)，这是一本研究生级别的教科书，适用于希望成为粒子物理学家的学生。虽然这本书挺难懂的，但是内容反映了作者以实验为主导理念，所以读者们是能读得下去的，只要跳过那些关于数学推导的部分就可以了。第二本书是弗朗西斯·哈尔岑(Francis Halzen)和艾伦·马丁(Alan Martin)所著《夸克与轻子：现代粒子物理学的入门教程》(*Quarks and Leptons: An Introductory Course in Modern Particle Physics*, John Wiley & Sons1984)。这本书也很适合有志成为粒子物理学家的人，只不过它更倾向于理论方面而不是实验。这本书极其难懂，有时它看起来甚至像是用另一种语言写的，而且它也确实是如此。但无论如何，它依然是最权威的粒子物理教科书，所以大部分粒子物理学家都使用过它。

第5章："狩猎"希格斯玻色子

对于并非专业人士来说，介绍希格斯玻色子的书并不很多。戈登·凯恩所著的《粒子花园》在这方面做得不错，但是其中的细节并没有本书中写得详细。此外，利昂·莱德曼所著的《上帝粒子》一书，实际上就是以希格斯玻色子命名的，虽然这本书中并没有提到任何专业细节。还有一本非常出色的新书，伊恩·桑普尔(Ian Sample)的《大质量：引发科学界最伟大的搜索计划的神秘粒子》(*Massive: The Missing Particle that Sparked the Greatest Hunt in Science*, Virgin Books,

2010）。这本书对物理学知识着墨不多，但它详实地记录了寻找希格斯玻色子背后的各个人物的故事。我强烈推荐读者阅读这本书。

第 6 章：加速器与探测器：谋生的工具

目前为止，据我所知，没有比本书对这一主题介绍得更加深入翔实的书籍。戈登·凯恩所著的《粒子花园》讨论了一点点关于探测器和实验粒子物理学相关人员的社会学构成的内容，但由于凯恩是位理论物理学家，作为一位实验物理学家的我的职业自豪感想让我说：算了还是别看了（但是，实话实说，这本书真的不赖呀）。还有一些专业性更高的参考书可以看一看。一些优秀的作品包括：威廉·R. 莱奥（William R. Leo）所著《核子物理与粒子物理的实验技术：如何做的方法》（*Techniques for Nuclear and Particle Physics Experiments: A How-To Approach*, Springer-Verlag, 1994），R. 弗吕维尔斯（R. Fruhwirth）、M. 雷格勒（M. Regler）、R. K. 博克（R.K. Bock）、H. 格罗特（H. Grote）和 D. 诺茨（D. Notz）合著的《高能物理的数据分析技术》（*Data Analysis Techniques for High-Energy Physics*, Cambridge University Press, 2000），以及理查德·菲尔诺（Richard Fernow）所著的《实验粒子物理学导论》（*Introduction to Experimental Particle Physics*, Cambridge University Press, 1989）。关于粒子加速器，有一本难度比较高的专著，即 D. A. 爱德华兹（D.A. Edwards）和 M. J. 谢泊思（M.J. Syphers）合著的《高能加速器物理学导论》（*An Introduction to the Physics of High Energy Accelerators*, Wiley-Interscience, 1992）。除此之外，想读非专著型书籍的读者还可以去看一看为数众多的高中和物理系一年级教科书中的任何一本。2000 年 7 月号的《科学美国人》（*Scientific American*）杂志上刊登了一篇与加速器有关的文章，题为《大型强子对撞机》（The Large Hadron Collider），作者是克里斯托弗·勒韦林·史密斯（Chris Lewellyn Smith），不过这篇文章写得并不算太详细。

沙伦·特拉维克（Sharon Traweek）是一位社会学家，她是《粒子束时间与生命时间：高能物理学家的世界》（*Beamtimes and Lifetimes: The World of High Energy Physicists*, Harvard University Press, 精装本, 1988；平装本, 1992）一书的作者。她运用专业社会学研究的技术和语言，讨论了粒子物理学家的文化。并非所有的物理学家都认可她对我们的文化的理解，但这本书读起来很有意思。

自从本书的第一版面世以来，市面上出现了好多本关于大型强子对撞机的专著。首先，就是我自己写的《量子前沿：大型强子对撞机》（*The Quantum Frontier: The Large Hadron Collider*, Johns Hopkins University Press, 2009），这本书是第一批关于大型强子对撞机（LHC）的专著之一。这本书在专门性和科普性之间维持了恰当的平衡。它解释了人们为什么要建造 LHC，并且提供了足够的技术细节以让读者们了解 LHC 是如何得以建成的。还有兰恩·伊凡斯（Lyndon Evans）的《大型强子对撞机》（*The Large Hadron Collider*, CRC Press, 2009），这本书专门性更强。当然了，鉴于伊凡斯是 LHC 项目的主管，他的观点具有权威性。丹·格林（Dan Green）也编纂了一本书：《学术最前沿：ATLAS 与 CMS LHC 实验》（*At the Leading Edge: The ATLAS and CMS LHC Experiments*, World Scientific, 2010）。这本书重点介绍了基于大型强子对撞机的两个大型实验。其他的参考书目还包括：阿米尔·阿克塞尔（Amir Aczel）所著《亲历"创世记"：欧洲核子研究中心和大型强子对撞机的故事》（*Present at the Creation: The Story of*

CERN and the Large Hadron Collider, Crown Publishing Group, 2010），保罗·哈尔彭（Paul Halpern）所著《对撞机：寻找世界上最小的粒子》（*Collider: The Search for the World's Smallest Particles*, John Wiley & Sons, 2010），以及吉安·弗朗切斯科·朱迪切（Gian Francesco Guidice）所著《仄普托空间的奥德赛：大型强子对撞机物理学之旅》（*A Zeptospace Odyssey: A Journey into the Physics of the LHC*, Oxford University Press, 2009）。随着时间的流逝，我们的书目清单会变得越来越长。

第 7 章：即将得到解决的难题

与这一章的主题相关的科普书非常少。关于中微子，有一本稍微有点过时了的书，即尼古拉斯·索洛梅（Nickolas Solomey）所著《难以捉摸的中微子：亚原子侦探的故事》（*The Elusive Neutrino: A Subatomic Detective Story*, W.H. Freeman, 1997）。据我所知，没有一本书是专门讲 CP 不守恒的最新进展（包括最新的研究）的，不过戈登·凯恩所著的《粒子花园》对这一话题有所涉及，只是缺少了过去几十年间的实验结果。此外，读者们可以在以下刊登在《科学美国人》的文章中找到一些相关信息：海伦·奎恩（Helen Quinn）与迈克尔·威克利尔（Michael Witherell）合著的《物质和反物质之间的不对称性》（*The Asymmetry between Matter and Antimatter*, 1998 年 10 月号），这篇文章（文如其名地）介绍了有关物质与反物质之间的不对称性的最新知识；爱德华·卡恩斯（Edward Kearns）、梶田隆章与户冢洋二合著的《探测大质量的中微子》（*Detecting Massive Neutrinos,* 1999 年 8 月号），其中涉及了大气中微子振荡的第一个可靠的证据；以及阿瑟·B.麦克唐纳（Arthur B. McDonald）、约书亚·R.克莱因（Joshua R. Klein）与大卫·L.华克（David L. Wark）合著《解决太阳中微子问题》（*Solving the Solar Neutrino Problem,* 2003 年 4 月号），这篇文章介绍了萨德伯里中微子观测站观测到的最新数据结果。

第 8 章：奇异物理（下一个研究前沿）

在这一章中，我一共讨论了三个主题。不管对于哪个主题来说，都没有那种既针对这一特定的物理学分支，同时又让大众能够看懂的参考书目。戈登·凯恩（Gordon Kane）所著的《超对称性》（*Supersymmetry,* Perseus Press, 2000）一书讨论了超对称性。它并不适合粒子物理学的初学者，但读过这本书的读者都会发现它是可以读懂的。丹·奥佩尔（Dan Hooper）的《自然的蓝图》（*Nature's Blueprint*）一书是一本关于超对称性的优秀新作。它更易于阅读，并且有很多非常清晰的解释。此外，凯恩最近在 2003 年 6 月的《科学美国人》上发表了一篇文章。布莱恩·格林（Brian Green）在他所著的《优雅的宇宙》（*The Elegant Universe*）一书中，出色又细致地描述了超弦理论。这本书的前几章十分出色，而后面几章的专业化程度变得越来越强。虽然书中有很多复杂的细节，但依然引人入胜。格林还在 2003 年 11 月号的《科学美国人》上发表了一篇题为《弦理论的未来》（The Future of String Theory）的文章。

关于"大额外维度"这一主题，据我所知，目前为止还没有任何一本以此为核心的科普书面世。不过，这一理论的提出者们曾经在 2000 年 8 月号的《科学美国人》上发表过一篇文章，即尼马·阿尔卡尼－哈米德（Nima Arkani-Hamed）、萨瓦斯·季莫普洛斯（Savas

Dimopoulos）与格奥尔基·德瓦利（Georgi Dvali）合著的《宇宙的看不见的维度》（*The Universe's Unseen Dimensions*）。这篇文章在《科学美国人》2002年的秋季特刊（这是一期关于宇宙学的特刊）上再度发表。读者们若是想了解"更高维度"这一更简单的概念，还可以阅读埃德温·A.阿伯特（Edwin A. Abbott）所著的《平面国：一个多维的传奇故事》（*Flatland: A Romance of Many Dimensions*, Dover, 重印版，1992），此书非常精彩，即使它是一个多世纪之前写成的。

第 9 章：每秒 10000000 次重建宇宙

因为宇宙学是一个广阔的领域，而且我只能在这里花很少的篇幅来介绍它，我最想说的是，关于这个主题，有大量的出色作品。格伦·C.福克斯（Karen C. Fox）所著的《大爆炸理论（*The Big Bang Theory*）》（John Wiley & Sons, 2002）是对于宇宙大爆炸假说的一个很好的总体介绍。在这本书中，作者还介绍了火劫宇宙模型理论，它是与宇宙膨胀理论相竞争的理论。稍微有点过时，但仍不失为一部好的百科全书式著作的是约瑟夫·西尔克（Joseph Silk）所写的《宇宙大爆炸》（*The Big Bang*, W.H. Freeman, 1980）。这本书涵盖了许多主题，尽管细节较少。作者介绍了与"大爆炸"相竞争的各宇宙起源假说中支持者相对多的几个。另一本类似的书是史蒂文·温伯格（Steven Weinberg）撰写的《宇宙最初的三分钟》（*The First Three Minutes*, Basic Books, 1977）。

如果有读者对宇宙学的各个方面的发展史中的重要人物感兴趣，我推荐爱德华·科尔布（Rocky Kolb）所著的《盲目的天空观察者》（*Blind Watchers of the Sky*, Addison-Wesley, 1996）。爱德华（昵称洛基）是一位特别有才华的科普作家，他的书证明了这一点。另一本值得注意的书是拉尔夫·阿尔菲（Ralph Alphe）和罗伯特·赫尔曼（Robert Herman）合著的《宇宙大爆炸的起源》（*Genesis of the Big Bang*, Oxford University Press, 2001），在这本书中，预测了 3K 背景辐射的两位物理学家亲自讲述了他们的故事。

还有一本书我觉得特别棒，但是却很少出现在类似的推荐书单中，这就是唐纳德·戈德史密斯（Donald Goldsmith）所著的《爱因斯坦的最大失误？》（*Einstein's Greatest Blunder?*, Harvard University Press, 1995）。乔治·司穆特（George Smoot）和基·戴维森（Keay Davidson）所著的《时间的皱褶》（*Wrinkles in Time*）也很值得一读。司穆特是宇宙背景探测器（COBE）实验项目的负责人之一。这本书写得很好，而且也很容易理解。读者们接下来可以读一读马库斯·乔（Marcus Chown）的《创造的余晖》（*Afterglow of Creation*, University Science Books, 1996）。这本书对上本书中涉及的事件也做了相近的详述，但也呈现了一些司穆特的合作者们的反对意见，他们认为司穆特对于 COBE 成功的描述过于片面。最近新出的一本详细讲述 3K 背景辐射的物理学原理（而不是强调具体的实验过程）的书是詹纳·勒文（Janna Levin）所著的《宇宙中的斑点从哪里来》（*How the Universe Got Its Spots*, Princeton University Press, 2002）。勒文这本书是以一系列未寄出的给母亲的信件为载体的，这种写作方式令人要么喜欢，要么觉得它重形式而轻内容。不过，她的解释功底是一流的。

马丁·里斯（Martin Rees）所著的《我们的宇宙栖息地》（*Our Cosmic Habitat*, Princeton University Press, 2001）一书融合了宇宙学和天文学。在这本书中，里斯给出一个更详细的解释，说明为什么我们相信宇宙空间是"平的"，而这一点我们在本书中囿于篇幅并没有过多解释。这本书还比其他一些书更明确地预测了宇宙的未来。

最近有一本不错的书问世，即马里奥·利维奥（Mario Livio）的《加速的宇宙》（*The Accelerating Universe*, John Wiley & Sons, 2000），这本书讨论了宇宙环境中的 CP 不守恒问题，也讨论了宇宙膨胀和宇宙的平坦性。宇宙膨胀理论的提出者阿兰·古斯（Alan Guth）写了一本《宇宙膨胀》（*The Inflationary Universe*, Addison-Wesley, 1997）。还有一本书读者们也可以找来看看，即劳伦斯·克劳斯（Lawrence Krause）所著的《精质：消失的质量的奥秘》（*Quintessence: The Mystery of the Missing Mass*, Basic Books, 1999）。这个标题让这本书的主题一目了然。

除了书之外，《科学美国人》里也有一些不错的文章，读者可以在家附近的公共图书馆中查阅。其中最为重要的是《科学美国人》2002 年的秋季特刊《曾经和未来的宇宙》（*The Once and Future Cosmos*）。特刊中的文章与通常的《科学美国人》文章一样，篇幅约为几页长，它们的内容涵盖了我们在本章中讨论的许多主题。戴维·克莱因（David Cline）的《寻找暗物质》（*The Search for Dark Matter*, 2003 年 3 月号）讨论了寻找暗物质的实验过程，而我们在这本书中没有讨论过这些。莫德采·米尔格若姆（Mordehai Milgrom）在 2002 年 8 月号上发表了一篇《暗物质真的存在吗？》（*Does Dark Matter Really Exist?*），在这篇文章中，作者针对星系的旋转曲线的问题提出了一种不涉及暗物质的解释，该解释的论述合理，但具有很大争议。

最后，我想为最勇敢的读者们推荐一些书。它们并不是为了大众所写的，实际上，它们是曾经发表在物理期刊上的文章，被编纂成书出版。我只鼓励那些最具有动力的读者去读一读这些专著。第一本书是杰里米·伯恩斯坦（Jeremy Bernstein）和杰拉尔德·范伯格（Gerald Feinberg）编纂的《宇宙学常数：现代宇宙学论文集》（*Cosmological Constants: Papers in Modern Cosmology*, Columbia University Press, 1986）；第二本书是戴维·林德利（David Lindley）、爱德华（洛基）·科尔布（Edward (Rocky) Kolb）和戴维·施拉姆（David Schramm）编纂的《宇宙学与粒子物理》（*Cosmology and Particle Physics*, American Association of Physics Teachers, 1991）。

附录 D：基本相对论和量子力学

关于这两个复杂的主题，参考书目有很多。我这里只列举少数。乔治·伽莫夫（George Gamow）曾经为一个书系写了两本书，它们后来被合并成《物理世界奇遇记》（*Mr. Tompkins in Paperback*, Cambridge University Press, reissue 1993）一书。此书最早在 1939 年出版，所以在语言方面有点陈旧〔比如，在描述电子的连续运动的时候，作者说的是"欢快的（同性恋）电子部落"〕。不过，尽管如此，这本书的门槛还是很低的。另一本很妙的书是罗伯特·吉尔摩（Robert Gilmore）所著的《量子世界中的爱丽丝：量子物理学的寓言》（*Alice in Quantumland: An Allegory of Quantum Physics*, Copernicus Books, 1995）。正如标题所言，爱丽丝去了一个非常奇怪的地方。这本书也很容易阅读。刘易斯·卡罗尔·爱泼斯坦（Lewis Carroll Epstein）所著的《可视化的相对论》（*Relativity Visualized*, Insight Press, 1985）是对狭义相对论的一个很棒的介绍。如果你想直接向大师"取经"，我推荐你看一看阿尔伯特·爱因斯坦（Albert Einstein）的《相对论》（*Principle of Relativity*, Dover Publications, 1924）或者他的《相对论：狭义与广义的理论》(*Relativity: The Special and the General Theory*, Crown Publishing, 1995 年重印)，然而就我个人的口味而言，老爱的文字有些艰深。

理查德·P. 费曼（Richard P. Feynman）是个妙人儿，我在这里介绍他的三本书，读者可以通过它们对相关主题进行深入了解。这三本书包括：《费曼精选六篇简单的相对论讲义》(*Six Easy Pieces*, Perseus Books, 1995)、《费曼精选六篇不很简单的相对论讲义》(*Six Not-So-Easy Pieces*, Perseus Books, 1997) 和《量子电动力学：关于光与物质的奇怪理论（QED: *The Strange Theory of Light and Matter*）》(Princeton University Press, 1985)。两本题为"六篇"的书都是摘自名为《费曼物理学讲义（*The Feynman Lecture in Physics*）》的系列书目，总共三册，里面的内容来自他在 20 世纪 60 年代初在加州理工学院的演讲稿。这些讲义中包括一些数学推导，但即便如此也妙趣横生又清晰易懂。他的《量子电动力学》一书许是有关量子电动力学的唯一科普类书籍。由于作者本人就是这一理论的奠基人，所以这本书极具启发性。

最后，我还有一些"教科书式"的书目想要推荐给读者们，不幸的是，每一本中都含有中等复杂的数学推导。威廉·H. 克罗珀（William H. Cropper）所著的《量子物理学家及其物理学概论》(*The Quantum Physicists and an Introduction to Their Physics*, Oxford University Press, 1970) 一书，将大量的历史和物理学知识结合了在一起。罗伯特·莱斯尼克（Robert Resnick）和戴维·哈立戴（David Halliday）合著了一本《相对论的基本概念和早期量子理论》(*Basic Concepts in Relativity and Early Quantum Theory*, John Wiley & Sons, 1985)。这或许是有史以来最易读的物理学教科书之一。还有两本在易读程度和质量上都类似的著作分别是：肯尼斯·克雷恩（Kenneth

Krane）的《现代物理学》（*Modern Physics*, John Wiley & Sons，第二版，1995 年）和罗伯特·艾斯伯格（Robert Eisberg）与罗伯特·莱斯尼克（Robert Resnic）合著的《原子、分子、固体、原子核与粒子的量子物理学》（*Quantum Physics of Atoms, Molecules, Solids, Nuclei and Particles*, John Wiley & Sons，第二版，1985 年）。

词汇表

accelerator 加速器：可以用来提高亚原子粒子速度（和能量）的大型装置。

antilepton 反轻子：反物质构成的轻子。

antimatter 反物质：一种可以与物质湮灭并且生成纯能量的材料。

antiquark 反夸克：反物质构成的夸克。

atmospheric neutrino problem 大气中微子问题："大气中产生的中微子数量并没有像预期的那样分布"这一观测结论。强有力的计算表明，每个电中微子应该对应着两个 μ 中微子。然而实验结果显示，这两种中微子实际上的比例为 1∶1。这被视为中微子振荡的有力证据。

atom 原子：保持其化学特性的最小物质单位。一旦原子中的成分被从原子中"移走"，它就不再具有之前的化学性质。

BABAR BaBar 实验：SLAC 国家加速器实验室的一台探测器，用来测量 B 介子中的 CP 不守恒。

background 背景：某种看上去像是你寻找的对象、但其实并不是它的东西。

baryon 重子：任何含有三个夸克的粒子。质子和中子是最常见的重子。

beamline 束线：用于引导高能粒子束到达目的地的一系列磁铁。它在很多方面类似于一系列引导光线的透镜和棱镜。

BELLE 贝尔实验：日本高能加速器研究机构（KEK）的一台探测器，用于测量 B 介子中的 CP 不守恒。

beta radiation β 辐射：在核衰变中发现的一种辐射类型。β 粒子是电子，是在弱力的介导下产生的。在原子中的电子被发现之前，β粒子就已经为人们所知。

Big Bang 宇宙大爆炸：一种认为"宇宙开始于一次大规模的原初爆炸"的理论。大量的观察证据支持这一理论。

blath "噼里"：第四维度空间的假想方向。这一术语仅仅在本书中是有效的，并不具有普适性。就像"左右""前后"和"上下"三个我们熟悉的、用来描述三维世界的方向一样，"噼里 – 啪啦"用来描述第四个维度中的方向。

blith "啪啦"：见"噼里"的解释。

BNL 布鲁克海文国家实验室：位于纽约州长岛的国家实验室。

Booster（费米实验室的）助推器：费米实验室加速器链中的第三台加速器。它能够将粒子从 401 MeV 加速到 8 GeV。

bosinos 超对称玻色子：玻色子的超对称性对应粒子。

boson 玻色子：任何具有"整数"（…, –2, –1, 0, +1, +2, …）的自旋量子数的粒子。

bottom 底夸克：一种中等质量的夸克，质量约为质子的 4.5 倍，带有 –1/3 个电荷。底夸克是第三代夸克。

broken symmetry 对称性破缺：指"一种曾经同质的东西变得不再同质"的现象。举个例子，夏天空气中的湿度。在白天，空气和空气中的水蒸气是均匀混合的。一场暴雨过后，水落在了地面上，而空气……还在空中，之前空气和水的共同性已不复存在。

bubble chamber 气泡室：一种早期的探测器技术，带电粒子在气泡室中穿过过热液体。粒子穿越气泡室的粒子身后留下了一条轨迹，很像喷气式飞机的凝结尾迹，可以被照片记录下来。

calorimeter 热量计：一种用于测量高能粒子能量的装置。通常由高密度的材料（比如金属）与分布在其中的轻质材料（比如气体、塑料或液体）混合构成。

CDF "费米实验室碰撞探测器"的首字母缩写：费米实验室目前正在进行的两项大型实验中首先开展的那一项。顶夸克的共同发现者之一。

CEBAF "连续电子束加速器设施"的首字母缩写：这是一台位于弗吉尼亚州纽波特纽斯的托马斯·杰斐逊国家加速器设施。

Cerenkov radiation 切连科夫辐射：带电粒子以比光更快的速度穿过同一透明介质的现象。当这种情况发生时，会发出蓝色光。通常由大型水基探测器利用，以检测中微子的存在。

CERN "欧洲核子研究委员会"的首字母缩写：位于法国和瑞士的边境线上。多年来拥有大型正负电子对撞机（LEP），大型强子对撞机（LHC）于 2008 年落成，其运行能量超过了费米实验室的兆电子伏特加速器。1954 年，委员会更名为欧洲核子研究中心，但首字母缩写并没有发生变化。

Cfa 哈佛－史密松天体物理中心：一个测量银河系附近星系距离的研究小组。通过绘制星系的位置，他们首次测量出了离我们远至 5 亿光年的宇宙结构。

charm 粲夸克：一种中等质量的夸克，质量大约为质子的 1.5 倍，携带 +2/3 个电荷。粲夸克是第二代粒子。

CMS "紧凑 μ 子线圈"的首字母缩写：大型强子对撞机配备的两个大型探测器之一。

COBE "宇宙背景探测器"的首字母缩写：探测 3K 背景辐射的轨道卫星。实验显示，3K 背景辐射在 0.001% 的程度上具有不均匀性。

Cockroft-Walton 考克饶夫－沃尔顿产生器：费米实验室加速器链中的第一个加速器。它可以让 H- 粒子从静止加速到携带 750 keV 的能量。

collider 对撞机：泛指让两束以相反方向旋转的粒子束相撞的加速器。

collision 对撞：两个粒子对撞并产生若干碎片。也称为"事件"。

color 色荷：夸克与胶子的一种性质。从本质上讲，正是这种荷引起了强相互作用。没有任何可观测的粒子能够带有色荷（类似于原子不带净电荷）。

confinement 限制：这一前提决定了，夸克和胶子并不能被单独观测到，我们只能观测到被包含在介子或者重子之中的它们。

conserved 守恒：不发生改变的性质。有许多物理性质都表现出这种行为，比如动量、能量、角动量、电荷等等。这是一种非常有用处的行为，因为一旦我们测得了某一个守恒的量，那么这个量就始终是已知的了。

cosmic rays 宇宙射线：最初被认为是在各种实验中观察到的粒子，而现在，"宇宙"射线这一词的含义变得更加复杂了。来自太空的粒子（质子或原子核）携带高能量撞击大气层。它们会引发主要由 π 介子构成的粒子喷射，然后 π 介子会衰变成光子和 μ 子。生活在地表的人们可以探测到 μ 子和光子。我们将处于各个阶段的粒子都称为宇宙射线，而最初只有 μ 子才被称为宇宙射线。

cosmological constant 宇宙学常数：最初由爱因斯坦提出的一个概念，他将它添加入自己的广义相对论方程中。简而言之，宇宙学常数提供了排斥力，以抵消万有引力的吸引力。曾经有一段时间，宇宙学常数被认为是一个错误，不过，最近的测量结果使它复兴。

cosmologists 宇宙学家：研究宇宙起源的物理学家。

CP violation CP 不守恒：电荷共轭与宇称不守恒，可能是宇宙中的物质占据主导地位的原因之一。通常情况下，对于一个描述亚原子行为的等式，如果我们先将所有方向互换（左↔右，里↔外，上↔下），然后再将换物质和反物质互换，那么这个等式保持不变。1964 年，当一种似乎不遵守这种对称性的反应被发现时，物理学家发现了物质和反物质之间的不对称性。

cyclotron 回旋加速器：早期的一种粒子加速器的形式，以螺旋路径加速粒子。

DØ "D 零" 探测器：一台大型探测器，目前在费米实验室运行。DØ 实验小组是顶夸克的共同发现者之一。以加速器环上的六个碰撞点中的一个命名（其他的是 AØ、BØ，以此类推）。作者在 DØ 实验小组工作了大约 10 年。

dark energy 暗能量：一种被认为普遍分布在宇宙之中，并且使得宇宙变得平坦的能量。

dark matter 暗物质：一种假想的物质，如果它被证实存在，就能解释为什么银河系的外旋臂旋转速度比人们预期的要快。

decay 衰变：一个粒子转换为两个或者更多的粒子的过程。

Delphi "特尔斐" 实验组：大型正负电子对撞机上的 4 个大型实验小组之一。

Delta Δ 粒子：一种重子，带有 3/2 的自旋。Δ 粒子可由上夸克和下夸克的所有组合组成，因此，存在 4 种不同的 Δ 粒子（即 Δ^-，Δ^0，Δ^+ 和 Δ^{++}）。其中，Δ^{++} 让人们引入 "色荷" 作为夸克的属性之一。

DESY "德国电子加速器" 的首字母缩写：一台位于德国汉堡的电子同步回旋加速器。

detector 探测器：一种分辨粒子碰撞的设备。具体而言，人们试图尽可能多地测量碰撞中产生的数据，比如在一次典型碰撞过程中产生的一百个或者更多粒子中每个粒子的位置、轨迹和能量。

deuteron 氘核：氢的同位素氘原子的原子核。它是一个独立粒子，包含一个质子和一个中子，它们"粘在一起"，就像尼龙搭扣一样。

discrete 离散：见"量子化"词条。

DoE 能源部：美国政府机构，负责大部分粒子物理研究的预算。费米实验室的上级机构。

down 下夸克：第二轻的夸克，携带 −1/3 个电荷。下夸克是第一代夸克。

electromagnetic force 电磁力：两个带电粒子之间感受到的力。正是电磁力让原子保持结构。

electron 电子：一种携带负电荷的粒子，通常位于原子核周围的离散云之中。电子的运动形成了电。

electron volt 电子伏特：一种能量单位，通常缩写为 eV。一颗携带与质子相同的电荷、且被一伏的电势差加速的粒子，被称为具有一电子伏特的能量。

electroweak force 电弱力：一种包括了弱力和电磁力的合力。了解这两种力如何统一为电弱力是目前实验研究的前沿课题。

Electroweak Symmetry Breaking 电弱对称破缺：单一的、具有较高能量的理论变成只有电磁力和弱力这两种不同的力的现象。

energy conservation 能量守恒：宇宙的一种至关重要的基本属性。能量总是守恒的（即不变）。能量可以改变形式，但是任何系统中的总能量总是相同的。

eV 电子伏特的缩写：见"电子伏特"。

event 事件：见"碰撞"词条。

exchange 交换：所谓的"粒子交换"，是指两个进入相互作用的粒子通过对于第三个粒子的发射和吸收而影响彼此轨迹的过程。在这种情况下，交换更像是金钱交换（通常是单向的），而不是礼物交换。

experimentalists 实验物理学家：进行测量并对测量结果做出解释的物理学家。

Fermilab 费米实验室：费米国家加速器实验室的简称，位于伊利诺伊州芝加哥市郊。目前是世界上拥有最高能量加速器的实验室之一。

fermion 费米子：任何具有"半整数"（比如…… -5/2, -3/2, -1/2, 1/2, 3/2, 5/2）的自旋量子数的粒子。

Feynman diagrams 费曼图：一种示意图，最早是由理查德·费曼提出的，能够与复杂的数学方程式相对应。费曼图使得开展对于特定粒子的相互作用的初始计算变得非常容易。

fixed target 固定靶：用一束高能粒子撞击一个静止的粒子靶的实验。

flavor 味："类型"的另一种说法。比如，电子和μ子是具有不同"味"的轻子。

fluorescence 荧光：一种物质在光线照射下会发光的现象。辉光的颜色和照明光的颜色往往是不同的。

flux 通量：通过一个区域的物体或场的量。比如，我们可以讨论通过放置在河流中的一个呼啦圈的水的通量，或通过水平放置在地球表面的同一个呼啦圈的引力的通量。

fragmentation 碎裂：夸克或胶子转化为粒子喷射的过程。

GALLEX "镓实验"的缩写：一种中微子探测器，其中镓与中微子发生相互作用，然后转化为砷。

gamma radiation γ辐射：一种来自原子核的辐射。伽马（γ）辐射是一种能量非常高的光子。

generation 代：一个术语，描述构成当下的宇宙似乎是由三批次相似的粒子构成的事实。至于为什么宇宙中有恰好三代粒子（从目前的迹象看来是如此），还不得而知。

GeV 千兆电子伏特：一千兆（10^9）电子伏特。

gluino 超胶子：一种假想的费米子，是胶子的超对称对应粒子。

gluon 胶子：一种无质量的粒子，可以介导强力。存在于原子核和所有的强子内部。

graduate student 研究生：是指那些已经完成了本科学业并正在攻读高级学位（硕士或者博士）的学生。实际上，这可以被看作是一种"学徒项目"，学生们通过实践得以学习。

Grand Unified Theory 大一统理论：一个假说，认为所有描述宇宙的物理学知识可以被归纳为一个单一的理论，它可以解释全部的物理现象。

gravitino 超引力子：一种假想的费米子，引力子的超对称对应粒子。

graviton 引力子：一种假想的（也就是还没有被发现的）无质量粒子，它被认为可以介导引力。

gravity 重力/引力：目前已知的最弱的力。尽管它不在当前的粒子物理学研究范围之内，但正是它维持了宇宙的形状。

GUT"大一统理论"的首字母缩写：见"大一统理论"词条。

hadron 强子：任何能够感受到强力的粒子。强子内部包含夸克、胶子，有时还包含反夸克。

Heisenberg Uncertainty Principle 海森堡不确定性原理：一种概念，最早由维尔纳·海森堡（Werner Heisenberg）提出，内容是：只要能量不守恒持续的时间足够短，能量就可以不守恒。

HEP"高能物理学"的首字母缩写：对于高碰撞能量下粒子的相互作用的研究。

HERA 强子电子环加速器：位于德国汉堡的一台加速器，用于加速正电子和质子并使其相撞。主要目的是深入研究质子的内部结构。

Higgs boson 希格斯玻色子：一种假想的粒子，被认为能够赋予其他粒子它们所具有的质量。从 2001 年 3 月开始，费米实验室的数据采集工作主要就是为了寻找希格斯玻色子。

higgsino 超希格斯粒子：一种假想的费米子，是希格斯玻色子的超对称对应粒子。

Homestake detector 霍姆斯泰克探测器：装满四氯乙烯（也就是干洗液的主要成分）的大型罐状结构，人们在其中观察到了太阳中微子振荡的第一个证据。

hyperon 超子：至少携带一个奇夸克的重子。

ILC"国际直线加速器"的首字母缩写：拟议建立的新型加速器，它将以前所未有的能量碰撞电子和正电子。到目前为止，只完成了初步的设计计划。还没有选择建造地点，也没有拨款大量资金，等等。

inflation 宇宙膨胀：一种设想，认为宇宙在早期历史中经历过一次高速的膨胀。这个设想解释了宇宙空间的均匀性，以及我们观测到的平坦性。宇宙膨胀说并没有得到证伪，但它很难被确切地证实。

interaction　相互作用：也被称为"碰撞"或者"事件"。指的是两个粒子相互产生影响的情况，就像在典型碰撞中发生的那样。

interaction　碰撞：见"相互作用"词条。

ionization　电离：一种物理现象，一个带有电荷的粒子在穿过物质时会将电子从物质的原子中撞出。这会导致原有粒子失去一部分能量。

isotope　同位素：特定某种原子核的变体。原子的种类由原子核中包含的质子数量来定义。中子的数量通常是质子数量的1~2倍，但具体的数值并不是唯一的。原子核中含有异常数量的中子的原子称为通常元素的同位素。

ISR　交叉碰撞储存环：位于欧洲核子研究中心的加速器，让质子束发生相互碰撞。

jet　粒子喷射：沿着大致同一方向运动的一系列亚原子粒子，通常是介子。看上去像是粒子的"霰弹枪"式开火，是夸克或胶子散射的标志特征。

kaon　K介子：包含一个奇夸克或者一个反奇夸克的介子。

KEK　高能加速器研究机构：位于日本筑波市。贝尔（BELLE）探测器的所在地。

keV　千电子伏特：即一千个（10^3）电子伏特。

L3　L3实验：大型正负电子对撞机加速器上的四个大型实验之一。

lambda particle　Λ粒子：包含两个"轻"夸克（即上夸克和下夸克的各种组合）和一个奇夸克的重子。

LAMPF　"洛斯阿拉莫斯梅森物理设施"的首字母缩写：一台位于洛斯阿拉莫斯实验室的加速器，曾经用来研究介子，已经停止运行。

large extra dimensions　大额外维度：一种设想，认为宇宙中可能存在比我们熟悉的四个维度（三个空间和一个时间）更多的维度。额外的维度会比我们现在能够观测到的维度小得多，但是大额外维度中的"大"字意味着，与普朗克尺度相比更"大"。这些维度最大可以达到1毫米，不过，如果它们真的存在的话，它们很可能会比1毫米还小得多。

Las Campanas　拉斯坎帕纳斯小组：一个探测银河系周围星系距离的小组。通过绘制星系的位置，他们能够对远至50亿光年以外的宇宙结构进行测量。该小组的命名来自于他们所在的拉斯坎帕纳斯天文台。

LBL 劳伦斯伯克利国家实验室：一所于加州大学伯克利分校附近小山上的实验室。虽然该实验室不再拥有高能加速器，但来自该实验室的物理学家仍会参与到其他实验室的实验中。该实验室是反质子的发现地点。

LEP 欧洲核子研究中心的大型正负电子对撞加速器：如其名所示，该加速器能让高能正负电子相撞。迄今为止，它是世界上个头最大（虽然不是最高能量的）的加速器，其周长约为 18 英里。它被设计用来对 Z 玻色子进行详细的测量，并且出色地完成了这项任务。不久之后，它的运行能量级被提升，以探索 W 玻色子的性质。在它运行的最后几个月中，它可能观测到了希格斯玻色子导致的事件，不过这一说法并没有坚实的证据。目前该加速器已经不再运行。

lepton 轻子：一种不会感受到强力的基本粒子（即不具有已知内部结构的粒子）。有两种类型的轻子：带电轻子和不带电轻子。最常见的带电轻子是电子。不带电的轻子被称为中微子。

LHC 大型强子对撞机：位于欧洲核子研究中心，这台加速器可以将两个以相反方向旋转的质子束加速到极高的能量，超过目前我们能够实现的任何能量级。它与现在已不再被使用的 LEP 加速器在同一条隧道内构建。计划于 2007 年左右开始运行。

limit 阈值：通过科学实验可能得到的一种测量值。如果我们没有观测到某一事件的发生，那么至少可以排除该事件的某些可能特征。阈值通常是通过排除了一个假设粒子的可能质量范围得到的。阈值确定后，我们称如果该粒子确实存在，则该粒子的质量大于或小于报告中的阈值。

LINAC 直线加速器：一种利用电场使带电粒子沿直线加速的加速器。也是费米实验室加速器链中的第二个加速器。它能够将粒子从 750 keV 加速到 401 MeV。

LSND 液体闪烁器中微子探测器：洛斯阿拉莫斯梅森物理设施中的一台加速器，利用该探测器进行实验的物理学家曾经发表过颇具争议的中微子振荡观测结果。

Main Injector 主注射器：费米实验室加速器链中的第四个加速器。能够将粒子从 8GeV 加速到 150GeV。1999 年开始服役。

Main Ring 主环：费米实验室加速器链中的第四个加速器。能够将粒子从 8GeV 加速到 150GeV。最初是费米实验室加速器链中能量最高的加速器（当时整个实验室只有 4 台加速器），现已不再使用，它在 2000 年初就停止了最后一次运行。

MAP"微波各向异性探测器"的首字母缩写：COBE 实验的后续实验，旨在以前所未有的精度测量 3K 背景辐射的均匀性。实验取得了超凡绝伦的成功。2002 年更名为 WMAP 实验。

meson 介子：任何含有一个夸克和一个反夸克的粒子。

mesotrons 介子（曾用名）：质量在电子和质子之间的粒子。该名称现已弃用。

MeV 百万电子伏特：一百万电子伏特，即 10^6 电子伏特。

Mini-Boone 微型助推器中微子实验：未来可能实现的大型助推器中微子实验的雏形。该实验的目的是确认或者驳斥 LSND 实验的结果。

MINOS"主注射器中微子振荡搜索实验"的首字母缩写：一束中微子从费米实验室的主注射器出发，对准明尼苏达州的苏丹矿山 2 号矿，矿下有一台巨大的探测器。

MSSM 最小超对称模型：将超对称纳入标准模型的一种具体方法。

muon μ子：第二代的带电轻子。本质上是一种重电子，不过它是一种不稳定的粒子，会在大约百万分之一秒的时间内发生衰变。

neutrino 中微子：一种电中性的粒子，只能感受到弱力，或者也可能感受到引力。由于中微子与普通物质之间发生相互作用的程度非常低，因此太阳产生的中微子可以穿过厚达 5 光年的固体铅。

neutrino oscillations 中微子振荡：一种概念，指具有某种类型的中微子可以"变形"成另外一种类型。中微子振荡存在直接证据在 1998 年得到公布，此时距科学家们首次观测到可以用中微子振荡解释的现象已有约 30 年之久。现在这依然是一个非常活跃的研究话题。

neutron 中子：一种电中性的粒子，存在于原子核内部。内含夸克。

NSF"国家科学基金会"的首字母缩写：属于美国政府机构，负责很大一部分的科学研究预算。

nucleus　原子核：原子中既小又致密的核心，由质子和中子构成。

Opal　蛋白石实验：位于大型正负电子对撞机上的四个大型实验之一。

parity　宇称：此概念指，在某些物理学方程式中，如果我们把所有的方向对换（左↔右、进↔出、上↔下），则该方程式不会发生实质性改变。

particle physicists　粒子物理学家：研究目前可以实现的最高能量下的亚原子粒子行为的物理学家。

parton　部分子：在质子、中子或者任何重子以及介子中发现的粒子。夸克和胶子都是部分子。

phosphorescence　磷光现象：一种物质在被光照射后会发光的现象。光照停止之后，该物质还会继续发光一段时间。

photino　超光子：一种假想的费米子，光子的超对称对应粒子。

photomultiplier　光电倍增器：可以将单个光子转换成数百万或数千万个电子的探测器装置。

photomultiplier tube　光电倍增管：一种探测器组件，可以在比一秒短得多得多的时间内将单个光子转换为数百万个电子。

photon　光子：一种无质量的粒子，可以介导电磁力。所有电磁现象都可以通过大量光子的交换来解释。

phototube　光电管：参见"光电倍增管"。

Physical Review Letters《物理评论快报》：美国声誉卓著的物理杂志，专门发表与物理学各方面相关的短篇和专题论文。

pion　π介子：最轻的一种介子。最初人们认为它能够介导强核力。

Planck Scale　普朗克尺度：能够使得四种力达到统一的"天然"能量尺度、规模尺度和时间尺度。目前我们的技术还远远不足以研究这一机制。

Plum Pudding　"梅子布丁"模型：一个过时的原子模型，在这一模型中，带负电荷的、小而坚硬的电子存在于黏稠而带正电荷的流体中。

PMT：见"光电倍增管"条目。

positron　正电子：电子的反物质对应粒子。

postdoc　"博后"：博士后的简称。是指那些已经获得了博士学位，暂时为一位资深物理学家工作的人。他们利用这段时间继续学习技能，并试图找到一个永久的职位。"博后时期"通常被认为是一名物理学家职业生涯中最惬意的一段时光，因为在这段时间内的薪水还算不错，而且还不用承担研究负责人的责任。

propagator 传播子：费曼图中经过交换的粒子。

proton 质子：在原子核中发现的一种带电粒子。内含夸克。

QCD 量子色动力学：关于强力的理论。

QED 量子电动力学：关于电磁力的理论，包括相对论和可以将力描述为光子交换的概念。

quantized 量子化："事物以单位量存在"的概念。比如水，它看上去是连续的，但实际上它是以水分子的形式构成的。

quantum mechanics 量子力学：一种物理学理论，最初是在 20 世纪 20 年代被提出的，能够支配在非常小的尺度上的亚原子粒子的行为。量子力学往往预测出非常违反直觉的行为。

quantum number 量子数：与量子力学有关的术语。由于小粒子的性质（比如荷或自旋）往往具有整数单位，我们可以用一个数字来形容它们，以荷为例，这个数字可以表明它们携带多少个单位的荷。亚原子粒子的许多性质可以用量子数来表示。

quark 夸克：一种已知的基本粒子，未被发现具有内部结构。夸克通常存在于原子核之中，虽然独立存在于原子核外的夸克可以通过大型的粒子加速器制造出来。

quark-gluon plasma 夸克－胶子等离子体：一种概念，指当能量足够大时，夸克和胶子将不再被限制在强子内，而可以自由混合。

quintessence 精质：弥漫宇宙的能量场之所以存在的几种可能的原因之一。它可能导致了宇宙学常数的存在。

radio-frequency 射频：一种使粒子加速器内部产生电场的机制。从本质上讲，令无线电发送器工作的技术与创造加速电场的技术是相同的。

relativity 相对论：一种最初由阿尔伯特·爱因斯坦提出的理论，它决定了高速（接近光速）物体的行为。相对论的发展已经很成熟了，不过它的预测的行为都是反直觉的。

RHIC 相对论性重离子对撞机：一台位于布鲁克海文国家实验室的加速器。这台加速器可以加速各种各样的强子，从质子到金原子核。它可以使两个以相反方向旋转的粒子束发生碰撞，以研究产生"夸克－胶子等离子体"的可能性。

RIP "研究正在进行中"：这句话是我从戈登·凯恩的《粒子花园》一书中偷来的。

SAGE 苏联－美国镓实验：确认了太阳中微子问题。

sbottom 超底夸克：一种假想的玻色子，底夸克的超对称性对应粒子。通常写作 bottom squark。

scharm 超粲夸克：一种假想的玻色子，粲夸克的超对称性对应粒子。通常写作 charm squark。

scintillator 闪烁体探测器：一种被带电粒子穿过时能发出快速光脉冲的物质。通常为塑料质地，略带紫色。

sdown 超下夸克：一种假想的玻色子，下夸克的超对称性对应粒子。通常写作 down squark。

selectron 超电子：一种假想的玻色子，电子的超对称性对应粒子。

shower 簇射：由单个粒子撞击而产生的大量粒子。簇射可以由电子、光子和强子引发。在电子簇射中，电子靠近原子并且发射一个光子。电子重复这种行为，发射许多光子。每个光子可以产生电子/正电子对，每个电子对也可以引起光子的发射。每个子粒子的能量都低于其母粒子。簇射将单个高能粒子变成成千上万个低能粒子。

signal 信号：你要寻找的物理事件的类型。

silicon detector 硅探测器：一种由一系列小硅条组成的探测器，这些小硅条通常为 0.02 毫米宽且长度远大于宽度。用于碰撞点附近，能够探测出大约 100 个碰撞后产生的粒子的轨迹。对于更大型的探测器来说，会有很多粒子碰撞在探测器的同一处，并且只会被记录为单个粒子。这就不断地促使人们更新技术，制造出组成元件越来越小的硅探测器。

SLAC 斯坦福线性加速器中心：位于加州帕洛阿尔托的大型线性加速器实验室。BABAR 探测器的所在地。

SLC 斯坦福线性对撞机：一台位于斯坦福线性加速器中心的粒子加速器，专门研究电子 - 正电子碰撞。LEP 加速器的竞争对手。SLD 探测器所在地。

SLD 斯坦福线性探测器：斯坦福线性加速器中心的一个实验小组，与众 LEP 实验小组是竞争对手。

SNO 萨德伯里中微子观测站：位于加拿大萨德伯里的实验室，能够对太阳中微子进行精确测量。

solar neutrino problem 太阳中微子问题：从太阳探测到的中微子数量似乎比预期值要少得多。

Soudan 2 苏丹 2：该探测器原本被用于质子衰变实验，现在进行中微子研究。该探测器位于明尼苏达州的苏丹矿山。

SPEAR 斯坦福正负电子加速环：一台位于 SLAC 的加速器。在这里人们有两个重大的发现，其一是 J/ψ 介子（即粲夸克），其二是 τ 轻子。1990 年，该加速器被改用于制造同步辐射光。

special relativity 狭义相对论：一种描述高速运动的物体行为的理论。

spin 自旋：量子力学的角动量。虽然这样理解在细节上是错误的，但每个粒子都可以被认为是在旋转。实际上，这是不正确的，自旋是粒子的一种性质，就像它的电荷或质量一样。

spokesman 发言人：一个实验的负责人。很多实验同时有两个发言人。通常是参与实验的物理学家。有人推崇使用 spokesperson 这个词，在我看来未免有点太过追求政治正确。总之，实验的发言人可以是任何性别、任何国籍、任何种族的人。

Sp$\overline{\text{p}}$S SPS 加速器的升级版：它可以让以相反方向旋转的质子和反质子束发生碰撞。

SPS 超级质子同步加速器：一台位于 CERN 的加速器，可以将质子加速到带有几百个 GeV。

squarks 超夸克：夸克的超对称性对应粒子。

SSC 超导超大型加速器：美国的下一代加速器，旨在与大型强子对撞机竞争。该项目在 1993 年被美国国会取消。

sstrange 超奇夸克：一种假想的玻色子，奇夸克的超对称性对应粒子。通常写作 strange squark。

Standard Model 标准模型：我们目前所了解的、可以用来解释亚原子粒子领域的所有物理原理的总称。在所有已知的现象中，只有引力不包括在内。

stop 超顶夸克：一种假想的玻色子，顶夸克的超对称性对应粒子。通常写作 top squark。

strange 奇夸克：一种中等重量的夸克，质量约为质子的 0.3 倍，带有 −1/3 个电荷。奇夸克是第二代粒子。

strangeness 奇异性：重子和介子具有的一种性质，这种性质能够让粒子大量产生（表明它们的产生是由强力介导的），却又以缓慢的速度衰变（表明它们的衰减是由弱力控制的）。最终人们证明，上述现象是由一种名为"奇夸克"的新型夸克的产生引起的。

strong force 强力：维持原子核形状的一种力。由胶子携带。夸克和胶子可以感受到强力。引起强力的"荷"被莫名其妙地称为"色荷"，尽管它与"颜色"这个词的普遍含义没有任何关系。

subatomic 亚原子：任何小于原子大小的粒子。

sup 超上夸克：一种假想的玻色子，上夸克的超对称性对应粒子。通常写作 up squark。

Super Kamiokande 超级神冈探测器：超级神冈核子衰变实验，最初被用于研究质子衰变实验，现在该探测器被用于中微子研究。它有个更为人所熟知的名字"超级 K"，在 1998 年首次宣布了大气存在中微子振荡的直接证据。

superstrings 超弦理论：这一理论认为，在非常小的尺度上，看起来像点状的粒子实际上是振荡中的微小的弦。包含这一想法的理论可以成功地将重力纳入已知力的行列中。目前还没有实验证据支持或驳斥这一想法。

supersymmetry 超对称性：一种纯粹的理论设想，即，如果将其中所有费米子都换成玻色子，那么控制粒子行为的所有方程式都不会改变。这个想法虽然在理论上很有吸引力，但它预测了许多额外的粒子，而即使经过广泛的搜索，科学家们也并没有观测到其中任何一种粒子。兆电子伏特加速器和大型强子对撞机的实验组都迫切地想要发现超对称性，如果这种性质在宇宙中确实存在的话。

symmetry 对称性：现代物理学理论中的一个重要概念。对称性意味着，一个特定的方程不会随着参数的改变而改变。比如，无论一个人将东方定义为正方向，还是将西方定义为正方向，都不会影响球下落到地面所需要的时间。

synchrotron 同步加速器：一种利用磁场引导粒子进行圆周运动的加速器。加速区域是一个小区域，其中的电场对粒子进行加速。

synchrotron radiation 同步辐射：带电粒子加速时产生的电磁辐射。制造这种辐射的加速器已被用来研究各种材料和生物样本的原子结构。

TASSO 两臂光谱仪螺线管：德国电子加速器实验室的一项实验。最引人注目的成就是首次观测到了胶子。

Technicolor 天彩理论：与希格斯玻色子相竞争的理论。

TeV 兆电子伏特：一兆电子伏特，即 10^{12} 电子伏特

Tevatron 兆电子伏特加速器：位于费米实验室的加速器，可以加速质子和反质子。目前是世界上能量最高的加速器，也是费米实验室加速器链中的第五台加速器。它的名字源于它被设计用来将粒子加速到携带一兆电子伏特（1TeV）的能量。它的突出功绩包括：发现了顶夸克、底夸克和 τ 中微子。目前仍在运行中。

theorists 理论物理学家：专门设计新模型和进行相关计算的物理学家。

thermal equilibrium 热平衡：指在一个系统中，能量不会集中于某处。因此，在任何一个方向上的能量流动都能完全被同等能量的反向流动所平衡。

thesis advisor 论文导师：每个研究生都会选择一名高校教师来指导他的研究论文。

TJNAF "托马斯·杰斐逊国家加速器装置"的首字母缩写：位于弗吉尼亚州纽波特纽斯附近的实验室。主要目的是研究相对低能量下的量子色动力学。

top 顶夸克：已知最重的夸克，质量约为质子的 175 倍，带有 +2/3 个电荷。顶夸克是第三代粒子。

tracker 追踪器：一种用于测量带电粒子轨迹的设备。最简单的追踪器可以被看作一个由一系列平行导线组成的平面（样子就像竖琴一样）。当粒子靠近导线时，导线上就会产生电信号并被检测到。通过使用一系列导线平面，并观察哪

些导线被击中，人们可以重建粒子的运动轨迹。除了导线以外，其他技术也可以提供有关粒子穿过探测平面时的位置的信息。一项常见的新技术是使用尺寸非常小的硅条。此外，还可以使用由闪烁体塑料制成的塑料光纤平面。

trigger 触发：在诸多碰撞中按条件选择出值得被记录下的事件的行为。科学家们能够记录下的碰撞在数量上仅占实验中发生的全部碰撞的几百万分之一，所以探测器必须决定哪些碰撞是有价值并应该被记录下来的。

UA1 UA1 实验：位于 CERN 的 SPS 加速器上的两个大型实验之一，弱电玻色子的发现者。

UA2 UA2 实验：位于 CERN 的 SPS 加速器上的两个大型实验之一。

unification 统一：指一种过程，在这一过程中，两个看似不同的力被证明是表面下更基本的同一个力的两个不同方面。

unitarity 幺正性：一种原则，指如果把所有可能发生的相互作用中所有可能出现的情况的发生概率加起来，它们的总和一定是 100%。这意味着一个粒子必须得"做点儿什么"（尽管完全不发生相互作用也是一种可能性）。

unity 统一：一种表达"一"的"高端"方式。

up 上夸克：最轻的一种夸克，携带 +2/3 个电荷。上夸克是第一代粒子。

U-Particle U 粒子：一种由汤川秀树提出的粒子，用于介导质子和中子之间的核力。这种粒子的现代名称是 π 介子。

vertex 顶点：费曼图中任何发射或吸收粒子的点。

virtual particles 虚拟粒子：暂时违反能量守恒定律的粒子。由于海森堡测不准原理提出系统能量处于不断变化之中，它是可以存在的。

V-particles V 粒子：1950 年代发现的粒子，后来被证明是任何携带奇夸克的粒子。

W boson W 玻色子：介导弱力的两个具有质量的玻色子之一。W 玻色子携带电荷，并且可以改变与其相互作用的粒子种类。正是这个粒子能令较重的某一代粒子衰变成较轻的某一代粒子。

weak boson 弱力玻色子：介导弱力的大质量玻色。存在两种类型的弱力玻色子，带电的 W 玻色子和电中性的 Z 玻色子。

weak force 弱力：粒子物理学家所研究的最弱的力。由弱力玻色子介导，即 W 玻色子和 Z 玻色子。可以改变参与弱相互作用的粒子种类。弱力是太阳燃烧的原因，也是火山爆发的部分原因，这两者都是由放射性衰变造成的。

wino 超 W 子：一种假想的费米子，W 玻色子的超对称性对应粒子。同样也指研究了太多的粒子物理，宁愿把时间花在在城市的街道上闲逛，喝牛皮纸袋子里的廉价酒水的人。

WMAP "威尔金森微波各向异性探测器"的首字母缩写：MAP 的重命名版本。见 MAP 词条。

X-rays X 射线：电磁频谱的一部分，携带大量的能量。

Yukon "汤子"：汤川秀树预测的一种粒子，能够在原子核内介导强力。这种粒子的现代名称是 π 介子。

Z boson Z 玻色子：介导弱力的两个大质量的玻色子之一。Z 玻色子是电中性的，其行为很像一个具有质量的光子。

zino 超 Z 子：一种假想的费米子，Z 玻色子的超对称性对应粒子。

图书在版编目（CIP）数据

从夸克到宇宙：用粒子物理打开世界真相 /（美）
唐·林肯著；孙佳雯译. -- 北京：北京联合出版公司，
2022.1（2024.6重印）

ISBN 978-7-5596-5659-9

Ⅰ. ①从… Ⅱ. ①唐… ②孙… Ⅲ. ①粒子物理学—
普及读物 Ⅳ. ①O572.2-49

中国版本图书馆CIP数据核字（2021）第220244号

从夸克到宇宙：用粒子物理打开世界真相

作　　者：[美]唐·林肯
译　　者：孙佳雯
出 品 人：赵红仕
出版监制：刘　凯　赵鑫玮
选题策划：联合低音
责任编辑：高霁月
封面设计：刘振东
内文排版：薛丹阳

关注联合低音

北京联合出版公司出版
（北京市西城区德外大街83号楼9层　100088）
北京联合天畅文化传播公司发行
北京美图印务有限公司印刷　新华书店经销
字数450千字　710毫米×1000毫米　1/16　37.25印张
2022年1月第1版　2024年6月第2次印刷
ISBN 978-7-5596-5659-9
定价：128.00元